遥感与地理信息基础系列教程

遥感概论

王先伟　主编

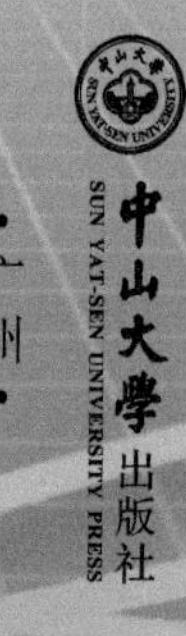

·广州·

图书在版编目(CIP)数据

遥感概论/王先伟主编．—广州：中山大学出版社，2024.6
遥感与地理信息基础系列教程
ISBN 978-7-306-08025-7

Ⅰ．①遥…　Ⅱ．①王…　Ⅲ．①遥感技术—教材　Ⅳ．①TP701

中国国家版本馆 CIP 数据核字(2024)第 033573 号

审图号：GS 粤(2023)1570 号

YAOGAN GAILUN

出 版 人：王天琪
策划编辑：谢贞静　陈文杰
责任编辑：谢贞静　刘　丽
封面设计：曾　斌
责任校对：廖翠舒
责任技编：靳晓虹
出版发行：中山大学出版社
电　　话：编辑部 020-84110776，84113349，84111997，84110779，84110283
　　　　　发行部 020-84111998，84111981，84111160
地　　址：广州市新港西路 135 号
邮　　编：510275　　传　　真：020-84036565
网　　址：http：//www.zsup.com.cn　E-mail：zdcbs@mail.sysu.edu.cn
印 刷 者：广东虎彩云印刷有限公司
规　　格：787mm×1092mm　1/16　19 印张　474 千字
版次印次：2024 年 6 月第 1 版　2024 年 6 月第 1 次印刷
定　　价：78.00 元

编者简介

主编：

王先伟，博士、教授，博士研究生导师，广东省公共安全与灾害工程技术研究中心副主任。主要从事 GIS 空间分析与应用开发、水文遥感与水工测绘、洪涝模拟与洪灾风险管理等方向的研究。主持了国家自然科学基金、科技部重点研发计划专题、863 项目/973 项目专题、广东省水利厅科技创新重点项目等项目。研究成果获得了 2021 年度广东省科技进步二等奖。长期开展"遥感概论""水文遥感"等课程的教学。

参编：

卓莉，博士、教授，博士研究生导师。主要从事遥感、地理时空大数据信息提取方法及其在生态环境、灾害风险、可持续发展等方面的应用研究。主持了国家自然科学基金、广东省自然科学基金、广东省基础与应用基础省市联合基金团队项目、国家科技支撑专题等项目。长期开展"遥感原理与应用""遥感与 GIS 数据分析综合实践"等课程的教学。

刘凯，博士、副教授，博士研究生导师，注册测绘师，广东省公共安全与灾害工程技术研究中心副主任。主要从事湿地与环境遥感、遥感卫星影像分析、GIS 空间分析与模型、时空过程分析与模拟、无人机遥感硬件与应用等方向的研究。主持了国家自然科学基金、广东省自然科学基金等多项纵向项目。长期开展"摄影测量学""无人机遥感原理与应用"等课程的教学。

石茜，博士、教授，博士研究生导师，国家自然科学基金优秀青年科学基金获得者。主要从事遥感大数据智能解译研究，荣获了 WGDC2022 全球青年科学家称号。主持了国家自然科学基金项目 3 项、广东省自然科学基金面上项目 1 项、广州市基础与应用研究项目 1 项、中国博士后科学基金面上项目 1 项，担任 *IEEE GRSL*、*Remote Sensing* 和 *IEEE JSTARS* 等期刊的编委或副主编。

齐志新，博士、副教授，博士研究生导师，广东省水环境遥感监测工程技术研究中心副主任。主要从事城市遥感、土地利用变化监测、雷达遥感数据处理及应用等方向的研究。主持了国家自然科学基金、广东省自然科学基金、广州市重点研发计划等项目。长期在科研单位从事遥感教学与科研工作，对国内外遥感技术的应用和行业发展有较深入的了解。

李文楷，博士、副教授，博士研究生导师。主要从事统计模拟、辐射传输模拟、激光雷达遥感等方向的研究。主持了国家自然科学基金和广东省自然科学基金等项目。研究成果获得了2013年美国摄影测量与遥感学会的塔尔伯特·艾布拉姆斯奖(二等荣誉奖)。长期开展"遥感图像处理""遥感技术与应用"等课程的教学。

贺智，博士、教授，博士研究生导师。主要从事高分/高光谱遥感、人工智能与大数据、湿地遥感监测等方向的研究。主持了国家自然科学基金、广东省自然科学基金、广州市科技计划等项目。长期开展"遥感图像处理""多元统计分析"等课程的教学。

内容简介

本书系统地介绍了遥感科学与技术的基础知识，并分章节讲述了多个专项遥感前沿技术，还设计了8个侧重遥感影像处理和分析的操作实验，期望能让初学者对遥感科学与技术有一个系统全面的认知，同时帮助大家掌握遥感影像处理软件的基本操作。

首先，本书详细介绍了遥感的基本概念和发展历程以及中国遥感事业的发展历程及辉煌成就；遥感物理基础，包括电磁波和电磁辐射基础理论、太阳辐射、大气对电磁辐射的干扰、地物波谱；遥感技术系统，包括遥感平台、卫星运行轨道、遥感传感器，以及遥感数据的表示、存储、传输与分发；航空遥感系统，包括航空遥感像片的几何特征、双像立体测图与倾斜摄影、无人机遥感。然后，本书重点阐述了光学卫星遥感影像处理技术，包括遥感影像特征、预处理、分类处理、分类精度评价、变化检测、波段运算、专题解译等内容。最后，本书还专门讲述了热红外遥感、微波遥感、激光雷达遥感、高光谱遥感等前沿遥感技术的基本原理、发展动态与应用案例。

本书是高等学校基础教材，面向各相关学科专业的学生和跨专业学习的专业技术人员。它既可以作为遥感科学与技术的入门级专业教材，也可以作为其他科研及技术人员的培训教材和参考书。

前　言

“遥感”(remote sensing)一词于20世纪60年代被美国学者提出，之后逐渐发展成一门系统学科。自20世纪末以来，遥感科学与技术进入了崭新的发展阶段，涌现出了各种遥感观测平台，如低空无人机、国际空间站以及各类对地观测卫星、对月观测卫星、对火星和金星观测卫星与宇航探测器等，高空间和高光谱分辨率与高性能专项观测仪器、各类遥感数据自动处理软件以及人工智能图像识别技术等也层出不穷，形成了遥感探测技术体系逐渐成熟并服务于社会经济各行各业的崭新局面。

2001年，为对接国民经济的发展需要和国家重大战略的需求，王之卓、陈述彭、李德仁、张祖勋等多位院士倡导建立“遥感科学与技术”一级学科。同年，武汉大学等成为首批经教育部批准开办“遥感科学与技术”专业的普通高校。2012年，教育部公布了《普通高等学校本科专业目录》，正式把“遥感科学与技术”列入测绘类的一门普通高等学校本科专业。2022年，“遥感科学与技术”作为交叉门类一级学科，正式列入研究生教育学科专业目录，这是我国遥感学科建设与发展质的突破，必将为国家培养更多的专业人才，助力国家取得新的跨越式发展!

“工欲善其事，必先利其器。”遥感学科的人才培养和发展离不开优秀的教材支撑。编者20年前首次接触和学习遥感技术，10年前开始从事遥感学科的专业教学，见证了遥感科学与技术的飞速发展；在教学中常参考使用前辈学者们编写的优秀教材，诸如李德仁院士等编著的《摄影测量与遥感概论》(第一版，2001年；第二，2008年)、彭望球老师主编的《遥感概论》(第一版，2002年；第二版，2021年)、梅安新老师等编著的《遥感导论》(2001年)、薛重生老师主编的《地学遥感概论》(2011年)等，这些专业基础教材在遥感学科的发展和人才培养中发挥了重要作用。近些年来，遥感科学与技术不断推陈出新，发展日新月异，常令编者在教学中感到力有不逮，往往要花费大量时间查找最新的教学资料，唯恐自己及所教学生跟不上时代学科发展的步伐。幸运的是，编者所在中山大学地理科学与规划学院遥感与地理信息科学教研室人才济济，皆为青年才俊，他们精通各个遥感前沿领域，使教研室迅速发展壮大。经中山大学地理科学与规划学院遥感与地理信息科学教研室综合考虑，推举由本人牵头，组织编写本书，作为系列教材之一，服务于遥感与地理信息等学科的专业基础教育。

本人在诚惶诚恐中接受了这一挑战，在各位老师的大力支持下，兢兢业业，历经2年完成了本书的编写和校核工作。本书系统地介绍了遥感科学与技术的基础知识，包括遥感基本概念与发展历程、遥感物理基础、遥感技术系统、遥感影像处理、遥感影像波段运算和专题解译等内容，还专门讲述了航空遥感系统、热红外遥感、微波遥感、激光雷达遥感和高光谱遥感等多个前沿遥感技术的基本原理、发展动态与应用案例，并设计了遥感影像处理和分析的一系列操作实验(大纲)，每章末尾也提出了多个思考题，期盼能让初学者对遥感学科有一个系统全面的认知，帮助其掌握遥感影像处理软件的基本操作，也让学生们了解遥感学科的相关前沿技术与发展应用前景，为后续的专业学习和行业应用打下坚实的基础。

本书是高等学校基础教材，面向各相关学科专业。它既可以作为学习遥感科学与技术的入门级专业教材，也可以作为其他科研及技术人员的培训教材和参考书。本书主要由中山大学地理科学与规划学院遥感与地理信息科学教研室的老师们负责编写，每位老师均有多年的一线教学经验，并精通遥感科学各细分领域的专业知识，编写的书稿深入浅出地阐述了各部分的基本原理、前沿技术和应用案例。本书具体的写作分工如下：第1章(绪论)和第7章(热红外遥感)由本人负责编写，第2章(遥感物理基础)和第3章(遥感技术系统)由卓莉老师负责编写，第4章(航空遥感系统)由刘凯老师负责编写，第5章(卫星遥感影像处理)和第6章(遥感影像波段运算与专题解译)由石茜老师负责编写，第8章(微波遥感)由齐志新老师负责编写，第9章(激光雷达遥感)由李文楷老师负责编写，第10章(高光谱遥感)由贺智老师负责编写。全书由本人负责统稿，所有编写老师一同参与书稿的修改，博士研究生方勇军等同学协助校核书稿及完善插图。本书初稿也进行了一学期的课堂教学试用评估，结合同学们的使用体验和修改建议进行了修订。由于编者视野和知识结构有限，书中难免有错误和不当之处，恳请并欢迎读者们提出宝贵意见和建议。

本书在编写过程中，大量参考和借鉴了国内外期刊文章和相关教材，在每章末尾逐一列出了这些参考文献(若有引用遗漏的，还请海涵)，在此向所有被本书引用的参考文献的各位作者和编者表示衷心的感谢！同时，本书的编写还获得了中山大学地理科学与规划学院其他老师和中山大学出版社参与书稿审校工作的编辑的帮助，他们也为本书的顺利出版付出了辛勤的劳动，在此一并表示感谢！

王先伟

2023年8月

目　　录

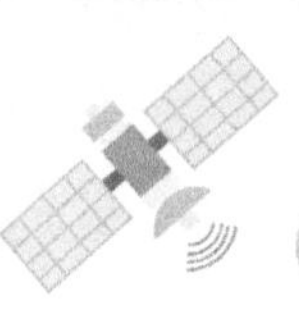

1　绪　　论

近些年来，遥感科学与技术发展迅速，硕果累累，且应用广泛。本章概述了与其密切相关的内容，包括遥感的基本概念及技术系统、遥感的类型、遥感的特点、遥感的发展历程和趋势，并较系统地总结回顾了中国遥感事业的发展历程及辉煌成就。

1.1　遥感的基本概念及技术系统

1.1.1　遥感的基本概念

“遥感”一词来源于英语 remote sensing(RS)，直译为远程感知，通常有广义遥感和狭义遥感之分。

广义遥感泛指探测设备不直接接触被探测物体而获取目标物体的状态信息的方法和技术，包括利用电磁场(波)、引(重)力场、地磁场、机械波(地震波)、声波、光子以及其他高能粒子等的远距离探测技术的总称。广义遥感中除电磁波以外的各种信息，已有专门的学科来研究，例如医学领域和安保领域中研究 X 射线检测，地球物理学中研究重力场、地磁场和地震场等的探测，观测宇宙学中研究光子及其他高能粒子的探测。

狭义遥感是指利用电磁波进行远距离目标探测，即运用光学、电子学和电子光学等探测仪器，不与被探测物体直接接触，而是从高空或远距离处接收物体辐射或反射的电磁波信息，将电磁辐射信息处理分析为目标对象信息的科学和技术，包括对地遥感和宇宙遥感等(刘吉平等，2012)。

也有学者将狭义遥感定义为利用电磁波对目标地物(陆地、大气和海洋)进行探测的技术，即从不同高度的工作平台，通过传感器对地球表面目标的电磁波反射或辐射信息进行探测，并经过信息的记录、传输、处理、解译与分析，对地球的资源与环境进行探测和监测的综合性技术(卢小平、王双亭，2012)。该定义更强调对地物的反射或辐射电磁波特性的记录、表达和应用，侧重于对地遥感。

1.1.2　遥感技术系统

遥感研究的内容涉及范围广，一个完整的遥感系统包含电子工程技术、航空航天技术、计算机技术、通信技术、信息处理技术等多种技术和地学、宇宙学等多种学科。根据研究对象的侧重点不同，可以将遥感研究的内容分为电子工程遥感和空间探测遥感。电子工程遥感研究侧重于遥感技术系统的研发和构建，如卫星传感器、空间平台、数据传输与存储等；空间探测遥感侧重于探测空间目标的研究，以空间信息的获取、分析和应用为目的。一个完整的遥感技术系统包含以下几个方面。

（1）地物电磁辐射特性。

地物电磁辐射特性是遥感系统探测地物目标对象的信息载体。地物在不同电磁波辐射特性下表现出不同的发射和反射特性，研究地物的电磁波特性，有助于了解不同地物的波谱特征，建立地物光谱数据库，为遥感传感器波段设计和利用电磁波谱信息解译地物提供参考。

（2）信息获取、传输和存储。

在不同类型的遥感平台，从不同高度获取的地物电磁波辐射信息，可以以无线电通信的方式或从平台传回地面接收站的方式进行处理，故遥感信息的获取和传输涉及遥感平台、传感器、通信设备和地面站。同时，遥感信息被地面站接收后需要以一定的方式存储，可将传感器获取的地物电磁信息保存到存储介质上，方便后期处理分析。主要的存储介质有 CCT、CD、DVD、硬盘、磁盘阵列等。

（3）信息处理。

地面接收站对接收到的遥感信息进行加工处理，以满足用户的需求。首先，系统级的处理，包括最基本的几何校正和辐射校正等，一般由数据供应商接收站完成；然后，用户得到遥感数据，对数据做进一步的处理和分析，目的是从遥感数据中提取感兴趣的信息。

（4）信息应用。

遥感的目的就是应用，根据不同领域的应用需要，可以选择适宜的遥感信息、工作方式或者波段特征，以取得其应用上的最佳效果，如利用遥感分析水环境和土地利用、探寻矿产资源、监测森林火灾及隐患等。

1.2 遥感的类型及特点

1.2.1 遥感的类型

遥感有各种各样的类型，可以依据使用的探测平台、电磁波段、工作方式以及探测对象和应用领域等方面予以划分。

（1）按遥感平台划分。

地面遥感：把传感器安置在地面平台上，如车、船、高架、高塔等地面平台的遥感系统，可以实现对地面物体和近地面目标物的移动式跟踪监测、局地精细化巡测或定点高频连续探测。

航空遥感：把传感器安置在航空器上，如热气球、飞机、无人机等平台的遥感系统，范围在地面以上和大气对流层之下。近 10 年来，无人机低空遥感的各项应用技术日趋完善，已在各个领域展开了广泛应用，并展示出了卓越的实时探测和行业应用服务能力。

航天遥感：把传感器安置在环地球巡飞的航天器上，如卫星、航天飞机、空间站等平台的遥感系统。航天遥感主要使用卫星平台，是当前最主要的对地观测遥感系统。

宇航遥感：把传感器安置在星际飞船上，如宇宙飞船、卫星等平台的遥感系统，主要用于对地球以外的外行星和其他天体的探测。宇航遥感的典型应用有探月工程、火星探测等。

(2) 按传感器的探测波段划分。

紫外遥感[ultraviolet(UV)RS]：探测波段为 0.05～0.38 μm。

可见光遥感[visible(VIS)RS]：探测波段为 0.38 ～0.76 μm。

红外遥感(infrared RS)：探测波段为 0.76～1000 μm。其中热红外遥感(thermal RS)的探测波段为 6～15 μm，它主要利用地物自身热辐射探测地面物体温度和热异常，常被用于地表温度、地震火山、林火灾害、地热资源勘探和废热排放污染监测等领域。

微波遥感(microwave RS)：探测波段为 1 mm～10 m，包括被动微波遥感和主动微波雷达遥感。由于微波波长远大于大气中的微粒粒径，因此受大气层的干扰较少，可以穿透云层全天候(昼夜)地工作。由于微波的波长较长，因此其单位面积发射的能量低，被动微波遥感的探测空间分辨率较低，为几千米至几十千米；而主动微波雷达遥感的空间分辨率则较高，达几米至几十米。

(3) 按工作波段宽度划分。

多光谱遥感(multispectral RS)：又称为常规遥感或宽波段遥感，如 Landsat、AVHRR、MODIS、ASTER、SPOT 等卫星传感器，每个光谱波段宽在一百纳米至几百纳米之间，只有几个或几十个波段。其中，波长从可见光到近红外光的又称为光学遥感(optical RS)。

高光谱遥感(hyperspectral RS)：与宽波段遥感对应的是高光谱遥感，其单个光谱波段狭窄(2～10 nm)，光谱分辨率高，在整个可见光到近红外光谱区有高达 200～300 个波段，形成了连续的光谱图。

激光雷达遥感(light detection and ranging RS，LiDAR RS)：激光探测及测距系统的简称，属于主动遥感技术。激光器在特定波段(极窄波段 1 nm 或纯光)激发较高能量的电磁波(激光)，激光被目标物反射返回并被传感器接收，再通过激光传播的时间差和传播速度(光速)测算目标物与传感器的距离。激光波段可根据探测目的选择，波长一般为 250～2500 nm，而地学遥感中常用的激光波段是绿光(532 nm)和近红外光(1064 nm)。

(4) 按工作方式划分。

主动遥感和被动遥感：主动遥感由探测器主动发射一定的电磁波能量并接收目标对象的回波信号，其辐射源是传感器发射的电磁波，如微波雷达遥感和激光雷达遥感，其辐射源即来自遥感器。被动遥感的传感器不向目标发射电磁波，仅被动接收目标物自身发射或自然辐射源的反射能量，其辐射源是自然的。

成像遥感与非成像遥感：成像遥感是将所探测的地物电磁波辐射能量，转换成由色调构成的直观的二维图像，如航空像片、卫星影像等。非成像遥感则是将探测的电磁辐射作为单点进行记录，多用于测量地物或大气的电磁波辐射特性或其他物理和几何特性，

如微波辐射计、激光雷达测量等。

(5) 按遥感的应用领域划分。

从大的研究领域来看，可分为外层空间遥感、大气层遥感、陆地遥感、海洋遥感等。

从具体应用领域来看，可分为资源遥感、环境遥感、农业遥感、林业遥感、渔业遥感、地质遥感、气象遥感、水文遥感、城市遥感、工程遥感、灾害遥感、军事遥感等，还可以根据特定的研究对象划分为各种专题应用遥感。

1.2.2 遥感的特点

狭义的卫星地学遥感具有很多优点，诸如可实现区域大面积同步观测、全球快速重复观测，且观测成本相对较低、社会经济效益较高。但是，遥感探测也有其局限性。从以下几方面进行简要分析。

(1) 大面积同步观测。

采用常规的地面调查手段进行区域性的资源和环境调查时，大面积同步观测获得的数据非常有限且昂贵。而遥感观测则可以提供更好的同步观测手段，遥感平台越高，视角越广，受地形的限制越小，同步探测的范围就越大，更容易发现地球表面的一些重要目标物及气候变量的空间分布格局和规律，如全球气候变化、地表温度变迁、地质板块运动、海冰冰川冰盖消融、植被变迁、土地利用变化等全球性观测。图 1.1 为利用多源遥感数据进行全球土地利用覆盖的制图，体现出遥感的区域大面积同步观测特征；同时，根据不同时相的遥感数据，还可以发现土地利用覆盖的演变趋势。

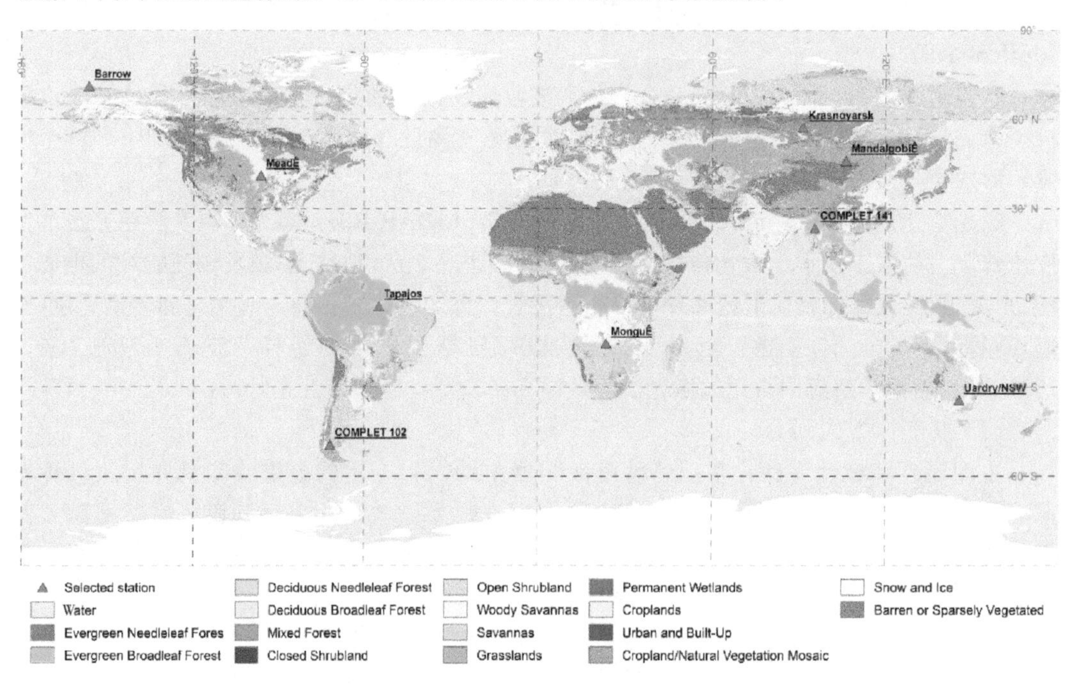

图 1.1 基于 MODIS(MCD12C1)产品的 0.05°×0.05°全球土地利用覆盖(Zhou et al., 2015)

(2) 时效性。

遥感探测，尤其是空间遥感探测，可以在短时间内对同一地区进行重复观测，发现地球表面多种目标物的动态变化特征和演变规律。不同高度的遥感平台重复观测的周期不同，地球同步轨道卫星(如 FY-2 气象卫星)可以每 10～30 min 完成对地观测 1 次，多个卫星组网可以实现对全球的近实时同步观测；太阳同步轨道卫星(如 NOAA 气象卫星和 FY-1 气象卫星)可以每天 2 次对同一地区进行观测，或者每天实现对全球的扫描观测 2 次。更高空间分辨率的地球资源卫星，如美国的 Landsat、法国的 SPOT 和中巴地球资源卫星 CBERS，则分别每 16 天、26 天和 4～5 天对同一地区观测 1 次，以获得较高空间分辨率的动态变化数据。卫星遥感大大提高了全球观测的时效性，这对极端天气的观测预报，火灾、水灾等方面的灾情监测，以及军事行动侦察都非常重要。例如 2021 年 3 月 23 日，一艘名为“长赐号”(Ever Given)的超大型货轮在苏伊士运河搁浅，通过多源高分遥感卫星的近实时监测，可以及时获知货轮搁浅的位置和状态等信息(见图 1.2)。传统的地面调查数据则主要用于辅助卫星观测数据的辐射定标、提取算法的开发和探测的结果验证。

图 1.2　超大型货轮“长赐号”在苏伊士运河搁浅

(3) 经济性。

遥感的观察范围大、信息处理效率高、应用领域广，可大大降低各个应用领域的科研和生产成本，产生较高的社会效益和经济效益。例如，美国陆地卫星的取得的效益与经济投入比为 80∶1，甚至更大。采用传统的地面监测手段对河流沿程水质进行监测需要花费大量的人力和物力，但是通过遥感的手段可以在短时间内获取河道沿程水质的分布情况，图 1.3 为基于多光谱高分遥感影像反演的 2016 年与 2019 年流溪河水源保护区

NH_3-N 浓度分布。同时，高质量的遥感反演数据也离不开地面观测数据的支持，主要用作辐射定标、探测对象反演算法拟合和探测结果校准等。

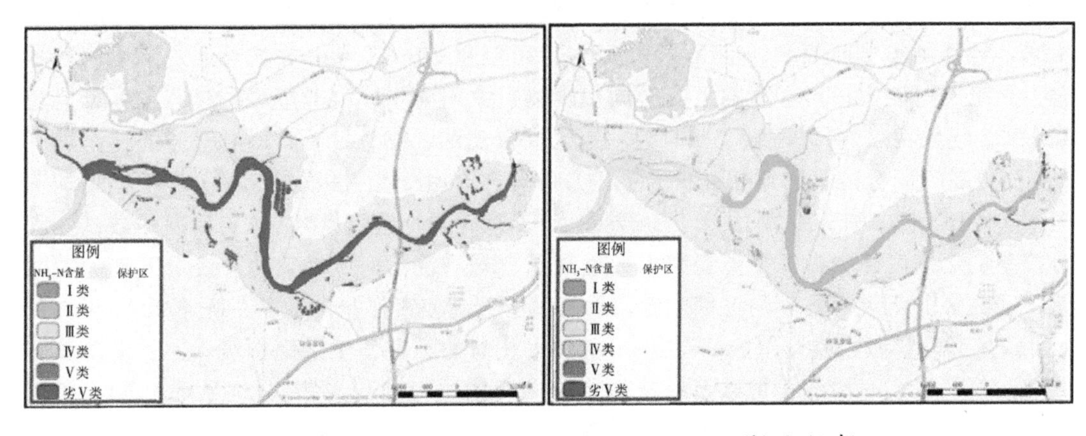

(a) 2016 年　　(b) 2019 年

图 1.3　基于多光谱高分遥感影像反演的 2016 年与 2019 年流溪河水源保护区 NH_3-N 浓度分布

(4) 局限性。

遥感作为人类观察客观世界的技术手段之一，有其特定的针对性和局限性。对地遥感的局限性主要表现在以下 3 个方面：第一，探测的空间范围一般局限于电磁辐射的直达范围，因为电磁波对多数地物的穿透能力较弱，仅能观测地球表面地物。第二，地物的信息载体局限于电磁辐射，而客观物体是具有多种属性的，存在着同物异谱、异物同谱的现象，要区别一类物体与另一类物体，往往需要根据它们的多重属性才能更好地做出判断。第三，遥感观测的对象和反演的参数，有的是直接观测的，有的是间接推演或统计拟合的，且遥感反演的参数精度和准确率各异，更离不开地面监测数据的支持。总的来说，遥感技术有较多优势，但遥感探测手段不是万能的，应充分认识其局限性，以便更好地发挥遥感探测技术的优势，推广其在各个行业和领域的应用。

1.3　遥感的发展历程

"遥感"(remote sensing)一词在 20 世纪 60 年代被美国学者正式提出，并逐渐形成一门系统的学科。2001 年，武汉大学等成为首批经中华人民共和国教育部(后简称"教育部")批准开办"遥感科学与技术"专业的普通高校。2012 年，教育部公布了《普通高等学校本科专业目录(2012 年版)》，正式把"遥感科学与技术"列入测绘类的一门普通高等学校本科专业。但是，遥感技术的孕育发展先于"遥感"一词，从最开始的缓慢发展，到 21 世纪的全面快速发展，其发展过程可以划分为以下几个阶段。

1.3.1 无记录的地面遥感阶段（1608—1838 年）

望远镜的出现标志着无记录的地面遥感阶段的开端。1608 年荷兰眼镜师汉斯·李波尔赛（Hans Lippershey）发明了第一台望远镜，1609 年伽利略·伽利雷（Galileo Galilei）制作了放大 3 倍的科学望远镜用于天文观测，促进了天文学的巨大进步（Drake，1990）。这个阶段的遥感虽然可以借助望远镜进行远距离观察，但是其观察只能依赖人眼，不能将观察到的图像记录下来。

1.3.2 有记录的地面遥感阶段（1839—1857 年）

摄影技术和照片的发明及使用标志着有记录的地面遥感阶段的到来。1839 年，法国人路易·达盖尔（Louis Daguerre）和约瑟夫·尼塞福尔·尼埃普斯（Joseph Nicephore Niepce）发明了完整的照相技术，第一次成功把拍摄到的事物记录在胶片上。1840 年，法国人开始在地图制作中使用照片。1849 年，法国人艾米·劳塞达特（Aime Laussedat）首次制订了摄影测量计划，成为有应用目的和图像记录的地面遥感开始的标志（Granshaw，2019）。

1.3.3 航空摄影遥感阶段（1858—1956 年）

1858 年，法国人费利克斯·纳达尔（Felix Nadar）从离开地面的系留气球上拍摄到第一张空中照片，标志着航空遥感的开始。1903 年飞机的发明促进了航空遥感向实用化迈进，1909 年韦尔伯·莱特（Wilbur Wright）第一次从飞机上拍摄了意大利西恩多西利（Centocelli）地区的空中像片，揭开了遥感初期发展的序幕。1913 年，开普顿·塔迪沃（Captain Tardivo）首次在维也纳国际摄影测量学会的学术会议上发表论文，描述了用航空摄影绘制地图的问题（Guerra and Pilot，2000）。第一次世界大战爆发后，航空摄影因军事上的需要而得到迅速发展，同时形成了独立的航空摄影测量学学科。

20 世纪 30 年代起，航空像片除用于军事外，也被广泛应用于地学研究中，可通过其认识地理环境并编制各种专题地图。1930 年，美国利用航空摄影开始编制美国中小比例尺地形图和为农业服务的大比例尺专题地图。其后，苏联、西欧等国家和地区也开始进行航测成图，与此相应的航空摄影测量理论和技术都得到了迅速发展。1931 年出现了近红外的航摄胶片，首次获得了目标物的不可见信息。1937 年实现了首次彩色航摄，生产出假彩色红外胶片，并探索进行多光谱和紫外航空摄影。第二次世界大战期间开始应用雷达和热红外探测技术，到了 20 世纪 50 年代，非摄影成像的扫描技术和侧扫雷达技术开始应用，打破了用胶片所能响应的波段范围限制。

1.3.4 航天遥感阶段（1957—1998 年）

对地观测卫星是航天遥感的主要观测平台，即利用卫星上搭载的传感器，接收可见光、近红外、热红外和微波等电磁波段，从而收集地物表面或近地空间的电磁辐射信息，探测并发现地球资源和环境信息的空间观测技术(Guo et al.，2014；Gu and Tong，2015)。

1957年10月4日，苏联第一颗人造地球卫星发射成功，标志着人类从太空观测地球和探索宇宙奥秘的研究进入了新纪元。1959年9月美国发射的先驱者2号探测器拍摄了地球云图，同年10月苏联发射的月球3号航天器拍摄了月球背面的照片。1961年“遥感”(remote sensing)一词正式出现。20世纪60年代初，美国从雨云(Nimbus)、泰罗斯(TIROS)等气象卫星和双子星座(Gemini)、阿波罗(Apollo)飞船上拍摄了海量的地面图像，这大大开阔了人们的视野，引起了广泛关注。1972—1999年，美国成功发射了6颗广泛使用的地球资源卫星(Landsat 1～5，7)。其间，也有很多国家陆续发射了资源环境卫星、军事卫星和气象卫星等。

这一阶段遥感的主要特征是航天遥感平台快速发展，成为主要的遥感观测平台。卫星传感器从摄影胶片到光导摄像管、固态图像传感器、雷达，从多光谱到高光谱，开发了地表可用的几乎所有的电磁辐射大气窗口；遥感信息处理从光学处理到计算机数字处理，从基本的校正、增强等处理到人工智能、专家系统自动分析处理，从单纯的图像处理到图像定量反演，实现了信息和知识的挖掘；遥感应用也从最早的摄影测量发展到军事侦察、预警，进而发展到全球环境监测的全面展开。

1.3.5 遥感新纪元(1999年至今)

21世纪以来，遥感探测进入了崭新的发展阶段，各种遥感观测平台(如低空无人机、国际空间站、各类对地观测卫星、对月观测卫星、对火星和金星观测卫星以及探测器等)，高空间和高光谱分辨率与高性能专项观测仪器，各类遥感数据自动处理软件及人工智能图像识别技术等层出不穷，开创了新的遥感探测技术体系和遥感探测技术服务于社会经济各行各业的新纪元。以下概述20多年来遥感探测领域在航天(卫星)遥感探测仪器和探测功能上的主要进展。

(1) 高空间分辨率。

1994年美国发布总统行政令，允许1 m分辨率的遥感卫星进入商业运营，并率先于1999年发射了1 m分辨率的IKONOS资源卫星，标志着遥感在非军用领域的重大进展。此后高分辨率遥感卫星计划纷纷出台。2001年10月19日，由美国数字地球公司发射的卫星QuickBird-2，全色图像分辨率为0.61 m；2008年9月6日发射的GeoEye-1卫星，拉开了亚米级的商业卫星成像系统的序幕，全色图像地面分辨率达0.41 m。2019年11月，中国发射的高分七号卫星，搭载了双线阵立体相机，突破了亚米级立体测绘相机技术，能够获取高空间分辨率光学立体观测数据(唐新明等，2021)。

(2) 高光谱分辨率。

除了高空间分辨率卫星，高光谱分辨率的卫星探测技术也应用于在轨探测业务运行。2000年11月，美国国家航空航天局(National Aeronautics and Space Administration，NASA)成功发射新千年计划的第一颗对地观测卫星——地球观测卫星1号(Earth Observation One，EO-1)，首次在卫星平台上搭载了高光谱成像仪Hyperion，光谱范围为 400～2500 nm，共有 242 个波段，光谱分辨率为 10 nm，地面空间分辨率为30 m，幅宽为 7.5 km，开启了对地物的高光谱探测的先河。欧洲空间局(简称“欧空局”)于 2001 年 10 月也成功发射了 PROBA 卫星，搭载高光谱成像仪 CHRIS(compact high resolution imaging spectrometer)，光谱范围为 400～1050 nm，共有 153 个波段，光谱分辨率为 5～12 nm，地面空间分辨率为 17～34 m，幅宽为 14 km。2018 年 5 月，我国成功发射了高分五号卫星，搭载可见短波红外高光谱相机(advanced hyperspectral imager，AHSI)，光谱范围为 400～2500 nm，共有 330 个波段，光谱分辨率为 5 nm，空间分辨率为 30 m，但高分五号目前已停止服役。2018 年 4 月和 2019 年 9 月，我国又成功发射了珠海一号 02 组 5 颗卫星和 03 组 5 颗卫星，分别包括 2 颗和 4 颗高光谱卫星，后者共 256 个波段，光谱分辨率为 2.5 nm，空间分辨率为 10 m，幅宽达 150 km。

(3) 卫星微波雷达技术。

合成孔径雷达技术具有全天时和全天候对地观测的优势，各国在发展光学对地观测系统的同时，也十分重视星载和机载合成孔径雷达系统的研制和应用。美国、欧洲、加拿大、日本等先后发射了合成孔径雷达(synthetic aperture radar，SAR)卫星，为全球对地观测提供了新的遥感观测技术。1995 年，加拿大发射了 RADARSAT-1 微波雷达卫星，标志着主动微波卫星雷达遥感技术取得重大进展，尤其在极地海冰和冰盖变化研究以及全球洪涝灾害监测等方面发挥了独特的作用(彭望球等，2002)。2000 年 2 月，美国奋进号航天飞机搭载 SIR-C 与 X-SAR 干涉雷达系统完成了航天飞机雷达地形测绘的飞行任务，在短短的 10 天在线飞行中，获取了 60°N 到 56°S 的地表干涉雷达数据，首次生成了全球 30 m 高分辨率的地形产品 SRTM(shuttle radar topography mission)，在遥感发展史上具有里程碑式的意义，并在水利、交通、军事、通信等各种行业得到了广泛的应用，取得了巨大的社会经济效益。2002 年 3 月，欧空局发射了 ENVISAT 卫星，载有当时最先进的双极化合成孔径雷达(advanced SAR，ASAR)和雷达高度计(RA-2)等探测仪器。ASAR 工作在 C 波段，波长为 5.6 cm，侧视成像范围为 400 km；其在 5 种不同扫描工作模式下的空间分辨率高达 10 m(波模式)、30 m(图像模式/极化模式)、150 m(宽带模式)和 1000 m(全球监测模式)，可生成海洋、海岸、极地冰盖和陆地高程等高质量高分辨率的数据。2010 年 4 月，欧空局成功发射了 Cryosat-2 卫星，携带 Ku 波段(13.575 GHz)干涉/合成孔径雷达高度计(Synthetic Aperture Interferometric Radar Altimeter，SIRAL)。SIRAL 具有低分辨率模式(low resolution mode，LRM)、合成孔径雷达(SAR)模式和合成孔径干涉模式(SAR interference mode，SARIn)这 3 种扫描模式，垂直分辨率为 1～3 cm，水平分辨率约为 300 m，主要目标是精确测定极地冰盖高程和海冰厚度变化，以量化全球气候变暖引起的冰雪质量的变化。2016 年 8 月，高分三号(GF-3)卫星成功发射，搭载 C 频段的多极化合成孔径雷达(SAR)扫描计，拥有 12 种成像模式，能够实现不同扫描模式下 1～500 m 空间分辨率和 10～650 km 幅宽的微波遥感数据，为全天候对地观测提供了新的技术手段(潘晨等，2016)。

(4) 卫星激光雷达技术。

星载激光雷达设备的研制和应用技术在 20 世纪 90 年代逐步成熟，并在 21 世纪初开展了星载激光扫描仪的在轨业务运行。2003 年，NASA 发射了第 1 颗用于地表高程观测的ICESat(ice, cloud and land elevation satellite)卫星，搭载全波形激光雷达载荷——地球科学激光测高系统(geoscience laser altimeter system, GLAS)(庞勇等，2019)。2018年，美国国家航空航天局(NASA)先后发射了ICESat-2和GEDI(global ecosystem dynamics investigation)，分别搭载光子计数激光测高仪和全波形激光雷达载荷。2019年11月，我国发射的高分七号卫星，同时搭载了全波形激光测高仪和双线阵立体相机，突破了亚米级立体测绘相机技术，能够获取高空间分辨率光学立体观测数据和高精度激光测高数据(唐新明等，2021)。近年来，各学科领域日益增长的对高精度测量的需求，使星载激光雷达技术得到了迅猛的发展(单杰等，2022)。

(5) 地球重力场卫星探测技术。

21世纪以来，针对地球重力场变化，卫星探测的理论和技术出现了多项重大突破，包括星载全球定位系统(global positioning system, GPS)、同轨双星间连续精密微波测距、星载加速度计精密测定非保守力以及星载全张量重力梯度仪等，推动实施了多个卫星重力探测计划，包括2000年7月15日发射的挑战性小卫星有效载荷(challenging mini-satellite payload, CHAMP)卫星、2002年3月17日发射的地球重力场恢复及气候探测(gravity recovery and climate experiment, GRACE)卫星和2009年3月17日发射的地球重力场与稳态海洋环流探测(gravity field and steady-state ocean circulation explorer, GOCE)卫星，其主要的科学目的是精确测定地球重力场的精细结构及长波重力场随时间的变化。21世纪的前10年是卫星重力场探测技术发展的黄金时期，卫星跟踪卫星技术和卫星重力梯度测量技术被认为是21世纪初最有价值和应用前景的地球重力场高效探测技术(宁津生等，2016)。

其中，最成功和应用最广泛的是GRACE卫星，其由美国国家航空航天局(NASA)与德国地球科学研究中心(German Research Centre for Geosciences, GFZ)联合研发，主要用微波干涉仪精密测量两个相距220 km的同轨双星间的距离变化，探测地球重力场中长波分量及其随时间的变化，进而可以测定全球月际时间尺度的重力场时变量并反演出地球表层的质量分布变化。这大幅度提高了中、长波重力场测定精度，使大地水准面模型的精度由米级提高到分米级(宁津生等，2016)。GRACE卫星自2002年3月升空至2017年结束观测使命，获得了长达15年的地球重力场和表层质量分布变化的连续观察数据，能在天气时间尺度上反映季节性和年际气候变化，被广泛应用于各个领域，诸如探究高山冰川和极地冰盖消融、海平面上升、流域水循环、地下水抽取、干旱监测、矿产开采等(涂梦昭等，2020)。2018年5月23日，GRACE-FO(follow on)卫星发射成功，随后替代GRACE卫星。基于GRACE卫星的多年成功运行和系统研究，GRACE-FO卫星做了诸多技术改进，如将测距方式从微波测距换成了激光测距，激光系统除了能更精密地测量两星之间的距离变化，还可以提供两星之间的角度信息；再加上分离测量精度的提高和科学数据系统的进步，使GRACE-FO卫星能够在更小的尺度上感知地球重力场的变化，实现对地球重力场时变的精确观测，进而更精准地反演出地球表层的质量分布及变化(宁津生等，2016)。

(6) 卫星组网观测。

21世纪以来，多载荷的综合卫星平台和多星组成的卫星集群对地球系统展开了全方位的探测。美国国家航空航天局(NASA)在20世纪90年代初发起了地球观测系统(earth observation system，EOS)计划，对地球系统进行全方位的探测和多学科(大气、海洋、陆面、生物、化学等)的综合研究。其最核心的观测系统由多颗综合性的大型卫星组成，最成功的是1999年12月发射的Terra卫星(EOS/AM-1，10：30/地球观测卫星)和2001年12月发射的Aqua卫星(EOS/PM-1S/C)，组成了双子星座，同时搭载多个传感器，目前仍在轨运行，对地球表面、大气和海洋开展了长时间的每天2～4次的高频系统观测。Terra卫星搭载的传感器有中分辨率成像光谱辐射计(moderate resolution imaging spectroradiometer，MODIS)、先进星载热发射和反射辐射计(advanced spaceborne thermal emission and reflection radiometer，ASTER)、多角度成像光谱辐射计(multi-angle imaging spectroradiometer，MISR)、云和地球辐射能量探测器(cloud and earth radiant energy sensor，CERES)、对流层污染测量仪(measurements of pollution in the troposphere，MOPITT)；Aqua卫星搭载的传感器有大气红外探测器(atmospheric infrared sounder，AIRS)、高级微波扫描辐射计(advanced microwave scanning radiometer for earth observing system，AMSR-E)、改进的微波探测单元(advanced microwave sounding unit，AMSU)、巴西湿度探测器(humidity sounder for Brazil，HSB)、CERES和MODIS。2004年7月发射的Aura(EOS/Chem-1)卫星，搭载有高分辨率动态临边探测器(high resolution dynamics limb sounder，HIRDLS)、微波临边探测器(microwave limb sounder，MLS)、臭氧监视仪(ozone monitoring instrument，OMI)、对流层发射光谱仪(tropospheric emission spectrometer，TES)，实现了从地面到中层大气化学成分和大气动力的系统观测。除此之外，还有全球降雨观测(global precipitation measurement，GPM)卫星星座群、欧洲空间局发射的ERS-1/ERS-2、Sentinel-1/Sentinel-2等地球遥感卫星群，共同组成了对地观测系统。我国于2010年批准启动实施的高分辨率对地观测系统重大专项(简称“高分专项”)，到现在已成绩斐然，被称为“中国人自己的全球观测系统”。

(7) 通导遥集成技术。

2002年成立的美国太空探索技术公司(SpaceX)开启了私人(Elon Musk)公司进入航天发射领域的大门，其研发的可多次重复使用的龙飞船(Dragon)系列航天器和猎鹰号系列运载火箭，大大降低了卫星的发射成本，推动了航天遥感的快速发展。另外，该公司在2015年推出“星链”(Starlink)项目，计划2024年前在太空搭建由4.2万颗通信卫星组成的星链网络，为全球提供互联网服务。截至2022年10月8日，SpaceX利用其研制的可回收重复利用龙飞船和一箭多星(40～50颗)运载火箭，已发射了3451颗星链卫星，其中3179颗仍在轨运行，实现了卫星遥感探测、通信传输和定位导航的一体化。

(8) 宇航观测技术。

除了对地观测系统，各国还对太阳系内的其他星球以及太阳系外的行星开展探索。1960年，苏联向火星发射了火星1A号(Mars 1M)探测器，它是人类探测火星的开端。1964年，美国成功发射了水手4号(Mariner 4)火星探测器，它是历史上第一个成功到达火星的探测器。随后，美国、苏联、欧洲、日本等国家和地区相继发射了数十个火星、金星和土星等太阳系内的其他行星探测器。2018年4月16日，美国发射了凌日系外行星勘测卫星(transiting exoplanet survey satellite，TESS)。TESS是NASA最新的太阳系外行星搜寻卫星，原计划在为期2年的太空飞行任务中，对至少20万颗恒星进行观察并寻找太阳系外行星，期望发现可能孕育生命的“另一个地球”。宇航遥感探测技术虽然属于卫星遥感探测的范畴，但本书主要讨论对地遥感探测技术，在此仅对宇航遥感略做介绍。

1.4 我国遥感事业的发展

我国遥感事业起步于20世纪60年代，经过几十年的发展，在运载火箭、遥感平台和传感器等设备的研发，信息的获取和传输，遥感信息的分析和应用等各个方面都取得了非常突出的成就，形成了气象、海洋、资源、环境和灾害监测等领域的遥感卫星对地观测系统，成功开展了探月工程以及火星探测等其他行星探测任务，建成了独立的空间站和北斗卫星导航定位系统，我国已成为遥感和航天科技大国(Hou and Liu，2015；孙伟伟等，2020)。本节将简要介绍我国运载火箭、火箭发射场、遥感卫星、空间站、遥感影像处理软件与算法等方面的发展概况。

1.4.1 运载火箭

火箭是一种利用排出物质制造反作用力以瞬间获得高速的推进飞行器。目前，人造火箭获得的速度足以突破第一宇宙速度(7.9 km/s)和第二宇宙速度(11.2 km/s)，前者称为环绕速度，后者称为逃逸速度。火箭可以用来将人造卫星、宇宙飞船等运载到环地球运行轨道和突破地球引力的宇航探测轨道。

我国火箭主要分为长征系列和其他系列。长征系列运载火箭是我国自行研制的航天运载工具，于1965年开始研制，在1970年4月24日发射长征一号F01运载火箭，成功将中国第一颗人造地球卫星——东方红一号科学试验卫星送入近地轨道。长征系列火箭完成了我国大部分太空发射任务，在国际商业卫星发射中也占有一席之地。目前，长征系列火箭有长征一号系列、长征二号系列、长征三号系列、长征四号系列、长征五号系列、长征六号系列、长征七号系列、长征八号系列、长征十一号系列共9个系列。截至2022年11月7日，据不完全统计，长征系列火箭共发射447次(见表1.1)。

表1.1 长征运载火箭型号及发射次数(截至2022年11月7日)

长征系列火箭	火箭型号	不同火箭发射基地的发射次数				
		酒泉	太原	西昌	文昌	总计
长征一号	长征一号(CZ-1)	2	0	0	0	2
长征二号	长征二号(CZ-2)	4	0	0	0	4
	长征二号丙(CZ-2C)	29	20	16	0	65
	长征二号丁(CZ-2D)	52	9	8	0	69
	长征二号E(CZ-2E)	0	0	7	0	7
	长征二号F(CZ-2F)	18	0	0	0	18

续表

长征系列火箭	火箭型号	不同火箭发射基地的发射次数				
		酒泉	太原	西昌	文昌	总计
长征三号	长征三号(CZ-3)	0	0	13	0	13
	长征三号甲(CZ-3A)	0	0	27	0	27
	长征三号乙(CZ-3B)	0	0	86	0	86
	长征三号丙(CZ-3C)	0	0	18	0	18
长征四号	长征四号甲(CZ-4A)	0	2	0	0	2
	长征四号乙(CZ-4B)	6	40	0	0	46
	长征四号丙(CZ-4C)	20	24	1	0	45
长征五号	长征五号(CZ-5)	0	0	0	5	5
	长征五号乙(CZ-5B)	0	0	0	4	4
长征六号	长征六号(CZ-6)	0	10	0	0	10
	长征六号甲(CZ-6A)	0	1	0	0	1
长征七号	长征七号(CZ-7)	0	0	0	5	5
	长征七号甲(CZ-7A)	0	0	0	4	4
长征八号	长征八号(CZ-8)	0	0	0	2	2
长征十一号	长征十一号(CZ-11)	8	0	2	0	10
	长征十一号 H(CZ-11H)	0	4	0	0	4
总计		139	110	178	20	447

注：资料来源于 www.spacechina.com。

其他系列火箭主要是小型运载火箭，包括风暴系列、开拓者系列、快舟系列、朱雀系列、OS 系列、双曲线系列、捷龙系列、谷神星系列、中科系列等(见表 1.2)。

风暴系列火箭有风暴一号火箭，又名新长征一号，由上海航天技术研究院设计，1975 年 7 月该火箭成功将我国第一颗质量超过 1 t 的卫星送上太空；1981 年 9 月该火箭首次用 1 枚火箭同时发射 3 颗卫星——实践二号、实践二号甲、实践二号乙。在风暴一号的技术基础上，还发展了长征四号系列运载火箭。

开拓者系列火箭是由中国航天科工集团研制的一系列使用固体燃料的小型航天运载火箭。固体燃料火箭没有液体燃料或液固燃料混用火箭的推力大，只能发射在近地轨道运行的小卫星和微小卫星。因其构造相对简单，操作方便，从组装到发射最快可在 12 h 内完成。开拓者系列火箭的成功发射标志着我国具有了快速发射近地轨道小卫星的能力。快舟系列火箭同样是由中国航天科工集团研制的星箭一体化全固体燃料小型运载火箭，偏重于空间的快速响应能力。

朱雀系列火箭主要是朱雀一号运载火箭，是北京蓝箭航天的首枚民营运载火箭，该火箭搭载微小卫星(未来号)，2018 年 10 月在酒泉卫星发射中心成功发射；2018 年 5 月和 9 月，由重庆零壹空间研发的 OS-X 和 OS-X1 火箭在酒泉成功发射，共同开创了中国民营火箭发射的先河。另外，双曲线系列火箭、捷龙系列火箭、谷神星系列火箭、中科系列火箭等都是由中国民营火箭企业发射的，代表着中国商业航天公司的实力逐渐增强。

表 1.2　中国其他运载火箭型号及发射次数(截至 2022 年 9 月 29 日)

研发单位	火箭系列	火箭型号	不同火箭发射基地的发射次数*				
			酒泉	太原	西昌	文昌	总计
上海航天技术	风暴系列	风暴一号	8	0	0	0	8
中国航天科工	开拓者系列	开拓者一号	0	3	0	0	3
		开拓者二号	1	0	0	0	1
	快舟系列	快舟一号	2	0	0	0	2
		快舟一号甲	14	3	1	0	18
		快舟十一号	1	0	0	0	1
北京蓝箭航天	朱雀系列	朱雀一号	1	0	0	0	1
北京零壹空间	OS 系列	OS-M	1	0	0	0	1
重庆零壹空间	OS 系列	OS-X(X1)	2	0	0	0	2
北京星际荣耀	双曲线系列	双曲线一号	4	0	0	0	4
北京长征火箭	捷龙系列	捷龙一号	1	0	0	0	1
北京星河动力	谷神星系列	谷神星一号	3	0	0	0	3
中国科学院	中科系列	力箭一号(中科一号甲)	1	0	0	0	1
合计			39	6	1	0	46

注：“*”表示不完全统计。

1.4.2　火箭发射场

与火箭同步发展甚至先于火箭研制建设的是火箭及卫星发射场，我国至今已建成 4 个火箭发射场，另有 2 个尚在建设中(见表 1.3)。

酒泉卫星发射中心(Jiuquan Satellite Launch Centre，JSLC)又称为东风航天城，位于甘肃省酒泉市，1958 年开始建设，1970 年 4 月 24 日，长征一号运载火箭在这里成功发射，将中国第一颗人造卫星东方红一号送入近地轨道。酒泉卫星发射中心是中国创建最早、规模最大的综合型导弹、卫星发射中心，这里海拔 1000 m，地势平坦，干燥少雨，具有良好的卫星发射和宇宙飞船回收的自然环境条件，可测试及发射长征系列运载火箭、中低轨道的各种试验卫星、应用卫星、载人飞船和导弹等，同时承担残骸回收、航天员应急救生等任务。酒泉卫星发射中心是中国科学卫星、技术试验卫星和运载火箭的主要发射试验基地，至今已完成发射近 200 次，承担了各种里程碑式的火箭发射任务，如第一枚火箭和人造卫星、神舟系列宇宙飞船、载人航天、中国空间站等发射任务(见表 1.1至表 1.3)。

表 1.3 运载火箭发射场(截至 2022 年 10 月 31 日)

名称	省份	开始建设时间	首次发射时间	已发射次数*
酒泉卫星发射中心	甘肃	1958 年	1970 年	178
太原卫星发射中心	山西	1967 年	1988 年	116
西昌卫星发射中心	四川	1970 年	1982 年	179
文昌航天发射场	海南	2009 年	2016 年	20
宁波国际商业航天发射中心	浙江	2021 年	—	—
中国东方航天港	山东	2019 年	—	—

注："*"表示不完全统计。

太原卫星发射中心(Taiyuan Satellite Launch Center，TSLC)位于山西省忻州市岢岚县，地处温带，海拔 1500 m 左右，1967 年开始建设，1968 年 12 月 18 日成功发射了第一枚中程运载火箭。1988 年 9 月 7 日，该卫星发射中心首次成功发射了长征四号运载火箭，并将中国第一颗风云一号气象卫星送入了太阳同步轨道。据不完全统计，至今已完成各类火箭发射 116 次(见表 1.1 至表 1.3)。

西昌卫星发射中心(Xichang Satellite Launch Center，XSLC)又称为西昌卫星城，位于四川省凉山彝族自治州冕宁县，具有纬度低(28°14′N)、海拔高(1850 m)、云雾少、无污染、空气透明度高等优点。该卫星发射中心于 1970 年开始建设，1982 年交付使用。据不完全统计，至今已完成各类火箭发射 200 多次(见表 1.1 至表 1.3)，是我国第一个发射超过 200 次的火箭发射场。

文昌航天发射场(Wenchang Spacecraft Launch Site，WSLS)位于海南省文昌市龙楼镇，隶属于西昌卫星发射中心，于 2009 年 9 月开工建设，2016 年 6 月 25 日首次成功发射长征七号 Y1 运载火箭，把西北工业大学研制的微小卫星"翱翔之星"送入了预定轨道。该发射场是中国首个开放性低纬度(19°19′N)滨海航天发射场，主要承担了地球同步轨道卫星、大质量极轨卫星、大吨位空间站和深空探测卫星等航天器的发射任务，至今已成功发射 20 多次。

文昌航天发射场建成使用后，酒泉卫星发射中心继续承担返回式卫星、载人航天工程等发射任务；太原卫星发射中心仍主要承担太阳同步轨道卫星发射任务；西昌卫星发射中心的西昌发射场主要承担应急发射任务，并与文昌航天发射场形成互补。

除了上述 4 个陆上发射场，太原卫星发射中心还成立了海上发射团队，并于 2019 年 6 月 5 日在黄海海域的"泰瑞号"驳船上，成功发射了长征十一号运载火箭，并将技术试验卫星捕风一号 A、B 星及 5 颗商业卫星送入了预定轨道；随后在 2020 年和 2022 年，又多次完成海上驳船发射任务，拉开了海上(商业)发射的序幕。

另有 2 个在建的航天发射场。其中，中国东方航天港位于山东省烟台市，于 2019 年开始建设，在海上航天发射的助力下，将重点打造成我国首个海上发射母港，推动海上航天发射高频化、常态化和系统化；宁波国际商业航天发射中心位于浙江省宁波市象山县，于2021年开始建设，设计的是年发射规模100多次的商业航天发射及其配套的航天产业研发基地。

1.4.3 遥感卫星

1957年10月4日，苏联将世界上第一颗人造地球卫星Sputnik-1送入太空，宣告了人类航天时代的来临。1958年1月31日，美国也成功将一颗卫星(Explorer-1)送入了地球预定轨道。1958年初，竺可桢、钱学森、赵九章三位科学家联名向中央上书，建议开展我国人造卫星研究；1958年7月，我国提出了人造卫星的预研计划，但直到1965年才正式开始研制；1970年4月24日，我国第一颗人造地球卫星东方红一号(DFH-1)在酒泉卫星发射中心成功发射。

东方红一号卫星的成功发射，开创了我国航天史的新纪元，使我国成为继苏联、美国、法国、日本之后世界上第五个独立研制并发射人造地球卫星的国家。经过近60年的发展，我国卫星的发展取得了卓越的成就。我国的卫星研制经历了从功能单一的东方红一号卫星到现在的北斗全球卫星导航系统的形成，从单星发射到多星同步发射；卫星传感器的发展从多光谱到高光谱波段，从可见光到近红外、热红外和微波；监测对象从陆地到大气和海洋，形成了气象遥感卫星系列、陆地遥感卫星系列和海洋遥感卫星系列，组成了我国独立自主的对地观测系统(Guo，2012；孙伟伟等，2020)。

1. 气象遥感卫星系列

中国气象卫星从1977年开始研发，1988年9月7日，风云一号01批A星(FY-1A)成功发射，揭开了中国气象卫星遥感的新篇章。1990年9月3日，风云一号01批B星(FY-1B)成功发射，风云一号02批C星(FY-1C)和D星(FY-1D)分别于1999年5月10日和2002年5月15日成功发射，表明中国解决了太阳同步轨道卫星的发射、入轨、长期测控和管理，地面资料的接收处理应用等一系列关键技术问题。紧接着，风云二号(FY-2)、风云三号(FY-3)和风云四号(FY-4)系列共17颗气象卫星也相继成功发射和运营，包括8颗太阳同步极轨气象卫星和9颗地球同步(静止)轨道气象卫星(杨军等，2018)。另外，高分五号(GF-5)卫星搭载了4个大气传感器，能够探测温室气体和气溶胶等大气成分(熊伟，2019)。

气象卫星系列主要探测大气层要素及其变化，获取全球尺度、全天候、多时相、三维立体、多光谱、定量的大气、近地表和海洋表层等特征参数。经过科学家们40多年的不断努力，我国气象卫星形成了以风云系列卫星为主的大气遥感观测体系，卫星传感器的性能逐渐提高，卫星的寿命不断增加，探测的大气要素更加全面，能够探测全球范围的温度、湿度、气压、云、大气成分和天气等多个气象要素，探测技术和精准度处于国际一流水平。探测的要素能够满足大气科学研究、极端天气监测和数字天气预报等各类业务需求，服务于中国气象、水文、农业、海洋、自然灾害等多领域，并向全球90多个国家和地区提供风云气象卫星资料(卢乃猛、古松岩，2016；Zhang et al.，2019)。

2. 陆地遥感卫星系列

陆地遥感卫星主要探测地球表面的各种资源、环境、灾害和人类活动信息及变化情况，为自然资源调查、生态环境保护、农作物估产、灾害监测和城市规划等提供数据服务。我国陆地遥感卫星从20世纪80年代开始研制，但直到1999年，我国才成功发射资源一号卫星，填补了自主研制陆地遥感卫星的空白。经过近40年的发展，我国已经发射了100多颗民用陆地观测卫星，传感器的时间、空间、光谱分辨率和图像质量大幅度提升，形成了包括资源卫星、环境卫星、高分卫星和小卫星在内的4个对地观测卫星系列，能有效服务于我国国土资源调查、环境保护、自然灾害监测和城市发展等领域（Xu et al.，2014；王桥、刘思含，2016）。

（1）资源卫星系列。

资源卫星系列是我国的地球资源探测卫星系列，从20世纪80年代开始研制，相继发射了资源一号至资源三号共3个系列（Li and Cao，2010）。资源一号系列逐渐形成了2个分支，一个分支是中巴合作的资源一号系列（CBERS-01和CBERS-02），另一个分支是国内独立研制的资源（ZY）探测业务卫星系列（张庆君、赵浪波，2018）。资源一号由我国和巴西联合研制，CBERS-01卫星于1999年10月14日在太原卫星发射中心成功发射，是我国发射的第一颗民用国产陆地观测卫星；CBERS-02卫星于2003年10月21日成功发射，CBERS-02B卫星于2007年9月19日成功发射，CBERS-04卫星于2014年12月7日成功发射，CBERS-04A卫星于2019年12月20日成功发射。中巴联合研制的资源卫星系列为两国农业、林业、地质、水文、测绘和环境等资源的长期调查、开发、管理和监测提供中分辨率的遥感信息服务（杨忠东等，2013）。

资源一号02C卫星（ZY1-02C）于2011年12月22日发射升空，是我国自主研制的高分率国土资源普查的业务卫星，HR相机的空间分辨率达2.36 m、幅宽54 km，P/MS相机全色5 m、多光谱10 m、幅宽60 km。资源一号02D卫星（ZY1-02D）于2019年9月12日成功发射，搭载9谱段的多光谱相机和166谱段的高光谱相机，提供2.5 m全色、10 m多光谱和30 m高光谱影像数据，是我国首颗民用高光谱业务卫星。

资源二号卫星（ZY2），是我国自主研制的新一代遥感卫星，包括ZY2-01、ZY2-03和ZY3-03卫星，分别于2000年9月、2002年10月和2004年11月成功发射，实现了三星组网观测，搭载了红外和可见光相机、多光谱扫描仪、微波辐射计、多功能雷达、重力及磁力遥感等多种遥感设备，但目前已停止工作。

资源三号01卫星（ZY3-01）于2012年1月9日在太原卫星发射中心成功发射，是我国自主研制的首颗民用高分辨率立体测绘卫星，可获取2 m的高分辨率立体影像和6 m的多光谱影像。资源三号02卫星（ZY3-02）于2016年5月成功发射，与01卫星组网运行，共同服务于国土资源、水利、交通、农业、林业等多个领域（孙伟伟等，2020）。

（2）环境/实践卫星系列。

环境/实践系列卫星包括环境系列卫星和实践九号卫星。环境系列卫星是我国专门针对环境和灾害监测的对地观测系统。

环境一号A/B卫星（HJ-1A/B）于2008年9月6日成功发射入轨，HJ-1A搭载了1个宽幅（700 km）的30 m分辨率电荷耦合器件（charge coupled device，CCD）相机与100 m分辨率的高光谱相机（幅宽50 km），HJ-1B搭载了1个宽幅（700 km）的30 m分辨率CCD相机和150 m分辨率的红外多光谱相机（幅宽720 km）。HJ-1C卫星于2012年11月

19 日成功发射入轨，搭载了 S 波段合成孔径雷达，具有条带（幅宽 40 km）和扫描（幅宽 100 km）这 2 种工作模式，不受云雾和昼夜太阳辐射的限制，可以全天候观测（孙伟伟等，2020）。

实践九号 A/B 卫星（SJ-9A/B）于 2012 年 10 月 14 日成功发射入轨，搭载了 1 个 2.5 m 全色多光谱相机和 10 m 的红外相机（幅宽 30 km），是民用新技术试验卫星系列规划中的首发星，主要用于自主研制的国产卫星核心元器件、卫星编队、星间链路等各种卫星性能、功能、精度、寿命的测试（孙伟伟等，2020）。

（3）高分卫星系列。

2010 年 5 月，我国启动高分辨率对地观测重大专项计划（简称“高分专项”），首批高分系列卫星的编号为从高分一号（GF-1）至高分七号（GF-7）。首颗高分卫星 GF-1 于 2013 年 4 月 26 日成功发射，搭载了 4 个 4 谱段多光谱相机，可获取 2 m 全色和 8 m 多光谱影像数据。GF-2 于 2014 年 8 月 19 日成功发射，是我国首颗亚米级（0.8 m）高分辨率民用光学遥感卫星。GF-3 于 2016 年 8 月 10 日成功发射，是我国首颗空间分辨率达到 1 m 的 C 频段多极化合成孔径雷达成像卫星。GF-4 于 2015 年 12 月 29 日成功发射，搭载了 1 个 50 m 的多光谱全色相机和 1 个 400 m 的中波红外面阵相机，这是我国首颗地球同步轨道高分辨率遥感卫星。GF-5 于 2018 年 5 月 9 日成功发射，是我国首颗高光谱卫星，在太阳同步轨道上可获取 200～2500 nm 谱段的 330 个波段、30 m 分辨率、60 km 幅宽的高光谱影像数据。GF-6 于 2018 年 6 月 2 日成功发射，可与 GF-1 组网运行，获取 2 m 全色和 8 m 多光谱影像，是我国首颗用于精准农业观测的低轨光学遥感卫星，又称为高分陆地应急监测卫星。GF-7 于 2019 年 11 月 3 日成功发射，搭载双线阵立体相机和激光测高仪，突破了亚米级立体测绘相机技术，能够获取高空间分辨率光学立体观测数据和高精度激光测高数据，实现民用 1：10000 比例尺的卫星立体测图（刘建军等，2018）。

至今，首批高分系列卫星已全部完成发射任务，独立自主地建成了覆盖全色、多光谱、高光谱、热红外、被动微波、主动微波雷达以及激光雷达，包括太阳同步轨道和地球同步轨道等多种轨道类型，具备高空间分辨率、高光谱分辨率和高精度观测能力的对地观测系统（孙伟伟等，2020）。高分系列卫星仍在继续，如 GF-8 于 2015 年 6 月 26 日成功发射，其余的 GF-9、GF-10、GF-11、GF-12、GF-13 和 GF-14 都已分别成功发射，继续完善了我国的多源卫星遥感对地观测系统。

（4）小卫星系列。

中国的小卫星系列包括北京系列、天绘一号系列、高景一号卫星星座、珠海一号卫星星座、吉林一号卫星星座、珞珈一号和三极遥感星座观测系统等，主要由民营企业负责运营和提供商业化的影像与产品服务，是我国对地观测系统的有益补充（孙伟伟等，2020）。

北京系列小卫星包括北京一号（BJ-1）和北京二号（BJ-2）。BJ-1 小卫星及运营系统是国家科技攻关计划和高技术研究发展计划（863 计划）联合支持的研究成果，于 2005 年 10 月 27 日成功发射，全重 166 kg，搭载 4 m 分辨率全色相机与 32 m 分辨率多光谱相机（幅宽 600 km），可实现对热点地区的灵活变轨重点观测，为抗震救灾等灾害应急提供遥感信息服务。BJ-2 是由 3 颗高分辨率卫星组成的民用商业遥感卫星星座（DMC3），于

2015 年 7 月 11 日成功发射，包括 3 颗 1 m 全色和 4 m 多光谱的光学遥感卫星，由中国二十一世纪空间技术应用股份有限公司承担运营观测和提供数据产品服务。

天绘一号(TH-1)系列卫星由航天东方红卫星有限公司研制，包括 TH1-01、TH1-02 和 TH1-03 这 3 颗卫星，分别于 2010 年 8 月 24 日、2012 年 5 月 6 日和 2015 年 10 月 26 日成功发射和组网运行，搭载了三线阵 CCD 相机、2 m 全色相机、10 m 多光谱相机和 5 m 三线阵全色立体相机，是我国第一代光学遥感立体测绘卫星。

高景一号(SuperView-1)系列卫星是由航天东方红卫星有限公司制造、由北京航天世景信息技术有限公司负责全球商业运营的我国首个商业化运营的亚米级高分辨率遥感卫星星座，可提供 0.5 m 全色和 2 m 多光谱且拼接幅宽大于 60 km 的高分辨率影像。SuperView-1 的 01/02 卫星于 2016 年 12 月 28 日成功发射，03/04 卫星于 2018 年 1 月 9 日成功发射。4 颗卫星位于同一轨道的不同方位组网运行，具备对全球范围内任一目标 1 天内重访的能力，可为全球用户提供高效率、高分辨率和高质量的遥感数据服务(Wang 等，2018)。

珠海一号卫星星座由珠海欧比特宇航科技股份有限公司发射并运营，设计规划由 34 颗卫星组成，包括视频卫星、高光谱卫星、雷达卫星、高分光学卫星和红外卫星等，形成了全天候对地观测能力(Jiang et al.，2019)。目前已发射 12 颗卫星。01 组的 2 颗视频星(OVS-1A 和 OVS-1B)于 2017 年 6 月 15 日成功发射，地面分辨率为 2 m。02 组卫星包含 4 颗高光谱卫星(OHS-01/02/03/04)和 1 颗视频卫星(OVS-2)，于 2018 年 4 月 26 日成功发射，OHS 高光谱卫星在 400～1000 nm 内共有 256 个波段，波谱分辨率 2.5 nm、空间分辨率 10 m、幅宽 150 km。03 组卫星同样包含 4 颗高光谱卫星和 1 颗视频卫星，于 2019 年 9 月 19 日成功发射，随后组网运行，大幅度提高了高光谱遥感数据的采集能力。

吉林一号卫星星座(JL-1)是由长光卫星技术有限公司发射并运营的，规划由 200 颗卫星组成，实现高时间分辨率和高空间分辨率的各类遥感信息获取(李贝贝等，2018)。2015 年 10 月 7 日，成功发射了一箭四星，包括 1 颗光学 A 星、2 颗灵巧视频星以及 1 颗灵巧验证星。2019 年 11 月 13 日，吉林一号高分 02A 卫星发射升空，可获取 0.75 m 全色和 3 m 多光谱数据。2022 年 4 月 30 日，在东海海域使用长征十一号海射遥三火箭，首次采用一箭五星的形式在海上成功发射了吉林一号高分 03D(04～07)/04A 卫星。2022 年 11 月 16 日，成功发射了 5 颗吉林一号高分 03D 卫星。目前，吉林一号主要采用一箭多星技术，完成发射了 34 颗遥感卫星，包括高分辨率视频卫星、高分辨率多光谱卫星、高光谱卫星等，为国土资源监测、林业普查、环境保护、交通运输和防灾救灾等重要领域提供信息支持服务。

武汉大学珞珈一号科学实验卫星(LJ-1)由武汉大学和长光卫星技术有限公司联合研制，于 2018 年 6 月 2 日成功发射，既是兼具遥感和导航功能的低轨微纳科学实验卫星，也是我国首颗夜(弱)光遥感卫星，能提供分辨率 130 m、幅宽 250 km 的夜光影像(Li et al.，2019)。

三极遥感星座观测系统是由北京师范大学首先发起，联合中山大学和深圳航天东方红海特卫星公司共同研制的极地观测小卫星系列。其中，京师一号卫星(BNU-1)是我国首颗极地观测小卫星，由北京师范大学和深圳航天东方红海特卫星公司联合研制，于

2019年9月12日成功发射，搭载了1个分辨率80 m、幅宽745 km的多光谱相机和1个分辨率8 m、幅宽25 km的光学相机。卫星入轨后由南方海洋科学与工程广东省实验室（珠海）负责运行，获取的数据将用于极地气候与环境观测，弥补了我国对极地的自主观测数据的短缺（孙伟伟等，2020）。

3. 海洋遥感卫星系列

我国海洋遥感卫星系列从1985年就开始立项论证，编制了《中国海洋卫星及卫星海洋应用发展规划》，拟发展海洋水色环境、海洋动力环境和海洋监视监测3个系列的海洋遥感卫星系统（张庆君和赵良波，2018）。

（1）海洋水色环境卫星（HY-1）。

2002年5月15日，我国成功发射了首颗海洋遥感卫星（HY-1A），搭载了1台10波段1100 m分辨率的海洋水色扫描仪（2个红外波段，8个可见光波段）和1台4波段250 m分辨率的CCD成像仪，实现了海洋水色和海洋关键参数的大面积同步观测。另外2颗海洋水色环境卫星HY-1B和HY-1C分别于2007年4月11日和2018年9月7日成功发射，主要观测要素包括海水光学特性、叶绿素浓度、海表温度、悬浮泥沙含量、可溶有机物、污染物等，主要应用于海洋管理、海洋权益维护和海洋生态环境等领域（蒋兴伟等，2019）。

（2）海洋动力环境卫星（HY-2）。

海洋动力环境卫星海洋二号包括2颗卫星，分别为HY-2A和HY-2B。2011年8月16日，HY-2A卫星成功发射，搭载了微波散射计、雷达高度计和微波辐射计等，可全天候获取海面风场、海面高度、有效波高、海洋重力场、大洋环流和海表温度等参数，填补了我国海洋动力环境监测的空白，可用于台风、灾害性海浪、风暴潮、海平面变化、海啸和大洋渔业监测等领域（Li et al.，2018；林明森等，2015）。

HY-2B是HY-2A的后续卫星，于2018年10月25日成功发射，搭载类似的传感器并监测相似的参数。该卫星新增了数据收集系统和船舶识别系统，数据收集系统能接收我国近海及其他海域的浮标测量数据；船舶识别系统能为海洋防灾减灾和大洋渔业生产活动等提供服务。HY-2B还将与后续发射的海洋二号C、D卫星组网观测，形成全天候、全天时、高频次全球大中尺度海洋动力环境卫星监测体系（Wang et al.，2019）。

（3）海洋监视监测卫星（HY-3）。

海洋监视监测系列卫星是综合卫星，首颗试验卫星也是我国“高分专项”系统的重要成员（GF-3），于2016年8月10日成功发射，搭载了我国首颗1 m分辨率的C频段多极化合成孔径雷达，具备12种成像模式，能够全方位地获取海洋的4种极化信息，完成典型海洋目标和海洋环境的实时详查任务（袁新哲等，2018）。

经过多年的建设，我国已经初步建成了海洋水色、海洋动力环境和海洋监视监测系列等卫星系统，能够分别探测主要水色参数（如叶绿素浓度、悬浮泥沙浓度、海表温度等）和海洋动力环境参数（如海面风场、浪高、海流等）。与美国的海洋遥感卫星系统相比，我国海洋遥感卫星搭载的微波传感器和主动传感器偏少，在轨海洋遥感卫星的观测要素不够全面，在海洋地形、海洋盐度、洋流、冰盖、重力场等方面还无法观测，目前也较难实现全天候且高精度的海洋环境精细监测（孙伟伟等，2020）。

1.4.4 空间站

空间站是遥感观测的新平台，是我国载人航天工程的主要建设目标。1992 年 9 月 21 日，我国载人航天工程正式立项，制定了“三步走”战略规划。

第一步：发射载人飞船，初步建成配套的试验性载人飞船工程，开展空间应用实验。1999 年 11 月 20 日，神舟一号飞船在酒泉卫星发射中心成功发射，在太空中飞行了 21 h 后顺利降落在着陆场。2003 年 10 月 15 日，神舟五号飞船搭载航天员杨利伟在酒泉卫星发射中心成功发射，在轨飞行 14 圈(约用时 21 h)后，杨利伟随返回舱平安着陆返回。这标志着我国成为世界上第三个独立掌握载人航天技术的国家，第一步的任务取得了圆满成功。

第二步：突破航天员出舱活动技术、空间飞行器交会对接技术，发射空间实验室，解决有一定规模的、短期有人照料的空间应用问题。2005 年 10 月 12 日，神舟六号载人飞船成功发射并进入预定轨道，17 日平安着陆返回，完成了“多人多天”航天飞行任务，标志着第二步的任务实现顺利开局。2008 年 9 月 25 日，神舟七号载人飞船成功发射并进入预定轨道，27 日航天员进行出舱活动，完成了中国人首次太空行走和小卫星伴飞，28 日安全返回着陆，完成了载人航天飞行任务，开启了中国载人航天工程的新篇章。

2011 年 9 月 29 日，天宫一号成功发射，经多次变轨后进入预定轨道(离地 343 km)；2016 年 3 月 16 日，天宫一号正式终止数据服务；2018 年 4 月 2 日，天宫一号再入大气层，销毁部分器件。天宫一号是中国第一个空间实验室，先后与神舟八号、神舟九号和神舟十号飞船完成了多次空间交会对接，为中国载人航天的发展做出了重大贡献。

第三步：建造空间站，解决有较大规模的、长期有人照料的空间应用问题。2010 年 9 月 25 日，我国批准了《载人空间站工程实施方案》。中国空间站工程又称为天宫计划(921 工程)，是我国独立进行的一个空间站研发建造计划。天宫计划的最终目标是在近地轨道上自主建设并运行一个第三代积木式构型空间站，即天宫空间站。目前，经历了 3 个发展阶段，基本完成了我国空间站建设任务。

第一阶段：建造载人飞船。2003 年，神舟五号载人飞船发射成功，标志着完成第一阶段的任务。

第二阶段：建造目标飞行器以及小型空间实验室。2011 年，天宫一号发射成功，标志着完成第二阶段的任务。

第三阶段：建造天宫号空间站，已取消建造试验性空间站。2016 年 9 月 15 日，天宫二号空间实验室顺利升空入轨(离地 393 km)，并先后与神舟十一号载人飞船和天舟一号货运飞船完成交会对接，实现了飞得更高、试验更多、载人飞行时间更长等成果，是我国第一个真正意义上的太空实验室，使我国载人航天事业迈入了空间应用发展新阶段。2019 年 7 月 19 日，天宫二号空间实验室在轨飞行 1036 天后，返回地球，落入了南太平洋预定的安全海域。

中国天宫号空间站包括天和核心舱和问天实验舱、梦天实验舱，组成了“T”字形结构。2021 年 4 月 29 日，天和核心舱在文昌航天发射场成功发射并进入预定轨道，同年

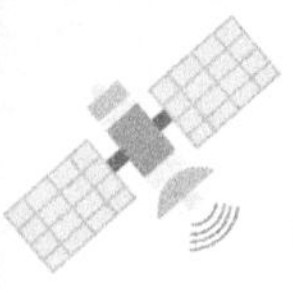

5月18日完成了在轨测试验证。2021年5月30日，天和核心舱与天舟二号货运飞船完成了交会对接；同年6月17日，其与神舟十二号载人飞船完成了交会对接，3名航天员——聂海胜、刘伯明、汤洪波正式进入空间站天和核心舱；同年9月17日，神舟十二号载人飞船返回舱搭载3名航天员安全着陆返回。随后，天和核心舱分别与天舟三号(2021年9月21日)、天舟四号(2022年5月10日)货运飞船和神舟十四号(2022年6月5日)载人飞船交会对接，迎接空间站组件、实验物资和新的航天员(陈冬、刘洋、蔡旭哲)。

2022年7月24日，问天实验舱在文昌航天发射场成功发射，同年7月25日与天和核心舱顺利对接，航天员进入了问天实验舱。2022年10月31日，梦天实验舱在文昌成功发射并进入了预定轨道，同年11月1日与天和核心舱对接，同年11月3日梦天实验舱顺利完成转位，组成了中国空间站的“T”字形结构(见图1.5)。神舟十四号航天员乘组进入梦天实验舱，标志着中国天宫空间站建设任务的基本完成，实现了中国载人航天工程的战略规划，开启了探索太空、建设航天强国的新征程(杨悦，2022)。

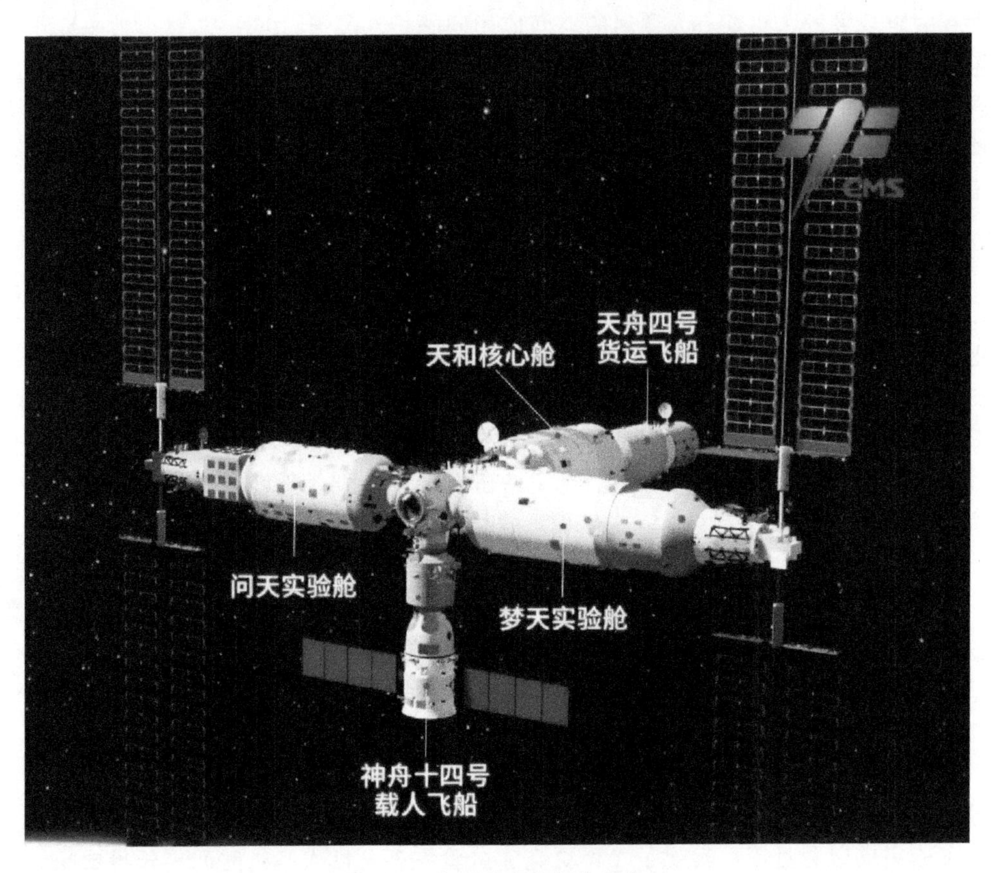

图1.5 中国天宫空间站示意

1.4.5 遥感影像处理软件与算法

随着遥感卫星的发展，国产遥感影像处理软件也实现了自主创新。1972—2000 年，国内遥感软件处于萌芽期。这个时期以国外遥感卫星数据为主，国外遥感影像处理软件也基本垄断了国内的遥感应用市场，而国内遥感处理软件处于研制阶段，仅有科研上的成果，未达到工业化应用的程度。国外的遥感软件有美国的 Erdas Imagine、ENVI (environment for visualizing images)和加拿大的 PCI Geomatica。

2001—2010 年，国内遥感处理软件开始初步发展。这个时期国外新增了大量高分辨率的商业卫星，如 QuickBird、WorldView 和 GeoEye 等；国外的遥感软件也迅速发展，从人机交互提取信息到半自动化提取信息，从像素级遥感图像分类到面向对象遥感图像分类，从单机版到服务器集群版和遥感影像云平台处理系统。我国在这一时期发射多颗卫星，国产遥感图像处理软件也得到了初步发展，如 IRSA、ImageInfo、Titan Image、PIE(pixel information expert)，VirtuoZo、JX4、Image Station 和 Map Matrix 等(李海涛等，2006)。这些国产化软件能够提供一些基本的遥感影像处理功能，初步具备了工业化应用能力，如 PIE 3.0 从国土应用发展到海洋、气象等应用领域。

2010 年至今，中国高分系列卫星、环境/实践卫星、气象卫星、海洋卫星和众多小卫星实现爆发式增长，组成了中国自主的对地观测系统，遥感卫星数据的自主率和数据质量也不断提高，带动国产遥感图像处理软件实现了跨越式发展。国产遥感图像处理软件从单机版转变为服务器集群版，从集群版发展到遥感影像云服务平台(茹彦翔，2017)。近几年，随着人工智能技术的迅猛发展，遥感技术与机器学习、深度学习等算法不断融合，实现了遥感图像信息提取的精准化和高效化，图像处理方法也从半自动化发展到智能化阶段。

思考题

1. 请谈谈你对遥感的理解。
2. 遥感技术系统包括哪些？
3. 遥感观测有哪些特点？
4. 我国遥感事业取得了哪些成就？
5. 你对我国空间站的发展有何体会？

参考文献

[1] DRAKE S. Galileo：pioneer scientist[M]. Toronto：University of Toronto Press, 1990：133－134.

[2] GRANSHAW S I. Laussedat bicentenary: origins of photogrammetry[J]. The photogrammetric record, 2019, 34(166): 128-147.

[3] GUERRA F, PILOT L. Historic photoplanes[J]. International archives of photogrammetry and remote sensing, 2000, 33: 611-618.

[4] GU X F, TONG X D. Overview of China earth observation satellite programs[J]. IEEE geoscience and remote sensing magazine, 2015, 3(3): 113-129.

[5] GUO H D. China's earth observing satellites for building a digital earth[J]. International journal of digital earth, 2012, 5(3): 185-188.

[6] GUO H D, FU W X, LI X W, et al. Research on global change scientific satellites[J]. Science China earth sciences, 2014, 57(2): 204-215.

[7] HOU S, LIU H. Chinese satellite programs: an internal view[M]// SCHROGL K U, HAYS P, ROBINSON J, et al. Handbook of space security. New York: Springer, 2015.

[8] JIANG Y H, WANG J Y, ZHANG L, et al. Geometric processing and accuracy verification of Zhuhai-1 hyperspectral satellites[J]. Remote sensing, 2019, 11(9): 996.

[9] LI G P, CAO C X. Development of environmental monitoring satellite systems in China [J]. Science China earth sciences, 2010, 53(S1): 1-7.

[10] LI S Q, BI F, HOU Y J, et al. Characterization of wind-sea and swell in the South China Sea based on HY-2 satellite data[J]. Journal of coastal research, 2018, 84(5): 58-62.

[11] LI X, LI X Y, LI D R, et al. A preliminary investigation of Luojia-1 night-time light imagery[J]. Remote sensing letters, 2019, 10(6): 526-535.

[12] WANG S, JIN R, ZHU J D. Super View-1—China's first commercial remote sensing satellite constellation with a high resolution of 0.5 m[J]. Aerospace China, 2018, 19(1): 31-38.

[13] WANG Z Z, LI J Y, HE J Y, et al. Performance analysis of microwave humidity and temperature sounder onboard the FY-3D satellite from prelaunch multiangle calibration data in thermal/vacuum test[J]. IEEE transactions on geoscience and remote sensing, 2019, 57(3): 1664-1683.

[14] XU W, GONG J Y, WANG M. Development, application, and prospects for Chinese land observation satellites[J]. Geo-spatial information science, 2014, 17(2): 102-109.

[15] ZHOU J, JIA L, MENENTI M. Reconstruction of global MODIS NDVI time series: performance of harmonic analysis of time series (HANTS) [J]. Remote sensing of environment, 2015, 163: 217-228.

[16] ZHANG P, LU Q F, HU X Q, et al. Latest progress of the Chinese meteorological satellite program and core data processing technologies[J]. Advances in atmospheric sciences, 2019, 36(9): 1027-1045.

[17] 刘吉平，郑永宏，周伟. 遥感原理及遥感信息分析基础[M]. 武汉：武汉大学出版社，2012.

[18] 蒋兴伟，何贤强，林明森，等. 中国海洋卫星遥感应用进展[J]. 海洋学报，2019，41(10)：113-124.

[19] 李贝贝，韩冰，田甜，等. 吉林一号视频卫星应用现状与未来发展[J]. 卫星应用，2018，(3)：23－27.
[20] 李海涛，张继贤，杨景辉，等. 我国自主知识产权的遥感综合处理平台及工程应用[C]//中国测绘学会2006年学术年会. 北京：中国测绘学会，2006：631－640.
[21] 林明森，张有广，袁欣哲. 海洋遥感卫星发展历程与趋势展望[J]. 海洋学报，2015，37(1)：1－10.
[22] 刘建军，张俊，李壆，等. 基于GF-7卫星的1∶10000制图要素信息提取技术框架建设[J]. 地理信息世界，2018，25(6)：58－61.
[23] 卢小平，王双亭. 遥感原理与方法[M]. 北京：测绘出版社，2012.
[24] 卢乃锰，谷松岩. 气象卫星发展回顾与展望[J]. 遥感学报，2016，20(5)：832－841.
[25] 宁津生，王正涛，超能芳. 国际新一代卫星重力探测计划研究现状与进展[J]. 武汉大学学报(信息科学版)，2016，41(1)：1－8.
[26] 潘晨，东方星. 高分－3卫星首批微波遥感影像图对外公布[J]. 国际太空，2016(9)：45－47.
[27] 庞勇，李增元，陈博伟，等. 星载激光雷达森林探测进展及趋势[J]. 上海航天，2019，36(3)：20－28.
[28] 彭望琭，白振平，刘湘南，等. 遥感概论[M]. 北京：高等教育出版社，2002.
[29] 彭望琭，白振平，刘湘南，等. 遥感概论[M]. 2版. 北京：高等教育出版社，2021.
[30] 茹彦翔. 雷达图像处理及展示平台优化与实现[D]. 开封：河南大学，2017.
[31] 单杰，田祥希，李爽，等. 星载激光测高技术进展[J]. 测绘学报，2022，51(6)：964－982.
[32] 孙伟伟，杨刚，陈超，等. 中国地球观测遥感卫星发展现状及文献分析[J]. 遥感学报，2020，24(5)：479－510.
[33] 唐新明，刘昌儒，张恒，等. 高分七号卫星立体影像与激光测高数据联合区域网平差[J]. 武汉大学学报(信息科学版)，2021，46(10)：1423－1430.
[34] 涂梦昭，刘志锋，何春阳，等. 基于GRACE卫星数据的中国地下水储量监测进展[J]. 地球科学进展，2020，35(6)：643－656.
[35] 王桥，刘思含. 国家环境遥感监测体系研究与实现[J]. 遥感学报，2016，20(5)：1161－1169.
[36] 熊伟. "高分五号"卫星大气主要温室气体监测仪(特邀)[J]. 红外与激光工程，2019，48(3)：16－22.
[37] 杨军，咸迪，唐世浩. 风云系列气象卫星最新进展及应用[J]. 卫星应用，2018，(11)：8－14.
[38] 杨忠东，卢乃锰，施进明，等. 风云三号卫星有效载荷与地面应用系统概述[J]. 气象科技进展，2013，3(4)：6－12.
[39] 杨悦. 中国空间站建造之路[N]. 解放军报，2022－10－28(9).
[40] 袁新哲，林明森，刘建强，等. 高分三号卫星在海洋领域的应用[J]. 卫星应用，2018(6)：17－21.
[41] 张庆君，赵良波. 中国海洋卫星发展综述[J]. 卫星应用，2018(5)：28－31.

2 遥感物理基础

电磁波谱是遥感探测的信号载体。任何高于绝对零度的物体都会发射电磁辐射，也不同程度地吸收和反射其他物体发射的电磁辐射，呈现独特的电磁波谱特征，可被遥感传感器探测和解译，实现遥感探测过程。本章讲述了遥感探测的核心物理基础，包括电磁波和电磁波谱，电磁辐射原理及度量，太阳和地球辐射，大气层与太阳辐射相互作用机制，地面典型地物对太阳辐射的吸收、反射及其反射波谱特征。

2.1 电磁波理论

2.1.1 电磁波与电磁波谱

(1) 波。

振动的传播称为波。波动是各质点在平衡位置振动而能量向前传播的现象。按照质点振动方向和波传播方向，可以将波分为横波和纵波。如果质点的振动方向与波的传播方向相同，称为纵波，如振动弹簧一端使振动传向弹簧另一端；如果质点振动方向与波传播方向垂直，称为横波，如抖动绳子产生的波。

横波的传播方向可以是垂直振动方向的任何方向，且振动方向一般会随时间变化。若振动方向不随时间变化，则称为线偏振的横波。

(2) 电磁波。

电磁振动的传播称为电磁波。1889 年，德国物理学家海因里希・鲁道夫・赫兹(Heinrich Rudolf Hertz)用电磁振荡的方法产生了电磁波：当电磁振荡进入空间，变化的磁场激发了涡旋电场，变化的电场又激发了磁场，使电磁振荡在空间传播，这就是电磁波(见图 2.1)。电磁波是典型的横波，其振动方向是由电磁振荡向各个不同的方向传播，具有偏振现象。

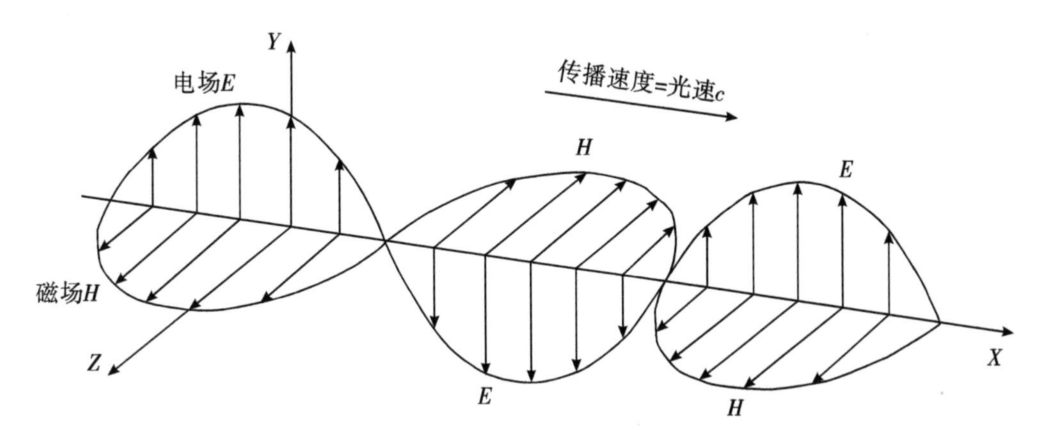

图 2.1 电磁波示意(程守洙、江之永，1979)

(3) 电磁波谱。

经实验证明，电磁波的性质与光波的性质相同。随着对电磁波性质认识的逐渐深化，人们发现更多形式的波都具有电磁波性质，如 1895 年德国物理学家威廉·康拉德·伦琴(Wilhelm Conrad Rontgen)发现 X 射线，1896 年法国物理学家亨利·贝克勒尔(Henri Becquerel)发现 γ 射线等。按照它们在真空中传播的波长或频率进行排列，可以形成一个连续的谱带，这个谱带就是电磁波谱(见图 2.2)。

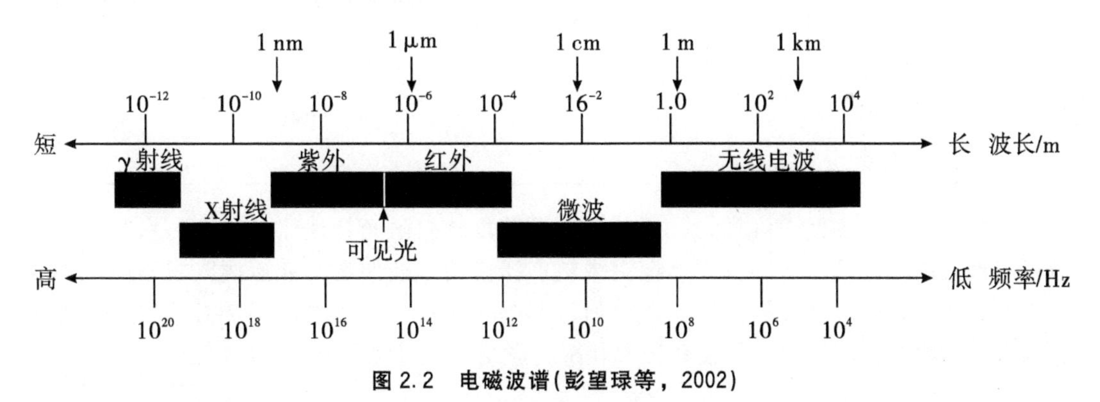

图 2.2 电磁波谱(彭望琭等，2002)

电磁波谱以频率从高到低或按波长从短到长排列，可划分为 γ 射线、X 射线、紫外线、可见光、红外线、微波、无线电波。常用的波长单位有 km、m、cm、mm、μm ($1\ \mu m = 10^{-6} m$)和 nm($1\ nm = 10^{-9} m$)。电磁波还可以用频率表示，在真空状态下，频率 f 和波长 λ 之积等于光速 c。电磁波谱区段的划分界限不是十分明确，一般按产生电磁波的方法或测量电磁波的方式来划分。习惯上电磁波区段的划分如表 2.1 所示。

表 2.1　电磁波谱划分(彭望禄等，2002)

<table>
<tr><th colspan="2">波段</th><th colspan="2">波长</th></tr>
<tr><td rowspan="4">无线电波</td><td>长波</td><td>>3000 m</td><td rowspan="4">>1 mm</td></tr>
<tr><td>中波和短波</td><td>10～3000 m</td></tr>
<tr><td>超短波</td><td>1～10 m</td></tr>
<tr><td>微波</td><td>1 mm～1 m</td></tr>
<tr><td rowspan="4">红外波段</td><td>超远红外</td><td>15～1000 μm</td><td rowspan="4">0.76～1000 μm</td></tr>
<tr><td>远红外(热红外)</td><td>6～15 μm</td></tr>
<tr><td>中红外</td><td>3～6 μm</td></tr>
<tr><td>近红外</td><td>0.76～3 μm</td></tr>
<tr><td rowspan="7">可见光</td><td>红</td><td>0.62～0.76 μm</td><td rowspan="7">0.38～0.76 μm</td></tr>
<tr><td>橙</td><td>0.59～0.62 μm</td></tr>
<tr><td>黄</td><td>0.56～0.59 μm</td></tr>
<tr><td>绿</td><td>0.50～0.56 μm</td></tr>
<tr><td>青</td><td>0.47～0.50 μm</td></tr>
<tr><td>蓝</td><td>0.43～0.47 μm</td></tr>
<tr><td>紫</td><td>0.38～0.43 μm</td></tr>
<tr><td colspan="2">紫外线</td><td colspan="2">10^{-3}～3.8×10^{-1} μm</td></tr>
<tr><td colspan="2">X 射线</td><td colspan="2">10^{-6}～10^{-3} μm</td></tr>
<tr><td colspan="2">γ 射线</td><td colspan="2"><10^{-6} μm</td></tr>
</table>

遥感技术中较多使用可见光、红外和微波波段。太阳光是地球的光源，可见光大部分可以被人眼观察到，所以在遥感探测中被广泛使用。红外波段能探测人眼不可见的辐射信息，使用远红外波段探测地表热辐射，可进一步扩大遥感的应用。微波辐射的探测称为全天候探测，不受白天黑夜和天气状况的影响，在遥感研究中应用广泛。

2.1.2　电磁波的传播特性

(1) 电磁波的性质。

电磁波在真空中传递时，速度就是光速($c=3\times10^8$ m/s)，等于其频率 f 和波长 λ 的乘积，即

$$c=f\cdot\lambda \tag{2.1}$$

电磁波的传播也是能量的传递，电磁波的能量与其传播的频率成正比[式(2.2)]。正因为电磁波的这一特性，在近代物理中电磁波也被称为电磁辐射。

$$E=h\cdot f \tag{2.2}$$

式中：E 为能量(单位为 J)；h 为普朗克常数，$h=6.626\times10^{-34}$ J·s。

电磁波具有波粒二象性。当电磁波在传播过程中遇到气体、液体或固体介质时，会发生反射、折射、吸收、透射等现象。当电磁波入射到平面上时，若平面如同镜面，则发生镜面反射，以垂直平面的法线为准，入射角等于反射角；若物体表面凹凸不平，则发生漫反射，反射方向四面八方都有。射入介质的电磁波会发生折射现象，此时折射角一般不等于入射角。与此同时，由于介质对电磁辐射的吸收作用，电磁波射入介质后，会损失能量。如果能量没有全部被介质吸收，总有一小部分会从入射延伸的方向射出介质，这部分能量称为透射辐射。

辐射传输中，若碰到粒子，如气体中的尘埃、水珠等，还会发生散射现象，从而引起电磁波的强度、方向等发生变化。这种变化随波长而改变，因此电磁辐射是关于波长的函数。

(2) 电磁辐射的测量。

为了定量描述电磁辐射，必须了解辐射测量的定义及其度量单位。

辐射能量 W：用于描述电磁辐射的能量，单位为 J。

辐射通量 Φ：单位时间内通过某一面积的辐射能量，记为 $\Phi = \mathrm{d}W/\mathrm{d}t$，单位为 W，即 1 W = 1 J/s。辐射通量是波长的函数，总辐射通量是各波段辐射通量之和或辐射通量的积分值。

辐射通量密度 E：单位时间内通过单位面积的辐射能量，记为 $E = \mathrm{d}\Phi/\mathrm{d}S$，单位为 $\mathrm{W/m^2}$，S 为面积。

辐照度 I：被辐射的物体表面单位面积上的辐射通量，记为 $I = \mathrm{d}\Phi/\mathrm{d}S$，单位为 $\mathrm{W/m^2}$，S 为面积。

辐射出射度 M：温度为 T 的辐射源物体表面单位面积上的辐射通量，记为 $M = \mathrm{d}\Phi/\mathrm{d}S$，单位为 $\mathrm{W/m^2}$，S 为面积。辐照度 I 与辐射出射度 M 都是辐射通量密度的概念，不过 I 为物体接收的辐射，M 为物体发出的辐射，两者都与波长有关。

辐射亮度 L：假设有一辐射源呈面状，向外辐射的强度随辐射方向而不同，则 L 定义为辐射源在某一方向，单位投影表面，单位立体角内的辐射通量，记为 $L = \dfrac{\Phi}{\Omega(A\cos\theta)}$，单位为 $W/(\mathrm{sr}\cdot\mathrm{m^2})$。辐射源向外辐射电磁波时，$L$ 往往随 θ 而改变。也就是说，接收辐射的观察者以不同角 θ 观察辐射源时，L 值会不同。

辐射亮度 L 与观察角 θ 无关的辐射源，称为朗伯源。一些粗糙的表面可近似看作朗伯源。涂有氧化镁的表面也可近似看成朗伯源，常被用作遥感光谱测量时的标准版。太阳通常近似地被看成朗伯源，以简化太阳辐射研究。严格来说，只有绝对黑体才是朗伯源。

2.2 辐射源

2.2.1 黑体辐射

遥感探测离不开电磁辐射源，主动遥感系统自备辐射源，被动遥感系统则利用地球环境中的自然辐射源。太阳是一种主要的自然辐射源，大多数遥感传感器接收地物对太阳辐射的反射波谱，特别是可见光和近红外波段。地球也是一种自然辐射源，可使用热红外波段来探测地球辐射。对太阳辐射和地球辐射的研究，由于其复杂性，常常是先研究其极端状态即理想状态，然后再根据实际情况做一些修正或近似。

1. 绝对黑体

对辐射源的辐射研究首先从绝对黑体这一理想模型开始。若一个物体对于任何波长的电磁辐射都全部吸收，则该物体是绝对黑体。

实验表明，当电磁波入射到一个不透明的物体上，在物体上只出现对电磁波的反射现象和吸收现象，该物体的光谱吸收系数 $\alpha(\lambda, T)$ 与光谱反射系数 $\rho(\lambda, T)$ 之和恒等于1，且物体的温度不同或入射电磁波的波长不同，都会导致不同的吸收率和反射率。但对绝对黑体而言，一定满足吸收率 $\alpha(\lambda, T)=1$、反射率 $\rho(\lambda, T)=0$，且与物体的温度和电磁波波长无关。

黑色的煤炭，因其吸收系数接近99%，被认为是最接近绝对黑体的自然物质。恒星和太阳的辐射也被看作接近黑体辐射的辐射源。绝对黑体可以达到最大的吸收，也可以达到最大的发射。

2. 黑体辐射规律

(1) 普朗克(Planck)辐射定律。

对于黑体辐射源，德国物理学家马克斯·普朗克(Max Planck)给出了辐射出射度 M_λ 与温度 T、波长 λ 的关系，叫作普朗克辐射定律(Planck's law, or Blackbody radiation law)，表达式为：

$$M_\lambda(\lambda, T) = \frac{2\pi hc^2}{\lambda^5} \cdot \frac{1}{e^{hc/(\lambda kT)} - 1} \tag{2.3}$$

式中：c 为真空中的光速；k 为玻尔兹曼常数，$k=1.38\times10^{-23}$ J/K；h 为普朗克常数，$h=6.626\times10^{-34}$ J·s。

普朗克辐射定律是热辐射理论中最基本的定律，它表明黑体辐射只取决于温度与波长，而与发射角、内部特征无关。

实验表明，黑体在某一单位波长间隔($\lambda \sim \lambda+\Delta\lambda$)的辐射出射度 M_λ 与波长 λ 的关系曲线如图2.3所示，温度为绝对温度 T。从图2.3中可以看出，物体温度不同，曲线也不相同，曲线尽管具有相似的形状，但都不相交。

(2)斯特藩－波尔兹曼(Stefan-Boltzmann)定律。

任一物体辐射能量的大小是关于物体表面温度的函数。斯特藩－波尔兹曼定律表达了物体的这一性质。此定律将黑体的总辐射出射度与温度的定量关系表述为：

$$M = \sigma T^4 \tag{2.4}$$

式中：σ 为斯特藩－波尔兹曼常数，取值为 $5.67\times10^{-8}\ \mathrm{W\cdot m^{-2}\cdot K^{-4}}$；$T$ 为发射体的热力学温度，即黑体温度(单位为 K)。

斯特藩－波尔兹曼定律表明，物体发射的总能量与物体绝对温度的 4 次方成正比。因此，随着温度的增加，辐射能增加迅速。当黑体温度增高 1 倍时，其总辐射出射度将增加为原来的 16 倍。

图 2.3 中，每条曲线下所围面积对应该黑体的总辐射出射度 M。图 2.3 中的曲线说明斯特藩－波尔兹曼定律所表达的物理意义，即辐射温度越高，发射的辐射总量越大。

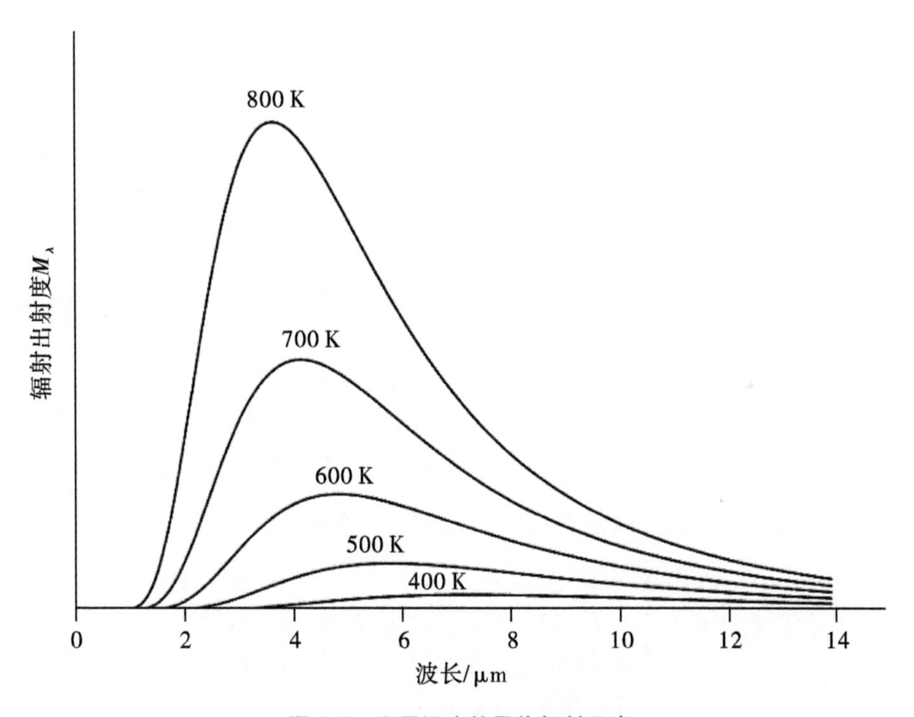

图 2.3　不同温度的黑体辐射示意

(3) 维恩(Wien)位移定律。

从图 2.3 也可以发现，黑体温度越高，其曲线的峰顶就越往左移，即往波长短的方向移动，由此可以得到另一个重要规律，即维恩位移定律。维恩位移定律(Wien's displacement law)描述了物体辐射最大能量的峰值波长与温度的定量关系，即黑体辐射光谱中最强辐射的波长 λ_{max} 与黑体绝对温度 T 成反比，满足式(2.5)：

$$\lambda_{max}\cdot T = b \tag{2.5}$$

式中，b 为常数，$b = 2.898\times10^{-3}\ \mathrm{m\cdot K}$。

如果一个物体的辐射最大值落在可见光波段，那么物体的颜色会被看到。随着温度的升高，最大辐射对应的波长逐渐变短，颜色由红外到红色再逐渐变蓝变紫。蓝火焰比红火焰温度高就是该原理。只要测量出物体的最大辐射对应的波长，由维恩位移定律就可以很容易计算出物体的温度值。

表 2. 2 给出了绝对黑体温度与最大辐射对应波长的关系。将太阳、地球和其他恒星近似看作球形的绝对黑体，则与这些星球的辐射出射度对应的黑体温度可作为星球的有效温度。太阳最强辐射对应的 λ_{max} 为 0. 47 μm，用公式可算出有效温度 T 是 6150 K，因此太阳辐射在可见光波段最强。而地球在温暖季节的白天 λ_{max} 约为 9. 66 μm，可以计算出温度 T 为 300 K，因为 9. 66 μm 是在红外波段，所以地球主要发射不可见的红外热辐射。人眼虽然看不见红外热辐射能量，但它能被特殊的热辐射仪器(如辐射计、扫描仪)感应，并在红外遥感中有重要的作用。

表 2. 2　绝对黑体温度与最大辐射对应波长的关系(赵英时，2013)

温度 T/K	300	500	1000	2000	3000	4000	5000	6000	7000
波长 λ_{max}/μm	9. 66	5. 80	2. 90	1. 45	0. 97	0. 72	0. 58	0. 48	0. 41

2. 2. 2　实际物体的辐射

把实际物体看作辐射源，研究其辐射特性，将其与绝对黑体比较，可以找到两者的关系。

研究实际物体在单位光谱区间内的辐射出射度 M_λ 与吸收系数 α_λ 的关系。假定有一个封闭的空腔，腔内有若干个物体。首先，空腔内为真空，腔内能量交换只能以辐射方式进行。其次，空腔内保持恒温且不变，这保证了每个物体向外辐射和吸收的能量相等。设 M_i 为辐射出射度，α_i 为吸收系数，I_i 为辐照度，则对于空腔内多个物体，有 $\frac{M_i}{\alpha_i} = I_i$ ($i = 0, 1, \cdots, n$)。德国物理学家古斯塔夫・罗伯特・基尔霍夫(Gustav Robert Kirchhoff)证明了 $I_0 = I_1 = I_2 = I$，仅与波长和温度有关，与物体本身的性质无关，且对腔内多个物体($i = 0, 1, \cdots, n$)都成立。假如其中某一个物体 B_0 是绝对黑体，则吸收系数 $\alpha_0 = 1$，因此有 $M_0 = I_0 = I$，得到式(2. 6)：

$$\frac{M_1}{\alpha_1} = \frac{M_2}{\alpha_2} = M_0 = I \tag{2.6}$$

此式即为基尔霍夫定律(Kirchhoff law)。

基尔霍夫定律表现了实际物体的辐射出射度 M_i 与同一温度和同一波长区间绝对黑体的辐射出射度的关系，α_i 是此条件下的吸收系数。有时吸收系数也称为比辐射率或发射率，记作 ε，用来表示实际物体辐射与黑体辐射之比。

2.2.3 太阳辐射

太阳是被动遥感最主要的辐射源，包括地物对太阳辐射的反射。太阳发出的电磁波辐射习惯称为短波辐射或太阳光，部分太阳光穿透大气层照射到地面，被地面反射后再经过大气层到达传感器。

（1）太阳常数。

太阳是太阳系的中心天体，受太阳影响的范围是直径约120亿千米的广阔空间。在太阳系空间，除了包括地球及其卫星在内的行星系统、彗星、流星等天体，还含有从太阳发射的电磁波的全波辐射及粒子流。

地球上的能源主要来自太阳。地学中经常用到的一个与太阳辐射能量相关的物理量是太阳常数，它定义为不受大气影响，在距离太阳一个天文单位的区域内，垂直于太阳辐射方向上，单位面积和单位时间黑体所接收的太阳辐射能量：$I_{\odot} = 1.360 \times 10^3\ \mathrm{W/m^2}$。

太阳常数是在地球大气顶端接收到的太阳能量，没有大气的影响。长期观测表明，太阳常数值基本稳定，即其变化不会超过1%。因此，由太阳常数和日地距离，可以计算出太阳的总辐射通量 $E = 3.826 \times 10^{26}\ \mathrm{W}$。反过来，由太阳的总辐射通量和太阳半径($6.96 \times 10^5\ \mathrm{km}$)又可计算出太阳的辐射出射度 M。太阳常数对研究太阳辐射十分重要，对遥感探测和进一步应用于气象、农业、环境等领域也很重要。

（2）太阳光谱。

太阳光谱通常指太阳辐射产生的光谱，其大部分能量集中于可见光波段。图2.4描绘了黑体在6000 K时的辐照度曲线(或黑体辐射光谱)，在大气层外接收到的太阳辐照度曲线(太阳辐射光谱)，以及太阳辐射穿过大气层后在海平面接收到的太阳辐照度曲线。

图2.4的大气层外太阳辐照度曲线显示，太阳辐射的光谱为连续光谱，且辐射特性与绝对黑体辐射特性基本一致。各波段所占太阳辐射能量的比例不同，太阳辐射从近紫外到中红外这一波段区间的能量相对最集中，是太阳辐射的高能区，并且相对最稳定，也是被动光学遥感利用的主要波段。而在其他波段，如X射线、γ射线及微波波段，尽管其能量总和不到1%，可是却变化很大，一旦太阳活动剧烈，如黑子和耀斑爆发，其强度也会剧烈增长，从而影响地球磁场，中断或干扰无线电通信，影响宇航员或飞行员的飞行。但就遥感而言，被动遥感主要利用可见光、红外等稳定辐射，主动遥感多采用微波，使得太阳活动对遥感的影响较小。

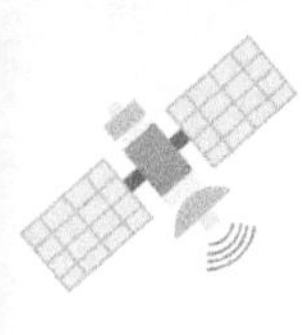

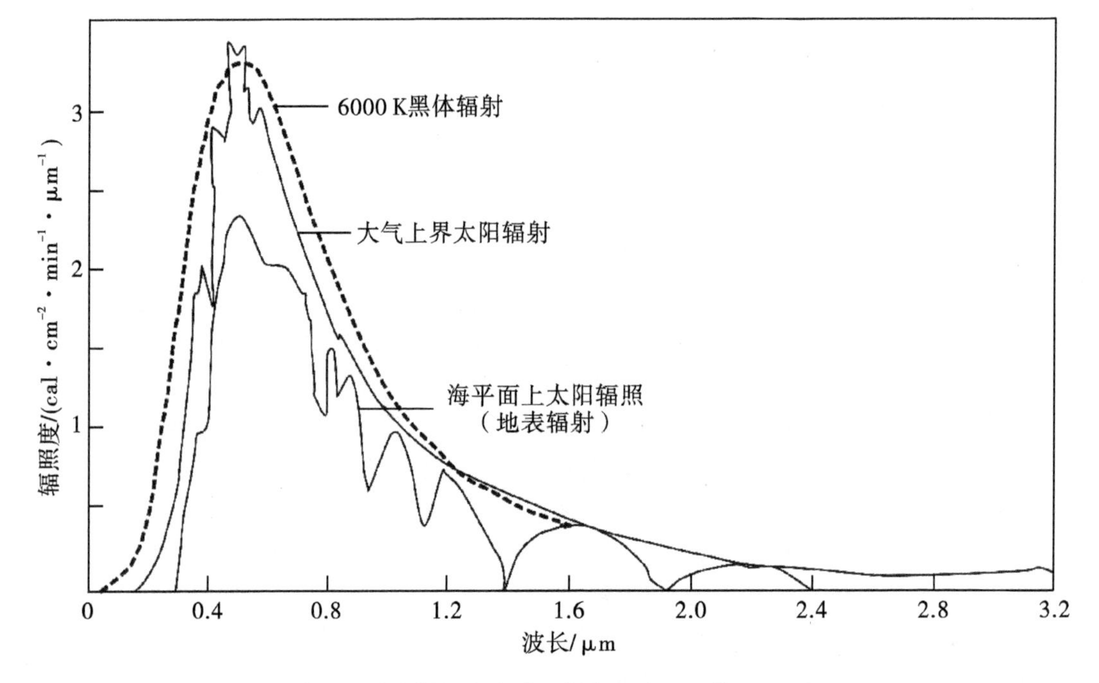

图 2.4　太阳辐照度光谱分布曲线(彭望球等，2002)

图 2.4 还显示，海平面上的太阳辐射度曲线与大气层外的曲线有很大不同，该差异主要是由地球大气引起的。大气中的水、氧、臭氧、二氧化碳等分子对太阳辐射的吸收作用，加上大气的散射作用，大幅度减弱了太阳辐射，图中衰减最大的区间对应大气分子吸收最强的波段。

大部分情况下，太阳倾斜入射，辐照度的大小与太阳入射光线和地平面的夹角，即太阳高度角有关。设 h 为太阳高度角，I 为垂直于太阳入射方向的辐照度，I' 为倾斜入射到地面上的辐照度，在辐射通量 φ 不变时，可表达为式(2.7)：

$$I' = I \cdot \sin h \tag{2.7}$$

因此，太阳倾斜照射时的辐照度总是小于垂直入射时的辐照度，且由于太阳高度角在一年内随时间、季节及地理纬度的不同而不同，使得太阳辐照度会发生变化。

2.2.4　地球辐射

除了太阳，遥感探测中被动遥感的辐射源还来自地球本身的热辐射。本节将讨论地球作为辐射源的辐射特性，即地球吸收太阳热辐射后再将能量辐射出来；地球对太阳辐射的反射特性将在 2.4 节中介绍。

（1）地球辐射的分段特性。

太阳辐射近似于温度为 6000 K 的黑体辐射，其最大辐射的对应波长为 λ_{max} = 0.48 μm，而地球辐射接近于温度为 300 K 的黑体辐射，其最大辐射的对应波长为 λ_{max} = 9.66 μm，两者相差甚远。太阳辐射主要集中在 0.3～2.5 μm，即分布在波长范围较短的紫外、可见光和近红外波段。这些波段的地球辐射以地表反射太阳辐射为主，对于地球自身的辐射，几乎可以忽略不计。地球自身的辐射主要分布在波长较长的部分即6 μm以上的热红外区域，该区域只考虑地表物体自身的热辐射，对太阳辐射的影响几乎可以忽略不计。而在2.5～6 μm的中红外波段，地球对太阳辐射的反射和地表物体自身的热辐射均不能忽略。表2.3概括了地球辐射的分段特性。

表2.3　地球辐射的分段特性

波长范围	波段名称	辐射特性
0.3～2.5 μm	可见光与近红外	地表反射太阳辐射为主
2.5～6 μm	中红外	地表反射太阳辐射和自身的热辐射
>6 μm	远红外	地表物体自身热辐射为主

（2）地表自身热辐射。

地球上不同物体的辐射由基尔霍夫定律决定。根据黑体辐射规律描述黑体与实际物体辐射之间关系的基尔霍夫定律，如式(2.8)：

$$M=\varepsilon M_0 \tag{2.8}$$

式中：ε为物体的比辐射率或发射率；M为黑体辐射出射度；M_0为实际物体辐射出射度。

由于式(2.8)中的每一个变量都与地表温度T和波长λ有关，因此式(2.8)又可记为：

$$M(\lambda, T)=\varepsilon(\lambda, T)\cdot M_0(\lambda, T) \tag{2.9}$$

由此可见，地表物体的自身热辐射由比辐射率、地表温度和波长决定。注意，地表温度与地面以上和地下深部的温度不同，且存在日变化和年变化，即随着一天内时间的变化和一年中季节的变化而变化。通常地表的温度变化在一天中比较规律，中午最高而午夜最低。实际测量中常用红外辐射计来测量地表的温度。

温度一定时，物体的比辐射率随波长发生变化。比辐射率(发射率)波谱特性曲线的形态特征反映了地表物体特性，包括物体本身的组成、温度和表面粗糙度等物理特性。曲线形态特殊时可以用比辐射率曲线来识别地面物体，尤其在夜间，太阳辐射消失后，此时地面发出的能量以发射光谱为主，通过探测其红外辐射及微波辐射，进一步与同样温度条件下的比辐射率(发射率)曲线进行对比，是识别地物的重要方法之一。

2.3　地球大气及其对太阳辐射的影响

太阳辐射到达地面必须经过地球周围的大气层，而太阳辐射被地面目标反射后，要再次经过大气层才能被航空或航天平台上的传感器接收。由于大气层中的气体和微粒会对电磁辐射的强度和组成产生影响，主要表现在吸收、反射和散射作用，因此，与太阳辐射到达地球大气上空时的辐射强度相比，传感器探测到的辐射强度已发生较大变化。本节主要讨论地球大气对太阳辐射的具体影响。

2.3.1 大气分层与组成

(1) 大气分层。

地球被大气层所包围，但地球的大气层并没有一个确定的界限，离地面越高，大气越稀薄，以近似真空进入星际太空。一般认为大气层的厚度约为 1000 km，约相当于地球直径的 1/12。大气层在垂直方向自下而上可分为对流层、平流层、中间层、热层(增温层)，热层往上是接近大气层外的顶部空间，也称为散逸层(见图 2.5)。另外，也可把平流层和中间层统称为平流层，热层和散逸层统称为电离层，电离层再向上为外大气层空间。

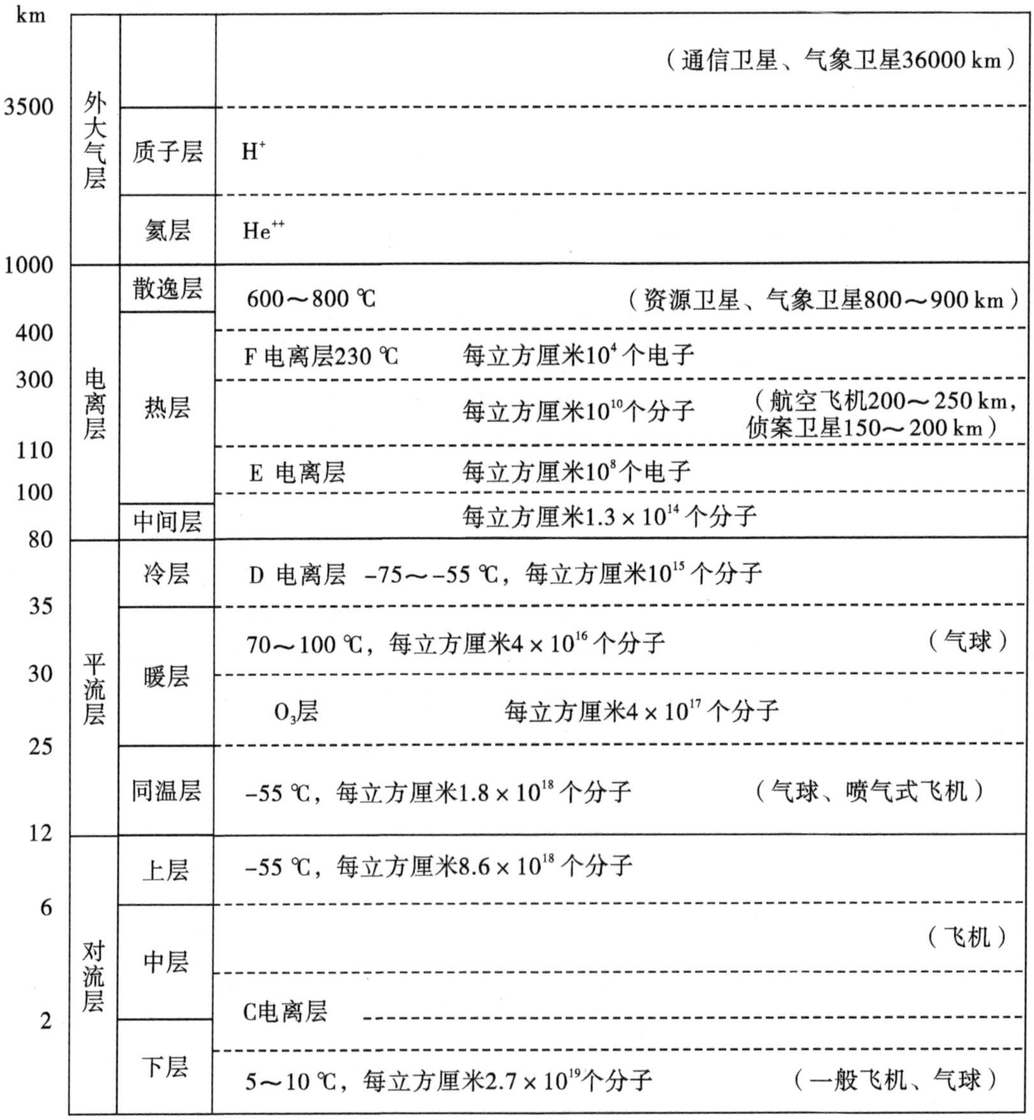

km	大气层	分层	特征
	外大气层		(通信卫星、气象卫星36000 km)
3500		质子层	H^+
		氦层	He^{++}
1000	电离层	散逸层	600～800 ℃　(资源卫星、气象卫星800～900 km)
400		热层	F 电离层230 ℃　每立方厘米10^4个电子
300			每立方厘米10^{10}个分子　(航空飞机200～250 km，侦案卫星150～200 km)
110			E 电离层　每立方厘米10^8个电子
100		中间层	每立方厘米1.3×10^{14}个分子
80	平流层	冷层	D 电离层 -75～-55 ℃，每立方厘米10^{15}个分子
35		暖层	70～100 ℃，每立方厘米4×10^{16}个分子　(气球)
30			O_3层　每立方厘米4×10^{17}个分子
25		同温层	-55 ℃，每立方厘米1.8×10^{18}个分子　(气球、喷气式飞机)
12	对流层	上层	-55 ℃，每立方厘米8.6×10^{18}个分子
6		中层	(飞机)
2			C电离层
		下层	5～10 ℃，每立方厘米2.7×10^{19}个分子　(一般飞机、气球)

图 2.5　大气层的垂直分布示意(彭望球等，2002)

对流层(troposphere)的上界随纬度、季节等因素而变化，极地上空仅 7～8 km，赤道上空为 16～19 km。对流层中因空气做垂直运动而形成对流，热量的传递过程产生大气现象，目前主要的大气现象都集中在对流层。此外，对流层内温度随对流层高度的增加而降低，该层内高度每上升 1 km，温度下降约 6.5 K，空气密度和气压也随着高度的上升而下降。

平流层(stratosphere)的范围是从对流层顶至 80 km，温度由下部的同温层逐步向上升高，这是因为臭氧吸收紫外线而升温。平流层的上部又称为中间层，中间层内温度随着高度的增加而递减。平流层内除季风性风外，由于没有明显的对流运动，几乎没有什么天气现象。

平流层以上是电离层。电离层下部称为中间层，上部称为散逸层。热层对应人造地球卫星运行的高度。从热层向上温度激增，层内由于空气稀薄，大气分子[如氧(O_2)、氮(N_2)]因受太阳辐射的紫外线、X 射线照射而发生电离现象，形成了 D 层、E 层、F 层共 3 个电离层。通常来说，在中纬度地区，D 层白天出现，夜间消失；E 层则是白天增强，夜间减弱；F 层有时又可分为 F_1、F_2 层，F_1 层存在于夏季白天，F_2 层经常存在。随着高度的增加，电离层的电子密度增大。电离层的主要作用是反射地面发生的无线电波，即无线电波在该层发生全反射现象，其中，D 层和 E 层主要反射长波中波，短波则穿过 D 层、E 层从 F 层反射，超短波可以穿过 F 层。遥感所用波段都比无线电波的波长短得多，因此可以穿过电离层，其辐射强度不受影响。800 km 以上的散逸层，空气极为稀薄，已不是遥感关注的区间。

由以上分析可知，真正对太阳辐射影响最大的是对流层和平流层，且每个大气层的厚度会随着纬度变化、季节更替和太阳活动等多种因素而发生变化，这里给出的是平均状况。

大气的密度和压力随着高度的上升几乎按指数率下降。高度每增加 16 km，其大气密度和压力都下降约 10%，在 32 km 以上，大气质量仅剩下 1%，所以 32 km 以上的大气影响可以忽略不计，可认为有效大气层是紧贴地球表面的薄薄一层。

(2) 大气组成。

大气由多种气体和悬浮微粒组成。大气中的气体主要由氮气(N_2)、氧气(O_2)和各种微量气体[如二氧化碳(CO_2)、氧化氮(N_2O)、水蒸气(H_2O)、臭氧(O_3)等]组成。其中，氮气和氧气约占大气总量的 99%，其余各种微量气体约占 1%。除臭氧、水蒸气外，其他气体分子在 80 km 以下的相对比例基本不变。水蒸气约占大气总量的 0.3%，在大气中浓度变化最大，尤其是在低层大气。

悬浮微粒指半径为 0.01～20 μm，比分子大得多的大气粒子，如烟、尘埃、雾霾、小水滴、气溶胶等。气溶胶指悬浮于地球大气之中，具有一定的稳定性、沉降速度小、大小在 0.001～10 μm 的液体及固体粒子，主要集中在紧靠地面 0～4 km 范围的大气层中。通常尘埃、花粉、微生物、盐粒等组成了气溶胶的固体核心，核心以外包有一层液体。

2.3.2 大气的反射

电磁波传播过程中的反射现象主要发生在云层顶部，取决于云量和云雾，而且波段不同其影响也不同。大气反射会削弱电磁波强度，因此应尽量选择无云的天气接收遥感信号，使大气的反射影响最小。

2.3.3 大气的吸收

大气对电磁波的吸收作用严重影响遥感传感器对电磁辐射的探测。当太阳辐射穿过大气时，大气分子对电磁波的某些波段有吸收作用。吸收作用使辐射能量转变为分子的内能，从而引起太阳辐射强度的衰减，甚至某些波段的电磁波完全不能通过大气。大气中有3种气体对太阳辐射的吸收最有效，它们是臭氧(O_3)、二氧化碳(CO_2)和水蒸气(H_2O)(见图2.6)。

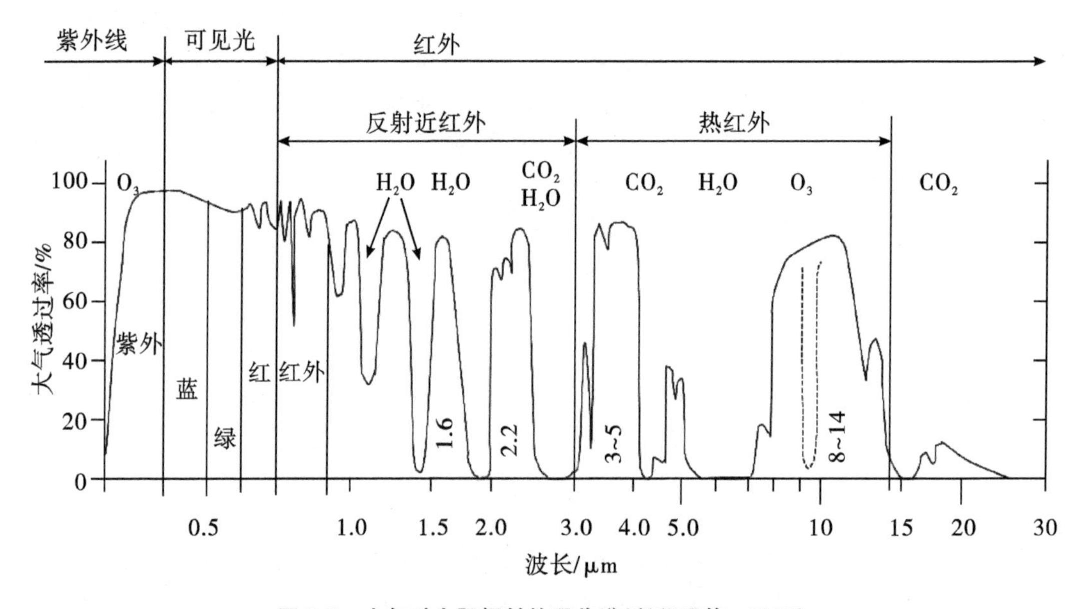

图2.6 大气对太阳辐射的吸收谱(彭望球等，2002)

臭氧(O_3)主要集中于20～30 km高度的平流层。它是由高能的紫外辐射与大气中的氧气(O_2)相互作用生成的。O_3除了在紫外区段(0.22～0.32 μm)有一个很强的吸收带，在0.6 μm附近还有一个弱吸收带，在远红外9.6 μm附近也有一个强吸收带。虽然O_3在大气中的含量很低，只占0.01%～0.1%，但是O_3对地球能量的平衡起着重要作用，而O_3的吸收作用阻碍了底层大气的辐射传输。

二氧化碳(CO_2)主要分布于低层大气。其在大气中的含量仅占0.03%左右，人类的活动使CO_2含量有所增加。CO_2在中－远红外区段(2.7 μm、4.3 μm、14.5 μm附近)均有强吸收带。其中，最强的吸收带出现在13.5～17.5 μm的远红外段。

水蒸气(H_2O)一般出现在低空。大气中水蒸气的作用不同于O_3、CO_2。它的含量随时间、地点的变化差别很大(0.1%～3%)，而且水蒸气的吸收作用是所有其他大气组分的吸收作用的几倍。最重要的吸收带有2.5～3.0 μm、5.5～7.0 μm、27.0 μm以上(在这些区段，水蒸气的吸收可超过80%)，其中以6.3 μm为中心的强吸收带成为遥测大气水蒸气廓线的主要波段。在微波波段，水蒸气有3个吸收峰，分别在0.94 mm、1.63 mm及1.35 cm处。

这些气体往往以特定的波长范围吸收电磁能量。因此，它们对任何给定的遥感系统的影响很大，吸收的电磁能量多少与波长有关。大气的选择性吸收不仅使能量衰减、气温升高，而且使太阳发射的连续光谱中的某些波段不能传播到地球表面。

2.3.4　大气的散射

电磁波在非均匀介质或各向异性介质中传播时，改变原来传播方向的现象称为散射。散射会增加信号中的噪声成分，造成遥感图像的质量下降。

大气散射是电磁辐射能量受到大气中微粒(大气分子或气溶胶等)的影响而改变传播方向的现象。这种现象的实质是电磁波在传输中遇到大气微粒而产生的一种衍射现象。因此，这种现象只有当大气中的分子或其他微粒直径小于或相当于辐射波长时才会发生，通常可分为以下3种情况(见图2.7)。

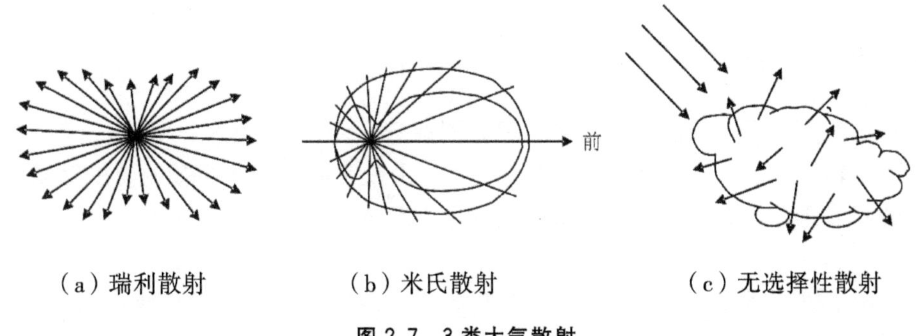

图2.7　3类大气散射

(1) 瑞利散射。

当引起散射的大气中粒子的直径远小于入射电磁波的波长($d \ll \lambda$)时，出现瑞利散射。这种散射主要由大气中的原子和分子(如O_2、N_2、O_3、CO_2等)引起，特别是对可见光而言，瑞利散射现象非常明显。它的散射强度与波长的4次方成反比($I \propto \lambda^{-4}$)，即波长越短，散射越强，且前向散射(指散射方向与入射方向夹角小于90°，即顺入射方向的散射)与后向散射(逆入射方向的散射)的强度相同。瑞利散射可以解释晴朗的天空为什么是蓝色的。这是由于在无云的晴空中波段较短的蓝光向四面八方散射，使整个天空呈蔚蓝色。

(2) 米氏散射。

当引起散射的大气中粒子的直径约等于入射波长($d \approx \lambda$)时，出现米氏散射。这种散射主要是由大气中的微粒(如烟、尘埃、小水滴及气溶胶等)引起的。米氏散射往往影响

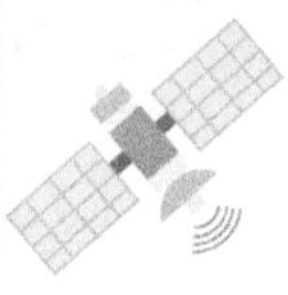

到比瑞利散射更长的波段，包括可见光及可见光以外的广大范围。一般而言，米氏散射的散射强度与波长的2次方成反比($I \propto \lambda^{-2}$)，且前向散射大于后向散射，方向性较为明显。例如，云雾的粒子大小与红外线的波长接近，云雾对红外线的散射主要是米氏散射，因此潮湿天气米氏散射的影响较大。

(3) 无选择性散射。

当引起散射的大气中粒子的直径远大于入射波长($d \gg \lambda$)时，出现无选择性散射。这种散射主要是由大气中的云、雾、水滴、尘埃引起的。无选择性散射的散射强度与波长无关，也就是说，在符合无选择性散射条件的波段中，任何波长的散射强度都相同。例如，云雾中水滴的粒子直径虽然与红外线波长接近，但相比可见光波段，云雾中水滴的粒子直径就比可见光波长大很多，对可见光中各个波长的光散射程度相同，所以人们看到云雾呈白色，并且无论从地面上看还是乘飞机从云层上面看都是白色的。

综上所述，散射强度遵循的规律与波长密切相关。大气分子、原子引起的瑞利散射主要发生在可见光和近红外波段。大气微粒引起的米氏散射对于从近紫外到红外波段都有影响，波长进入红外波段后，米氏散射的影响超过瑞利散射。大气云层中，小雨滴的直径相对其他微粒最大，对不同波长产生不同的散射。对于可见光，只有无选择性散射发生，云层越厚，散射越强；而对于微波，微波波长比粒子的直径大得多，发生瑞利散射，其散射强度与波长的4次方成反比，且波长越长、散射强度越小，所以微波才可能有最小散射、最大透射，从而具有穿透云雾的能力。

2.3.5 大气窗口

折射虽然改变了太阳辐射的方向，但并不改变太阳辐射的强度。因此，就辐射强度而言，太阳辐射经过大气传输后，主要是反射、吸收和散射的共同影响使辐射强度衰减，剩余部分即为透过的部分。对于遥感传感器而言，只有选择透过率高的波段进行观测，才有意义。

通常把电磁波通过大气层时较少被反射、吸收或散射，且透过率较高的波段称为大气窗口(见图2.8)。

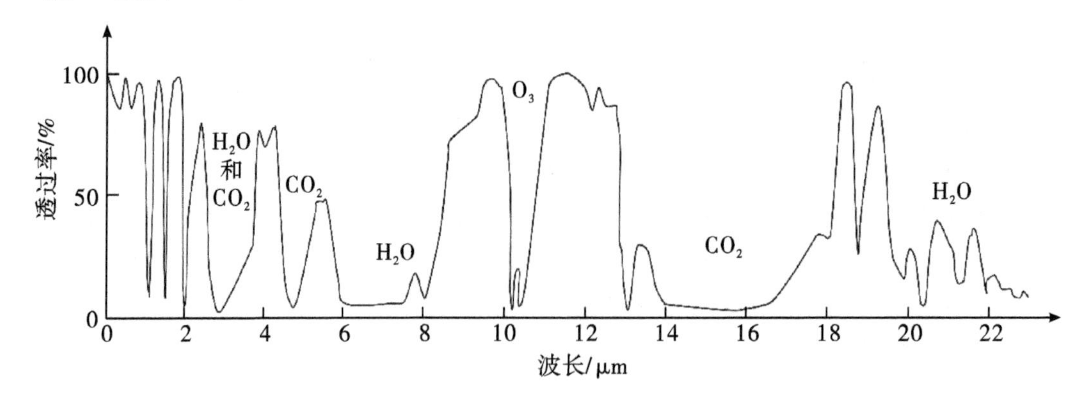

图2.8 电磁波遥感大气探测窗口(梅安新等，2001)

大气窗口的光谱段主要有如下几种。

(1) 0.3～1.3 μm，即紫外、可见光、近红外波段。这一波段是摄影成像的最佳波段，也是许多卫星传感器扫描成像的常用波段，如 Landsat 卫星的 TM1～4 波段、SPOT 卫星的 HRV 波段。

(2) 1.5～1.8 μm 和 2.0～3.5 μm，即近、中红外波段。该波段是白天日照条件好时扫描成像的常用波段，如 TM5、TM7 波段等，用以探测植物含水量以及云、雪，或用于地质制图等。

(3) 3.5～5.5 μm，即中红外波段。该波段除通透反射光外，也通透地面物体自身发射的热辐射能量。例如，NOAA 卫星的 AVHRR 传感器用 3.55～3.93 μm 探测海面温度，获得昼夜云图。

(4) 8～14 μm，即远红外波段。主要通透来自地物热辐射的能量，适用于夜间成像。

(5) 0.8～2.5 cm，即微波波段。由于微波穿透云雾的能力强，这一区间可以用于全天候观测，而且是主动遥感方式，如侧视雷达。Radarsat 的卫星雷达影像也在这一区间，常用的波段为 0.8 cm、3 cm、5 cm、10 cm，甚至可将该窗口扩展至 0.05～300 cm。

2.3.6 大气的透射

太阳的电磁辐射经过大气时，由于大气的各种衰减，到达地面的比例很小。一种说法是，就可见光和近红外而言，被云层或其他粒子反射回去的能量比例最大，约占 30%，散射约占 22%，吸收约占 17%，透过大气到达地面的能量仅占入射总能量的 31%。另一种说法是，臭氧吸收约占 3%，云层的反射散射约占 25%，尘埃气体的吸收散射约占 19%，地面反射约占 8%，最终到达地面时约剩下总能量的 45%。如果选择无云天气的遥感数据，大气反射的影响就可以降到最小。严格来说，根据具体情况分析各部分能量损失的比例值和最后的透过率才是最科学的。

2.4 地面物体对太阳辐射的反射

地球是地学遥感探测的对象，也是太阳辐射的接收者和反射者。遥感探测中很大部分是被动遥感，传感器是可见光与近红外波段的探测器。在这一波段地物发出的波谱以反射太阳辐射为主。为了利用传感器接收的数据快速准确地识别地面目标的特征，以便做到正确判断，地面物体的反射特性研究成为一项重要课题。

当电磁能量到达地表时，存在 3 种基本的相互作用过程：反射(reflection)、吸收(absorption)、透射(transmission)。即：

$$I = R + A + T \tag{2.10}$$

式中：I 为到达地面的太阳辐射能量；R 为反射的能量；A 为吸收的能量；T 为透射的能量。

每个相互作用的过程所占比例依赖于地表的性质、电磁辐射的波长和入射角度。本节主要介绍反射的过程及其相关概念、地物的反射光谱特性及地物光谱的测量方法等。

2.4.1 地物的反射率

物体对电磁波谱的反射功能用反射(照)率表示。地面物体对特定波段范围的反射能量与入射能量之比称为反射率。地面物体对整个太阳短波辐射范围内(如 0.28～5.0 μm)的反射总能量(P_ρ)占入射总能量(P_0)的百分比称为反照率(ρ)，即：

$$\rho=\frac{P_\rho}{P_0}\times 100\% \tag{2.11}$$

反照率的值满足 $\rho\leqslant 1$。物体的反照率大小主要取决于物体本身的性质和表面状况，同时也与入射电磁波的波长和入射角有很大关系，利用反照率可以判断物体的性质。

物体表面状况不同，反射(照)率也不同。物体的反射状况分为 3 种，分别为镜面反射、漫反射和实际物体反射。

镜面反射是指物体的反射满足反射定律，入射波和反射波在同一平面内，入射角和反射角相等。当发生镜面反射时，如果入射波为平行入射，那么只有在反射波射出方向上才能探测到电磁波，而其他方向探测不到。自然界中真正的镜面反射很少，非常平静的水面可以近似认为是镜面反射。

漫反射是指无论入射方向如何，虽然反射率与镜面反射一样，但反射方向却是“四面八方”的，也就是反射出来的能量分散到各个方向，因此从某一方向看反射面，其亮度一定小于镜面反射的亮度。严格来说，对漫反射面，当入射辐照度一定时，从任何角度观察反射面，其反射辐亮度是一个常数，这种反射面又叫朗伯面。设平面的总反射率为 ρ，某一方向的反射因子为 ρ'，则：

$$\rho=\pi\rho' \tag{2.12}$$

式中，ρ'为常数，与方向角或高度角无关。自然界中真正的朗伯面很少，新鲜的氧化镁、硫酸钡、碳酸镁表面，在反射天顶角 $\theta\leqslant 45^\circ$时，可以近似看成朗伯面。

实际物体反射多数都处于上述 2 种理想模型之间，即介于镜面和朗伯面之间。一般来讲，实际物体表面在有入射波时各个方向都有反射能量，但大小不同。在入射辐照度相同时，反射辐亮度的大小既与入射方位角和天顶角有关，也与反射方向的方位角和天顶角有关。

2.4.2 地物反射波谱曲线

地物反射波谱曲线的形态差别很大。除了不同地物的反射率不同，同种地物在不同内部结构和外部条件下的反射率也不同。一般来说，地物反射率随波长的变化有规律可循，从而为遥感影像的判读提供依据。

(1) 植被。

植被的光谱特征的规律性十分明显，如图 2.9 所示，其反射波谱曲线主要可分为 3 段。①在可见光波段(0.4～0.76 μm)，有一个小的反射峰，位置在 0.55 μm(绿)处，两侧 0.45 μm(蓝)和 0.67 μm(红)则有 2 个吸收带。这一特征是由于叶绿素的影响，叶绿素对蓝光和红光的吸收作用强，而对绿光的反射作用强。②在近红外波段(0.76～1.3 μm)，植被叶子除了吸收和透射部分，叶内细胞壁和胞间层的多重反射形成高反射率，表现在反射曲线从0.7 μm处反射率迅速增大，至1.1 μm附近有一峰值，形成植被的独有特征。③在中红外波段(1.3～2.5 μm)，受到绿色植物含水量的影响，吸收率大增，反射率大大下降，其中，以1.45 μm、1.95 μm和2.7 μm为中心是水的吸收带，形成低谷。以上植被波谱特征是所有植被的共性，具体到某种植物的光谱特征还与其种类、季节、病虫害、含水量等有关，需要做具体的分析。图2.10展示了实际场景中的红树林反射光谱曲线特征。

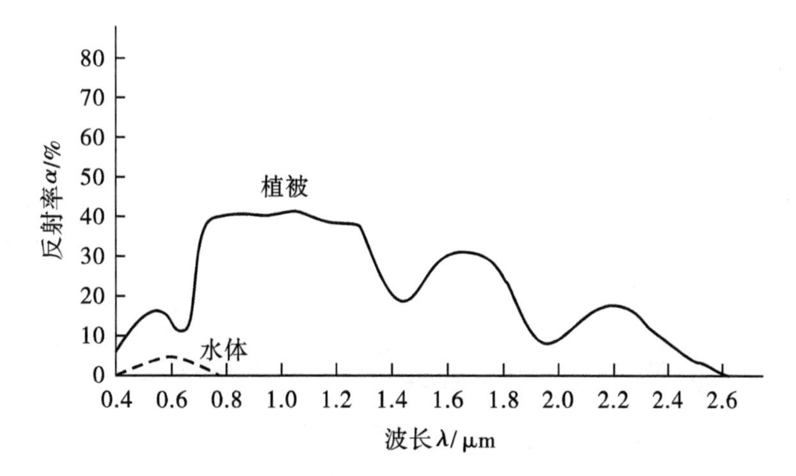

图2.9 植被和水体的反射波谱曲线(梅安新等，2001)

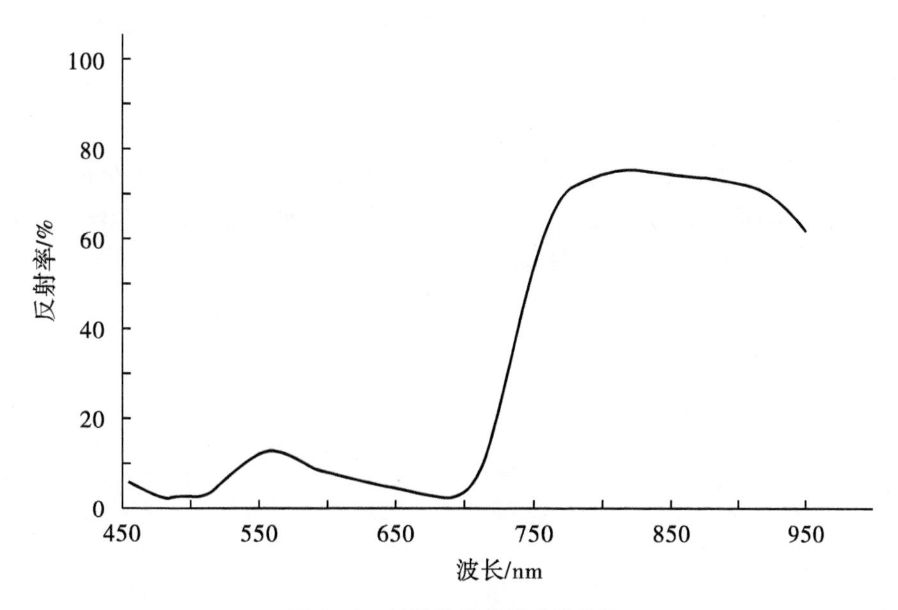

图2.10 红树林的反射波谱曲线

（2）水体。

水体的反射主要在蓝绿光波段，其他波段的吸收都很强，特别是到了近红外波段，吸收就更强(见图 2.9)。因此，在遥感影像上，特别是在近红外影像上，水体呈黑色。如果水中含有其他物质，光谱反射曲线会发生变化。例如，当水中含有泥沙时，由于泥沙散射，可见光波段的反射率会增加，峰值出现在黄红区；当水中含有叶绿素时，近红外波段的反射率明显抬高；当水中含有污染物质时，会引起光谱曲线的明显变化。

（3）土壤。

自然状态下土壤表面的反射率没有明显的峰值和谷值，一般来讲，土质越细反射率越高，有机质含量越高反射率越低，含水量越高反射率越低。此外，土壤的种类和肥力也会对反射率产生影响(见图 2.11)。因为土壤反射波谱曲线较为平滑，所以在不同光谱段的遥感影像上，土壤的亮度区别不明显。

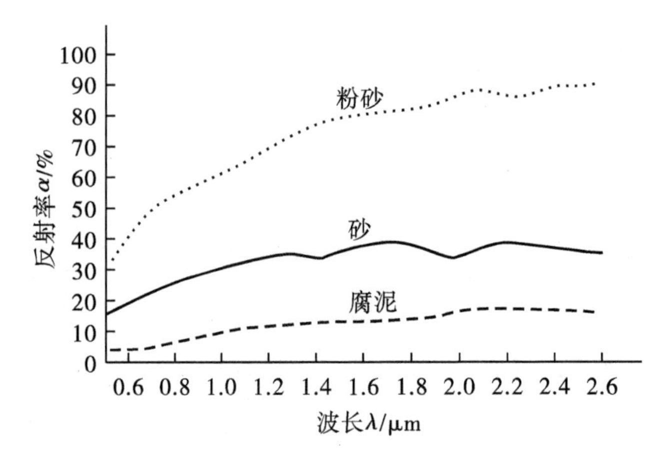

图 2.11　3 种土壤的反射波谱曲线(梅安新等，2001)

（4）岩石。

岩石的反射波谱曲线无统一特征，岩石的矿物成分、矿物含量、风化程度、含水状况、颗粒大小、表面光滑程度、色泽等都会对其反射波谱曲线形态产生影响。图 2.12 展示了几种不同岩石的反射波谱分布曲线。

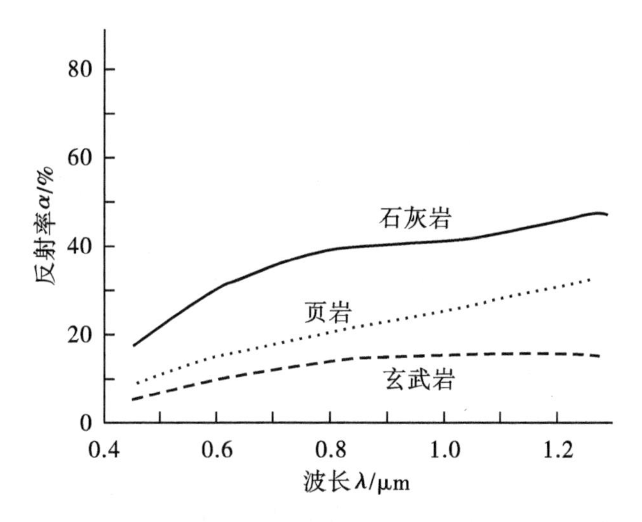

图 2.12 3 种岩石的反射波谱曲线(梅安新等，2001)

2.4.3 地物波谱特性的测量

1. 地物反射波谱测量理论

对于地物表面 dA，入射时辐照度为 dI_i(Φ_i，θ_i)，在 Φ_r 和 θ_r 方向上，由 dI_i 产生的反射亮度为 dL_r，随着入射方向和反射方向的不同，产生一个函数 f_r，称为双向反射分布函数(bidirectional reflectance distribution function，BRDF)，用式(2.13)表示。

$$f_i = \frac{\mathrm{d}L_r(\Phi_i\theta_i,\ \Phi_r\theta_r)}{\mathrm{d}I_i(\Phi_i,\ \theta_i)} \tag{2.13}$$

对于给定的入射角和反射角，这一函数值表示在给定方向上每单位立体角内的反射率。f_r 还是关于波长的函数，双向反射分布函数完全描述了反射空间分布特性的规律。但是，由于 BRDF 函数值是两个无穷小量的比，且实际想要测量 dI_i 也十分困难，因此实际测量中很少采用。

双向反射比因子 R(bidirectional reflectance factor，BRF)的定义为：在给定的立体角锥体所限制的方向内，在一定的辐射照度和观测条件下，目标的反射辐射通量与处于同一辐射照度和观测条件的标准参考面的反射辐射通量之比。这一函数比较容易测量，此处的标准参考面即为前面介绍过的朗伯反射面，表示为：

$$R = \frac{\text{目标的反射辐射通量}}{\text{标准参考面的反射辐射通量}} \tag{2.14}$$

2. 地物光谱的测量方法

(1) 样品的实验室测量。

实验室测量常采用分光光度计，仪器由计算机控制，并把测量数据直接传给计算机。分光光度计的测量条件是一定方向照射、半球接收，因此获得的反射率与野外的测定有区别。室内测量时要有严格的样品采集和处理过程。例如，植被样品要有代表性，采集后要迅速冷藏保鲜，并在 12 h 内送到实验室测定；土壤和岩矿应有专业要求并制备成粉或块。由于实验室测量的要求高，应用不够广泛。

（2）野外测量。

野外测量采用比较法，分为垂直测量和非垂直测量。

垂直测量：为使所有数据能与航空、航天传感器所获得的数据进行比较，一般情况下测量仪器均采用垂直向下测量的方法，以便与多数传感器采集数据的方向一致。由于实地情况非常复杂，测量时常将周围环境的变化忽略，认为实际目标与标准板的测量值之比就是反射率之比。其计算式为：

$$\rho(\lambda)=\frac{V(\lambda)}{V_S(\lambda)}\cdot\rho_S(\lambda) \tag{2.15}$$

式中：$\rho(\lambda)$为被测物体的反射率；$\rho_S(\lambda)$为标准板的反射率；$V(\lambda)$和 $V_S(\lambda)$分别为测量物体和标准板的仪器测量值。

标准板通常用硫酸钡或氧化镁制成，在反射天顶角 $\theta_r \leqslant 45°$时，接近朗伯体，并且经过计量部门标定，其反射率为已知值。这种测量没有考虑入射角度变化时造成的反射辐射值的变化，也就是对实际地物在一定程度上取近似朗伯体，可见其测量值也有一定的适用范围。

非垂直测量：在野外更精确的测量是测量不同角度的方向反射比因子，考虑到辐射到地物的光线有来自太阳的直射光（近似定向入射）和来自天空的散射光（近似半球入射），方向反射比因子取两者的加权和。其式为：

$$R(\theta_i\Phi_i,\ \theta_r\Phi_r)=K_1R_S(\theta_i\Phi_i,\ \theta_r\Phi_r)+K_2R_D(\theta_r\Phi_r);$$
$$K_1=I_S(\theta_i\Phi_i)/I(\theta_i\Phi_i),\ K_2=I_D/I(\theta_i\Phi_i) \tag{2.16}$$

式中：θ_i 和 Φ_i 分别是太阳的天顶角和方位角；θ_r 和 Φ_r 分别是观测仪器的天顶角和方位角；I_D 是天空漫入射光照射地物的辐照度；$I_S(\theta_i\Phi_i)$是太阳直射光在地面上的辐照度；$I(\theta_i\Phi_i)$是太阳直射光和漫入射光的总辐照度；$R_D(\theta_r\Phi_r)$是漫入射的半球一定向反射比因子；$R_S(\theta_i\Phi_i,\ \theta_r\Phi_r)$是太阳直射光照射下的双向反射比因子；$R(\theta_i\Phi_i,\ \theta_r\Phi_r)$是野外测量出的方向反射比因子。

具体测量方法如下。

先测 K_2 和 K_1。地面上平放标准板，用光谱辐射计垂直测量：①自然光照射时测量一次，相当于 I 值；②用挡板遮挡住太阳光使阴影盖过标准板，再测一次，相当于 I_D；③求出两者比值 $K_2=I_D/I$；④求出 $K_1=1-K_2$。

再测自然条件下的反射比因子 $R(\theta_i\Phi_i,\ \theta_r\Phi_r)$。选择太阳方向$(\theta_i\Phi_i)$和观测角$(\theta_r\Phi_r)$，在同一地面位置分别迅速测量标准板的辐射值和地物辐射值，计算比值得到 R。

接着用黑挡板遮住太阳直射光，在只有天空漫入射光时分别迅速测量标准板和地物的辐射值，计算比值得到半球一定向反射比系数 $R_D(\theta_r\Phi_r)$。

最终计算出双向反射比因子 $R_S(\theta_i\Phi_i,\ \theta_r\Phi_r)$。测量时可以保持方位角 Φ_r 始终为 0°。

思考题

1. 电磁波谱可分为哪几个区间？遥感探测最常用到的是哪个区间？请分析其原因。

2. 请简述大气散射有几种类型，以及各自的特点。

3. 请简述太阳辐射的特点，并分析太阳辐射传播到地球表面又返回到遥感传感器这一过程中所发生的物理现象。

4. 请简述地球辐射的特点，并从地球辐射的角度分析卫星影像解译前必须了解地物反射波谱特性的必要性。

5. 请列举主要地物(如植被、土壤和水体)的光谱特性。

参考文献

[1] 程守洙，江之永．普通物理学[M]．北京：高等教育出版社，1979.
[2] 梅安新，彭望琭，秦其明，等．遥感导论[M]．北京：高等教育出版社，2001.
[3] 彭望琭，白振平，刘湘南，等．遥感概论[M]．北京：高等教育出版社，2002.
[4] 赵英时．遥感应用分析原理与方法[M]．北京：科学出版社，2013.

3 遥感技术系统

遥感技术系统是为了实现对目标多层次、多视角、多领域的立体观测而设计的一套包括信息收集、存储、处理到判读分析和应用的完整技术体系。遥感技术系统通常由遥感平台、传感器，以及遥感数据的接收、记录与处理系统 3 部分组成(见图 3.1)。

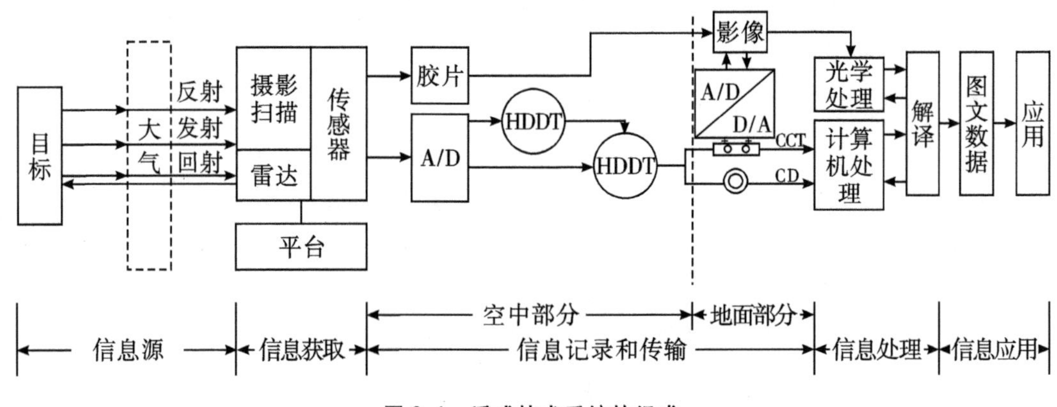

图 3.1 遥感技术系统的组成

3.1 遥感平台与卫星运行轨道

3.1.1 遥感平台的种类

遥感平台是指搭载各种传感器的载体。遥感平台的种类很多，按平台距地面的高度不同，可以分为地面平台、航空平台和航天平台。不同遥感平台具有不同的观察范围、负荷重量、运行参数等性能，可以获得不同面积、不同比例尺、不同分辨率的遥感资料和影像，因此可根据需求单独或者相互配合组成立体观测网进行应用。表 3.1 汇总了常用遥感平台的高度及其使用目的。

地球同步轨道(静止轨道)卫星平台位于地球上空 36000 km 的高度上，是最高的遥感平台，如风云二号系列(FY-2A/B/C/D/E/F)和风云四号(FY-4)气象卫星；而 Landsat、SPOT、MODIS 等地球观测卫星，多使用能在同一个地方时观测的太阳同步轨道(地球极轨)，高度为 700～900 km；高分辨率的对地观测卫星和国际空间站主要使用 400 km 左右高度的绕地轨道；其他遥感平台由高到低排列分别为航天飞机、无线探空仪、高空喷气飞机、中低空飞机、超低空平台(如无线电遥控飞机)和地面测量车等。

表 3.1 常用的遥感平台

遥感平台	高度	目的与用途	例子
地球同步轨道(静止轨道)卫星	36000 km	定点地球观测	气象卫星
太阳同步轨道(地球极轨)卫星	500～1000 km	定期地球观测	Landsat、SPOT、CBERS、MODIS 等
小卫星/空间站	400 km 左右	高分辨率对地观测，空间站实验	QuickBird、OrbView，天宫空间站、国际空间站
航天飞机	240～350 km	短期对地观测、空间实验	—
返回式卫星	200～250 km	侦察与摄影测量	—
无线探测器	100 m～100 km	调查(如气象)	—
高度喷气飞机	10000～12000 m	侦察、大范围调查	—
中低高度飞机	500～8000 m	调查、航空摄影测量	—
飞艇	500～3000 m	空中侦察、调查	—
直升机	100～2000 m	调查、摄影测量	—
系留气球	800 m 以下	调查	—
无人遥控飞机	500 m 以下	调查、摄影测量	无人机、直升机
牵引飞机	50～500 m	调查、摄影测量	牵引滑翔机
索道	10～40 m	遗址调查	—
吊车	5～50 m	近距离摄影测量	—
地面测量车	0～30 m	地面实况调查	车载升降台

1. 地面平台

地面平台是指置于地面或水上的装载传感器的固定或移动装置，包括三脚架、遥感塔、遥感车和遥感船等，高度一般在 100 m 以下，可以放置地物波谱仪、辐射计、分光光度计等传感器，主要用于近距离测量地物波谱和摄取高分辨率影像，为航空遥感和航天遥感的定标、校准和精细信息提取等提供基础数据。三脚架的放置高度通常为 0.75～2.0 m；遥感塔、遥感车上的悬臂常安置在 6～10 m 甚至更高的高度上；摄影测量车是综合型地面平台，不仅能搭载摄影机和激光扫描仪等传感器，而且能携带数据处理设备，进而实现遥感数据的实时或准实时处理。此外，为了研究地物波谱特性与遥感影像之间的关系，可将成像传感器置于同一高度的搭载平台上，以保证同步测定地物波谱和获取地物影像。

2. 航空平台

航空平台是指高度在 30 km 以内的遥感平台，主要包括飞机、气球和无人机 3 种类型。该平台具有飞行高度较高、影像分辨率高、机动灵活、不受地面条件限制、调查周期短和资料回收方便等优点。

（1）飞机。

飞机是航空遥感中应用最早、最广泛的遥感平台之一。飞机平台具有高度和速度易控制、测量设备易携带、信息易回收、分辨率高且不受地面条件限制、调查周期短、测量精度高等特点，适用于局部地区的资源探测、环境与灾害监测、军事侦察、测绘等。根据飞机的飞行高度可将飞机平台分为低空平台、中空平台和高空平台。

低空平台是指飞行高度小于 2000 m 的遥感飞机，可用于获取大比例尺和中比例尺的航空遥感影像，包括直升机和侦察飞机。直升机层是最常用的低空遥感平台，最低的飞行高度范围可覆盖 10～1000 m，相比普通固定翼飞机，能够完成更为复杂的路线遥感和动态监测，且其信息回收更为便捷，但目前已被更加便捷和低廉的小型商用无人机取代。侦察飞机可进行 300～500 m 的低空遥感，通常在 1000～1500 m 的高度范围进行遥感试验，才能获得满足实际应用需求和具备较高性价比的数据成果。

中空平台是指飞行高度为 2000～6000 m 的遥感飞机，多为轻型飞机。中空平台遥感试验通常在 3000 m 以上的飞行高度可以获得较大比例尺的遥感影像，能够为区域资源勘察、环境监测和制图等提供数据服务。

高空平台是指飞行高度在 12～30 km 的遥感飞机，包括重型飞机、轻型高空飞机和无人驾驶飞机等，主要获取较大范围和比例尺相对比较小的遥感数据。

（2）气球。

气球是最早用于航空摄影的低空遥感平台之一，具有价格低廉、操作简单的特点。气球可携带照相机、摄影机、红外辐射计等简单的传感器。根据其在空中的飞行高度，可分为低空气球和高空气球。

低空气球是指发送到对流层(12 km 以下)中的气球，主要通过人工将其控制在空中固定位置上进行遥感。其中，系留气球的最高高度可达 5000 m，通常是利用绳子系在地面上，主要用于低空固定范围的遥感。

高空气球是指发送到平流层中的气球，其能够在恒定的气压高度漂浮，因此又称为自由式遥感气球。高空气球可以自由漂移且可升至 12～40 km，因此可以获取较大范围的遥感数据且填补了高空飞机和低轨卫星的数据获取空白。

（3）无人机。

低空无人机遥感涉及先进的无人驾驶飞行器技术、遥感传感器技术、遥测遥控技术、通信技术和 GPS 差分定位技术，具有自动化、智能化和专用化的特点，能够快速获取国土、资源、环境等空间信息。无人机遥感系统由于具有机动、快速和经济的显著优势，已成为使用范围最广的新型遥感技术。按照系统组成和飞行特点，无人机系统可以分为固定翼型无人机和无人驾驶直升机。

固定翼型无人机利用动力系统和机翼的滑行实现起降和飞行，能够同时搭载多种遥感传感器，飞行速度较快、作业效率高。起飞方式包括滑行、弹射、车载、火箭助推和飞机投放等；降落方式包括滑行、伞降和撞网等。固定翼型无人机的起降需要比较空旷的场地，适用于矿山资源、林业、草场、海洋环境、土地利用和水利电力等领域，可实现较大作业范围的航空摄影测绘。

无人驾驶直升机能够定点起飞、降落，对起降场地的条件要求不高，主要通过无线电遥控或机载计算机实现程控。无人驾驶直升机的结构相对复杂，且飞行速度较慢、作业效率低，通常应用于突发事件调查，如单体滑坡勘查和火山环境等小范围的应急监测和田野调查等。

3. 航天平台

航天平台是指高度在150 km以上的人造地球卫星、宇宙飞船、空间站、高空探测火箭、航天飞机等遥感平台。航天遥感具有宏观性、综合性、动态性、周期性、可重复性等特点，可广泛应用于对地球表面的资源、环境和灾害等的动态监测。现有的航天平台主要包括高空探测火箭、人造地球卫星、宇宙飞船、航天飞机和空间轨道站。

（1）高空探测火箭。

高空探测火箭的飞行高度通常为300～400 km，这一飞行高度介于飞机和人造地球卫星之间。高空探测火箭可以在短时间内发射并回收，并可以根据天气情况进行快速遥感。然而，由于火箭上升时所受的冲击强烈，容易损坏仪器且成本很高，因此它并不是很理想的遥感平台。

（2）人造地球卫星。

人造地球卫星在地球资源调查和环境监测等领域发挥着主要作用，是航天遥感中最主要、最常用的航天平台。卫星发射升空后可在空间轨道上自动运行数年，且通常只需一次性供给燃料和物资。按轨道运行高度和寿命可将人造地球卫星分为以下3类。

低高度、短寿命的卫星：轨道高度为150～350 km，运行时间为几天至几十天。通常可获得较高分辨率的影像，以军事侦察为主要目的，近几年发展的高空间分辨率遥感小卫星多为此类卫星。

中高度、长寿命的卫星：轨道高度为350～1800 km，寿命一般为5～10年，主要为对地观测卫星，也是目前遥感卫星的主体，包括陆地卫星、海洋卫星和气象卫星。

高高度、长寿命的卫星：也称为地球同步轨道卫星或静止轨道卫星，轨道高度约为36000 km，寿命较长。这一类型的卫星主要用作通信卫星或气象卫星，也用于地面动态监测，如火山、地震、森林火灾监测和洪水预报等方面。

此外，以研究地球环境和资源调查为主要目的的人造地球卫星称为环境卫星。其能够定期提供全球或局部地区的环境信息，为环境研究和资源调查提供卫星观察数据。根据研究对象可将其分为气象卫星、陆地卫星和海洋卫星，三者分别以全球大气要素、地球陆地资源和环境、海洋资源和环境为监测目标。

（3）宇宙飞船。

宇宙飞船包括货运飞船和载人飞船，相比于人造地球卫星，其具有更大的负载容量，可带多种仪器、及时维修，在飞行过程中也可进行多种试验，且资源回收方便。但宇宙飞船的飞行时间较短，通常为7～30 d，且飞越同一地区上空的重复率较小。目前常用于为国际空间站运输货物和便于宇航人员往返空间站。

（4）航天飞机。

航天飞机又称为太空梭或太空穿梭机，是一种新式的大型空间运载工具。通常可将其分为2种类型：①航天飞机不携带遥感器，而是作为宇宙交通工具，将卫星或飞船带到一定高度的轨道上，并在轨道上对卫星、飞船进行检修、补给和回收等；②航天飞机携带遥感仪器进行遥感，并作为一种灵活经济的航天平台。

（5）空间轨道站。

空间轨道站是指能在近地轨道（400 km左右）上长时间运行的大型载人宇宙飞行器，可进行天文观测、空间科学研究、医学和生物学试验以及对地观测等。目前已建成了2个空间站，即国际空间站和中国天宫空间站。

国际空间站主要由美国、俄罗斯、欧盟、日本、加拿大等国家和地区自1993年开始联合建设和运营，2006年装配完成后，国际空间站长110 m、宽88 m、总质量约400 t，可供6～7名航天员在轨工作，其运行轨道高度为400.2～409.5 km、轨道面倾角为51.6°，轨道周期为92.65分/圈（15.54圈/天）。

中国天宫空间站由中国自主建设完成，1992年中国载人航天工程正式立项，1999年成功发射试验性载人飞船，2003年神舟五号飞船搭载航天员杨利伟成功发射并完成绕地飞行和着陆返回。2011年天宫一号空间实验室成功发射入轨，2016年天宫二号空间实验室顺利升空入轨，成功开展与宇宙飞船的交汇对接和宇航员太空行走等各项实验。2021年和2022年，分别成功发射了天宫站的天和核心舱和问天实验舱、梦天实验舱，建设完成了“T”字形的天宫空间站，总质量约180 t，可长期驻留3人，运行轨道高度为383.7～393.7 km，轨道面倾角为41.4°，轨道周期为92.5分/圈（15.6圈/天）。

3.1.2 卫星轨道

卫星在太空中的运行路线称为轨道。根据开普勒定律（Kepler’s law），所有行星绕太阳的轨道都是椭圆的，太阳在椭圆的一个焦点上。人造卫星环绕地球飞行，其所受的天体引力主要是地球引力，受月球和太阳的引力较小，可以看作是在地球的引力场中运动。因此，人造卫星绕地球的运行轨道是一个与地球中心共焦点的椭圆，常用6个参数来描述：大小和形状可以用半长（短）轴和离心率（e）表示，卫星轨道平面与地球的方位关系用轨道倾角（轨道平面与赤道平面的夹角 i）和升交点赤经（春分点和轨道升交点对地心的张角 Ω）表示，卫星在轨道平面内的具体位置用近地点张角（近地点和升交点对地心的张角 ω）和卫星过近地点时刻（t_p）表示。根据开普勒定律，已知某时刻航天器的位置矢量 $\boldsymbol{r}$ 与速度矢量 $\boldsymbol{v}$，就可计算出轨道的参数。

每一个时刻卫星在轨道上的位置都会在地球表面上有一个投影，叫作星下点；所有星下点连成的曲线叫作星下点轨迹。根据卫星的设计目的和传感器的观测能力，每颗卫星都按照预定的轨道运行。根据星下点轨迹，可以预报卫星何时从何地上空经过。

常见的人造卫星轨道有太阳同步卫星轨道（sun-synchronous orbits）和地球同步（静止）卫星轨道（geostationary earth orbits，GEO）。太阳同步卫星轨道的轨道平面与地球赤道平面有较大的倾角（又叫作倾斜轨道），且轨道平面的进动方向与地球公转方向大致相同(见图 3.2)，进动角速率为 360°/年(约 1°/天)，保证卫星每天以相同时间(当地时间)经过相同纬度的上空，可确保太阳光照条件的一致性。大多数的太阳同步卫星于当地时间的上午 9:30—10:30 获取影像，因为此时光照较为理想且热带区域云量较小。

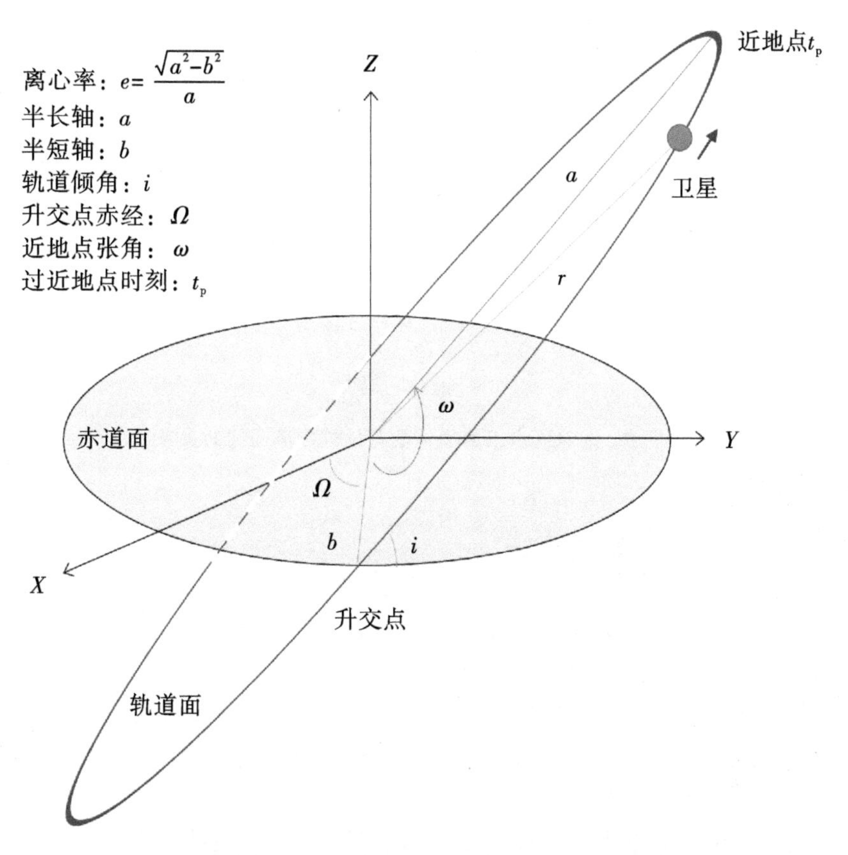

图 3.2　地球赤道面与太阳同步卫星轨道关系(6 个要素)示意

地球同步(静止)卫星轨道是指卫星在 36000 km 的高度与地球以相同的角速度(运行周期)运转，卫星轨道与地球赤道位于同一平面或平行于赤道平面，星下点轨迹固定不动，与地球表面保持相对静止(见图 3.3)。

除了上述 2 种典型的卫星轨道，还有卫星轨道面与赤道面相垂直的极地轨道、卫星轨道面与赤道面平行或共面但比静止卫星轨道高度低的赤道轨道，以及其他为了特殊功能的倾斜轨道和可变轨的卫星轨道。

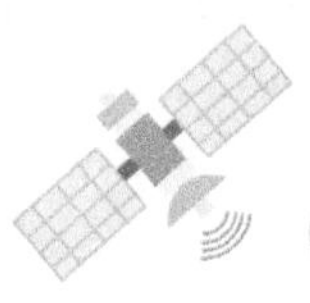

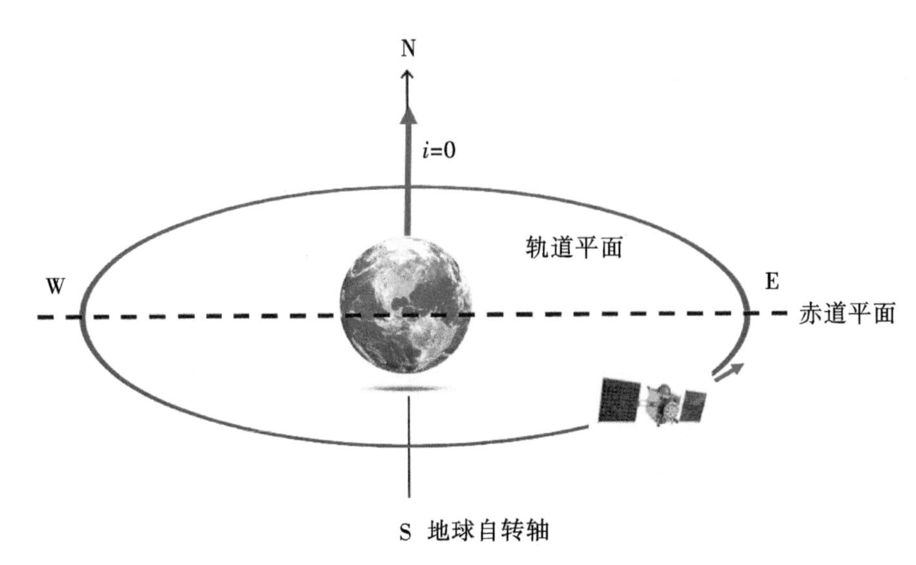

图 3.3　地球同步卫星轨道面与地球赤道面间的关系

3.1.3　陆地卫星及轨道特征

卫星绕地球 1 圈的时间称为旋转周期；每日绕地球的圈数称为日绕圈数；卫星从某地上空开始运行直到又回到该地上空所经历的天数称为回归周期或覆盖周期；卫星通过降交点时的地方太阳时的平均值称为降交点时刻，一般在上午 10 时前后。扫描带宽度是指当卫星沿一条轨道运行时其传感器所感测的地面带的横向宽度。

陆地卫星属于中等高度轨道，主要在地面上空 700 多千米或 900 多千米的高处运行。陆地卫星的运行轨道偏心率不大，接近于圆形轨道；趋于圆形的主要目的是使卫星的运行速度接近匀速、使卫星在不同地区获取的图像比例尺基本一致，还便于扫描仪用固定的扫描频率对地面扫描成像，避免造成扫描行之间不衔接的现象。陆地卫星轨道距两极上空较近，故称为近极地轨道或极轨卫星。该轨道与赤道基本垂直，以保证尽可能地覆盖整个地球表面，视野广阔。这种轨道保证了当卫星先后穿过同一纬度、不同经度的若干个地面点上空时，各地面点的地方太阳时大致相同。因此，星载传感器对同一纬度、不同经度的地区所形成的图像是在大致相同的太阳高度角和太阳方位角的情况下获得的，这便于对同一纬度、不同经度地区的陆地卫星图像进行比较分析。

陆地卫星轨道为可重复轨道，其重复周期通常为 18 d 或 16 d。时间分辨率的高低与回归周期呈负相关，即回归周期越长、时间分辨率越低，回归周期越短、时间分辨率越高。因此，陆地卫星的轨道特征可归纳为中等高度、近圆形、近极地、太阳同步和可重复轨道。

(1) Landsat 系列。

Landsat 系列卫星是最富有成效的对地观测卫星，自 1972 年第一颗卫星成功发射至今，延续了超 50 年，实现了对地球表面较高分辨率的长期观测，已服务于各行各业，在全球地学研究和社会经济发展中发挥了重要的作用。

1972 年 7 月，NASA 成功地发射了第一颗地球资源技术卫星 ERTS-1。在发射 ERTS-2 之前，1975 年，NASA 将这一计划改名为“陆地卫星”计划（Landsat 计划），将 6 颗卫星都改名为“陆地卫星”（Landsat），分别称为 Landsat-1、Landsat-2 等。此后，陆续成功发射了 Landsat-3、Landsat-4 和 Landsat-5。只有 1993 年发射的 Landsat-6 没有成功。1999 年，Landsat-7 成功发射，一直运行到 2021 年，随后被 Landsat-9 取代。2013 年和 2021 年，Landsat-8 和 Landsat-9 分别成功发射，并搭载了新一代的陆地成像仪（OLI）和热红外传感器（TIRS）。表 3.2 介绍了 Landsat 系列卫星的具体情况。

表 3.2　Landsat 系列卫星携带的传感器、发射时间和分辨率

卫星名称	传感器	发射时间	分辨率/m
Landsat-1	RBV，MSS	1972 年 7 月 12 日	80
Landsat-2	RBV，MSS	1975 年 1 月 22 日	80
Landsat-3	RBV，MSS	1978 年 3 月 5 日	80
Landsat-4	MSS，TM	1982 年 7 月 16 日	30，120 热红外
Landsat-5	MSS，TM	1984 年 3 月 1 日	30，120 热红外
Landsat-6	ETM	1993 年 10 月 5 日	发射失败
Landsat-7	ETM+	1999 年 4 月 15 日	15 全色，30，60 热红外
Landsat-8	OLI，TIRS	2013 年 2 月 11 日	15 全色，30，100 热红外
Landsat-9	OLI，TIRS	2021 年 9 月 27 日	15 全色，30，100 热红外

Landsat 卫星的轨道倾角为 98°左右（见表 3.3），大于图 3.2 所示的轨道面夹角，且为相反的运行方式。在向阳面，卫星从北向南运行（降轨），此时卫星处于白天；在背阳面，卫星从南向北运行（升轨），此时卫星处于夜晚。当卫星在白天从北向南运行时，星下点轨迹与赤道的交点叫作降交点；当卫星在夜晚从南向北运行时，星下点轨迹与赤道的交点叫作升交点。

表 3.3　Landsat 卫星的主要轨道参数

卫星编号	1	2	3	4,5	7	8,9
卫星高度/km	918	918	918	705	705	705
轨道面倾角/(°)	99.906	99.210	99.117	98.220	98.200	98.200
旋转周期/min	103.143	103.155	103.150	98.900	98.900	99.000
日绕圈数	14	14	14	14.5	14.5	14.5
回归周期/d	18	18	18	16	16	16
覆盖全球圈数	251	251	251	233	233	233
降交点时刻	8:50	9:08	9:31	9:45	—	—

续表

卫星编号	1	2	3	4,5	7	8,9
扫描带宽度/km	185	185	185	185	185	185
降交点西退/km	2857	2857	2857	2752	—	—
相邻降交点距离/km	159.38	159.38	159.38	172	—	—

（2）SPOT 系列。

自 1978 年起，以法国为主，联合比利时、瑞典等一些欧盟国家，设计研制了一颗名为“地球观测实验系统”(SPOT)的卫星，又称为地球观测实验卫星。1986 年 2 月 22 日，该卫星由法国的阿丽安娜(ARIANE)火箭送入太空，代号为 SPOT-1。随后，SPOT-2 至 SPOT-5 分别于 1990 年、1993 年、1998 年和 2002 年相继发射。SPOT-5 是目前国际上最优秀的对地观测卫星之一，它实现了在不减少视场范围的条件下成倍地提高图像的分辨率；最大视场保持在 120 km，全色黑白图像分辨率为 2.5 m，多波段分辨率为 10 m。SPOT-5 卫星是集合了多重分辨率、多种传感器的新一代地球资源空间遥感平台，其搭载的立体成像仪可拍摄立体影像和测定地形高度，被广泛应用于制图、陆表资源与环境监测、构建数字地形模型(digital terrain model，DTM)、构建数字高程模型(digital elevation model，DEM)和城市规划等研究领域。

表 3.4 给出了 SPOT-1 卫星的主要轨道参数。SPOT-2 至 SPOT-5 的轨道特征和主要轨道参数与 SPOT-1 基本相同。与 Landsat 系列卫星的轨道特征相同，SPOT 系列卫星的轨道是中等高度、圆形、近极地、太阳同步和可重复的。卫星白天自北向南航行，夜晚自南向北航行。

表 3.4　SPOT-1 卫星的主要轨道参数

参数	数值
轨道高度/km	832
轨道倾角/(°)	98.7
旋转周期/(′)	101.46
日绕圈数	14.5
回归周期/d	26
覆盖全球圈数	369
降交点地方太阳时	10:30 ± 15 min
相邻降交点距离/km	108.4

3.2 遥感传感器

传感器是获取地面目标电磁辐射信息的装置，是遥感技术系统中数据获取的关键设备。如图 3.4 所示，传感器通常由 4 个基本部件组成：①收集器，负责收集地面目标辐射的电磁波能量。具体的元件形式多种多样，如透镜组、反射镜组、天线等。②探测器，主要功能是将收集到的电磁辐射能转变为化学能或电能。具体的元器件主要有感光胶片、光电管、光敏和热敏探测元件、共振腔谐振器等。③处理器，对转换后的信号进行各种处理，如显影、定影、信号放大、变换、校正和编码等。具体的处理器类型有摄影处理装置和电子处理装置。④输出器，输出信息的装置。输出器的类型主要有扫描晒像仪、阴极射线管、电视显像管、磁带记录仪和 XY 彩色喷笔记录仪等。

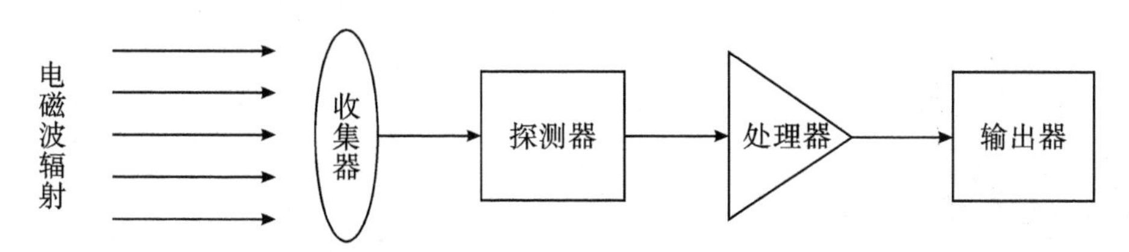

图 3.4　传感器的结构

3.2.1 遥感传感器的类型

传感器是获取遥感信息的关键设备。地物发射或反射的电磁波信息，通过传感器收集、测量并记录在胶片或磁带上，然后进行光学或计算机处理，最终才能得到可供几何定位和图像解译的遥感图像。地物对不同波段电磁波的发射及其反射特性大不相同，这是遥感地物探测的信号载体。接收电磁辐射的传感器可以按以下 3 个方面进行划分。

（1）按数据记录方式划分。

按数据记录方式可分为成像传感器和非成像传感器两大类。非成像传感器记录的是地物的一些物理参数；成像传感器是目前最常见的传感器类型，按成像原理又可分为摄影成像、扫描成像等类型。

（2）按工作波段划分。

按传感器工作的波段可分为可见光传感器、近红外传感器、热红外传感器和微波传感器。从可见光到近红外区的光学波段的传感器统称为光学传感器，微波领域的传感器统称为微波传感器。

（3）按工作方式划分。

按工作方式可分为主动式传感器和被动式传感器。被动式传感器接收目标自身的热辐射或反射太阳辐射，如各种摄像机、扫描仪、辐射计等；主动式传感器能向目标发射强大的电磁波，然后接收目标反射的回波，主要指各种形式的微波雷达和激光雷达。主动方式中的非扫描、非图像方式与被动方式中的非扫描、非图像方式一样，它们都不进行扫描，只是取得飞行平台下目标物的点或线的信息。雷达高度计就属于这种方式，其扫描方式是从与飞行平台的行进方向成直角的方向上进行扫描，从而得到地表的二维图像的遥感方式，其代表有合成孔径雷达等。成像传感器按工作方式划分的类型如图 3.5 所示。

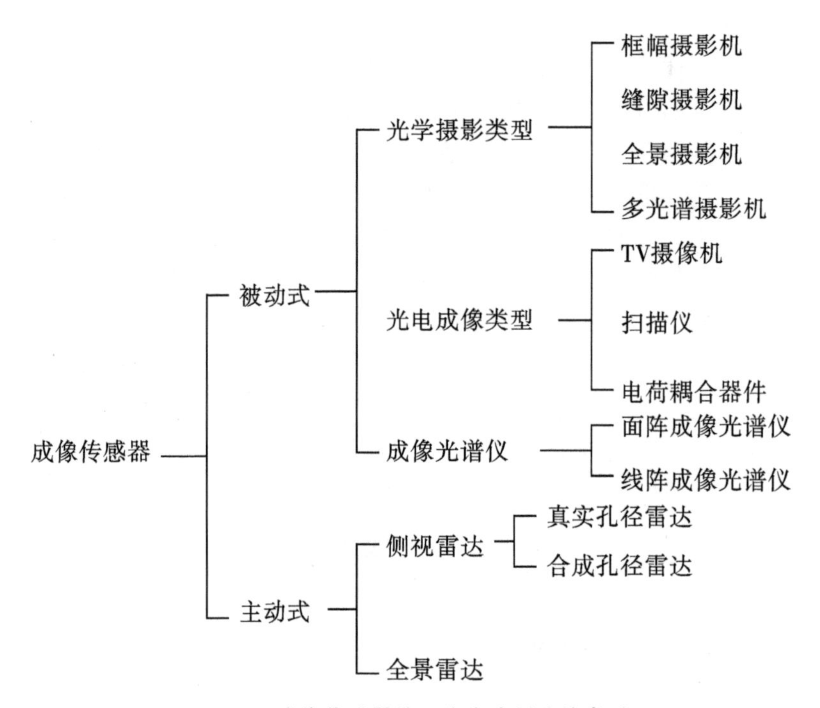

图 3.5　成像传感器按工作方式划分的类型

3.2.2　遥感传感器的性能

传感器的性能表现在多个方面，其中最具实用意义的指标是传感器的分辨率。分辨率是遥感技术及其应用中的一个重要概念，也是衡量遥感数据质量特征的一个重要指标。它包括空间分辨率、时间分辨率、光谱分辨率和温度分辨率。

（1）空间分辨率。

空间分辨率是指遥感图像上能够详细区分的最小单元的尺寸或大小，是用来表征遥感影像分辨地面目标细节能力的指标，主要用像元大小、像解率或视场角来表示。像元是指将地面信息离散化而形成的格网单元，单位为 m；像元大小与遥感影像空间的分辨率高低密切相关，像元越小，空间分辨率越大。像解率是用单位距离内能分辨的线宽或间隔相等的平行细线的数量来表示的，单位为条/毫米或线对/毫米。视场角指传感器的张角即瞬时视域，又称为传感器的角分辨率。

对于光电传感器的影像数据，通常采用地面分辨率和影像分辨率来描述空间分辨率。地面分辨率定义为图像能够详细区分的最小单元(像元)所代表的地面实际尺寸的大小。

对于某特定的传感器，地面分辨率是不变的定值。印制出来的遥感影像的比例尺可以放大或缩小，地面分辨率会在不同的比例尺的具体影像上反映。只有当生成硬拷贝遥感像片时，才使用影像分辨率。例如，陆地卫星 Landsat TM 传感器的地面分辨率为 30 m×30 m。

（2）光谱分辨率。

光谱分辨率是指传感器所能记录的电磁波谱中某一特定的波长范围值，波长范围值越宽，光谱分辨率越低。例如，Landsat MSS 多光谱扫描仪的波段数为 5，波段宽度为 100～2000 nm；高光谱成像仪的波段数可达到几十甚至几百，波段宽度为 5～10 nm。通常传感器的波段数越多，波段宽度越窄，地面物体的信息越容易区分和识别。因为能提供丰富的光谱信息，高光谱成像仪所得到的图像在对地表植被和岩石的化学成分分析中具有重要意义，可以区分出那些具有诊断性光谱特征的地表物质。

对于特定的目标，选择的传感器并非波段越多，光谱分辨率越高，效果就越好，而是要根据目标的光谱特性和必需的地面分辨率来综合考虑。在某些情况下，波段太多，分辨率太高，接收到的信息量太大，形成了海量数据，反而会掩盖地物的辐射特性，不利于快速探测和识别地物。因此要根据需要，恰当地利用合适的光谱分辨率。

（3）时间分辨率。

对同一目标进行重复探测时，相邻两次探测的时间间隔称为遥感图像的时间分辨率，它能提供地物动态变化的信息，可用来监测地物的变化，也可以为某些专题要素的精确分类提供附加信息。时间分辨率可分为 2 种：一种是传感器本身设计的时间分辨率，主要受卫星轨道运行规律和扫描宽度的影响，不能改变；另一种是根据应用要求人为设计的时间分辨率，其等于或小于卫星传感器本身的时间分辨率。

根据回归周期的长短，时间分辨率可分为 3 种类型：①超短（短）周期时间分辨率，可以观测到 1 d 之内的变化，以 h 为单位；②中周期时间分辨率，可以观测到 1 年内的变化，以 d 为单位；③长周期时间分辨率，一般用于观测以年为单位的变化。利用时间分辨率，可以进行动态监测和预报，如可以进行植被动态监测、土地利用动态监测；可以进行自然历史变迁和动力学分析，如可以观察到河口三角洲、城市变迁的趋势；可以提高成像率和解像率，通过对历次获取的数据资料进行叠加分析，以提高地物的识别精度。

（4）温度分辨率。

温度分辨率是指热红外传感器分辨地表热辐射最小差异的能力，与探测器的响应率和传感器系统内的噪声有直接关系，通常为噪声等效温度的 2～6 倍。为了获得较好的温度鉴别力，红外系统的噪声等效温度限制在 0.1～0.5 K，而使系统的温度分辨率达到 0.2～3.0 K。目前，Landsat 热红外波段图像的温度分辨率可达到 0.5 K。

3.2.3 扫描成像传感器

受胶片感光范围的限制，摄影像片一般只能记录波长为 0.4～1.1 μm 的电磁波辐射能量，且航天遥感时采用摄影型相机的卫星所带的胶片有限，因此，摄影成像的范围受到了限制。20世纪50年代以来，扫描成像技术得到了快速发展，并基于该技术形成了扫描型传感器。扫描方式的传感器的探测范围从可见光到整个红外区，并采用专门的光敏或热敏探测器把收集到的地物电磁波能量变成电信号记录下来，然后通过无线电频道向地面发送，从而实现了遥感信息的实时传输。由于扫描方式的传感器既扩大了遥感探测的波段范围，又便于数据的存储与传输，因此成为航天遥感普遍采用的一类传感器。常见的扫描方式的遥感传感器有光机扫描仪、CCD固体扫描仪(推帚式扫描仪)和成像光谱仪。

1. **光机扫描仪**

(1) 光机扫描仪的结构。

光机扫描仪也称为光学机械扫描仪，其主要借助传感器本身沿着垂直于遥感平台飞行方向的横向光学机械扫描，获取覆盖地面条带的图像。光机扫描仪主要有2种类型，分别为红外扫描仪和多光谱扫描仪，通常由收集器(光学扫描系统)、分光器、探测器、处理器(光电转换、模/数转换)和输出器(磁带、胶片)等组成(见图3.6)。应用广泛的地球观测卫星Landsat系列上搭载的传器、气象卫星NOAA上搭载的甚高分辨率扫描辐射计(AVHRR)等都属于光机扫描仪。

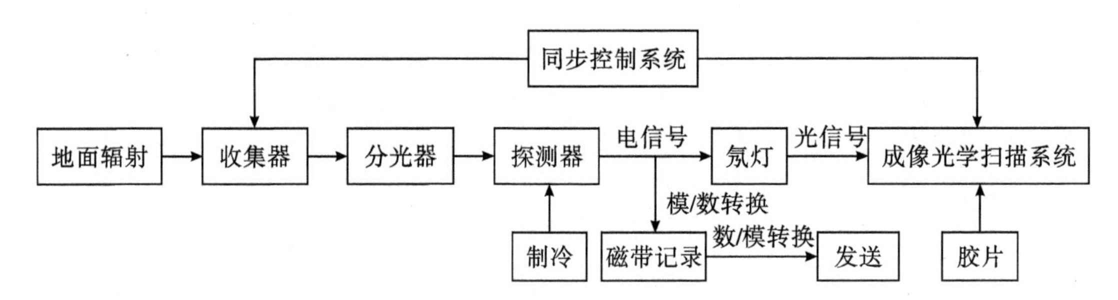

图3.6 光机扫描仪的结构

航天遥感中将透镜系统或反射系统作为光机扫描仪收集地面电磁波辐射信息的器件。在可见光和近红外区，可用透镜系统，也可用反射系统作为收集器。但在热红外区，电磁波的大部分被透镜介质吸收，透过率很低，因此一般采用反射镜系统。

分光器的目的是将收集器收集的地面电磁波信息分解成所需要的光谱成分。常用的分光器元器件有分光棱镜、衍射光栅和分光滤光片。分光棱镜依据物质折射率随波长变化的原理进行分光。当光波从物质表面入射到其内部时，物质对光波的折射率会随着波长改变，如图3.7(a)所示。因此，入射到棱镜上的光经棱镜透射或经其内部反射出来后，会按不同波长向不同的方向传播出去，从而实现分光。常见的分光棱镜包括60°棱镜和30°棱镜等。

衍射光栅是一种由密集、等间距的平行刻线构成的非常重要的光学器件，它分光非常精确、间隔一致，分光边界清晰，分反射和透射两大类。从地面传来的光线要通过一个聚光镜，它的作用是产生一束平行光线以某个角度照射到衍射光栅，如图3.7(b)所示。因为光栅相对于不同的光线有特定不同的角度，所以不同波长光线的衍射角度不同，从而使入射光线能依照光谱波长进行分离。衍射光栅的精度要求极高，很难制造，但其性能稳定、分辨率高，而且随波长的变化小，所以在各种光谱仪器中得到了广泛应用。

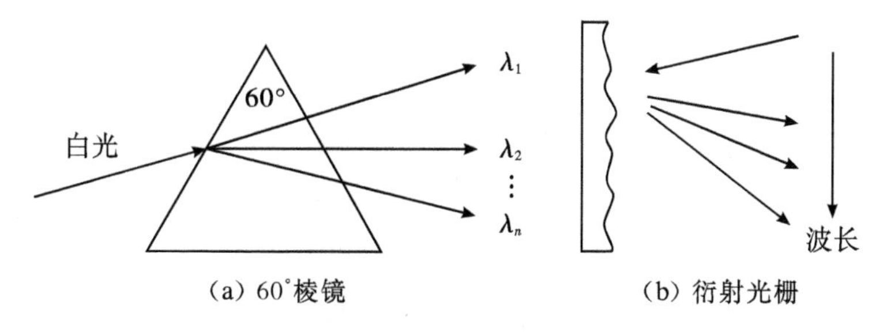

(a) 60°棱镜　　(b) 衍射光栅

图 3.7　分光原理

分光滤光片是能从某一光束中透射或反射特定波长的元件。依据其分光功能，分为长波通滤光片、短波通滤光片和带通滤光片。长波通滤光片是仅让某波长以上的光通过的滤光片，常见的长波通滤光片是吸收滤光片和热红外区用的低温反射镜。吸收滤光片可以吸收某些特定波长的光；低温反射镜反射大于某波长的波段，供探测器探测使用，而短波被透射掉。短波通滤光片是仅让某波长以内的光通过的滤光片，常见的短波通滤光片是热红外区的热反射镜和吸收滤光片。热反射镜反射特定的短波波段供探测器探测使用，而长波被透射出去。带通滤光片的作用是仅让特定波段的电磁波通过，常见的有干涉滤光片、偏振光干涉滤光片。另外，对长波通和短波通滤光片进行组合也可得到带通滤光片。

探测分光后的电磁波并把它转换成电信号的元件称为探测器。探测器的种类较多，按光电转换方式可分为光电子发射型、光激发载流子型和热效应型。光电子发射型的探测元件有光电管和光电倍增管，主要应用于探测从紫外至可见光区的地物波谱反射特性。利用光激发载流子的探测元件有光电二极管、光电晶体管、线阵列传感器等，主要用于探测地物从可见光到红外区的电磁波辐射信息。热效应型的探测器是一种热红外探测器，如热电耦探测器和热释电探测器，它能把红外辐射能转换成电能。

探测器的性能通常用瞬时视场角(instantaneous field of view，IFOV)、探测的影响范围、信噪比(signal to noise ratio，SNR)和光谱灵敏度这 4 个指标来反映。

瞬时视场角指某一很短的时间内，假定飞行器静止时，传感器在瞬时视场角内所观测到的地面面积或像元面积。IFOV 不随观测平台的高度变化，IFOV 内所观测到的地面最小像元面积与观测平台的高度(如航飞高度)成反比。

探测的影响范围指传感器对亮度灵敏的最低和最高限度。卫星飞行的高度和速度必须与传感器的灵敏度匹配，以保证传感器有足够的响应时间采集地面某一区域的反射光谱信号，这个响应时间就是停留时间。

图 3.8 显示了探测器的灵敏范围。图 3.8 中暗饱和信号区域是探测器能接收的最低亮度；探测器的最高限度出现在图 3.8 中斜线的最上端，表示探测器响应的最大亮度水平；最大与最小的亮度范围内，即图 3.8 中直线段部分，就是传感器能够正确响应的地面亮度范围。

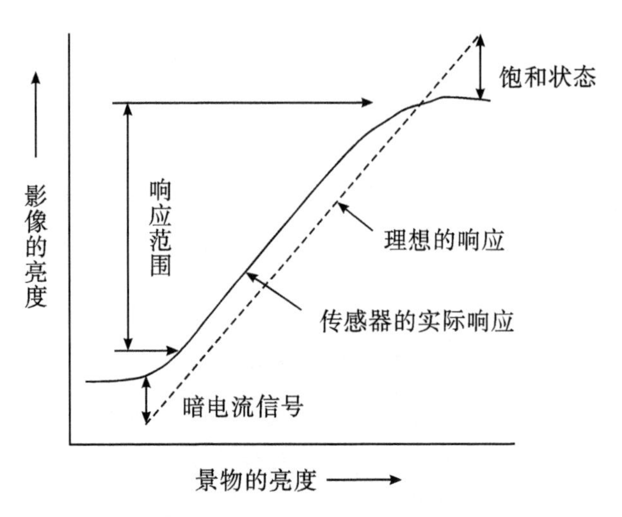

图 3.8 传感器探测的响应曲线

扫描型传感器的亮度响应范围比胶片的响应范围要宽很多，因此，当数字图像用胶片显示电信号时，会丢失很多较高或较低的亮度信息。目视解译对图像的理解是针对胶片类型的，因此，对数字图像的增强处理就是为了解决两种数据之间的光谱响应差异，以便扩大目视解译的光谱范围，改善目视判读效果。

信噪比指信号与噪声之比。传感器接收的目标地物以外的信息称为噪声，噪声一部分是由传感器各部件累积的电子信号错误引起的，另一部分来自大气、解译过程。

光谱灵敏度表达传感器的光谱探测能力，包括传感器探测波段的宽度、波段数、各波段的波长范围和间隔等。由于各种探测器的响应范围不同，衍射光栅等分光元件无法确定明确的分光界限。光谱灵敏度对某个波段范围来说是有所变化的。例如，某个用来记录 0.5～0.6 μm 绿光波段的传感器并不足以在整个绿光波段表现出一致的光谱灵敏度，而只会在绿光波段中心位置具有较大的光谱灵敏度。

传感器的光谱灵敏度常用半峰全宽(full width at half maximum，FWHM)即光谱灵敏度曲线最大值一半处的光谱范围来确定。传感器的光谱灵敏度确定了其光谱分辨率，即传感器所能探测的光谱宽度。例如，Landsat-8 卫星的 OLI 的第 3 波段的响应范围为 0.53～0.59 μm，其带宽为 60 nm，并不表示该波段只响应 0.53～0.59 μm 的能量并与其他波长的能量响应有明确的分界线，其形成的响应曲线在不同波段的灵敏度呈典型的高斯分布形态(见图 3.9)。0.53～0.59 μm 是该波段探测器高斯曲线最大值一半处的光谱范围，表示 OLI 的第 3 波段的能量敏感区域，探测带宽越大，其波段数就越少。一般多波段遥感的波段有 10 个左右，其带宽小于 100 nm。例如，Landsat-8 卫星的 OLI 和 TIRS 共有 12 个波段，除个别波段带宽大于 80 nm 外，其他波段带宽均小于 60 nm。

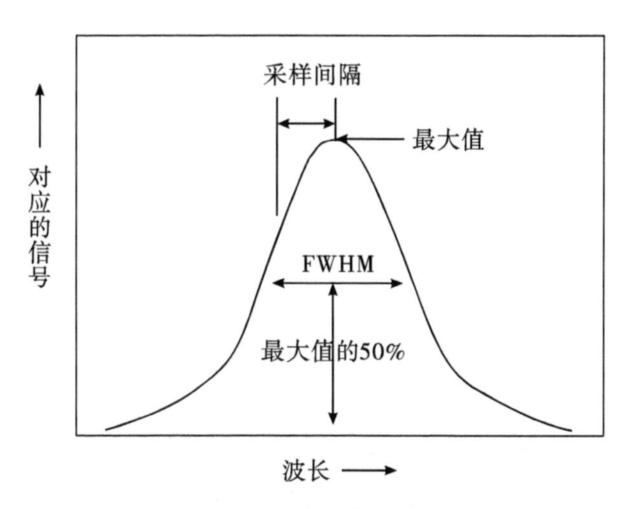

图 3.9 传感器光谱灵敏度曲线

从探测器出来的低电平信号需要处理器进行放大和限制带宽。一般在探测器后面设置低噪声的前置放大器来完成该任务，目前主要以 CCD 作为前置放大器。从前置放大器出来的视频信号可输往磁带机，将模拟信号记录在磁带上。若需要将信号记录在胶片上，则必须设计电光转换电路，将电信号转换成光信号，这时输出器上的光强度正好与目标辐射强度一致。若要求输出信号为数字形式，则必须使用模/数转换器，对连续的模拟信号进行采样、量化和编码，将视频信号转换成离散的数字信号。

输出器有 2 种类型，分别为胶片和磁带。磁带记录的形式分为模拟磁带和数字磁带。模拟磁带记录数据后形成的磁带强度与视频信号强度一致。数字磁带记录的是已采样、量化和偏码后的数字数据。数字磁带又分为高密度数字磁带（high density digital tape，HDDT）和计算机兼容磁带（computer compatible tape，CCT）。

（2）光机扫描仪的成像过程。

光机扫描仪的成像过程如图 3.10 所示，当旋转棱镜旋转时，第一个镜面对地面横越航线方向扫视一次，在地面瞬时视场内的地面辐射能反射到反射镜组，经其反射后聚焦在分光器上，再经分光器分光后分别照射到相应的探测器上。探测器将辐射能转变为视频信号，再经电子放大器放大和调整，在阴极射管上显示瞬时视场的地面影像，在底片曝光后记录（称为一个像元）；或视频信号经模/数转换器转换，变为数字的电信号，再经采样、量化和编码，变成数据流，向地面做实时发送或由磁带记录仪记录后做延时回放。随着棱镜的旋转，垂直于航向上的地面依次成像形成一条影像线被记录下来。平台在飞行过程中，扫描旋转棱镜依次对地画进行

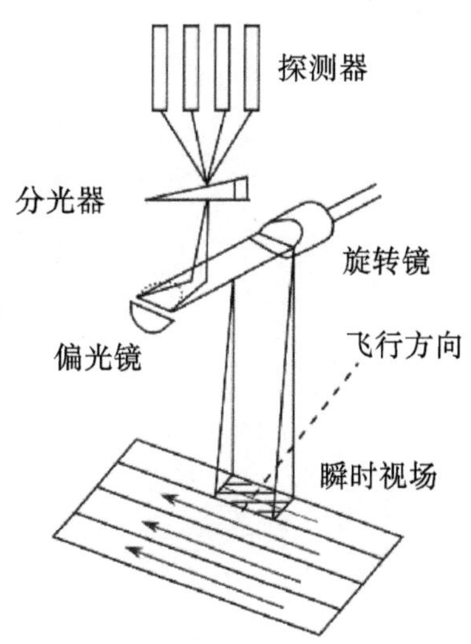

图 3.10 光机扫描仪的成像过程

扫描，形成一条条相互衔接的地面影像，最后形成连续的地面条带影像。

(3) 光机扫描仪的重要参数。

光机扫描仪的主要参数包括瞬时视场角、像点、总视场角和地面分辨率。

瞬时视场角 $\Delta\theta$ 指扫描系统在某一时刻对空间所张的角度。它由探测元件的线度 δ 与光学系统的总焦距 f 决定，见式(3.1)：

$$\Delta\theta = \delta/f \tag{3.1}$$

像点指瞬时视场角在影像上对应的点，也称为像元或像素。

总视场角 φ_0 指光机扫描仪对目标扫描摆动的最大角度，也称为总扫描角。总视场角越大，每次运行覆盖的地面面积越大。每条扫描线所对应的地面长度 L 用式(3.2)表示：

$$L = 2H\tan(\varphi_0/2) \tag{3.2}$$

由式(3.2)可知，航高 H 越高，扫描线越长。

地面分辨率指瞬时视场角在地面上对应的距离——瞬时视场线度 D，其大小与 $\Delta\theta$、航高 H 和扫描角有关。根据弧长公式，可知扫描仪垂直投影点、飞行方向和扫描方向的线度(地面分辨率)分别用式(3.3)～(3.5)所示：

$$D_0 = \Delta\theta \cdot H \tag{3.3}$$

$$D_f = D_0 \cdot \sec\varphi \tag{3.4}$$

$$D_s = D_0 \cdot \sec^2\varphi \tag{3.5}$$

式中：D_0 为扫描仪垂直投影点的分辨率；D_f 为飞行方向分辨率；D_s 为扫描方向分辨率。通常 $\sec\varphi \geqslant 1$，扫描角越大，分辨率越低。扫描角 φ 表示机下扫描点和瞬时扫描点所形成的角度(见图3.11)。

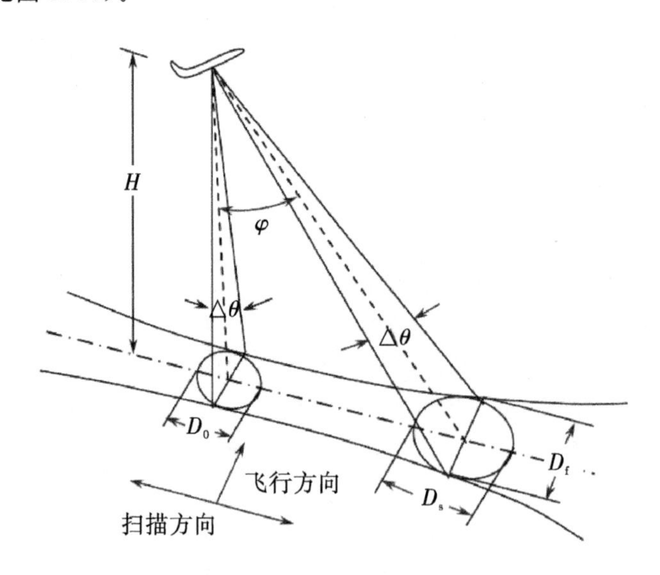

图 3.11　瞬时扫描视场线度

光机扫描仪的瞬时视场角通常较小，扫描镜仅收集点的辐射能量，然后利用本身的旋转或摆动形成一维线性扫描，再加上平台移动，实现对地物平面的扫描，从而达到收集区域地物电磁辐射的目的。

2. 推帚式扫描仪

将固体光电转换元件排成一排作为探测器的扫描仪叫作推帚式扫描仪或线性阵列传感器。由于推帚式扫描仪大多是采用CCD制成的传感器，因而又被称为CCD固体扫描仪。相较于光机扫描仪，推帚式扫描仪使用由半导体材料制成的固体探测器件，通过遥感平台的运动对目标地物进行扫描成像。这种探测器件具有自扫描、感受波谱范围宽、畸变小、体积小、重量轻等优点，并可制成集成度很高的组合件。按探测器的不同排列形式，CCD固体扫描仪分为线阵列扫描仪和面阵列扫描仪（见图3.12）。

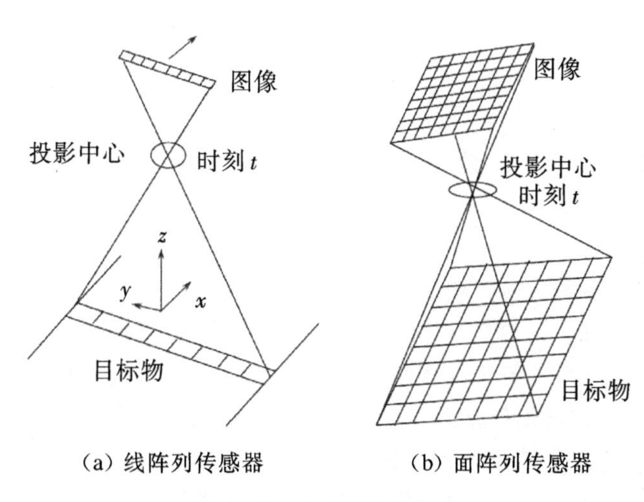

(a) 线阵列传感器　　(b) 面阵列传感器

图3.12　传感器成像方式

(1) 推帚式扫描仪的成像过程。

推帚式扫描仪获取图像的方式为线阵列方向与飞行方向垂直，在某一瞬间得到一条线影像，一幅影像由若干条线影像拼接而成。这种成像方式在几何关系上与缝隙摄影机的情况相同。

SPOT-1、SPOT-2和SPOT-3卫星上装载的高分辨率可见光扫描仪（high resolution visible range instrument，HRV）传感器就是一种CCD线阵列传感器，它有多光谱HRV和全色HRV两种形式。多光谱HRV的每个波段的线阵列探测器由3000个CCD元件组成，每个元件形成的像元对应地面的大小为20 m×20 m。一行CCD探测器形成的影像线对应地面的大小为20 m×60 km。全色HRV用6000个CCD元器件组成一行，地面上总宽度仍然为60 km，每个像元对应地面的大小为10 m×10 m。

(2) 推帚式扫描仪的立体成像。

推帚式扫描仪可以实现对地面的立体观测，即获取地面的立体影像。立体观测有2种形式，分别为同轨立体观测和异轨立体观测。

同轨立体观测指在同一条轨道的方向上获取立体影像，如图3.13所示，在卫星上安置2台以上的推帚式扫描仪，一台垂直指向天底方向，其他的指向平台前进方向（航向）

的前方或后方，且传感器之间的光轴保持一定的夹角。随着平台的移动，多台扫描仪就可获取同一地区的立体影像。

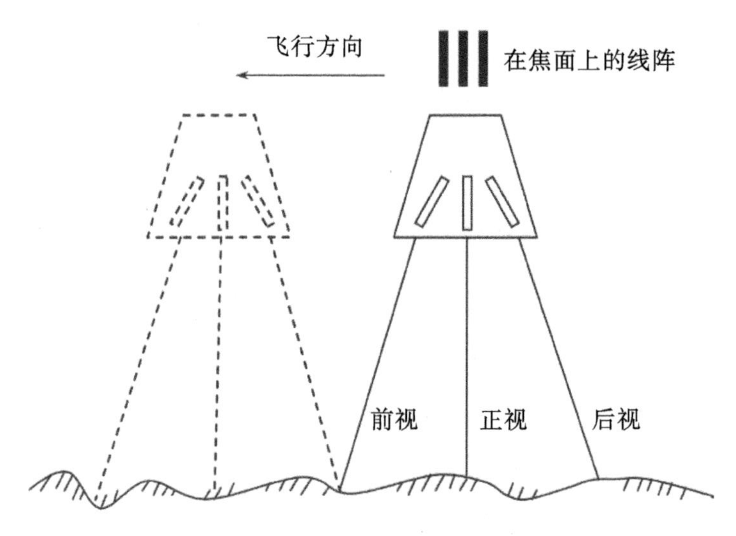

图 3.13　同轨立体观测方式

为了便于测图，不同扫描仪获取的影像应有相同的比例尺，因此前后视扫描仪光学系统的焦距应与正视扫描仪的光学系统焦距不同。例如，美国的立体测图卫星，前视和后视线阵列扫描仪的主光轴与正视线阵列扫描仪的主光轴之间的夹角均为 26.57°。卫星设计高度为 705 km，正视扫描仪的焦距设计为 705 mm，前视和后视扫描仪的焦距设计为 775 mm，3 台扫描仪获取的影像比例尺均为 1∶1000000。

异轨立体观测指在不同轨道上获取立体影像。在立体观测时，可以使用 1 台或多台扫描仪，SPOT 卫星使用 1 台扫描仪获取立体影像。该扫描仪的平面反射镜可绕指向卫星前进方向的滚动轴旋转，从而实现在不同轨道间的立体观测(见图 3.14)。由于平台反射镜左右两侧离垂直方向为 −27°～27°，故从天底向轨道任意一侧可观测 450 km 范围内的景物，在相邻的许多轨道间都可以获取立体影像。由于轨道的偏移系数为 5，故相邻轨道差 5 d，即若第一天垂直地面观测，则第一次立体观测第六天才能实现。由于气候条件的限制，这种立体观测方式形成的立体影像质量有时不能保证。

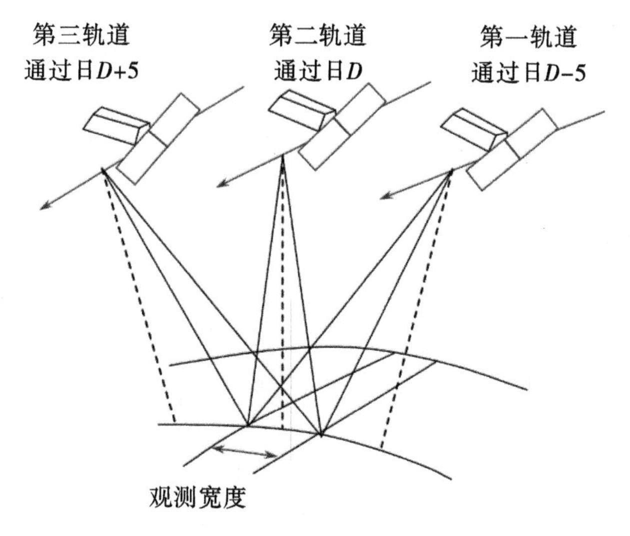

图 3.14 异轨立体观测方式

（3）推帚式扫描仪的特点。

推帚式扫描仪具有以下优点：①摒弃了复杂的光学机械扫描系统，重量轻，图像与地面的几何关系稳定，确保每个像元具有精确的几何位置；②可以获得可见光和近红外（1.2 μm 以内）的全色与多光谱影像；③采用 CCD 作为探测器件，便于图像的实时传输；④提高了传感器的灵敏度和信噪比，即提高了对目标地物反射能量的响应程度，减少了传感器各部件累积的电子信号错误引起的图像噪声。其缺点是，由于探测器数目多，当探测器彼此间存在灵敏度差异时，往往产生带状噪声，因此有必要进行辐射校正处理。

3. 成像光谱仪

多光谱扫描仪通常将可见光到近红外波段分割为几个或几十个波段，即宽波段。在一定波长范围内，传感器探测波段分割得越多，波谱取样点越多，也就越接近连续光谱曲线。新一代传感器成像光谱仪既能成像，又能获取目标光谱曲线，实现了“谱像合一”。成像光谱仪获取的图像由多达数百个波段的非常窄的连续光谱段组成，光谱波段覆盖了从可见光到热红外区域的全部光谱带，使图像中的每个像元均能形成连续的反射率曲线。目前，成像光谱仪主要应用于高光谱航空遥感，在航天遥感领域高光谱也开始应用。成像光谱仪的种类很多，常见成像光谱仪的主要性能如表 3.5 所示。

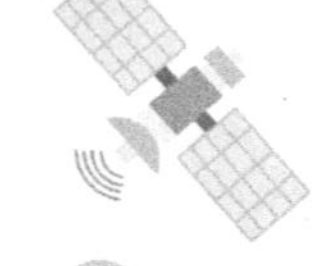

表 3.5　常见成像光谱仪的主要性能

仪器	国家或机构	卫星高度/km	扫描方式	幅宽/km	像元数	光谱分辨率/nm	波段数	光谱范围/μm	焦距/m
MODIS	美国	705	摆扫	2330	402010	10～500	36	0.4～14.4	0.38 0.282 2.1
HIS	美国	523	面阵推扫	7.68 PAN：12.9	256	VNIR：5 SWIR：6	384	VNIR：0.43～1.0 SWIR：0.9～2.5 PAN：0.48～0.75	1.048
HRIS	欧空局	800	面阵推扫	30	768	10	192	VNIR：0.45～1.0 SWIR：1.0～2.35	0.6
PRISM	欧空局	775	面阵推扫	50	1024	15	105	VNIR：0.45～1.0 SWIR：1.16～1.4， 1.49～1.79， 2.02～2.35 MIR：3.5～4.1 TIR：8.1～9.5	—
C-HRIS	中国	800	面阵推扫	32	800	VNIR：10 SWIR：20	120	VNIR：0.43～1.03 SWIR：1.0～2.4	0.6
COIS	美国	600	面阵推扫	15	500	10	210	VNIR：0.4～2.5 SWIR：双光谱仪	0.36
HYPERION	美国 EO-1	705	面阵推扫	7.5	320	30	220	0.4～2.5	—
ARIES	澳大利亚	500	推扫	15(星下) 420(倾斜)	—	10～30	128	0.4～1.1 2.0～2.5	—
OrbView	美国	470	面阵推扫	—	1000	10	100	VNIR：0.4～1.0 SWIR：1.0～1.1， 1.2～1.3， 1.55～1.75 PAN：0.45～0.9 MS：0.45～0.9	2.75

如图 3.15 所示，成像光谱仪按结构的不同，可以分为 2 种基本类型：①面阵探测器加推帚式扫描仪的成像光谱仪，它利用线阵列探测器进行扫描，利用色散元件和面阵探测器完成光谱扫描，利用线阵列探测器及其沿轨道方向的运动完成空间扫描；②线阵列探测器加光机扫描仪的成像光谱仪，它利用点探测器收集光谱信息，经色散元件后分成不同的波段，分别在线阵列探测器的不同元件上，通过点扫描镜在垂直于轨道方向的面内摆动以及沿轨道方向运动完成空间扫描，同时利用线探测器完成光谱扫描。

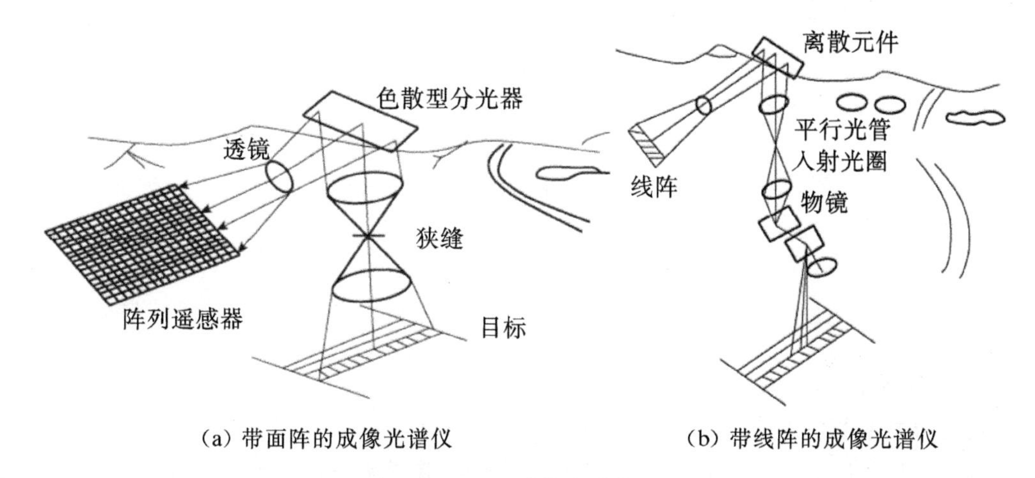

(a) 带面阵的成像光谱仪　　(b) 带线阵的成像光谱仪

图 3.15　成像光谱仪

成像光谱仪数据具有很高的光谱分辨率，但同时也面临着数据量巨大引起的难以存储、检索和分析的问题。为了满足成像光谱数据的表达，一种新型的数据格式——图像立方体得以发展。图像立方体的正面是由 3 个波段图像合成得到的，表示空间信息的二维图像；立方体的下面是单波段图像叠合；位于立方体边缘的信息，则主要用于表达各个波段图像最边缘各像元的地物辐射亮度的编码或反射率。

成像光谱仪与多光谱扫描仪的成像方式相同，与 CCD 线阵列传感器的成像方式相似。成像光谱仪具有很高的光谱分辨率，其可以获取波段宽度很窄的多波段图像数据，多用于地物的光谱分析与识别。然而，搭载在卫星平台的成像光谱仪获取数据的空间分辨率通常较低，一般为几十米或几百米。成像光谱仪的工作波段可以涉及可见光和近红外甚至短波红外波段，因此，其对于特殊的矿产探测、海洋水色调查非常有效，尤其是矿化蚀变岩在短波段具有诊断性光谱特征。

此外，成像光谱数据容易受大气、遥感平台姿态和地形等因素的影响，产生横向、纵向、扭曲等几何畸变及边缘辐射效应。因此，有必要在实际应用前进行预处理，常用的预处理操作包括平台姿态的校正、沿飞行方向和扫描方向的几何校正以及图像边缘辐射校正。

3.2.4 雷达成像传感器

雷达为无线电测距和定位，其工作波段主要集中在微波范围，少数也利用其他波段，如利用激光器作发射波源的激光雷达。按照工作方式，雷达可分为成像雷达和非成像雷达，或分为真实孔径侧视雷达和合成孔径侧视雷达。

雷达是由发射机通过天线在很短时间内向目标地物发射一束很窄的大功率电磁波脉冲，并用同一天线接收目标地物反射的回波信号而进行显示的一种传感器。不同物体，回波信号的振幅、相位将不同，因此可测出目标地物的方向、距离。

根据多普勒效应，雷达可用来测定运动的目标物体。目标反射回波由于受到运动的影响，频率会发生改变，该频率的变化与目标物体运动的速度成正比。电磁波在空间的传播速度是一定的。当雷达在时间 t_1 发射出一个窄脉冲，被目标反射后，在 t_2 时返回，根据这一时间差可以计算出目标地物的距离 R：

$$R = \frac{\Delta t}{2} \cdot c = \frac{t_2 - t_1}{2} \cdot c \tag{3.6}$$

式中：Δt 为 t_1、t_2 的时间差；c 为电磁波的传播速度，约为 3×10^8 m/s。

地物对微波的反射能力取决于本身的性质和形状。一般地，金属和各种良导体的反射能力强，这是由于导体中具有自由电子，微波可迫使这些自由电子做强烈的振动，使导电物体表面产生与探测波同频率的交流电波，进而使地物获得了向周围空间再辐射的能力。而木质物体，如树木等，反射能力很微弱。云雾、尘埃及大气空间所包含的自由电子都很少，因此，微波在大气中很少散射，能很好地透过。地面上的各种物体由于介电常数不同，反射能力也就不一样。

由于具有极化特性，微波在垂直方向和水平方向的反射强度是不同的。微波反射还与地物的形状、大小有关：所发射的波长越短，反射能力越强。当发射波长大于物体的长度时，会产生绕射。表面光滑的地物会产生镜面反射，表面粗糙的则产生漫反射。

(1) 侧视机载雷达。

侧视机载雷达的几何原理，如图 3.16 所示。该系统装载在直线运行的飞机上，其相对于参考面的飞行高度为 H，天线指向一侧，并向下指向地面，雷达波束照射到扫过成像区域的一小部分。天线照射区域称为天线足迹。雷达系统发射一系列短的微波脉冲(脉宽为 T_p)，通过测量回波延时确定斜距 R。回波功率是关于延时的函数，其构成了最终图像的一个维度，即距离向。回波被逐步接收，直到雷达天线波束远端的回波被接收。

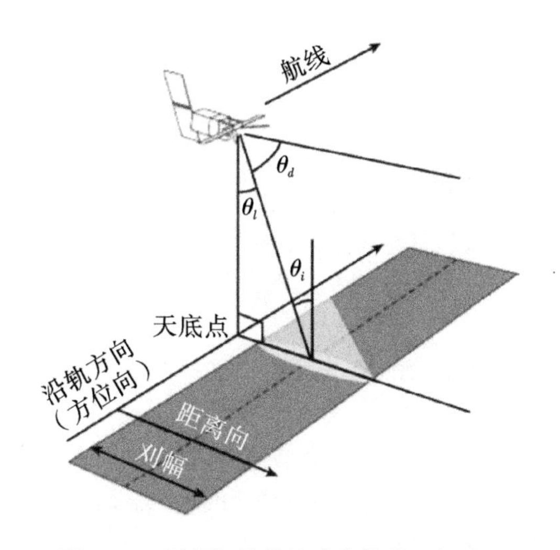

图 3.16 侧视机载雷达成像仪的几何关系

侧视雷达测距能力的限制条件和高度计相同，即有效脉冲宽度，但较高度计更加严格：由于电磁波是倾斜传播的，距离相对较长，随着入射角的增大，大部分能量被镜面反射，无法回到接收机，而雷达截面较小，因此更需要对发射功率进行优化，使其保持一个较短的有效脉冲。在成像雷达中，可采用调频脉冲和距离压缩技术，此时，斜距分辨率可由式(3.7)计算得到：

$$\rho_r = c/(2B_p) \tag{3.7}$$

式中：ρ_r是斜距分辨率(单位为 m)；c 是光速；B_p 是 Chirp 脉冲的带宽。

斜距分辨率是由系统决定的参数，和目标完全无关。地距分辨率则为分辨实际地面特征的能力。参考面的距离向分辨率 ρ_g 由入射角 θ_i 决定，其计算式如式(3.8)：

$$\rho_g = \rho_r/\sin\theta_i \tag{3.8}$$

地面有效分辨率是距离向分辨率在参考面上的投影。当地面背离该参考面时，本地坡度将影响入射角，进而影响本地距离向分辨率(见图 3.17)。

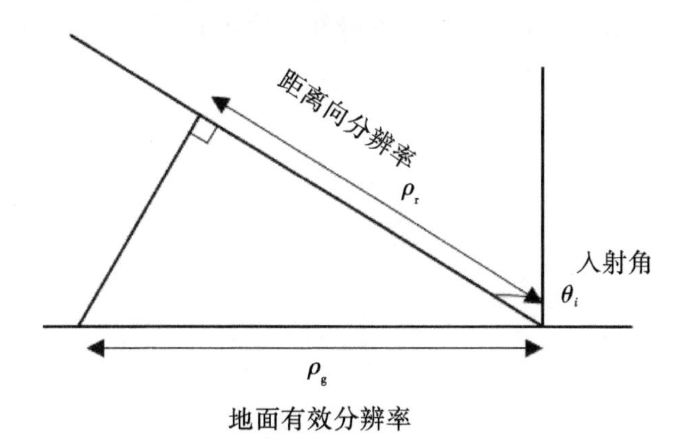

图 3.17 仪器的距离向分辨率和地面有效分辨率之间的关系示意

图像的沿轨方向为方位向，方位向分辨率(即分辨距离相同而方位角不同的 2 个点目标的能力)由方位向的波束宽度(天线孔径)决定。方位向分辨率 ρ_a(单位为 m)的一个近似式(3.9)表示为：

$$\rho_a = \theta_{3\ \mathrm{dB}} R \approx \frac{\lambda}{d} R \tag{3.9}$$

对于机载系统来说，天线孔径尺寸对分辨率的影响不大；但对于飞行高度较高的飞机或卫星，随着高度的增加，为了保持系统的分辨率，必须增大天线孔径尺寸。

(2) 合成孔径雷达。

合成孔径雷达是利用遥感平台的前进运动，将一个小孔径的天线安装在平台的侧方，以代替大孔径的天线，进而提高方位向分辨率的雷达。合成孔径雷达通常采用若干小孔径天线组成阵列，即把一系列彼此相连、性能相同的天线，等距离地布设在一条直线上，利用它们接收窄脉冲信号(目标地物后向散射的相位、振幅等)，以获得较高的方位分辨率。天线阵列的基线愈长，方向性愈好。

合成孔径雷达的工作原理如图 3.18 所示。遥感平台在匀速前进运动中以一定的时间间隔发射一个脉冲信号，天线在不同位置上接收回波信号，并记录和贮存下来。然后将这些在不同位置上接收的信号进行合成处理，得到与真实天线接收同一目标回波信号相同的结果。

真实孔径雷达的方位向分辨率为 $P_a = (\lambda/D)R$，若合成天线孔径为 L_s 并等于 P_a，则合成孔径的方位向分辨率 P_s 为式(3.10)：

$$P_s = (\lambda/L_s)R = \frac{\lambda}{(\lambda/D)R} \cdot R = D \tag{3.10}$$

式(3.10)说明，合成孔径雷达的方位向分辨率与距离无关，只与天线的孔径 D 有关，天线孔径愈小，方位向分辨率愈高。

以 $D = 8$ m 的真实孔径雷达为例。当采用波长 $\lambda = 4$ cm，雷达距目标地物的距离 $R = 4$ km 时，其方位向分辨率 P_a 为 20 m。而同样孔径波长和距离的合成孔径雷达，其方位分辨率 $P_s = 8$ m。由于合成孔径天线双程相移，故其方位向分辨率还可以提高 1 倍，即 $P_s = \frac{D}{2} = 4$ m。通常，合成孔径雷达还结合脉冲压缩技术，获得了良好的距离向分辨率。

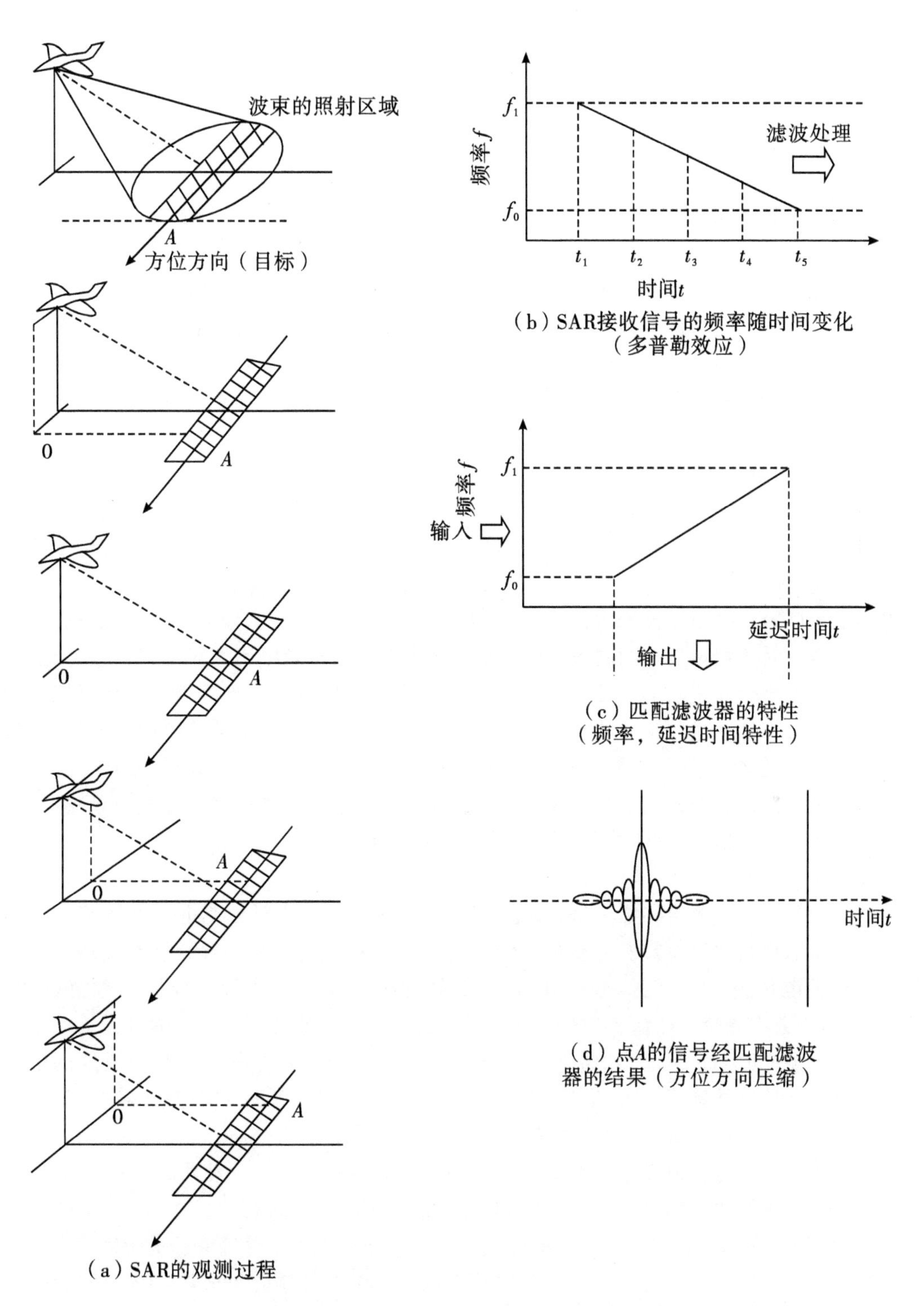

（a）SAR的观测过程

（b）SAR接收信号的频率随时间变化（多普勒效应）

（c）匹配滤波器的特性（频率，延迟时间特性）

（d）点A的信号经匹配滤波器的结果（方位方向压缩）

图 3.18　基于多普勒效应的合成孔径雷达成像原理(赵英时，2013)

3.3 遥感数据的表示与遥感图像的存储

3.3.1 遥感数据的表示

电磁辐射在与大气层和地表相互作用后，所携带的大量地表信息被遥感仪器探测和记录。因此，遥感是将地表信息(多维、无限的真实体)映射为遥感信息(二维、有限、离散化的模拟信息)的过程。遥感成像是将地物的电磁波谱特征用不同的探测方式(摄影或电子扫描方式)生成模拟的或数字的影像，再以不同的记录方式获得模拟图像和数字图像。

1. 遥感影像的记录方式

(1) 模拟图像。

摄影的记录方式主要以感光材料乳胶作为探测元件，运用光敏胶片表面的化学反应来直接探测地物的能量变化，并记录下来。图像以银粒作为最基本的采样点，构成影像的最小单元(像点)。对于波谱范围为 0.3～0.9 μm 的摄影系统，胶片既是探测媒介又是记录的介质。对于摄影以外的其他遥感系统，其电信号可以转换为影像形式被胶片记录，此时胶片仅作为信号记录的介质。例如，热红外遥感器是一种电子遥感器，其所记录的热红外图像虽然是通过胶片上的灰度变化来记录信息，但它是通过特殊的探测元件(热敏探测器)来探测物体的热红外能量(发射能量)，而胶片仅作为一种显示图像的介质。

除了摄影照片、胶片记录的图像，模拟图像还可以包括各种硬拷贝方式记录的图像，如不同类型黑/白或彩色打印机、绘图仪等输出的图像。

(2) 数字图像。

数字记录方式主要指扫描磁带、磁盘等电子记录方式。它是以光电二极管等作为探测元件，获取地物的反射或发射能量，经光电转换过程，把光的辐射能量差转换为模拟的电压差或电位差(模拟电信号)，再经过模数变换 A/D，将模拟量变换为数值(亮度值)，存储于数字磁带、磁盘、光盘等介质上。构成数字影像的最小单元为像元，一个像元只有一个亮度值，它是像元内所有地物辐射能量的积分值或平均值。扫描成像的电磁波谱段可包括从紫外到远红外的整个光学波段。由于可以灵活地分割为许多狭窄谱段，故光谱分辨率高、信息量大，适于数据传输和各种数值运算。

数字图像可以是各种传感器直接获得的遥感图像数据，例如，使用分离的探测器或扫描镜多波段成像的 Landsat MSS 和 TM、NOAA AVHRR 数据，使用线阵 CCD 多波段成像的 SPOT HRV 数据等；数字图像也可以是任何遥感或非遥感辅助手段经数字化过程变换得到的图像。数字图像是由分离的像素或像元的二维矩阵组成的，每个像元的亮度是该像元对应的地面面积的平均亮度或辐射亮度。如图 3.19 所示，(b)为(a)中局部的放大而显示出的单个像元，(c)为(a)的亮度直方图，(d)显示每个像元的平均辐射亮度所对应的数值(digital number，DN)，它是由原始电信号经模数变换处理后的正整数值。

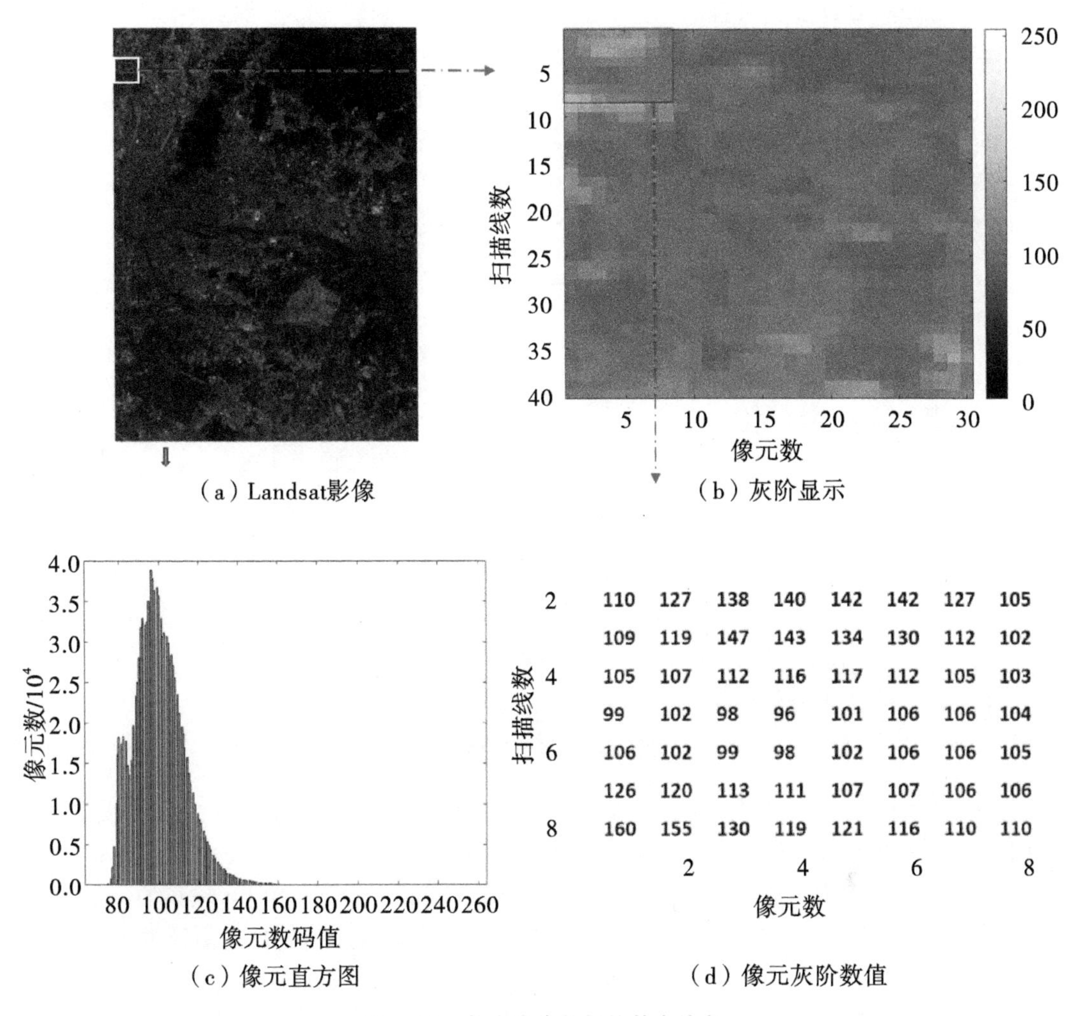

图 3.19 数字图像数据的基本特点

2. 模数变换与数模变换

(1) 模数变换。

地物反射的波谱信号是连续变化的模拟量。传感器接收并记录下这些模拟信号，其往往是与测量的物理量有关的电压变量。为了分析处理及传输存储的方便，需要将模拟信号通过 A/D 模数转换器转换成数据值。

模数变换 A/D，即模拟信号与数字信号的转换，是将连续变化的模拟量转换为离散数字点集的过程，包括抽样和量化两个过程。抽样(采样)是指在连续变化的模拟信号的变化轴上，按均匀或非均匀的空间间隔(采样间隔)，读取或测量连续信号值，即把模拟图像分割成同样形式的小单元(像元/像素)的空间离散化处理过程。为了使模拟信号的数字表示能以足够的精度再现这种信号的信息量，必须对信号进行足够数量的采样。所谓量化，是指按一定规则(均匀或非均匀取值)将模拟样本值转换为一系列离散点值(像元的亮度值－灰度值)，即离散化处理、编码过程。

图 3.20 是 A/D 变换过程的示意。从传感器得到的电信号是连续的模拟信号(在图上为连续的曲线)，连续信号被按一定时间间隔(ΔT)采样并数字化记录每个样点(*a*，*b*，…，*j*，*k*)。对某一特定信号的采样速率是由信号的高频变化决定的。为了正确表示信号的变化，采样速率必须至少高于原始信号最高频率出现的 2 倍。在图 3.20 中，输入的传感器信号的电压值在 0～2 V 范围内，输出的 DN 在 0～255 范围内。例如，采样点 *a* 的传感器记录为 0.46 V，其 DN 为 59(图 3.20 右侧显示各采样点测出的 DN)。

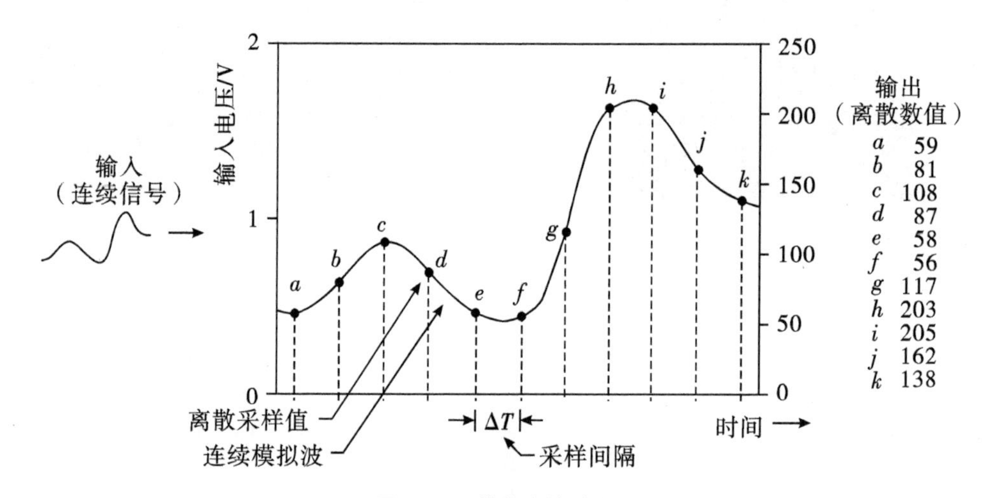

图 3.20　模数变换过程

因为计算机以二进制记录数据，所以量化等级以二进制来划分，即 2^n。考虑量化引起的误差，*n* 取值不应低于 6。数字图像的 DN 通常在 0～63、0～127、0～255、0～511、0～1023 范围内，分别表示为用 6 bit、7 bit、8 bit、9 bit、10 bit 记录的一组整数。模数变换的精度(信号再现的保真性)表现为离散的图像与原连续变化的图像的均方误差，这是数字图像恢复为原图像的精确程度的度量。它与抽样间隔、数字化级数(量化级数)有关。而量化层次的取值与数字格式(6 bit、8 bit、10 bit 数据等)有关，如 Landsat TM 以 8 bit 数据格式表示，取 256 量化级，即由最暗到最亮的亮度值变化在 0～255 范围内。

(2) 数模变换。

数模变换 D/A 是模数变换 A/D 的逆过程，是将离散的数据值恢复为模拟量的过程。数字图像的屏幕显示或扫描输出就是一种数模变换过程，即把离散的数字信号转变为连续变化的模拟图像。这种重构的模拟图像常受输出设备的精度指标、一些随机因素(如记录材料、相纸、绘图纸、记录设备、胶片曝光量等)的影响。因此，D/A 变换过程总有信息丢失，其精度往往不如原数字图像。

数模变换基于数字图像处理系统的输出设备来生成亮度图，通常采用 2 种形式：①硬拷贝图像显示，主要指打印机、绘图仪或胶片产生的具体、有形的硬拷贝图像，用于目视解译；②视频图像显示，主要指通过显示器屏幕显示的图像，这种视频显示可以修改或放弃，也可以转为硬拷贝输出。

3. 数字图像的显示方式

黑/白图像显示(B/W)：在 8 bit 图像处理器的查找表(look-up table，LUT)中，每个像素对应相同的 RGB 值。若某单波段图像中的一个像元对应的 RGB 值为(0，0，0)，则呈黑色；若为(127，127，127)，则呈灰色；若为(255，255，255)，则呈白色。同理，该图像的其他像元值为 0～255，最后生成一幅黑/白图像。

伪彩色图像显示(pseudo-color)：是将黑白图像的各灰度值按一定的线性或非线性函数关系映射成相应的彩色。它是作为单色图像存储的，例如，存储器存有一幅 8 bit 的单版图像，每个像元值对应颜色查找表(color LUT，CLUT)的 RGB 值，提供给 3 个分离的数模变换器(digital to analog converter，DAC)转换为适当的强度。由于在给定范围内，LUT 仅能存储有限的选择色，因此限制了在屏幕上显示的色彩范围，最终生成了一幅伪彩色图像。

彩色合成图像显示：3 幅 8 bit 图像以 RGB 方式存于存储器内，通过 3 个 8 bit 分离的 DAC 连续读每个 RGB 图像的同一像元亮度值，并变换为模拟信号。这个信号用以调整阴极射线管(cathode ray tube，CRT)屏幕上 RGB 枪的强度，生成彩色合成图像。若红波段、绿波段、蓝波段 3 幅图像分别赋予红、绿、蓝三色，所生成的是真彩色(true)或天然(quasi-natural)彩色合成图像，如 TM3、TM2、TM1(RGB)；若 3 幅其他任何波段图像赋予红、绿、蓝三色，则得到假彩色(false)合成图像，如 Landsat TM1、Landsat TM2、Landsat TM3(RGB)，Landsat TM3、Landsat TM5、Landsat TM4(RGB)等；若近红外波段(NIR)、红波段(R)、绿波段(G)3 幅图像分别赋予红、绿、蓝三色，则得到标准假彩色合成图像，如 Landsat TM4、Landsat TM3、Landsat TM2(RGB)，SPOT-3、SPOT-2、SPOT-1(RGB)等。在标准假彩色合成图像中，3 种主要的地表覆盖类型为：植被呈红色系列，水体呈蓝色系列，裸地呈浅色系列，易于识别。

3.3.2 遥感图像的存储

遥感传感器接收、输出的是一组数字值，每个数字值是由位构成的一系列二进制值，其中每一位都记录了一个以 2 为幂的指数，指数的值由该位在整个位序列中的位置确定。例如，由 7 个位组成一个值的传感器系统，表示有 7 个二进制位来记录每个波段传感器所探测的亮度值，且 7 个位依次地记录了一组连续的以 2 为幂的值。因此，遥感图像每个像素的离散值，以适合数字计算分析的格式进行存储，并存储在磁带、磁盘或光盘等电子存储设备上。这些从磁带、磁盘或光盘上获取的数据称为数字图像或亮度值。一幅数字图像所记录的亮度值的范围大小是由它存储数据所用的位的数量决定的。7 位记录图像的像素所能表示的亮度范围大小为 0～127(128 级灰阶)，6 位记录图像的像素所能表示的亮度范围只有 0～63(64 级灰阶)，位数的多少决定了数字图像的灰阶等级。

遥感图像的像元数值通常以 4 种记录格式存储在磁带、光盘等电子存储介质上，包括 BSQ(band sequential)格式、BIL(band interleaved by line)格式、BIP(band interleaved by pixel)格式和 HDF(hierarchical data file)格式。

BSQ 格式是按波段顺序记录遥感影像数据的格式，每个波段的图像数据文件单独形成一个影像文件。每个影像中的数据文件按照其扫描成像时的次序以行为记录顺序存放，存放完第一波段，再存放第二波段，一直到所有波段数据存放完为止。

BIL 格式是一种各扫描线按照波段顺序交叉排列的遥感数据格式，BIL 格式存储的图像数据文件由一场景中的 N 个(TM 图像 $N=7$)波段影像数据组成。每一个记录为一个波段的一条扫描线，扫描线的排列顺序是按波段顺序交叉排列的。例如，MSS 具有 MSS4、MSS5、MSS6 和 MSS7 共 4 个波段，则影像数据文件的排列次序如下：首先是 MSS4 的第一条扫描线(记录 1)，然后是 MSS5 的第一条扫描线(记录 2)、MSS6 的第一条扫描线(记录 3)、MSS7 的第一条扫描线(记录 4)。存放完第一条扫描线后，存放第二条扫描线，即 MSS4 的第二条扫描线(记录 5)、MSS5 的第二条扫描线(记录 6)、MSS6 的第二条扫描线(记录 7)、MSS7 的第二条扫描线(记录 8)。接下去是第三条扫描线、第四条扫描线、第五条扫描线……直到存放完所有波段的扫描线为止。

BIP 格式是每个像元按照波段次序交叉排序记录图像数据的，即在一行中按每个像元的波段顺序排列，各波段数据间进行交叉记录。如 MSS 有 MSS4、MSS5、MSS6、MSS7 共 4 个波段，其影像数据文件的排列次序是：首先是 MSS4 的第一条扫描线的第一个像元，然后是 MSS5 的第一条扫描线的第一个像元、MSS6 的第一条扫描线的第一个像元、MSS7 的第一条扫描线的第一个像元。接着存放第一条扫描线的第二个像元，即 MSS4 的第一条扫描线的第二个像元、MSS5 的第一条扫描线的第二个像元、MSS6 的第一条扫描线的第二个像元、MSS7 的第一条扫描线的第二个像元。后续依次是第一条扫描线的第三条、第四条、第五条……像元，直到存放完所有波段的第一条扫描线的所有像元，再接着按此方式存放其他扫描线，直到所有波段的扫描线存放完为止。

HDF 格式是一种不必转换格式就可以在不同平台间传递的新型数据格式，由美国国家超级计算应用中心(National Center for Supercomputing Applications，NCSA)研制，已被应用于 MODIS、ASTER、MISR 等数据中。HDF 有 6 种主要数据类型，分别为栅格图像数据、调色板(图像色谱)、多维数组(multidimensional array)、HDF 注释(信息说明数据)、Vdata(数据表)、Vgroup(相关数据组合)。HDF 采用分层式数据管理结构，并可以通过总体目录结构直接从嵌套的文件中获得各种信息。因此，打开一个 HDF 文件，在读取图像数据的同时可以方便地查取到其地理定位、轨道参数、图像属性、图像噪声等各种信息参数。

一个 HDF 文件包括一个头文件和一个或多个数据对象。一个数据对象由一个数据描述符和一个数据元素组成。前者包含数据元素的类型、位置、尺度等信息，后者是实际的数据资料。HDF 这种数据组织方式可以实现 HDF 数据的自我描述，HDF 用户可以通过应用界面来处理这些不同的数据集。例如，一套 8 bit 的图像数据集一般有 3 个数据对象，包括描述数据集成员、图像数据本身以及描述图像的尺寸大小。

中国遥感卫星地面站可以接收和处理多种遥感卫星数据，包括美国的 LANDSAT TM 数据、法国的 SPOT 数据、欧空局的 ERS 数据和日本的 JERS 数据等，其数字产品可以根据用户要求，按不同数据格式、不同记录方式、不同记录介质提供给用户。中国遥感卫星地面站的数字产品格式分为 EOSAT FAST FORMAT 和 LGSOWG 格式两大类，记录存储方式为 BSQ 或 BIL，记录介质可为磁带或 CD-ROM。对于 TM 数字产品，一般为 EOSAT FAST FORMAT 格式，该格式的辅助数据与图像数据分离，具有简便、易读的特点。辅助数据以 ASCII 码字符记录，图像数据只含图像信息，用户使用起来非常方便。而 SPOT 数字产品，一般为 LGSOWG SPIM 或 EOSAT FAST FORMAT 格式。EOSAT FAST FORMAT 具有简便、易读的特点，但由于该格式是为 TM 而制定的，对于 SPOT 产品，其附带的头文件缺乏侧视角等 SPOT 特有的辅助信息。LGSOWG SPIM 格式符合 SPOT 数字产品制定的有关规范，用该格式记录的数字产品包含的辅助数据很全面，但结构比较复杂，且部分说明字段为二进制码，不易直接阅读。许多商用遥感图像处理系统已有专用程序用于输入该格式的数字产品，订购该格式产品时，应考虑自己所使用的图像处理系统是否支持 LGSOWG SPIM 输入。

3.4 遥感数据的传输与分发

3.4.1 遥感数据的传输方式

航空遥感是搭载在飞机或其他航空平台的传感器中的感光胶片，经显影、定影处理得到像片底片，再经底片接触晒印、显影和定影处理，最终获得与地面地物亮度一致的像片。感光胶片的回收过程绝大部分由人工完成，少数由一些自动装置完成。以 Landsat 陆地卫星为例，卫星数据的传输包括以下 3 种方式(见图 3.21)。

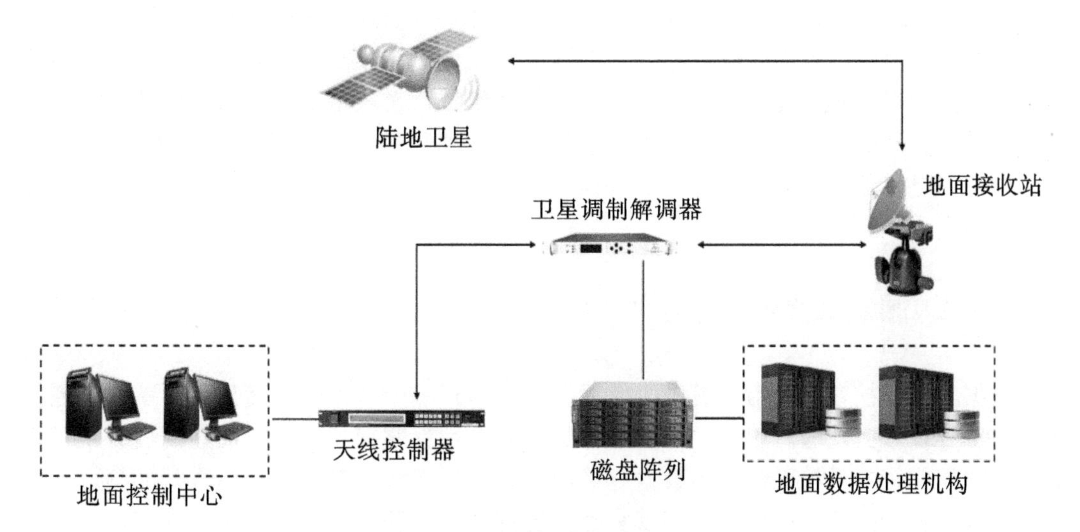

图 3.21 陆地卫星的传输方式

(1) 地面控制中心。

陆地卫星的地面控制中心设在美国国家航空航天局戈达德空间飞行中心。它是指挥陆地卫星工作的枢纽，控制着陆地卫星工作的安排，通过对陆地卫星发出不同的指令，控制陆地卫星运行的姿态、轨道，指挥传感器信息的传输及星载仪器与地面接收机构的协调配合等工作。

(2) 地面接收站。

地面接收站的主要工作是接收从卫星上传送回来的信息数据，并记录在磁带上，然后交给数据处理中心进行处理。地面接收站装有大型的抛物天线，当卫星进入其视野范围(仰角大于5°)时，地面接收站就可以实时接收从卫星上发回来的信息数据，也可以接收延时发回的信息数据，亦可以接收由中继卫星转发的信息数据。

我国于1985年建立了中国科学院中国遥感卫星地面接收站，用于接收处理M55 TM数据。经过多年的发展，地面接收站已形成了以北京本部数据处理与运行管理为核心，以北京接收站为数据接收点的运行格局。接收站内配备了2部大型接收天线、2部中小型接收天线及多套相关的各种卫星数据接收、记录设施，具备接收国内外15颗遥感卫星数据的能力，目前可全天线运行性接收9颗卫星数据，初步实现了一站多星，以及多种分辨率和全天候、全天时、准实时。同时，北京本部针对不同卫星构建了较为完善的运行管理系统、数据处理系统、数据管理系统、数据检索与技术服务系统等，具备日处理各类卫星影像数据100多景的能力。

(3) 地面数据处理机构。

地面数据处理机构的主要任务是对视频数据进行视频-影像转换，生产和提供各种陆地卫星产品。例如，中国遥感卫星地面站可以完成数据接收并制作完成各种胶片、像片及计算机用磁带，可以向用户提供各种陆地卫星产品。

陆地卫星获取的遥感图像数据信息量较大，卫星上需要有专门的宽频带、高速率数据传输设备，因此，常选用S波段和X波段，甚至Ku波段作为输出频带。当陆地卫星在地面接收站的接收范围内时，数据可直接传输到地面接收站。当陆地卫星在地面接收站的接收范围以外时，有2种处理方法：①将电信号存入卫星上的数据存储器，在卫星飞经地面接收站的接收范围内时发送；②由数据传输系统将无线电信息发送给中继卫星，再由中继卫星将信息送回地面站。Landsat-4号、Landsat-5号和Landsat-7号均能实现中继传输。

3.4.2 遥感数据的分发方式

数据分发是把最符合用户需要的数据传送到用户手中，目前大部分地面系统是通过线上订单管理来实现的。用户在地面系统数据分发网上查询到所需要的数据后，就可以订购该数据，订单系统就会增加数据订单记录，后台系统会对这个订单进行处理，按用户的需求准备产品数据。用户也可以实时了解订单的处理状态，数据准备完成后，订单系统会告知用户数据的下载地址。对于特殊用户，地面系统也可以将数据刻录到光盘介质上，通过快递或专人送到用户手中。地面系统所服务的用户众多，每天的数据订单成百上千，需要后台高性能的计算、存储、网络设备和信息技术做支撑。目前地面系统也普遍采用了大数据分析技术，能够根据用户的身份、位置及订购历史等信息，自动为用户智能推荐相应的遥感卫星数据产品。

思考题

1. 主要的遥感平台有哪几种？它们各自有什么样的特点？
2. 有哪些常用的卫星轨道参数？
3. 常见的陆地卫星有哪些？它们有怎样的轨道特征？
4. 简述光谱分辨率与空间分辨率的关系。
5. 成像光谱仪的特点及结构是什么？
6. 雷达成像传感器的工作原理是什么？
7. 遥感数据常见的表示形式有哪些？各自有什么样的特点？
8. 简述 HDF 格式的特点和主要数据类型。

参考文献

[1] 梅安新，彭望琭，秦其明，等．遥感导论[M]．北京：高等教育出版社，2001.
[2] 彭望琭，白振平，刘湘南，等．遥感概论[M]．北京：高等教育出版社，2002.
[3] 赵英时．遥感应用分析原理与方法[M]．北京：科学出版社，2013.
[4] 罗格．感知地球：卫星遥感知识问答[M]．北京：中国宇航出版社，2018.
[5] 柯樱海，甄贞，李小娟，等．遥感导论（中文导读）[M]．北京：中国水利水电出版社，2019.
[6] 常庆瑞，蒋平安，周勇，等．遥感技术导论[M]．北京：科学出版社，2004.
[7] 周其军，叶勤，邵永社，等．遥感原理与应用[M]．武汉：武汉大学出版社，2014.

4 航空遥感系统

航空遥感是现代遥感技术的重要组成部分，在小范围的精细地理调查和地形图测绘等方面有广泛应用。本章主要介绍航空遥感系统的基础知识及其相关技术和应用，包括航空遥感的相关概念与发展历程，航空遥感像片的几何特征，双像立体测图与倾斜摄影测量，无人机遥感的相关概念、分类、组成及其典型行业应用。

4.1 航空遥感的相关概念与发展历程

航空遥感是指利用各种飞机、飞艇、气球等作为传感器运载平台对地表进行的遥感，其高度一般在 80 km 以下，是现代遥感的重要组成部分。航空遥感的成像方式主要包括航空摄影和航空扫描，其所获得的地面影像称为航空遥感像片(航空像片)。

航空遥感是从航空摄影开始的，它与摄影技术和空中平台的发展密切相关。早期的空中平台主要是气球和风筝，后来逐渐发展出飞机等其他空中平台。世界上第一张航空像片是在升空气球上获取的。1858 年，法国人 Nadar 乘坐热气球，从空中拍摄了法国巴黎的鸟瞰照片，开创了航空摄影的先例，可惜的是这张最早的航空像片没有被保存下来。1860 年，美国人 Black 和 King 同样乘坐热气球，在 400 m 的高空拍下了波士顿的鸟瞰照片。这张照片是世界上现存最早的航空像片之一，被收藏在美国国会图书馆中。后来，风筝也被人们用于航空摄影。1888 年，法国人 Batut 借助风筝拍摄了法国拉布吕吉埃的照片。1906 年，美国人乔治 · R. 劳伦斯(George R. Lawrence)从空中拍摄了旧金山地震和火灾的照片。

1903 年，美国莱特兄弟(Wilbur Wright 和 Orville Wright)发明了飞机，新一代的航空遥感平台由此诞生。1909 年，飞机首次被用于航空摄影，并从此成为航空遥感的主要平台。后来，航空摄影被用于军事战争。第一次世界大战期间，由于军事上的需要，航空像片判读成为军事侦察的重要手段。据史料记载，第一次世界大战结束时，德国已拥有了 2000 多架航空摄影机，英国至少已进行了 50 万次航空摄影。20 世纪 20 年代，许多摄影测量仪器相继出现，如蔡司的精密立体测图仪、多倍仪。1924 年，彩色胶片的出现，增加了航摄像片对地表信息的表达能力。航空摄影从军事侦察开始转向民用摄影测量与地形制图。

从 20 世纪 30 年代开始，航空像片被广泛用于地学研究及其应用领域，主要是对地理环境的识别和各种专题地图的制作。1930 年，美国开始通过航空遥感进行全国地图测绘，编制了中小比例尺的地形图，并应用于农业服务。此后，苏联和西欧国家等也开始了全国性的航测，与之相应的航测理论和技术得到了迅速发展。1931 年，出现了可以感知红外线的胶片，并借此首次获得了目标物的非可见光波谱信息。1937 年，首次生产出了假彩色红外胶片，并开始探索进行多光谱和紫外航空摄影。第二次世界大战(简称“二战”)期间，雷达和红外探测技术开始得到应用。到了 20 世纪 50 年代，非摄影成像的扫描技术和侧视雷达技术开始出现并得到了应用。从此，航空遥感突破了单一的成像方式和波段范围的限制，发展到了多方式成像、多光谱的新阶段(罗东山等，2019)。

随后，无人机逐渐进入了大众视野，并作为新的航空平台，大大促进了航空遥感的发展。早在 1903 年，西班牙工程师莱昂纳多·托里斯·克维多(Leonardo Torresy Quevedo)就设计了一款无线电飞行控制系统，用于飞艇测试。1914 年，英国人将这种无线电遥控装置用于无人驾驶飞机。2 年后，无线电控制系统经英国人改进，安装在了一架名为“空中目标”的无动力无人驾驶单翼飞机上。1917 年 3 月，该无人机在英国皇家空军阿帕文空军基地被成功发射，成为世界上第一架在无线电控制下飞行的动力无人机。尽管最初的 3 架“空中目标”原型机在试飞中相继坠毁，但“无线控制、携带高爆炸药无人机”的理念却得到了英国皇家空军的认可。经过一段时间后，无人机开始应用于军事战争。1933 年，英国研制出了第一架可复用无人驾驶靶机——“蜂王”，成为首个拥有无人靶机的国家。二战期间，德国、美国等国家通过改装有人驾驶轰炸机，研制出了无人轰炸机。二战结束以后，出现了越来越多军事用途的无人机，包括无人靶机、无人侦察机、无人电子对抗机、无人攻击机、多用途无人机等。其中，以美国特瑞公司生产的“火蜂”系列无人机最为有名。至今美国军方仍在使用多款“火蜂”无人机的改进型。

早期，无人机遥感技术长期被军方垄断。直到 20 世纪 90 年代，无人机遥感才转向民用，开始用于航拍摄影、环境监测、通信中继、灾难救援、农业植保、电力巡检、森林防火、应急通信等领域，展示出无人机遥感的巨大应用潜力。与此同时，中国的无人机发展才刚刚开始。虽然起步晚，但中国无人机却在近 20 年内弯道超车，取得了飞速的进展，并走在了世界前列。一大批优秀的无人机企业相继出现，包括大疆创新、极飞科技、臻迪、飞马机器人、纵横大鹏等。其中，大疆创新更是一度以占有全球 70%的市场份额与全球领先的无人机研发技术稳居世界民用无人机企业的榜首。

如今，无人机遥感已成为航空遥感的主要组成部分。它既能克服有人航空遥感受制于长航时、大机动、恶劣气象条件、危险环境等的影响，又能弥补卫星因天气和时间无法获取感兴趣区域遥感信息的空缺，可提供多角度、高分辨率影像，还能避免地面遥感工作范围小、视野窄、工作量大等限制因素，因此被广泛用于各行各业，渗透到了人们生活的方方面面，具有巨大的应用前景(李德仁，2003；金伟等，2009)。

4.2 航空遥感像片的几何特征

4.2.1 投影原理

投影即用一组假想的直线将物体向几何面投射，投影射线是投影的直线，投影平面为投影的几何面，在投影平面上的投影即为在投影平面上得到的图形。投影射线会聚于一点的投影称为中心投影(见图 4.1)，投影射线平行于某一固定方向的投影称为平行投影，斜投影是投影射线与投影平面斜交(见图 4.2)，正射投影即投影射线与投影平面正交。双心投影是将 2 个投影中心和 2 个投影平面当作一个整体，对同一个物体进行投影(见图 4.3)(王佩军等，2016)。

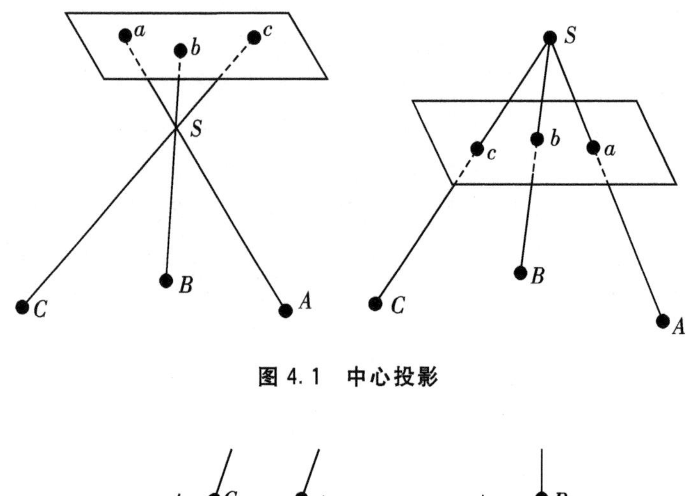

图 4.1　中心投影

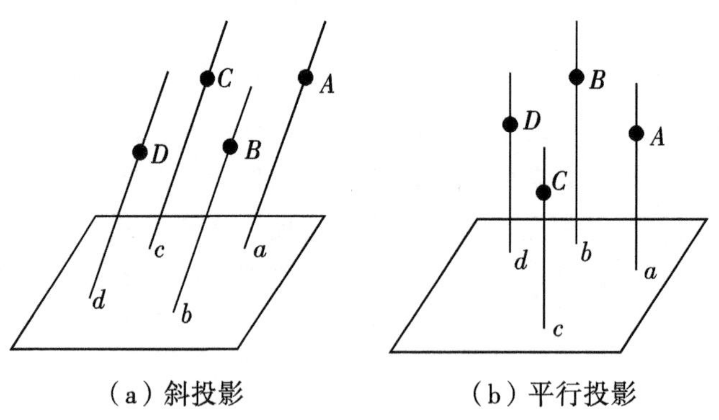

(a) 斜投影　　(b) 平行投影

图 4.2　斜投影与平行投影

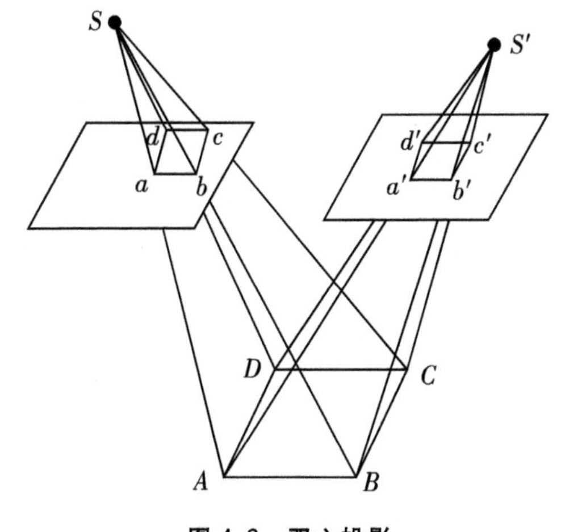

图 4.3 双心投影

当航空摄像机向地面摄影时，地面点光线通过物镜后，在底片上成像，即可获得航摄像片。从某个意义上说，摄影测量可以被认为是研究并实现将中心投影的航摄像片转换为正射投影(地图)的科学与技术。

4.2.2 比例尺

摄影比例尺又称为像片比例尺($1:m$)，其严格定义为航摄像片上一线段为 l 的影像与地面上相应线段的水平距离 L 之比，见式(4.1)。

$$\frac{1}{m}=\frac{l}{L} \tag{4.1}$$

由于航空摄影时航摄像片不能严格保持水平，再加上地形起伏，所以航摄像片上的影像比例尺处处均不相等。这里所说的摄影比例尺，是指平均比例尺，当取摄区内的平均高程面作为摄影基准面时，摄影机的物镜中心至该面的距离称为摄影航高，一般用 H 表示，则摄影比例尺表示为式(4.2)：

$$\frac{1}{m}=\frac{f}{H} \tag{4.2}$$

式中，f 为摄影机主距，即物镜中心至底片面的距离。

摄影瞬间摄影机的物镜中心相对于平均海水平面的航高称为绝对航高，而相对于其他某一基准面或某一点的高度均为相对航高(李明泽等，2018)。

摄影比例尺越大，像片地面的分辨率越高，越有利于影像的解译与提高成图精度，但摄影比例尺过大，会增加工作量及费用；摄影比例尺要根据测绘地形图的精度要求与获取地面信息的需求来确定。表 4.1 是摄影比例尺与成图比例尺的关系，具体要求按照测图规范执行。

表 4.1 摄影比例尺与成图比例尺的关系

比例尺类型	摄影比例尺	成图比例尺
大比例尺	1∶2000～1∶3000	1∶500
	1∶4000～1∶6000	1∶1000
	1∶8000～1∶12000	1∶2000
中比例尺	1∶15000～1∶20000	1∶5000
	1∶10000～1∶25000	1∶10000
	1∶25000～1∶35000	
小比例尺	1∶20000～1∶30000	1∶25000
	1∶35000～1∶55000	1∶50000

4.2.3 坐标系统

摄影测量几何处理的任务是根据像片上像点的位置确定相应地面点的空间位置，因此必须首先选择合适的坐标系来定量描述像点和地面点，然后才能实现坐标系的变化，从像方测量值求出相应点的物方坐标。常用的坐标系包括两大类，像方坐标系和物方坐标系。其中，像方坐标系是用来表示像点的平面坐标和空间坐标，包括像平面坐标系、像空间坐标系和像空间辅助坐标系；物方坐标系则是用于描述地面点在物方空间的位置，包括摄影测量坐标系、地面测量坐标系和地面摄影测量坐标系（张祖勋等，2012）。

1. **像方坐标系**

像方坐标系包括以下几种。

（1）像平面坐标系。

框标平面坐标系（$P-xy$）为框标连线构成的坐标系，像平面坐标系是以像主点为原点的右手坐标系（$O-xy$）。实际情况中 $O-xy$ 与 $P-xy$ 往往不重合，需将框标平面坐标系平移至与像平面坐标系，对于框标平面坐标系中任意像点 $a(x, y)$，其在像平面坐标系中的坐标为 $a(x-x_0, y-y_0)$（见图 4.4）。

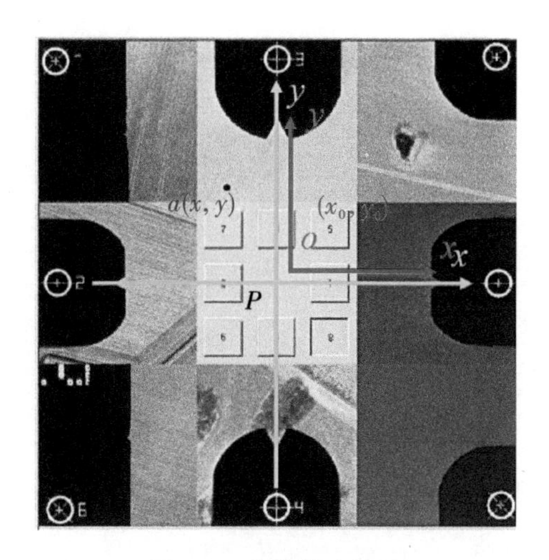

图 4.4 像平面坐标系

(2) 像空间坐标系。

该坐标系以摄影中心 S 为坐标原点，其 x 轴、y 轴与像平面坐标系的 x 轴、y 轴平行，z 轴与主光轴重合，为空间右手直角坐标系。该坐标系的特点为：每个像点在像空间坐标系的 z 坐标都是 $-f$；x 坐标、y 坐标与像平面坐标系的相同；像空间坐标系随像片的空间位置变动，在每张像片上都是独立的(见图 4.5)。

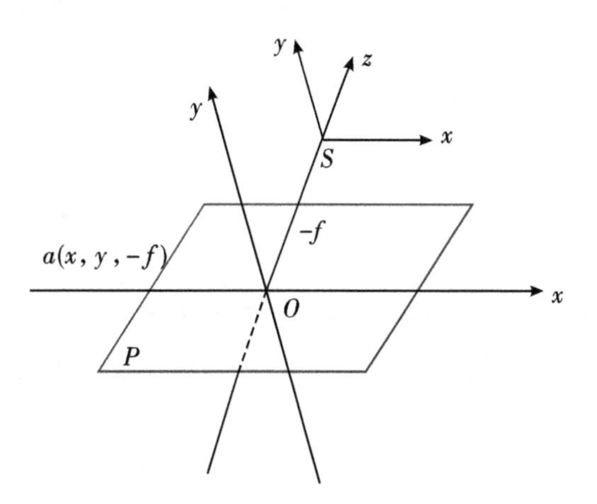

图 4.5 像空间坐标系

(3) 像空间辅助坐标系。

由于像空间坐标系不统一，计算不方便，需建立相对统一的坐标系，称为像空间辅助坐标系。坐标系的原点是摄影中心 S。坐标轴的选择有 3 种情况，分别是：每条航线第一张像片的像空间坐标系[见图 4.6(a)]；Z 轴为铅垂、X 轴为航向的右手坐标系[见图 4.6(b)]；摄影基线为 X 轴，基线与左片主光轴构成 XZ 平面的右手基线坐标系[见图 4.6(c)]。

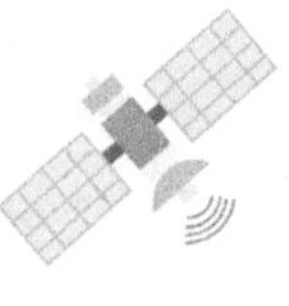

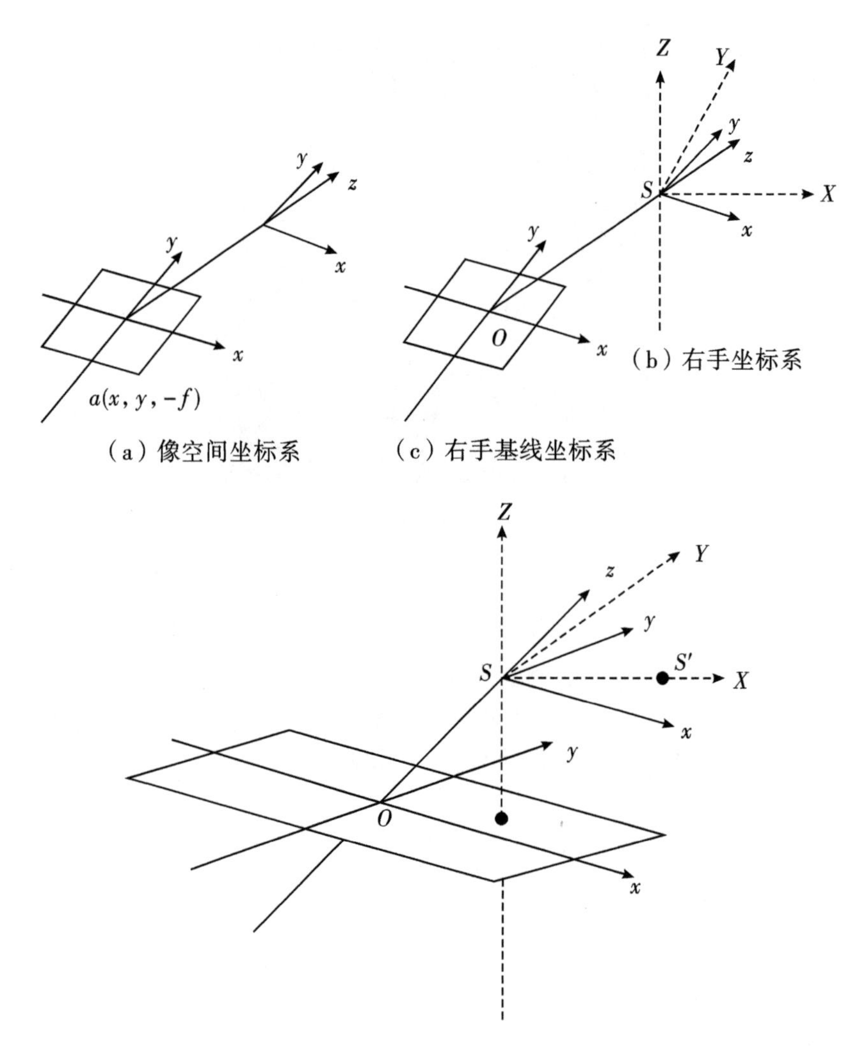

图 4.6　像空间辅助坐标系

2. 物方坐标系

物方坐标系包括以下几种。

(1) 摄影测量坐标系。

将像空间辅助坐标系的坐标原点沿 Z 轴的反方向平移至地面点 P，得到的坐标系称为摄影测量坐标系(见图 4.7)，其特点是坐标轴与像空间辅助坐标系平行，易于由像点的空间辅助坐标求得相应地面点的摄影测量坐标。

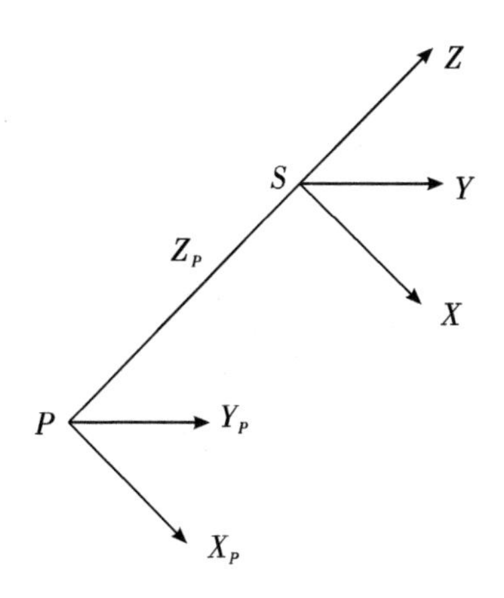

图 4.7 摄影测量坐标系

(2)地面测量坐标系。

地面测量坐标系通常指地图投影坐标系(见图 4.8)，为国家统一坐标系。平面坐标系为高斯－克吕格三度带或六度带 1980 西安坐标系或 CGCS 2000 国家大地坐标系；高程坐标系为 1985 国家高程基准。地面测量坐标系是左手系。

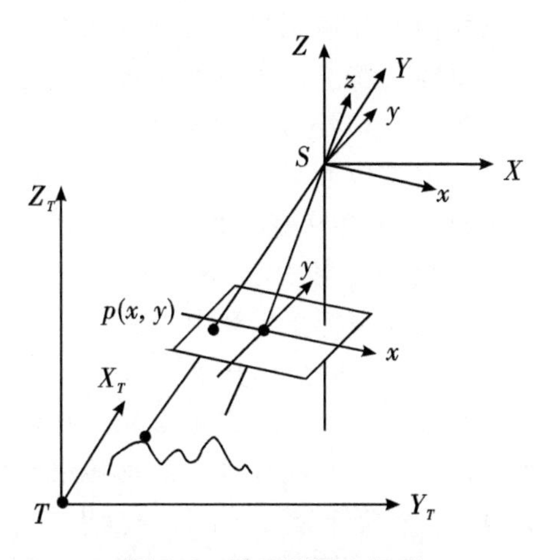

图 4.8 地面测量坐标系

(3) 地面摄影测量坐标系。

该坐标系的原点为地面某一控制点，Z_{tp} 轴与地面测量坐标系的 z 轴平行，X_{tp} 轴与航向大致一致，构成了右手直角坐标系(见图 4.9)。

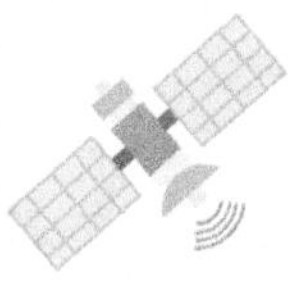

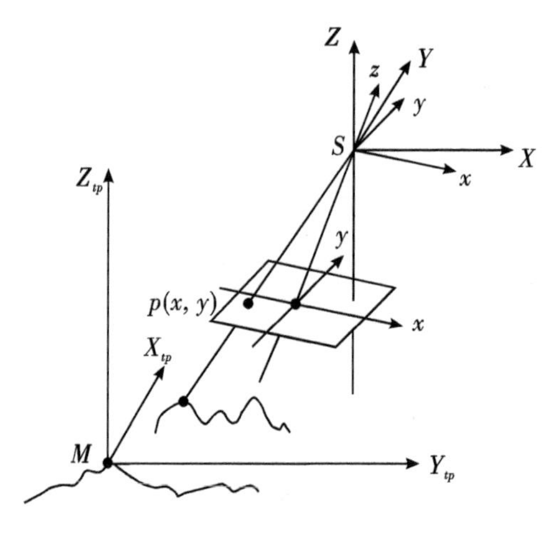

图 4.9　地面摄影测量坐标系

4.2.4　内外方位元素

用摄影测量方法研究被摄物体的几何信息和物理信息时，必须建立该物体与像片之间的数学关系，为此，首先需要确定航空摄影瞬间摄影中心与像片在地面设定的空间坐标系中的位置和姿态。描述这些位置和姿态的参数称为像片的方位元素。表示摄影中心与像片之间相关位置的参数称为内方位元素，而表示摄影中心和像片在地面坐标系中的位置和姿态的参数称为外方位元素(王冬梅等，2016)。

像片的内方位元素主要用于描述投影中心(物镜后节点)相对于像平面的位置关系，有 3 个参数：主距 f、像主点 O 及在框标坐标系中的坐标 x_0 和 y_0。内方位元素一般为已知，通过恢复内方位元素可恢复摄影时的摄影光束。

像片外方位元素为已建立的摄影光束，确定摄影光束在像片摄影瞬间在地面直角坐标系中空间位置和姿态的参数，有 3 个直线元素，即描述摄影中心在地面空间直角坐标系中的坐标值(X_S、Y_S、Z_S)，3 个角元素(φ、ω、κ)分别表示摄影光束的空间姿态(像片在摄影瞬间空间姿态的要素)。外方位的角元素可以看作是摄影机主光轴从起始的铅垂方向绕空间坐标轴按某种次序连续 3 次旋转而成。首先绕第一轴转一个角度，其余两轴的空间方位随同变化；再绕变动后的第二轴旋转一个角度，两次旋转的结果达到恢复摄影机主光轴的空间方位；最后绕经过两次转动后的第三轴(主光轴)旋转一个角度，即像片在其自身平面内绕像主点旋转一个角度。3 个角元素可理解为航空摄影时飞机的俯仰角、滚动角和航偏角。

4.2.5　共线条件方程

航摄像片与地图是 2 种不同性质的投影，摄影影像信息的处理，就是把中心投影的影像变为正射投影的地图信息，为此，要建立像点与对应物点的构像方程式。中心投影的构像方程式也称为共线方程。影像坐标、地面坐标以及外方位参数之间的关系如式(4.3)、式(4.4)：

$$x = -f\frac{a_1(X_A - X_S) + b_1(Y_A - Y_S) + c_1(Z_A - Z_S)}{a_3(X_A - X_S) + b_3(Y_A - Y_S) + c_3(Z_A - Z_S)} \tag{4.3}$$

$$y = -f\frac{a_2(X_A - X_S) + b_2(Y_A - Y_S) + c_2(Z_A - Z_S)}{a_3(X_A - X_S) + b_3(Y_A - Y_S) + c_3(Z_A - Z_S)} \tag{4.4}$$

式中：以像主点 O 为原点的像点坐标为 x、y；相应地面点的坐标为 X_A、Y_A、Z_A；像片主距为 f；外方位元素为 X_S、Y_S、Z_S、φ、ω、κ；a、b、c 分别是由 3 个角元素定义的 3×3 旋转矩阵的系数，目的是将影像坐标转换成地面坐标系统。

4.3 双像立体测图与倾斜摄影测量

在摄影测量中，利用单幅影像是不能确定物体上的空间位置的，在单张像片的内外方位元素已知的条件下，也只能确定被摄物体点的摄影方向线。要确定被摄物体点的空间位置，必须利用具有一定重叠的 2 张像片，构成立体模型来确定被摄物体的空间位置。按照立体像对与被摄物体的几何关系，以数学计算方式来求解物体的三维坐标(徐芳等，2017)。

双像立体测图是指利用一个立体像对重建地面立体几何模型，并对该几何模型进行量测，直接得到符合规定比例尺的地形图或建立数字地面模型等，也称为立体摄影测量。其实质是重建摄影区立体模型，在立体模型上进行量测。

4.3.1 立体像对与立体测图原理

(1) 立体像对的点、线、面。

立体摄影测量也称为双像测图，是由 2 个相邻摄站所摄取的具有一定重叠度的一对像片对为量测单元。图 4.10 表示一个像对的相关位置。

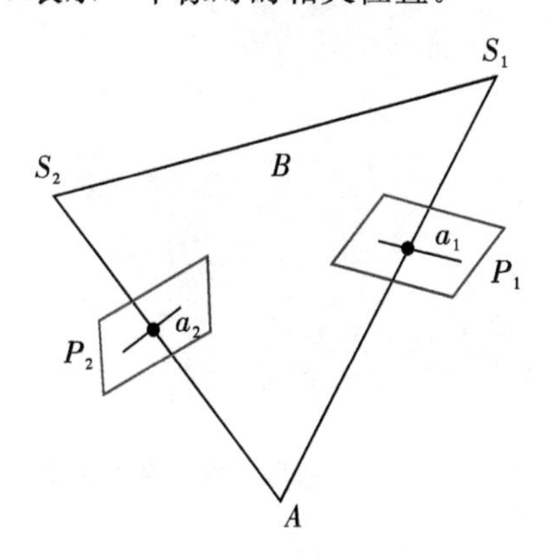

图 4.10 立体像对的相关位置

在图 4.10 中，S_1 和 S_2 分别为左像片 P_1 和右像片 P_2 的摄影中心。摄影基线为立体像对相邻摄站间的连线 S_1S_2，即 B。a_1、a_2 为地面上任一点 A 在左、右像片上的构像，称为同名像点。同一地面点向不同摄站的投射光线 Aa_1S_1 和 Aa_2S_2 称为同名光线。过摄影基线 B 与任一地面点 A 的平面为核面。若同名射线都在核面内，则同名射线必然对对相交。核面与像片面的交线称为核线。核面和核线是立体摄影测量中的基本概念。

（2）立体摄影测量的基本原理。

获取物点的空间位置，一般需要 2 幅相互重叠的影像构成立体像对。立体摄影测量（或称为双向立体测图）是利用一个立体像片对，在恢复它们的内外方位元素后，重建与地面相似的几何模型，并对该模型进行量测的一种摄影测量方法。

图 4.11 表示从空中对地面的摄影过程，S_1 和 S_2 是 2 个摄站点（摄影机物镜中心），S_1 和 S_2 的连线称为摄影基线 B；地面点 A、M、C、D 等发出的光线，通过 S_1 和 S_2 分别构像在左边的 2 个像片上的影像重叠范围内，成为 2 个摄影光束。光线 AS_1 和 AS_2，CS_1 和 CS_2 等都是相应的同名光线，这时同名光线与基线总是在一个平面内，即 3 个矢量 S_1S_2、S_1A 及 S_2A 共面，又称为同名光线对对相交。根据摄影过程的可逆性，人们设计了 2 个与摄影机一样的投影器，将 2 个像片分别装到 2 个投影器内并保持 2 个投影器的方位与摄影时摄影机的方位相同，但物镜间的距离缩小，即投影器从 S_2 搬到 S_2'处，此时 2 个投影器间的距离为 $S_1S_2' = b$，称 b 为投影基线。在投影器上，用聚光灯照明，2 个投影器光束中所有同名光线仍对对相交构成空间的交点 A'、M'、C'、D'等。所有这些交点的集合，构成了与地面相似的几何模型，模型的比例尺为 $1 : m = b : B$，这个过程称为摄影过程的几何反转，是立体摄影测量的基本原理。

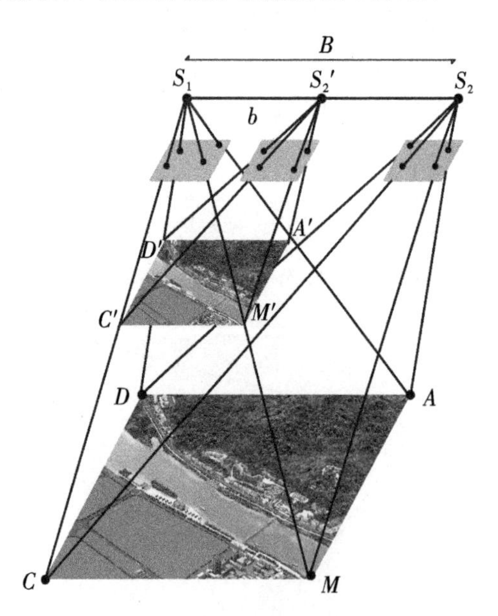

图 4.11　立体摄影测量的摄影过程

4.3.2 立体像对恢复固有几何关系的过程

一个立体像对，2 张像片影像重叠范围内的任意地面点在 2 张像片上都分别有它们的同名像点，并与相应的摄影中心组成同名射线，同名射线是对对相交的。因此，摄影时摄影基线、同名射线、同名像点与地面点之间有着固定的几何关系。

利用像对进行立体测图，必须重建与实地相似且符合比例尺及空间方位的几何模型，如果能恢复像片对的内外方位元素，就能恢复上述固有的几何关系。重建立体模型的过程如下。

(1) 恢复像片对的内方位元素，也称为内定向。

内定向的目的是恢复摄影时的光束，确定像片主点在像平面坐标系中的坐标。在模拟测图中，内定向是人工在测图仪上安置摄影机主距且像片安放在测图仪像片盘时，像片主点与像片盘主点重合；在解析法测图中，内定向是根据 4 个框标点确定像片的主点位置及像片坐标与坐标仪坐标之间的转换参数；在数字摄影测量中，若使用的是经扫描的数字化影像，则内定向是根据 4 个框标点建立像点的扫描坐标与像片坐标间的转换参数。

(2) 恢复像片对的外方位元素。

因外方位元素通常是未知的，所以要恢复像片的外方位元素。找出 2 张像片相对位置的数据，这些数据被称为像片对的相对定向元素，如果恢复了像对的相对定向元素(相对定向)，同名射线(投影光线)就能对对相交并形成与实地相似的几何模型，即恢复了核面。但仅完成相对定向，并没有完全恢复 2 张像片的外方位元素，因为相对定向后建立起来的几何模型，它的大小和空间方位都是任意的，还必须找出恢复该模型的大小与空间方位的数据，这些数据称为模型的绝对定向元素。如果恢复了该模型的绝对定向元素(绝对定向)，就恢复了该模型的大小与空间方位，把相对定向后重建的立体几何模型纳入地面摄影测量坐标系中并按符合要求的比例尺，对该模型进行测量，可获得模型点的三维坐标。因此，通过相对定向与绝对定向这 2 个步骤来恢复 2 张像片的外方位元素，也称为间接地实现摄影过程的几何反转。

4.3.3 立体像对的相对定向元素与模型的绝对定向元素

1. 立体像对的相对定向与相对定向元素

确定一个立体像对的 2 张像片的相对位置称为相对定向，它用于建立立体模型。完成相对定向的唯一标准是 2 张像片上同名像点的投影光线对对相交，所有同名像点的投影光线交点的集合构成了地面几何模型。确定 2 张像片的相对位置关系的元素称为相对定向元素。确定 2 张像片的相对位置，并不涉及它们的绝对位置。如图 4.12 所示，图(a)与图(b)虽然基线摆放位置不同，但它们都正确恢复了 2 张像片的相对位置，摄影基线、同名光线三线共面，同名射线对对相交特性不变。一般确定 2 张像片的相对位置有 2 种方法：一是将摄影基线固定水平，称为独立像对相对定向系统；二是将左像片置平或将其位置固定不变，称为连续像对相对定向系统。这 2 种系统选取了不同的像空间辅助坐标系，因此有不同的相对定向元素。

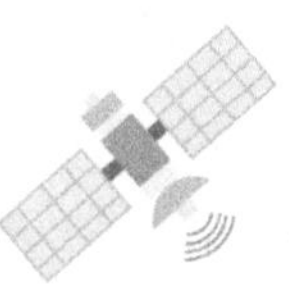

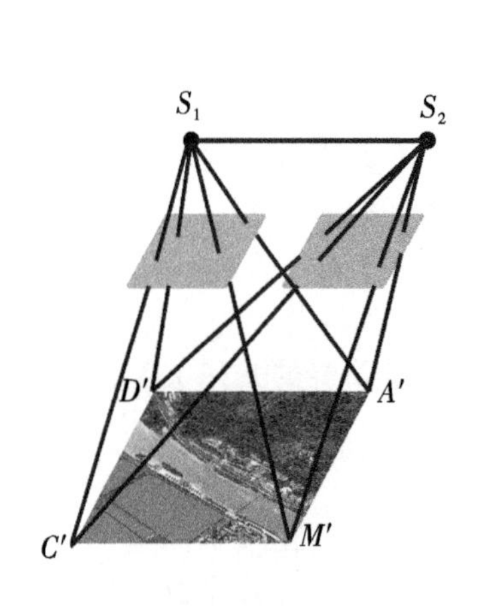

(a) 将摄影基线固定水平

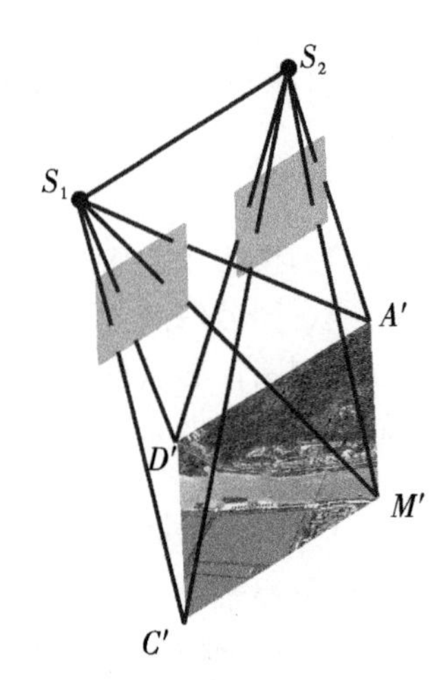

(b) 将左像片置平或固定其位置

图 4.12 不同基线摆放位置中的立体像对都恢复了相对位置

一般确定 2 张像片的相对定向元素也有连续像对相对定向系统和单独像对相对定向系统 2 种方法。

(1) 连续像对的相对定向元素。

连续像对相对定向是将左像片置平，以左像片的像空间坐标系作为本像对的像空间辅助坐标系，这样的像对称为连续像对。如图 4.13 所示，$S_1-u_1v_1w_1$ 为本像对的像空间辅助坐标系，此时，左、右像片的外(相对)方位元素为：左像片中，$u_{S1}=0$，$v_{S1}=0$，$w_{S1}=0$，$\varphi_1=0$，$\omega_1=0$，$\kappa_1=0$；右像片中，$u_{S2}=b_u$，$v_{S2}=b_v$，$w_{S2}=b_w$，φ_2、ω_2、κ_2 是 3 个角元素。其中，b_u、b_v、b_w 也称为模型上的基线分量。由于 b_u 只影响相对定向后建立的模型大小，不影响模型的建立，因此相对定向需要解求的元素只有5个，即 b_v、b_w、φ_2、ω_2、κ_2，也称为连续像对的 5 个相对定向元素。只要恢复了立体像对这 5 个元素，就确定了像片对的相对位置，完成了相对定向，可建立与地面相似的几何模型。

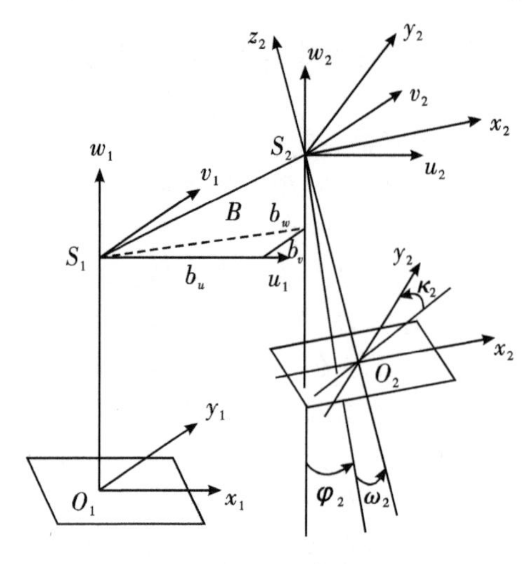

图 4.13 连续像对的相对定向元素

（2）单独像对的相对定向元素。

将摄影基线置水平，像空间辅助坐标系选取左摄影中心 S_1 为原点，摄影基线 B 为 x 轴，垂直于左主核面的轴为 y 轴，构成右手直角坐标系 $S_1-u_1v_1w_1$，这样的像对为单独像对。如图 4.14 所示，此时，左、右像片的相对方位元素为：左像片中，$u_{S1}=0$，$v_{S1}=0$，$w_{S1}=0$，φ_1，$\omega_1=0$，κ_1；右像片中，$u_{S2}=b_x$，$v_{S2}=b_y=0$，$w_{S2}=b_z=0$，φ_2，ω_2，κ_2。由于左像片摄影中心是坐标原点，因此都为 0，且左主光轴在 $S_1-u_1w_1$ 平面内，故 $\omega_1=0$；S_2 在基线上（x 轴），所以 b_y 和 b_z 都为 0。由于 b_x 只影响相对定向后建立的模型大小，不影响模型的建立，因此，相对定向需要解求的元素只有 5 个，即 φ_1、κ_1、φ_2、ω_2、κ_2，也称为单独像对的相对定向元素。同样，一旦恢复了这 5 个元素，就完成了像对的相对定向。

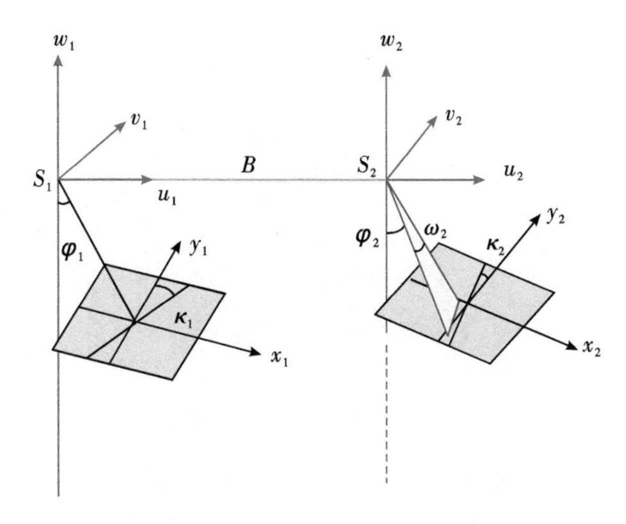

图 4.14　立体像对的相对定向元素

2. 模型的绝对定向与绝对定向元素

相对定向后，所建立的模型在选定的像空间辅助坐标系中，且模型的比例尺是未知的，要把模型纳入地面摄影测量坐标系中。绝对定向就是借助于已知的地面控制点来进行 2 个坐标系间的转换，而绝对定向元素即为确定相对定向所建立的几何模型的比例尺和空间方位的元素。这种坐标变换在数学上是一个不同原点的空间相似变换，其公示为：

$$\begin{bmatrix} X \\ Y \\ Z \end{bmatrix} = \lambda \begin{bmatrix} a_1 & a_2 & a_3 \\ b_1 & b_2 & b_3 \\ c_1 & c_2 & c_3 \end{bmatrix} \begin{bmatrix} U \\ V \\ W \end{bmatrix} + \begin{bmatrix} X_s \\ Y_s \\ Z_s \end{bmatrix} \tag{4.5}$$

式中：$(X,\ Y,\ Z)$ 为模型点的地面摄影测量坐标；λ 为模型缩放比例因子；$(a_1,\ a_2,\ \cdots,c_3)$ 为方向余弦；$(U,\ V,\ W)$ 为模型点在像空间辅助坐标系中的坐标；$(X_s,\ Y_s,\ Z_s)$ 为坐标原点的平移量。7 个参数 X_s、Y_s、Z_s、λ、φ、ω、κ 为绝对定向元素，恢复了这 7 个定向元素，就完成了绝对定向。绝对定向需要借助地面控制点，恢复或计算这 7 个元素。基于获得的 7 个绝对定向元素，再利用式(4.5)，将模型坐标全部纳入地面摄影测量坐标系中，最后再进行地面摄影测量坐标系与地面坐标系的转换（林卉等，2015）。

4.3.4 倾斜摄影测量技术

倾斜摄影测量技术是国际遥感与测绘领域近年来发展起来的一项高新技术。它突破了传统航测单相机只能从垂直角度拍摄获取正射影像的局限，其通过在同一飞行平台上搭载多台传感器，同时从1个垂直、4个倾斜这5个不同角度采集带有空间信息的真实影像，以获取更加全面的地物纹理细节，为用户呈现了符合人眼视觉的真实直观世界。

如图4.15所示，飞机搭载了5镜头相机(1个垂直方向和4个倾斜方向)，可从5个视角对同一物体进行影像数据采集。飞机在高速飞行的过程中，镜头高速曝光，形成了连续的满足航测航向重叠度、旁向重叠度的影像数据。

图4.15 倾斜摄影5镜头影像获取示意

倾斜摄影采集的多镜头数据，通过高效自动化的三维建模技术，可快速构建具有准确地理位置信息的高精度真三维空间场景，使人们能直观地掌握区域目标内的地形、地貌和建筑物细节特征，在原先仅有正片的基础上，提升数据匹配度，提升地面平面、高程精度，为测绘、电力、水利、数字城市等提供详尽、精确、真实的空间地理信息数据。

4.3.5 倾斜摄影测量的特点

传统三维建模通常使用3DS Max、AutoCAD等建模软件，基于影像数据、AutoCAD平面图或者拍摄的图片估算建筑物轮廓与高度等信息，进行人工建模。这种方式制作出的模型数据精度较低，纹理与实际效果偏差较大，并且生产过程中需要大量的人工参与；同时数据的制作周期长，导致数据的时效性较低，因而无法真正满足用户需求。

倾斜摄影测量技术以大范围、高精度和高清晰的方式全面感知复杂场景，所获得的三维数据可真实地反映地物的外观、位置、高度等属性，增强了三维数据所带来的真实感，弥补了传统人工模型仿真度低的缺点。同时该技术借助无人机飞行载体可以快速地采集影像数据，实现全自动化的三维建模。实验数据证明：传统测量方式需要1～2年的中小城市人工建模工作，借助倾斜摄影测量技术1～2个月就可完成。

与传统的垂直航空摄影相比，倾斜摄影技术有一定的突破性。它不仅在数据的获取方式上有所不同，而且其后期数据处理方法及获得的成果也不相同。倾斜摄影技术主要是从多角度、多方位对地物进行信息采集，因此能从三维的角度获得更多的信息。

倾斜摄影测量主要有以下 3 个特点。

(1) 真实性。倾斜摄影真三维数据可写实地反映地物的外观、位置、高度等属性，增强三维数据带来的高沉浸感，弥补了传统人工建模仿真度低的缺陷。

(2) 高效率。倾斜摄影技术借助无人机等多种飞行载体，可快速采集影像数据、实现全自动化三维建模。例如，采用传统测量技术需要 1～2 年的中小城市人工建模工作，借助倾斜摄影技术只需 1～2 个月即可完成。

(3) 高性价比。倾斜摄影数据是带有空间位置信息的可量测影像数据，能同时输出 DSM、DOM、TDOM、DLG 等多种数据成果，可替代传统航空摄影测量。

4.3.6 倾斜摄影测量仪器及作业流程

倾斜相机是倾斜摄影技术的核心与关键。它是由一个垂直和多个倾斜角度的相机集成在一起，在不影响拍摄清晰度的情况下，通过严格控制总体重量，最大限度地满足不同飞行器的载荷要求，同时加载驱动程序等，搭载到飞行器上，成为提供倾斜航空摄影服务的专业航空摄影云台。目前，主流的倾斜相机都采用下视、前视、后视、左视、右视等 5 个角度的镜头结构来获取地物倾斜影像，主要的倾斜相机有 UCO(ultracam osprey)倾斜相机、PentaView 倾斜相机、Midas 倾斜相机、Penta DigiCAM 倾斜相机、RCD30 oblique 倾斜相机等。

1. 倾斜影像采集

倾斜摄影技术不仅在摄影方式上区别于传统的垂直航空摄影，其后期数据处理及成果也大不相同。倾斜摄影技术的主要目的是获取地物多个方位(尤其是侧面)的信息，并供用户多角度浏览、实时量测、三维浏览等，方便用户获取多方面的信息。

(1) 倾斜摄影系统的构成。

倾斜摄影系统分为 3 部分：第一部分为飞行平台，包括小型飞机或者无人机；第二部分为人员，包括机组成员、专业航飞人员或地面指挥人员(无人机)；第三部分为仪器部分，包括传感器(多镜头相机)、GNS 定位装置(获取曝光瞬间相机的位置信息，即 X、Y、Z 这 3 个线元素)和姿态定位系统(记录相机曝光瞬间的姿态，即 φ、ω、κ 这 3 个角元素)。

(2) 倾斜摄影航线设计及相机的工作原理。

倾斜摄影的航线采用专用航线设计软件进行设计，其相对航高、地面分辨率及物理像元尺寸满足三角比例关系。航线设计一般采用 30% 的旁向重叠度和 66% 的航向重叠度。目前要生产自动化模型，旁向重叠度需要达到 66%，航向重叠度也需要达到 66%。

航线设计软件会生成一个飞行计划文件，该文件包含飞机的航线坐标及各个相机的曝光点坐标位置。实际飞行中，各个相机根据对应的曝光点坐标自动进行曝光拍摄。

2. 倾斜影像数据加工与测量

（1）数据加工。

数据获取完成后，要对数据进行加工：首先，要对获取的影像进行质量检查，对不合格的区域进行补飞，直到获取的影像质量满足要求；其次，进行匀光匀色处理，因为在飞行过程中存在时间和空间上的差异，影像之间会存在色偏；再次，进行几何校正、同名点匹配、区域网联合平差；最后，将平差后的数据(3 个坐标信息及 3 个方向角信息)赋予每张倾斜影像，使它们具有虚拟三维空间中的位置和姿态数据。

（2）数据测量。

倾斜摄影测量技术通常包括几何校正、区域网联合平差、多视影像密集匹配、DSM 生成、真正射影像纠正和三维建模等关键内容，其基本流程如图 4.16 所示。

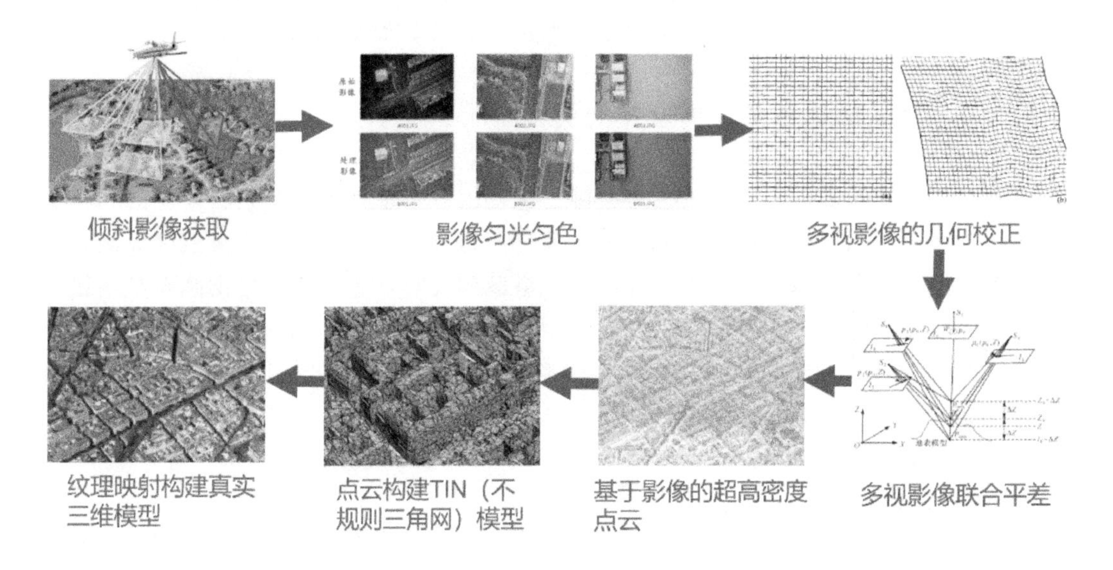

图 4.16 倾斜摄影测量技术的基本流程

3. 倾斜模型生产

倾斜摄影获取的倾斜影像经过数据加工处理，通过专用测绘软件可以生成倾斜摄影模型。模型有 2 种成果数据：一种是单体化的模型数据，另一种是非单体化的模型数据。

单体化的模型：利用倾斜影像的丰富可视细节，结合现有的三维线框模型(或其他方式生成的白模型)，通过纹理映射，生成三维模型。这种工艺流程生成的模型数据是对象化的模型，单独的建筑物可以删除、修改或替换，其纹理也可以修改，尤其是对于建筑物底商这种时常变动的信息，该模型就能体现出及时修改的优势。国内比较有代表性的有天际航的 DP-Modeler。

非单体化的模型：简称倾斜模型，这种模型采用全自动化的生产方式，模型生产周期短、成本低，获得倾斜影像后，经过匀光匀色等处理步骤，通过专业的自动化建模软件可生成三维模型。这种工艺流程一般会经过多视角影像几何校正、联合平差处理等流程，可运算生成基于影像的超密度点云，用点云构建不规则三角网(triangulated irregular network，TIN)模型，并以此为基础生成基于影像纹理的高分辨率倾斜摄影三维模型，因此也具备倾斜影像的测绘级精度。这种全自动化的生产方式大大减少了建模的成本，也大幅提高了模型的生产效率，使大量的自动化模型涌现出来。目前比较有代表性的有Bentley公司的ContextCapture。

无论是单体化的还是非单体化的倾斜摄影模型，在如今的测绘地理信息行业都发挥着巨大的作用，真实的空间地理基础数据为测绘地理信息行业提供了更为广阔的应用前景(王冬梅等，2016)。

4.4 无人机遥感

4.4.1 无人机遥感的相关概念

无人驾驶航空器(unmanned aircraft/aerial vehicle，UA/UAV)，是指由遥控站管理(包括远程操纵或自主飞行)的比空气重的航空器，也称为遥控驾驶航空器(remotely piloted aircraft，RPA)，简称无人机。

无人机系统(unmanned aircraft system，UAS)，也称为无人驾驶航空器系统(remotely piloted aircraft systems，RPAS)，是指由无人机、相关的遥控站、所需的指令与控制数据链路以及批准的型号设计规定的任何其他部件组成的系统。

无人机系统的机长是由运营人指派的对无人机的运行负有必不可少的责任并在飞行期间适时操纵飞行控制的人。无人机系统的驾驶员是指在系统运行时间内负责整个无人机系统运行和安全的驾驶员，也称为操控手。感知与避让系统是指无人机机载安装的一种设备，用以确保无人机与其他航空器保持一定的安全飞行间隔，相当于载人航空器的防撞系统。其中，融合空域是指有其他有人驾驶航空器同时运行的空域；隔离空域是指专门分配给无人机系统运行的空域，通过限制其他航空器的进入，以规避碰撞风险。空机重量则是指不包括载荷和燃料的无人机重量，该重量包含燃料容器和电池等固体装置的重量。

无人机遥感主要是指以无人机系统为主的信息接收平台，通过无人机机载遥感信息采集和处理设备，最终所获得的遥感信息经过数据技术处理，形成立体化的数字模型等，以满足行业的发展需要(官建军等，2018)。

4.4.2 无人机遥感的分类与优点

1. 无人机遥感的分类

无人机的飞速发展，形成了种类繁多、形态各异的现代无人机家族，而且新概念还在不断地涌现，创新的广度和深度也在不断地加大，所以对于无人机的分类尚无统一、明确的标准。

（1）按平台分类。

按照无人机的飞行方式或飞行原理进行分类，主要包括飞艇、固定翼无人机、伞翼无人机、扑翼无人机、变翼无人机、旋翼式无人机等。

（2）按功能或用途分类。

按照无人机担负的任务或功能进行分类，军用无人机可分为侦察无人机、诱饵无人机、电子对抗无人机、通信中继无人机、无人战斗机以及靶机等；民用无人机可分为巡查/监视无人机、农用无人机、气象无人机、勘探无人机以及测绘无人机等。

（3）按尺寸分类（《无人驾驶航空器系统标准体系建设指南》）。

按照飞行平台的大小、重量，可以将无人机分为微型无人机、轻型无人机、小型无人机以及大型无人机。微型无人机，是指空机重量小于 0.25 kg，最大飞行真高不超过 50 m，最大平飞速度不超过 40 km/h，无线电发射设备符合微功率、短距离的技术要求，全程可以随时人工介入控制的无人机。轻型无人机，是指空机重量不超过 4 kg 且最大起飞重量不超过 7 kg，最大平飞速度不超过 100 km/h，具备符合空域管理要求的空域保持能力和可靠被监视能力，全程可以随时人工介入控制的无人机，但不包括微型无人机。小型无人机，是指空机重量不超过 15 kg 且最大起飞重量不超过 25 kg，具备符合空域管理要求的空域保持能力和可靠被监视能力，全程可以随时人工介入控制的无人机，但不包括微型无人机、轻型无人机。中型无人机，是指最大起飞重量不超过 150 kg 的无人机，但不包括微型无人机、轻型无人机、小型无人机。大型无人机，是指最大起飞重量超过 150 kg 的无人机。

（4）按活动半径分类。

按照无人机单次飞行可活动半径，可以将无人机分为超近程无人机、近程无人机、短程无人机、中程无人机和远程无人机。超近程活动半径在 15 km 以内，近程活动半径在 15～50 km 之间，短程活动半径在 50～200 km 之间，中程活动半径在 200～800 km 之间，远程活动半径大于 800 km。

（5）按飞行速度分类。

低速无人机的最大速度远小于声速（马赫数小于 0.3），亚声速无人机的最大飞行速度不超过声速（马赫数为 0.3～0.7），跨声速无人机的最大飞行速度接近声速（马赫数为 0.7～1.2），超声速无人机的最大飞行速度超过声速（马赫数为 1.2～5.0），高超声速无人机的最大飞行速度大于 5 倍声速（马赫数不小于 5.0）。

（6）按任务高度分类。

超低空无人机的任务高度一般为 0～100 m，低空无人机的任务高度一般为 100～1000 m，中空无人机的任务高度一般为 1000～7000 m，高空无人机的任务高度一般为 7000～18000 m，超高空无人机的任务高度一般大于 18000 m。

（7）按续航时间分类。

正常航时无人机的续航时间小于 24 h，长航时无人机的续航时间等于或大于 24 h。

（8）按使用次数分类。

单次使用的无人机发射后不收回，不需要安装回收系统；多次使用的无人机需重复使用，要求回收。

2. 无人机遥感的优点

无人机遥感技术以获取高分辨率数字影像为应用目标，以无人机为飞行平台，以高分辨率数码相机为传感器，通过3S技术在系统中集成应用，最终获取小面积、真彩色、大比例尺、现势性强的航测遥感数据。它主要用于基础地理数据的快速获取和处理，为制作正射影像、地面模型或基于影像的区域测绘提供最简捷、最可靠、最直观的应用数据。作为卫星遥感与普通航空摄影必不可少的补充，无人机遥感主要有以下优点。

(1) 机动性、灵活性和安全性。

无人机具有灵活、机动的特点，受空中管制和气候的影响较小，能够在恶劣的环境下直接获取影像，即便是设备出现故障，也不会出现人员伤亡，具有较高的安全性。

(2) 低空作业，获取高分辨率影像。

无人机可以在云下超低空飞行，弥补了卫星光学遥感和普通航空摄影经常因云层遮挡获取不到影像的缺陷，可获取比卫星遥感和普通航摄更高分辨率的影像。同时，低空多角度摄影获取的建筑物多面高分辨率纹理影像，弥补了卫星遥感和普通航空摄影获取城市建筑物时遇到的高层建筑遮挡问题。

(3) 精度高，测图精度可达1∶1000。

无人机为低空飞行，飞行高度为50～1000 m，属于近景航空摄影测量，摄影测量精度达到了亚米级，精度范围通常为0.1～0.5 m，符合1∶1000的测图要求，能够满足城市建设精细地图的需要。

(4) 成本相对较低，操作简单。

无人机低空航摄系统的使用成本低、耗费低，对操作员的培养周期相对较短，系统的保养和维修简便，可以无须机场起降，是当前唯一将摄影与测量集为一体的航摄方式，可实现测绘单位按需开展航摄飞行作业这一理想生产模式。

(5) 具有周期短、效率高等特点。

对于面积较小的大比例尺地形测量任务(10～100 km)，受天气和空域管理的限制较多，大飞机航空摄影测量成本高；而采用全野外数据采集方法成图，作业量大，成本也比较高。将无人机遥感系统进行工程化、实用化开发，便可以利用它的机动、快速、经济等优势，在阴天、轻雾天也能获取合格的影像，从而将大量的野外工作转入内业，既能减轻劳动强度，又能提高作业的效率和精度。

4.4.3 无人机遥感系统的组成

1. 无人机飞行平台

按照系统组成和飞行特点，民用的无人驾驶航空(飞行)器可分为固定翼型无人机、多旋翼型无人机、无人直升机和无人飞艇等种类。

固定翼型无人机，是指机翼外端后掠角可随速度自动或手动调整的机翼固定的一类无人机。因其优良的功能、模块化集成，现已广泛应用在遥感、地质、石油、农林等领域，具有广阔的市场应用前景。

多旋翼型无人机也称为多旋翼飞行器或多轴飞行器，是直升机的一种，它通常有

3个以上的旋翼。飞行器的机动性通过改变不同旋翼的扭力和转速来实现。相较传统的直升机，它构造精简、易于维护、操作简便、稳定性高且携带方便。常见的多旋翼型飞行器有四旋翼、六旋翼和八旋翼，被广泛用于影视航拍、安全监控、农业植保、电力巡线等领域。

无人直升机，是指由无线电地面遥控飞行或/和自主控制飞行的可垂直起降不载人飞行器，在构造形式上属于旋翼飞行器，在功能上属于垂直起降飞行器。近十几年来，随着复合材料、动力系统、传感器，尤其是飞行控制等技术的研究发展，无人直升机得到了迅速的发展，正日益成为人们关注的焦点。

无人飞艇是一种无人驾驶的，有发动机驱动的，轻于空气且可以操纵的航空器。从结构上，飞艇可分为软式飞艇、硬式飞艇、半硬式飞艇三类。软式飞艇气囊的外形是靠充入主气囊内浮升气体的压力保持的，因此此类飞艇也称为压力飞艇。硬式飞艇具有一个完整的金属结构，并由金属结构保持主气囊的外形，浮升气体充入框架内的几十个或更多的相互独立的小气囊内，以产生飞艇所需的浮升力。半硬式飞艇基本上属于压力飞艇，虽然以金属或碳纤维龙骨做支撑结构，但其气囊的外形仍需靠浮升气体的压力保持。从充气类型上，飞艇分为氢气飞艇、氦气飞艇和热气飞艇。早期飞艇都是氢气飞艇，由于氢气易燃易爆，现代飞艇以氦气飞艇居多。

2. 无人机任务载荷

无人机任务载荷也称为传感器平台，根据不同类型的遥感任务，需要搭载相应的机载遥感设备，如高分辨率CCD数码相机、轻型光学相机、多光谱成像仪、激光扫描仪、磁测仪、合成孔径雷达等，选用的遥感传感器应具备数字化、体积小、重量轻、精度高、存储量大、性能优异等特点(廖小军等，2016)。以下介绍几种常见的无人机任务载荷。

(1) 数码相机。

数码相机是一种利用电子传感器把光学影像转换成电子数据的照相机。按用途可分为单反相机、微单相机、卡片相机、长焦相机和家用相机等。数码相机通过在焦平面放置传感器实现成像，数码相机的传感器是一种光感应式的电荷耦合器件或互补金属氧化物半导体(complementary metal oxide semiconductor，CMOS)。其中，CCD是一种用电荷量表示信号大小、用耦合方式传输信号的探测元件，具有自扫描、感受波谱范围宽、畸变小、体积小、重量轻、系统噪声低、功耗小、寿命长、可靠性高等一系列优点，并可做成集成度非常高的组合件。

(2) 红外传感器。

红外传感器是红外波段的光电成像设备，可将目标入射红外辐射转变成对应像素的电子信号输出，最终形成目标的热辐射图像。红外传感器提高了无人机在夜间和恶劣的环境下执行任务的能力。红外传感器按照功能可分为4类：辐射计，用于辐射与光谱测量；搜索与跟踪系统，用于搜索跟踪红外目标，确定其空间位置，并对其运动进行跟踪；热成像系统，可产生整个目标红外辐射的分布图像；红外测距与通信系统即混合系统，是指以上各类系统的2个或多个的组合。

(3) 多光谱成像仪。

多光谱成像仪是对同一地区在同一瞬间摄取多个波段影像的摄影成像方式，可充分利用地物在不同光谱区有不同的反射特征来增加获取目标的信息量，以提高识别地物的能力。其有3种基本类型，分别为多摄影机型多光谱摄影成像、多镜头型多光谱摄影成像和光束分离型多光谱摄影成像。

（4）高光谱成像仪。

既能成像又能获取目标光谱曲线的“谱像合一”技术称为成像光谱技术。按该原理制成的扫描仪称为成像光谱仪，其目的是在获取大量目标窄波段连续光谱图像的同时，获得每一个像元几乎连续的光谱数据。高光谱成像仪是遥感发展的新技术成果，其图像由多达数百个波段的非常窄的且连续的光谱波段组成，光谱波段覆盖了可见光、近红外、中红外和热红外区域的全部光谱带。光谱仪成像时多采用扫描式和推帚式，可以收集200个或200个以上波段的数据，使图像中的每一个像元均得到连续的反射率曲线，而不像其他一般的传统成像谱光仪在波段之间存在间隔。

（5）倾斜相机。

通过在同一个飞行平台上搭载多个相机（传感器）组合，倾斜相机改变了传统正射影像从垂直角度拍摄的限制，可以同时从不同的角度采集影像，将用户引入符合人眼视觉效果的真实地理空间。

（6）LiDAR。

激光雷达是一种以激光为测量介质、基于计时测距机制的立体成像手段，属于主动遥感成像范畴。LiDAR是一种新型快速测量系统，可以用于直接联测地面物体的三维坐标。其作业不需要依赖自然光，且不受航高阴影遮挡等限制，是当前地形测绘最前沿的技术成果。

（7）视频摄像机。

无人机搭载的视频摄像机，即常规数码相机且具有视频录制功能，或者是小型的成像镜头（摄像头），可用于在无人机飞行过程中获取视频信息，通常用于航拍。

（8）机载稳定云台。

无人机云台是无人机用于安装、固定成像设备等任务载荷的支撑设备。云台控制系统的控制功能主要包括以下2个方面：①实现云台的自稳功能，也就是稳像功能；②控制云台在空间方位的转动。若控制对象有可控部分，如相机的拍照和光圈的调节等，控制系统还应该对其有相应的控制功能。

3. 无人机动力装置

动力装置是无人机的发动机以及保证发动机正常工作所必需的系统和附件的总称。无人机使用的动力装置主要有活塞式发动机（油动机）、涡喷发动机、涡扇发动机、涡桨发动机、涡轴发动机、冲压发动机、火箭发动机、电动机等。目前主流的民用无人机所采用的动力系统通常为电动机和活塞式发动机。

目前，大型、小型、轻型无人机广泛采用的动力装置为活塞式发动机系统；出于成本和使用方便的考虑，微型无人机中普遍使用的是电动动力系统。电动系统主要由动力电机、动力电源和调速系统组成。

活塞式发动机也称为往复式发动机，由气缸、活塞、连杆、曲轴、气门机构、螺旋桨减速器、机匣等组成主要结构。活塞式发动机属于内燃机，它通过燃料在气缸内的燃烧，将热能转变为机械能。活塞式发动机系统一般由发动机本体、进气系统、增压器、点火系统、燃油系统、启动系统、润滑系统以及排气系统等构成。

4. 无人机导航飞控系统

导航子系统的功能是向无人机提供相对于所选定的参考坐标系的位置、速度、飞行姿态，引导无人机沿指定航线安全、准时、准确地飞行。因此，无人机的导航子系统相当于有人机的领航员。

飞控子系统是无人机完成起飞、空中飞行、执行任务、返场回收等整个飞行过程的核心系统，对无人机实现了全权控制与管理，因此飞控子系统之于无人机相当于驾驶员之于有人机，是无人机执行任务的关键。

无人机导航飞控系统常用的传感器包括角速率传感器、姿态传感器、位置传感器、迎角侧滑角传感器、加速度传感器、高度传感器以及空速传感器等，这些传感器构成了无人机导航飞控系统设计的基础。导航飞控计算机简称飞控计算机，是导航飞控系统的核心部件，应具备如下功能：姿态稳定与控制、导航与制导控制、自主飞行控制和自动起飞、着陆控制。机载导航飞控软件简称机载飞控软件，是一种运行于飞控计算机上的嵌入式实时任务软件，不仅要求功能正确、性能好、效率高，而且要求具有较高的质量保证、可靠性和可维护性。无人机执行机构都是伺服作动设备，是导航飞控系统的重要组成部分。其主要功能是根据飞控计算机的指令，按规定的静态和动态要求，通过对无人机各控制舵面和发动机节风门等的控制，实现对无人机的飞行控制(贾恒旦等，2018)。

5. 无人机地面控制系统

无人机地面控制系统也称为地面站、控制站、遥控站，可使地面操作人员能够有效地对无人机的飞行状态和机载任务载荷的工作状态进行控制。在规模较大的无人机系统中，可以有若干个控制站，这些不同功能的控制站通过通信设备连接起来，构成了无人机地面站系统。

地面控制系统的主要功能包括任务规划、飞行航迹显示、测控参数显示、图像显示与任务载荷管理、系统监控、数据记录和通信指挥等。可以将这些功能集成到地面移动指挥控制车上，以满足运输、维修、监测、控制等需要。

地面操控与显示终端的功能，包括任务规划、综合遥测信息显示、遥控操作与飞行状态监控等，一般配置在地面站中。地面站主要由 PC、信号接收设备、遥控器组成，负责对接收到的无人机各种参数进行分析处理，并在需要时对无人机的行迹进行修正，特殊情况下可手动遥控无人机。

6. 无人机通信链路与电器系统

无人机通信链路主要指无人机系统传输控制、无载荷通信、载荷通信三部分信息的无线电链路。ITU－RM. 2171 报告给出的无人机系统通信链路是指控制和无载荷链路，主要包括 3 种链路：指挥与控制(C & C)、空中交通管制(ATC)、感知和规避(S & A)。无人机通信链路(无人机数据链)是飞行器与地面系统联系的纽带，其发展与性能的提升依靠无人机通信、卫星通信和无线网络的发展。

数据链是连接无人机与指挥控制系统的纽带，数据链的性能直接影响着无人机性能的优劣，没有数据链技术的支持，无人机无法实现智能自主飞行。无人机数据链按传输方向可分为上行链路和下行链路。上行链路主要完成地面站到无人机遥控指令的发送和接收，下行链路主要完成无人机到地面站的遥测数据及红外电视图像的发送和接收，并根据定位信息的传输利用上下行链路进行测距。无人机数据链的基本组成是机载部分和地面部分，机载部分包括机载数据终端和天线，地面部分包括地面数据终端和 1 副或几副天线。数据链设备主要由测控管理器、发射机和接收机组成。测控管理器负责地面遥控与遥测数据的融合与处理，管理着无线电发射和接收时序，使遥控和遥测能同步协调工作。发射机和接收机由无线电测控电台及天线构成。无线电测控电台采用双工数传电台，负责遥控指令的发射与遥测数据的接收。机载设备包括飞行控制器、传感器及执行机构。飞行控制器一方面收集处理来自各个传感器的飞行参数，并将数据打包发送给地面接收装置；另一方面接收来自地面站的遥控、遥测指令，然后译码后发送给执行机构，执行调整无人机的飞行参数。地面设备包括图像显示设备和工程控制计算机。工程控制计算机对所接收的遥测数据进行处理，而后由图像显示设备将处理后的数据进行显示，供地面操作人员实时掌握和调整无人机的飞行状态(王冬梅，2020)。

无人机电气系统可分为机载电气系统和地面供电系统 2 部分。电气系统一般包括电源、配电系统、用电设备 3 部分。电源和配电系统两者组合统称为供电系统。供电系统的功能是向无人机各用电系统或设备提供满足预定设计要求的电能。

7. 无人机发射回收系统

无人机发射即无人机起飞，是指无人机离开地面(或母船、母机)，进入飞行状态。无人机的起飞/降落也是无人机风险最大的环节。发射系统包括弹射架、手抛发射、起落架滑跑和母机空中发射。

回收系统的作用是保证无人机在完成任务后(有时是在应急情况下)安全回到地面，以便检查任务的执行情况并回收再利用。由于无人机造价高昂、结构复杂、科技含量高，需要配备回收系统，以便回收后多次使用。对无人机回收系统的一般要求有：①着陆速度要求。回收系统应保证产生足够的阻力，以避免无人机在着陆时速度过大。②过载要求。不能超过无人机所能承受的最大过载。③最低高度要求。确保在足够的高度开展回收。④姿态要求。保证无人机能以安全姿态(自身及载荷)回收。⑤使用次数和寿命要求。回收设备应能多次使用。⑥体重要求。辅助回收设备应体积小、重量轻。⑦安全性要求。回收系统的可靠性、成功率应较高(官建军等，2018)。

4.4.4 无人机遥感的典型行业应用

无人机遥感的应用范围较广，有以下 5 个主要应用范围(蔡志洲、林伟，2017；廖小军、周成虎，2016；刘含海，2020)。

1. 农业

中国是世界上的农业大国之一，拥有 18 亿亩基本农田。近年来，一方面，人口和需求不断增加；另一方面，大批量务农人员由农村转向城市，农村的劳动力日益短缺。如何提高农业作业效率，利用有限的资源服务更多的人群和满足更多的需求，是当前农业发展的重点和难点。在这样的背景下，无人机遥感参与农业生产已成为中国现代农业的发展趋势。无人机作为智能机器人，可以取代人工进行部分劳作和监测，如今已被应用到农业植保、农田信息监测、农业保险勘察等诸多方面。

(1) 农业植保。

农业植保的主要内容包括农药喷洒、施肥等，传统的植保作业以人工或半机械化操作为主，需要投入的人工劳力多、劳动强度大，而且由于作业过程中不免会与喷洒的农药直接接触，施药人员中毒事件时有发生。如今，植保无人机的出现，使农业植保过程变得自动化、智能化。与传统植保相比，无人机植保展示出诸多优势：①喷洒效果好。植保无人机可以精确调节与农作物的距离，改善雾滴的雾化均匀性，使喷出的药液均匀地附着在作物的表面，从而有效减少重喷和漏喷的现象。②无人作业避免了人员与农药的有害接触。③喷洒效率高。植保无人机的喷洒效率是传统人工喷药的60倍以上，无人机施药能够在大规模病虫草害突发情况下迅速并有效地开展防治工作。④对作物的损伤小。无人机在空中作业，不会像大型地面施药器械那样碾压作物致其损伤，且不破坏土壤的物理结构，不影响作物后期生长(娄尚易等，2017)。植保无人机的应用前景非常广阔，已经有越来越多的地区开始使用植保无人机代替人工植保作业。

(2) 农田信息监测。

无人机农田信息监测主要包括病虫害监测、灌溉情况监测及农作物生长情况监测等。它利用以遥感技术为主的空间信息技术，通过对大面积农田、土地进行航拍，不仅能从中充分、全面地了解农作物的生长环境、生长周期等各项指标，还能从灌溉到土壤变异，再到肉眼无法发现的病虫害、细菌侵袭等，指出出现问题的区域，从而便于农民更好地进行田间管理。例如，由大疆创新推出的 Mavic 3M 航测无人机融合了可见光相机与多光谱相机，结合大疆智慧农业平台，即可实现自动巡田、土地平整监测、出苗识别、长势分析、处方图变量作业等智慧农业解决方案。依据作物的生长情况，结合农田处方图，农业无人机即可实现精准变量作业，如水稻变量施肥，棉花变量化控，大豆、玉米变量营养液等。总之，无人机农田信息监测具有范围大、时效强和客观、准确等优势，是常规监测手段无法企及的。

(3) 农业保险勘察。

农作物在生长过程中难免遭受自然灾害的侵袭，使农民受损。当农作物大面积受到自然侵害时，农作物的查勘定损工作量会非常大，其中最难以准确界定的就是损失面积问题。农业保险公司为了更有效地测定实际受灾面积，进行了农业保险灾害损失勘察，将无人机应用到农业保险赔付中。无人机具有机动快速的响应能力、高分辨率图像和高精度定位数据的获取能力、多种任务设备的应用拓展能力，可以高效地完成受灾定损任务。通过航拍查勘获取数据、对航拍图片经过后期处理后的结果进行比较校正，保险公司可以更为准确地测定实际受灾面积。无人机受灾定损，能够解决农业保险赔付中勘察定损难、缺少时效性等问题，大大提高了勘察工作的速度。总之，以无人机为平台，可以构建空中采集农业数据的多源信息耦合技术，使在土壤、作物、病虫害、自然灾害等方面的监测更加精确，是农业保险定价、事前风险预防、事后风险管理的支撑点(包璐璐等，2019)。

2. 林业

日常的林业工作主要包括森林病虫害监测与防治、森林防火、森林资源调查等。外业工作环境艰苦、工作量大，传统的人工作业难以满足现代林业发展的需要。现今，无人机遥感技术已经逐渐应用于日常的林业工作，不仅节省了人力、物力，还大大提高了工作效率，具有明显的应用优势和前景。

（1）森林病虫害监测与防治。

森林病虫害监测与防治的传统方式主要是虫网诱捕、性引诱剂诱捕和喷洒农药，大多由人工作业。然而，随着我国造林绿化面积的增多，以及气候因素的影响，森林病虫害呈现出程度增强、面积增加的趋势，传统的人工监测与防治手段在应对大面积森林病虫害时作用甚微。无人机可以在短时间内对大片森林进行遥感监测，且可以对遭受虫害区域进行精准农药喷洒，从而有效提升病虫害监测与防治的效率，大大减少林业有害生物对森林资源造成的生态危害。

（2）森林防火。

以往的森林防火主要是派人进行实地巡逻考察，对于大面积的林区来说，工作量大、效率低、危险性高、火点观测精度低。无人机可以通过热红外传感器拍摄高分辨率的热红外影像，对林区的热环境进行实时感知。将其与深度学习模型进行结合，还可以精确识别图像中的热异常，从而及时、准确地发现火点(戴颖成等，2022)。此外，无人机还有操作简便、部署快速、视野广阔等优点，非常适用于紧急森林火险救灾情况。

（3）野生动物监测。

在野生动物监测方面，将目标检测模型搭载在无人机的图像系统中，不仅可以对特定的野生动物进行实时的检测和计数，进而获得野生动物的活动轨迹和栖息地范围等信息，还能及时了解野生动物的生存现状、迁徙途径，监控是否有野生动物被猎杀等情况。此外，无人机航拍还可实现对野生动物的大尺度、多角度观察，据此进一步鉴别野生动物的种类、性别、健康状况等。无人机具有监测面积广、多角度覆盖、效率高、节约人力和物力、成本低等优势，这是传统的人工考察和保护无法达到的。总的来说，无人机遥感是野生动物监测和保护中方便快捷的一种全新手段(祝宁华等，2022)。

（4）森林资源调查。

森林资源调查是我国林业工作中非常重要的一项任务，森林资源调查的技术方法经历了航空像片调查、抽样调查、计算机和遥感技术调查等阶段，这些方法都离不开工作人员到实地进行调查，尤其是在大规模林区，需要花费大量人力、物力。利用无人机遥感技术，则可快速获取所需区域的高精度森林资源空间遥感信息，如生物量(李祥等，2020)、树高(刘江俊等，2019)等，具有高时效、低成本、低损耗、高分辨率等特殊优势。

3. 能源业

无人机遥感具备了强大的监测和信息提取能力，为了降低成本，提高工作效率，无人机在能源行业的应用范围越来越广泛，以下列出 4 种典型应用。

（1）能源勘测设计。

在基础资料收集阶段，无人机能够为能源勘测设计提供基础测绘资料(包括 4D 测绘成果、场址实景三维模型等)和航拍地形图。相较于传统作业方式，无人机能够了解到项目区域更详细的信息，节省人力、物力。在施工图设计阶段，通过共享的平台，现场施工人员可以直观地看到设计成果，设计人员可根据现场施工的实际情况及时对设计方案进行调整，提高施工效率和设计成果质量。在项目施工阶段，可通过无人机实时监测施工进度、工程量测量计量和施工安全监控等，实现建设工地的数字化、智能化。

(2) 油气管道巡检。

无人机可以结合多角度可见光、热成像和气体探测仪对油气管道进行检测诊断，直观显示管道线路及地表环境的实际状况，快速、准确地为管理人员提供油气系统的第一手信息，大大提高了工作效率，可保障油气管道的安全运行。此外，无人机能够代替工作人员进入高温、易燃、高空等危险区域作业，保障了人员安全(李器宇等，2014)。

(3) 电力线路巡检。

近年来，无人机被广泛用于电力行业的线路巡检工作，为电力企业掌握线路运行状态并及时排除隐患节省了大量的人力和物力，极大地提高了线路巡视效率和质量(Zhang et al.，2017)。无人机可利用高分相机、红外热成像仪和激光雷达传感器获取输电线路设备和周边环境的相关信息，再利用无线通信技术传输到地面站系统并进行分析检测，可识别线路设备的缺陷以及潜在的危险源点。例如，搭载红外设备进行高空红外测温，可检测电网是否处于高温大负荷情况。与传统的人工巡检相比，无人机不仅能够提供多角度、多细节的高分辨率图像，帮助发现地面人员难以发现的隐蔽性缺陷，还可节省人力作业时间，降低人身风险。

(4) 核电站巡检。

核能是人类最具希望的未来能源之一。为保障核设施的安全，必须对反应堆进行严格的巡检。然而，近距离检测可能给相关人员带来辐射危害，使用无人机进行远程巡检能将危害降至最低。无人机搭载可见光相机和红外相机开展工作，高精度红外相机能够显现 0.1 ℃的温差成像差别，可有效地探测肉眼无法觉察到的潜在裂缝以及结构变形；可见光相机可满足不同巡检场景的需求。

4. 环境保护与监测

(1) 环境污染监测。

无人机航拍、遥感具有视域广、及时、连续的特点，可迅速查明环境现状(骆开谋等，2017)。借助系统搭载的多光谱成像仪、照相机生成图像，可直观、全面地监测空气与地表水的环境质量状况，提供空气污染物含量、水质富营养化、水体透明度、悬浮物排污口污染状况等信息的专题图，从而达到对空气与水体污染物进行监视性监测的目的(陈桥驿，2018；程翔等，2016；汪文雅等，2021)。

在环境应急突发事件中，无人机遥感系统可克服交通不便、情况危险等不利因素，快速赶到污染事故所在空域，立体地查看事故现场、污染物排放情况和周围环境敏感点污染物分布情况。系统搭载的影像平台可实时传递影像信息，监控事故进展，为环境保护决策提供准确信息(杨旭等，2021)。

当前，我国工业企业的污染物排放情况复杂、变化频繁。无人机可以从宏观上观测污染源分布、污染物排放状况及项目建设情况，为环境监察提供决策依据；同时，通过无人机监测平台对排污口污染状况的遥感监测，也可以实时、快速地跟踪突发环境污染事件，捕捉违法污染源并及时取证，为环境监察执法工作提供及时、高效的技术服务。

（2）矿山监测。

数字矿山建设是矿山信息化管理的重要手段，它的建设需要基础地理信息数据，包括遥感影像、地形图和DEM数据等。随着矿山建设的快速发展，需要及时地更新基础地理数据。目前，矿山企业主要是采用常规测量手段，周期长、费用高，难以适应数字矿山的建设需求，且多数矿山在偏僻山区，不适宜大飞机作业。无人机可以弥补上述不足，随时获取动态变化数据，满足数字矿山的建设需求(李建军，2020；魏鑫等，2022)。

利用无人机低空遥感技术监测矿区地表沉陷扰动范围、矿石山压占面积，对地表沉陷控制模式及生态景观保护与重建具有重要意义，可以利用无人机影像图进行地裂缝、地面沉降及滑坡体解译(程曦，2022；周小杰等，2020)。

（3）地质灾害调查。

当前，应用无人机开展地质灾害调查、监测与应急救灾已经在世界范围内广泛兴起。无人机技术打开了野外获取地质灾害高分辨率、高精度和多时相数据的大门，无人机和相关测量技术已成为野外地质灾害调查不可或缺的重要技术手段(董秀军等，2022；许强等，2022)。与传统测绘和灾害调查方法相比，无人机能快速、方便、安全地获取地质灾害区域的影像和地形数据，能第一时间提供灾后的第一手灾情数据，为灾害应急救援和灾情评估提供有力的决策支持，如2008年汶川地震、2008年唐家山堰塞湖、2009年重庆武隆鸡尾山特大型山体滑坡、2010年甘肃舟曲特大泥石流等灾后救援都用到了无人机。无人机遥感在地质灾害领域的应用主要包括以下3种。

一是地质灾害基础调查与分析。将无人机非接触测量新技术引入地质灾害调查，大大减轻了野外工作量。通过无人机获取的数据，可以更好地开展地质灾害编目、灾害地形和几何特征参数提取、灾害点判识、数字地形分析、地貌演化等工作(杨飞，2022)。

二是地质灾害应急测绘、救援与灾情评估。无人机以其灵活、轻巧的特点，可以迅速地完成对受灾区域的测绘工作，可以实时传输影像和视频，帮助救援人员及时掌握灾区最新情况，为救灾指挥部制定救灾方案提供技术支撑。利用无人机获取地质灾害区域的高清影像和地形数据，与灾前谷歌影像、高分影像、快鸟影像、大比例尺地形图等进行对比，可以快速评估受灾区域范围、基础设施破坏、房屋损毁、农田淹没、植被破坏、河道堵塞、堆积物厚度与方量、潜在危险对象等情况，为灾情精准评估提供有力支持(梁永平等，2022；肖梅萍，2022)。

三是地质灾害地表形变监测与早期预警。利用无人机机载高光谱相机、高精度合成孔径雷达(InSAR)、激光雷达(LiDAR)、偏振高光谱、高分辨率相机可以生产高精度的地形、影像产品。通过多时相的无人机监测，能够分析出地质灾害区域的位移、变形、沉降、纹理特征、运动过程等，为深入研究地质灾害动力学过程和机制提供监测数据支撑，为地质灾害早期预警提供技术支持(戴可人等，2022；闫烨琛等，2022)。

5. 海洋监测

（1）海洋灾害监测。

利用无人机可以对海洋进行灾害监测。灾前预报时，利用无人机在灾害频发时段加强对海域的巡检，视察防洪大堤是否受损，调查绿潮、赤潮和海冰的分布，可预测走向，及时向可能受到危害的地区发布灾害预警；还可以通过长时间的观测，掌握灾害发生的规律，以便在后期做到提前预知，及时采取应对措施。灾中监控时，一方面，通过无人机可以调查灾害发生的范围、程度，据此制订合理的消灾方案；另一方面，利用无人机在空中可以获取实时的遥感影像、视频，便于布置消灾方案、指挥消灾任务、观察消灾成效。灾后评估时，与 GIS 技术相结合，通过对无人机获取的受灾海域遥感数据进行分析，提取受灾范围、受灾等级和损失程度等量化信息，指导灾后补救和后期防范(傅赐福等，2021；谭骏等，2014；王主玉，2019)。

(2) 海洋测绘。

无人机遥感可以应用于海洋测绘。港口、河流入海口和近海岸等水陆交界地带是人类活动相对频繁的海域，在人为因素和自然因素的共同作用下，这些区域的地形、地势变化也比较频繁。在人为因素方面，随着经济的发展和需求的增加，人们对水陆交界海域的开发利用程度不断增强，如填海造陆、养殖区扩展和港口平台搭建等；在自然环境因素的作用下，海岸侵蚀引起海岸线变更，入海口冲击、淤积等造成入海口地形变更。加强对这些海域的测绘，对于指导人们开发和利用水陆交界海域具有重要意义。利用无人机进行海洋测绘，比传统的测绘方法速度快，并能深入海水区域，获取的遥感数据具有更高的空间分辨率，可以完成大比例尺制图(曹洪涛等，2015；林森等，2021；张志晏，2018)。从无人机遥感影像中可以提取海岸、入海口和港口等海域的轮廓线及其变化，结合 GIS 技术可对面积、长度和变化量等进行量化分析并预测变化趋势。在填海造地时，利用无人机搭载 LiDAR 可实时测量填造区域，指导工程的实施。利用 SAR 和高光谱遥感数据可以探测浅海区域的海底地形，绘制海底地形图。利用 LiDAR 数据建立海岸线 DEM，可为风暴潮的预警提供参考(滕惠忠等，2014)。在海岛礁测绘中，利用无人机同时搭载 LiDAR 和光谱传感器获取多源数据，提取海岛礁的轮廓线、面积、DEM 和覆被类型等信息，可建立三维海岛礁模型(郭忠磊等，2014)。

(3) 海洋参数反演。

无人机遥感还可以用于海洋参数反演。海洋是全球气候变化中的关键部分，海表温度、盐度和海面湿度等环境参数是全球气候变化、全球水循环和海洋动力学研究的重要输入参数。无人机可以监测局部重点海域的环境参数，是卫星遥感大范围监测的重要补充，为海洋区域气候、海洋异常变化、海洋生物环境、入海口海水盐度变化和沿海土地盐碱化等研究提供数据信息。无人机获取的海洋环境参数还可以为海上油气平台、浮标和人工建筑等设备设施的耐腐蚀性、抗冻性研究提供数据支持(李冬雪，2020；陶良明，2021)。

无人机配备微波辐射计、热红外探测仪和高光谱成像仪等传感器探测海洋，可得到遥感数据，利用海洋参数的定量遥感反演算法模型可反演海洋的各个参数。目前，反演模型大多是统计模型，利用遥感数据可与反演的海洋参数之间建立起统计关系，再通过统计回归的方法可以反演得到海洋温度、湿度和盐度等环境参数(刘善伟等，2021)。

思考题

1. 请简述航空遥感的发展过程。
2. 请写出摄影测量学中常用的坐标系的定义。
3. 请写出共线条件方程，并说明各个参数的含义。
4. 请简述双像立体测图的原理。
5. 请简述无人机遥感系统的组成。

参考文献

[1] ZHANG Y, YUAN X X, LI W Z, et al. Automatic power line inspection using UAV images[J]. Remote sensing, 2017, 9(8): 824.
[2] 包璐璐，江生忠，张颂. 我国农业保险数据技术的现状与问题研究[J]. 中国保险，2019(7): 40-43.
[3] 蔡志洲，林伟. 民用无人机及其行业应用[M]. 北京：高等教育出版社，2017.
[4] 曹洪涛，张拯宁，李明，等. 无人机遥感海洋监测应用探讨[J]. 海洋信息，2015(1): 51-54.
[5] 陈桥驿. 无人机航测技术在河道水环境治理中的应用研究[J]. 北京测绘，2018，32(8): 953-956.
[6] 程曦. 论无人机三维倾斜摄影技术在露天矿山监测中的应用[J]. 四川建材，2022，48(7): 209-210.
[7] 程翔，杨波，李倩霞. 无人机摄影测量在水体污染评估中的应用[J]. 测绘与空间地理信息，2016，39(8): 180-182.
[8] 戴可人，沈月，吴明堂，等. 联合 InSAR 与无人机航测的白鹤滩库区蓄水前地灾隐患广域识别[J]. 测绘学报，2022，51(10): 2069-2082.
[9] 戴颖成，陈知明，刘峰，等. 基于无人机红外影像的森林火灾燃烧点检测方法[J]. 中南林业科技大学学报，2022，42(9): 102-114.
[10] 董秀军，邓博，袁飞云，等. 航空遥感在地质灾害领域的应用：现状与展望[J]. 武汉大学学报(信息科学版)，2023，48(12): 1897-1913.
[11] 傅赐福，李涛，刘仕潮，等. 1909 号台风"利奇马"引发渤海湾风暴潮特征及无人机灾害调查[J]. 海洋预报，2021，38(5): 17-23.
[12] 官建军，李建明，苟胜国，等. 无人机遥感测绘技术及应用[M]. 西安：西北工业大学出版社，2018.
[13] 郭忠磊，翟京生，张靓，等. 无人机航测系统的海岛礁测绘应用研究[J]. 海洋测绘，2014，34(4): 55-57.

[14] 贾恒旦，郭彪. 无人机技术概论[M]. 北京：机械工业出版社，2018.
[15] 金伟，葛宏立，杜华强，等. 无人机遥感发展与应用概况[J]. 遥感信息，2009(1)：88－92.
[16] 李德仁. 论21世纪遥感与GIS的发展[J]. 武汉大学学报(信息科学版)，2003(2)：127－131.
[17] 李冬雪. 基于卫星和无人机的近岸绿潮监测及生物量研究[D]. 烟台：中国科学院大学(中国科学院烟台海岸带研究所)，2020.
[18] 李建军. 无人机在矿山储量动态监测中的应用[J]. 当代化工研究，2020(9)：81－82.
[19] 李明泽，于颖. 摄影测量学[M]. 哈尔滨：东北林业大学出版社，2018.
[20] 李器宇，张拯宁，柳建斌，等. 无人机遥感在油气管道巡检中的应用[J]. 红外，2014，35(3)：37－42.
[21] 李祥，吴金卓，林文树. 基于无人机影像的森林生物量估测与制图[J]. 中南林业科技大学学报，2020，40(4)：50－56.
[22] 梁永平，赖国泉，严丽萍. 无人机低空遥感技术在滑坡应急测绘及治理中的应用实践[J]. 测绘与空间地理信息，2022，45(5)：24－25.
[23] 廖小军，周成虎. 轻小型无人机遥感发展报告[M]. 北京：科学出版社，2016.
[24] 林卉，王仁礼. 数字摄影测量学[M]. 徐州：中国矿业大学出版社，2015.
[25] 林森，陶卉卉，吴勇剑，等. 无人机海洋测绘应用进展分析[J]. 工程与建设，2021，35(1)：47－48.
[26] 刘含海. 无人机航测技术与应用[M]. 北京：机械工业出版社，2020.
[27] 刘江俊，高海力，方陆明，等. 基于无人机影像的树顶点和树高提取及其影响因素分析[J]. 林业资源管理，2019(4)：107－116.
[28] 刘善伟，武钰林，许明明，等. 无人机多光谱遥感反演近海fDOM浓度[J]. 海洋技术学报，2021，40(6)：33－39.
[29] 娄尚易，薛新宇，顾伟，等. 农用植保无人机的研究现状及趋势[J]. 农机化研究，2017，39(12)：1－6.
[30] 罗东山，何军，王研，等. 无人机遥感技术原理及应用[M]. 延吉：延边大学出版社，2019.
[31] 骆开谋，叶露. 无人机遥感技术及其在环境保护领域中的应用[J]. 安徽农业科学，2017，45(2)：211－212.
[32] 谭骏，刘旭楠，文仁强. 无人机遥感在台风灾情监测中的应用——以海水养殖蚝排灾情监测为例[J]. 中国渔业经济，2014，32(2)：98－102.
[33] 陶良明. 基于无人机平台的渔场水质采样技术研究[D]. 舟山：浙江海洋大学，2021.
[34] 滕惠忠，辛宪会，于波，等. 海岸地形无人机测绘系统选型分析[J]. 海洋测绘，2014，34(3)：20－24.
[35] 汪文雅，郭伟，王雁，等. 基于无人机观测的太原夏季PM 2.5垂直分布特征及成因分析[J]. 气象科学，2021，41(4)：526－534.
[36] 王冬梅，潘洁晨，李爱霞. 摄影测量学[M]. 成都：西南交通大学出版社，2016.
[37] 王冬梅. 无人机测绘技术[M]. 武汉：武汉大学出版社，2020.

[38] 王佩军，徐亚明．摄影测量学[M]．武汉：武汉大学出版社，2016.
[39] 王主玉．无人机技术在海冰灾害监测中的应用[J]．科技创新导报，2019，16(11)：23-25.
[40] 魏鑫，刘宗波．试析无人机航空摄影测量技术在矿山储量监测中的具体运用[J]．世界有色金属，2022(6)：46-48.
[41] 肖梅萍．无人机倾斜摄影技术在地质灾害监测中的应用[J]．河南科技，2022，41(20)：21-24.
[42] 徐芳，邓非．数字摄影测量学基础[M]．武汉：武汉大学出版社，2017.
[43] 许强，郭晨，董秀军．地质灾害航空遥感技术应用现状及展望[J]．测绘学报，2022，51(10)：2020-2033.
[44] 闫烨琛，高学飞，于向吉，等．无人机倾斜摄影测量技术在地质灾害隐患调查中的应用研究[J]．科技创新与应用，2022，12(17)：193-196.
[45] 杨飞．基于无人机航测与三维激光扫描的山体滑坡地质灾害监测方法[J]．北京测绘，2022，36(8)：1052-1057.
[46] 杨旭，蔡子颖，韩素芹，等．基于无人机探空和数值模拟天津一次重污染过程分析[J]．环境科学，2021，42(1)：9-18.
[47] 张志晏．无人机遥感海洋监测的应用探索[J]．工程技术研究，2018(7)：94-95.
[48] 张祖勋，张剑清．数字摄影测量学[M]．武汉：武汉大学出版社，2012.
[49] 周小杰，杜鹏，曾静静，等．无人机倾斜摄影技术在露天矿山修复监测中的应用[J]．城市勘测，2020(2)：82-86.
[50] 祝宁华，郑江滨，张阳．无人机航拍野生动物智能检测与统计方法综述[J]．航空工程进展，2023，14(1)：13-26.

5 卫星遥感影像处理

遥感影像反映了各种传感器所获取的信息，是遥感探测目标的信息载体。根据传感器的种类与光谱信息特性，可将遥感影像分为：光学卫星遥感影像、合成孔径雷达影像、热红外影像和高光谱影像等。通过遥感影像可以获取目标地物的几何特征、物理特征和时间特征，其表现参数为空间分辨率、光谱分辨率、辐射分辨率和时间分辨率。遥感影像数据在生产过程中会发生辐射和几何畸变，需要经过预处理技术以纠正数据误差，确保数据的真实性与可靠性。遥感影像解译是从遥感影像上获取目标地物信息的过程。本章将概略阐述常见遥感影像的基本特征，重点讲述遥感影像的预处理、解译和分类处理方法，介绍遥感影像分类与变化检测的应用案例，加强读者对遥感应用场景的理解。

5.1 遥感影像的特性

针对不同的应用任务需求，选择特性适配的遥感影像至关重要。遥感应用与遥感数据特性存在密切关联，如利用 Pléiades(2 m)、RapidEye(5 m)、Landsat-8(15 m、30 m)数据进行常绿阔叶林识别，不同分辨率遥感影像的识别精度差异较大，识别率范围可达29%～74%(张悦楠等，2020)。同时，遥感影像处理算法也应与遥感数据特性相契合，如高光谱遥感影像中相邻波段的中心波长差异小，地物在相邻波段上的反射特性相似，波段间存在极大的相关性，导致协方差矩阵的逆矩阵不存在，无法使用最大似然法进行分类。因此，了解遥感数据特性具有重要的现实意义。遥感数据特性可以从空间、光谱、辐射和时间等 4 个方面进行描述。本节将概略介绍光学卫星遥感影像、合成孔径雷达影像、热红外遥感影像与高光谱遥感影像的数据特性。

5.1.1 光学卫星遥感影像

光学卫星遥感影像的波段范围是 0.38～3.00 μm，由可见光与近红外传感器记录地表反射的太阳辐射能量形成。图 5.1 显示了 Landsat-9 拍摄的山东省德州市的光学遥感影像。在光学卫星工作波段内，太阳为主要辐射源，地球发射的辐射可忽略。不同地物受到太阳辐射时，在不同波长上表现出各异的吸收、反射特性，在影像中体现为反射光谱曲线的差异。利用反射光谱曲线的差异，可以在光学卫星遥感影像上进行地物识别和参数反演。目前，光学卫星遥感影像已广泛应用于军事侦察、规划、环境、交通等领域中。根据应用目的的不同，光学遥感卫星的传感器、轨道存在巨大差异，从而具有各异的空间特性、光谱特性、辐射特性与时间特性。

图 5.1 山东省德州市的 Landsat-9 影像

(1) 空间特性。

光学卫星遥感影像的空间特性主要由地面分辨率与空间分辨率表征，用于表示对 2 个邻近目标物的识别区分能力。地面分辨率的描述对象为地表，指可以识别的最小地面距离与最小目标物大小。空间分辨率的描述对象为影像或传感器，指被遥感系统解析的2 个目标之间的最小角度或可分离的线宽度。空间分辨率对影像而言指影像上可以区分的最小单元的尺寸，对传感器而言指传感器区分 2 个目标的最小角度或线性距离的度量。空间分辨率有 3 种常用的表示方法，即像元(pixel)、线对数(line pairs)和瞬时视场角(instantaneous field of view，IFOV)。

像元又称为像素，是数字影像中不可分割的最小单位，指成像过程中或计算机处理时的基本采样点。在描述空间特性时，空间分辨率指一个像元所对应的地面尺寸，其单位是 m 或 km。例如，高分二号全色波段一个像素对应的地面尺寸为 0.8 m，其空间分辨率即为 0.8 m。像素越小，空间分辨率越高。对于光电扫描系统而言，像元扫描线方向(垂直于飞行方向)的尺寸取决于传感器光学成像阵列，飞行方向的尺寸取决于探测器连续电信号的采样速率。

线对数指航空像片中 1 mm 间隔内包含的线对数，单位是线对/毫米(lp/mm)。线对数越多，空间分辨率越高。测量航空像片的分辨率时，首先将经校准后同等大小或规则间隔的黑白线条防水布(即线对)放置在野外地面上，然后进行研究区影像获取，最后计算影像上每毫米可分辨的线对数量。

瞬时视场角指传感器内单个探测单元的受光角度或观测视野(见图 5.2)，单位为毫弧度(mrad)。当遥感平台的高度一致时，瞬时视场角越小，空间分辨率越高。瞬时视场角可以与像元以及线对数进行相互转换。已知遥感平台的传感器瞬时视场角 *IFOV* 和飞行高度 H，则其像素大小相当于瞬时视场角投影到地面上圆的直径 D，见式(5.1)。例如，$IFOV = 2.5$ mrad，$H = 8$ km，计算得 $D \approx 20$ m。

$$D = 2 \cdot \tan \frac{IFOV}{2} \cdot H \tag{5.1}$$

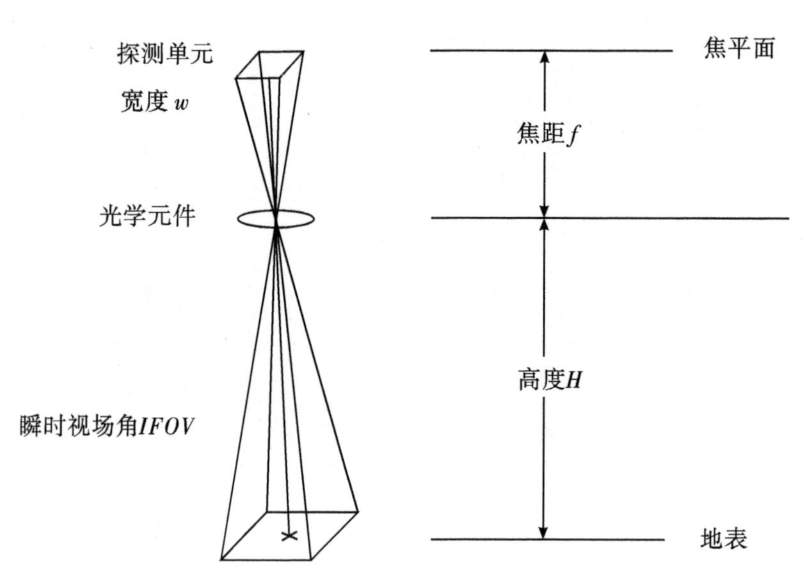

图 5.2 瞬时视场角

根据欧盟委员会与欧洲空间局资助的 SEOS(science education through earth observation for high schools)计划，高分辨率遥感影像的像元尺寸小于 2 m，中分辨率影像的像元尺寸为 2～30 m，低分辨率影像的像元尺寸大于 30 m。空间分辨率越高，影像中地面目标的细节越丰富，物体识别能力越好。例如，在研究植被结构时，高分辨率光学卫星影像可以很好地识别树冠以及树冠间隔，而中分辨率和低分辨率光学卫星影像无法进行识别。在实际应用中，不同空间分辨率影像选择的原则是：若要探测地物目标的某一空间特征，则空间分辨率应小于该特征最小尺寸的一半。例如，要进行植被冠层的检测，则影像空间分辨率应小于该区域最小树冠直径的一半。

除空间分辨率外，地物的空间特征在影像上也可能存在系统几何畸变。光学遥感影像使用的框幅式模拟相机、框幅式数码相机、推扫式扫描仪、摆扫式扫描仪等传感器均属于中心投影，存在自中心点向四周发射状形变，因此在影像上物体会产生像点位移，直观上表现为具有高度的物体朝远离传感器的方向偏移。这种发射状畸变在星下点形变最小，离星下点越远则畸变越严重。因此，在应用时需进行影像几何校正，若要求影像比例尺处处一致，则应进行正射校正。

(2) 光谱特性。

光谱信息是遥感影像的重要信息源，基于遥感影像的地物识别与参数反演大多是利用地物的反射光谱曲线来实现的，因此，在遥感应用或影像处理前须厘清影像的光谱特性。例如，在进行植被种类识别时，多采用具有近红外波段的影像数据，这是因为植被近红外波段反射光谱曲线的主要影响因素是细胞结构，不同种类植被的细胞结构差异大，在近红外波段上的反射率差异大，识别效果好。

光学遥感卫星的光谱特性主要采用光谱分辨率进行描述，表征传感器识别精细波长间隔的能力。

广义上，光谱分辨率由影像波段数、波段中心波长(光谱响应曲线最大值对应的波长)、带宽(光谱响应曲线中最大光谱响应半宽度)共同表征。波段数越多，带宽越窄，光谱分辨率越高。就波段数而言，根据美国国家航空航天局(NASA)的定义，有3～10个波段的称为多光谱传感器，而高光谱传感器则具有几十个甚至上百个波段。一般来说，波段数越多，地物的识别能力越强。但在影像分类中，波段数越多特征空间越复杂，需要的样本数越多，否则会出现过拟合现象。同时，样本数过多也会造成休斯(Hughes)效应或维数灾难，即波段数增加到一个临界点后，继续增加反而导致分类器性能变差。

狭义上，光谱分辨率特指带宽。光学遥感卫星在接收到电磁辐射时，首先会使用分光设备(如棱镜、滤波器、衍射光栅等)将电磁波分为不同波长，然后用不同波段传感器记录其辐射能量。分光设备并非将波段分为离散区间，而是每一波段范围内的传感器具有不同的光谱敏感性，因此需要使用光谱响应函数描述传感器的光谱敏感性。光谱响应函数表征传感器对不同波长辐射的光谱敏感性。如图5.3所示，光谱响应函数最大值对应波长λ_{center}，即光谱敏感性最高的波长称为中心波长，而带宽定义为光谱响应最大值一半时的波长宽度。一般来说，多光谱传感器具有3～10个70～400 nm带宽的波段，高光谱传感器具有100～200个5～10 nm带宽的波段。在实际应用中，中心波长的选取十分重要，如分析典型地物植被的反射光谱曲线。在可见光波段，由于叶绿素吸收，除绿色波段有反射峰，其余波长均表现出低反射率；在近红外波段，由于植被内部存在空腔细胞，产生多次反射，表现出高反射率；在短波红外波段，由于水吸收，除了存在1.40 μm和1.90 μm这2个反射峰，其余波长的反射率均比较低。其中，红光波段的吸收谷与近红外反射峰之间快速变化的区域称为红边，与植被的健康状况存在关联，植被健康则发生红移，否则发生蓝移。因此，要进行植被健康监测，数据中需要有红色波段与近红外波段或如Sentinel-2卫星中的红边波段。另外，近红外波段是监测植被类型的重要波段，短波红外是区分多汁植物与非多汁植物的重要波段。除了中心波长的选择，带宽的选择也具有重要意义。例如，植被、水体、岩石的诊断性吸收特征带宽仅有10～20 nm，具有足够窄的带宽才能从影像中直接地识别出这些地物。

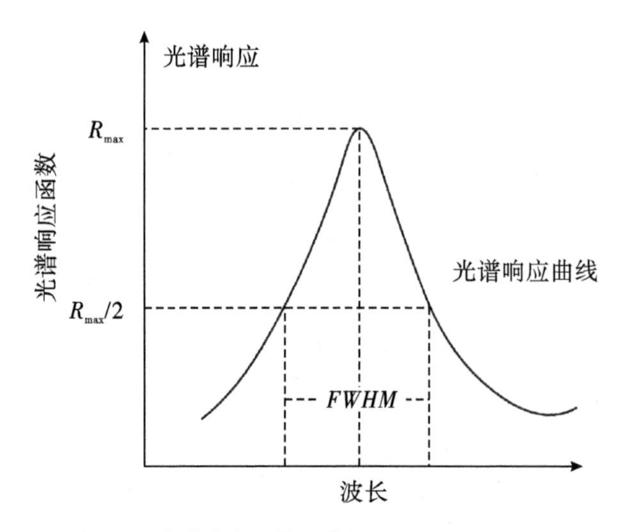

图 5.3　光谱响应函数示意(Swain et al., 1981)

（3）辐射特性。

在数字影像的成像过程中，传感器首先用电压表示接收到的辐射能量，然后对电压进行模数转换，按一定规则使用二进制方式将连续的电压值划分为若干等级的亮度值，即量化。在遥感中，一般采用均匀量化，将原影像灰度层次从最暗至最亮均匀分为有限个层次。以 8 bit 数据为例，是将灰度层次划分为 2^8 个层次，即 256 个层次，像元值的范围是0～255。量化等级越高，遥感精准识别地物的可能性越大。

辐射分辨率是指传感器对辐射强弱的敏感程度与区分能力，即恰好可分辨的信号水平。具体来说，是指传感器元件在接受光谱信号时能区分的最小辐射差。直观上，辐射分辨率类似于长度测量中尺子的刻度，辐射分辨率越高相当于尺子的刻度越多，测量越精准。辐射分辨率一般用量化等级进行表示，单位是 bit。量化等级越多，辐射分辨率越高。当影像的空间分辨率一定时，影像质量因量化等级而异。量化级数越高，影像质量越好。当量化级数较低时，影像质量差，会出现块状效应。考虑极端情况，1 bit 数据即将灰度值划分为 2 个层次，像元值范围为 0～1，即二值影像，影像可能会出现假轮廓。由于辐射分辨率对于地物目标特性的识别至关重要，光学遥感影像辐射分辨率在过去几十年里得到了快速提高。1972 年 Landsat-1 MSS 传感器量化等级为 6 bit，像元值范围为 0～63。1982 年和 1984 年发射的 Landsat-4 和 Landsat-5 TM 传感器量化等级为 8 bit，像元值范围为 0～255。近年来发射的 GeoEye-1 和 WorldView-2 辐射分辨率提高到 11 bit，像元值范围为 0～2047。然而，辐射分辨率和空间分辨率、光谱分辨率存在相互制约。就空间分辨率而言，空间分辨率越高，探测单元尺寸缩小，同样时间内通过的辐射能量越少，辐射测量的敏感性降低，辐射分辨率低。就光谱分辨率而言，探测单元所探测的能量是某段时间、某个波长范围内辐射的积分，光谱分辨率提高时带宽减少，关于波长的积分范围变小，通过的辐射能量变少，辐射敏感性降低，辐射分辨率低。在具体应用时，需要在辐射分辨率、空间分辨率和光谱分辨率中选择折中方案。

(4) 时间特性。

时间分辨率一般指获取某一特定区域遥感影像的频率，通常用回归周期表征。遥感的优势之一是动态性，即可按一定时间周期获取同一区域的地表景观信息(Jensen，1995)。对同一区域地表景观信息的多次观测可识别正在发生的过程并对未来的发展趋势进行预测。一般来说，时间分辨率可分为 3 种类型，分别为超短或短周期时间分辨率、中等周期时间分辨率和长周期时间分辨率。

超短或短周期时间分辨率的卫星重访周期以 h 为单位，典型卫星有 NOAA 系列卫星、Terra/Aqua 卫星等。一般来说，空间分辨率越高，平台运行轨道越低，时间分辨率越低。例如，2015 年发射的高分四号卫星，该卫星的运行轨道为地球静止轨道，距地面 36000 km，空间分辨率为 50 m，可以为气象、海洋、洪涝灾害、森林火灾、国防安全等快速提供可靠数据。该类型卫星可以为变化周期短的领域(如大气、海洋物理现象、突发性灾害、污染源监测等)提供服务。

中等周期时间分辨率的卫星重访周期以 d 为单位，典型卫星有高分一号、高分二号、Landsat 卫星、SPOT 卫星、WorldView 卫星等。其中，WorldView-3 卫星具有指向可调的功能，可以以 4.5 d 的重访周期提供 0.59 m 的数据，以及以 1 d 的重访周期提供 1 m的数据。这种指向可调类型的卫星还有 SPOT-4、SPOT-5、GeoEye-1、Imagesat 等。该类型卫星可以为植被季相节律、作物估产、旱涝灾害监测等领域提供服务。

长周期时间分辨率指具有较长时间间隔的各类遥感信息，以年为单位。该类型数据可服务于湖泊消长、河道迁徙、海岸进退、城市扩展等研究领域。

5.1.2　合成孔径雷达影像

合成孔径雷达指利用一个小天线沿着长线阵的轨迹等速移动并辐射微波信号，对在不同位置接收的回波进行相干处理，从而获得有较高分辨率的成像雷达。微波雷达遥感的基本原理和更多影像特性见第 8 章。

(1) 空间特性。

合成孔径雷达的空间特性主要由空间分辨率表征。合成孔径雷达的空间分辨率一般表示为距离向分辨率与方位向分辨率之积，又称为面分辨率。

距离向分辨率又称为射向分辨率、横向分辨率或侧向分辨率，是指沿距离向可分辨的两点的最小距离。如图 5.4 所示，给定脉冲宽度(τ)、光速(C)和雷达天线俯角(α)，距离向分辨率(R_r)定义为：

$$R_r = \frac{\tau C}{2\cos\alpha} \tag{5.2}$$

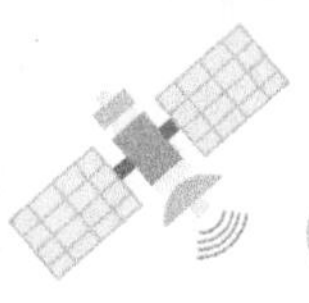

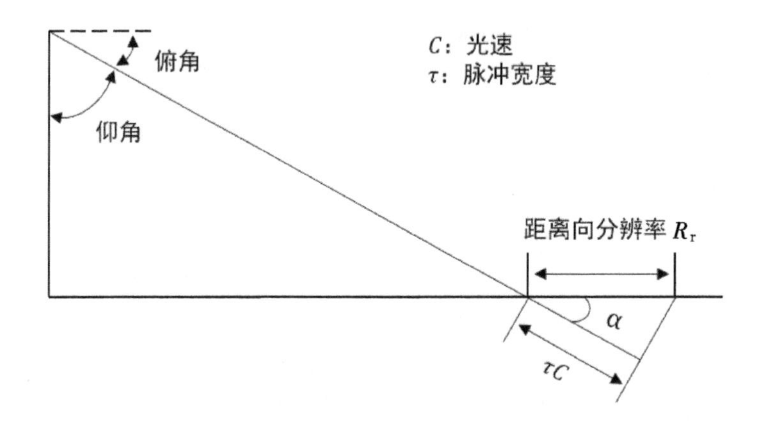

图 5.4　合成孔径雷达距离向分辨率

合成孔径雷达距离向分辨率受脉冲宽度和雷达天线俯角的影响。其中，脉冲宽度越小，距离向分辨率越高；脉冲宽度越大，距离向分辨率越低。对于俯角来说，俯角越大，距离向分辨率越低；俯角越小，距离向分辨率越高。与光学影像相反，在雷达影像中，离星下点越近，距离向分辨率越低；离星下点越远，距离向分辨率越高。同时，考虑俯角为 90°即星下点时，距离向分辨率不存在，因此合成孔径雷达一般是侧视雷达。

方位向分辨率又称为航向分辨率、纵向分辨率或几何分辨率，是指沿着一条航向线(方位线)可以分辨的两点间的最小距离。对合成孔径雷达而言，给定天线孔径(D)，其方位向分辨率(R_a)定义为：

$$R_a = \frac{D}{2} \tag{5.3}$$

对合成孔径雷达而言，方位向分辨率与距离、波长、平台飞行高度无关，孔径越小，方位向分辨率越高。

在雷达影像上，还存在斜距影像比例失真、透视收缩、叠掩、阴影等几何失真，如图 5.5 所示。①比例失真：斜距影像上目标点的相对距离与目标间的实际距离并不保持恒定的比例关系，影像产生了不均匀畸变。②透视收缩：影像上出现地面斜坡被明显缩短的现象，并导致比例失真。③叠掩：顶部比底部先成像，在影像上产生了顶底倒置的效果。④阴影：当雷达天线俯角小于背坡坡度时，发射微波脉冲无法到达背坡，产生了雷达阴影区。

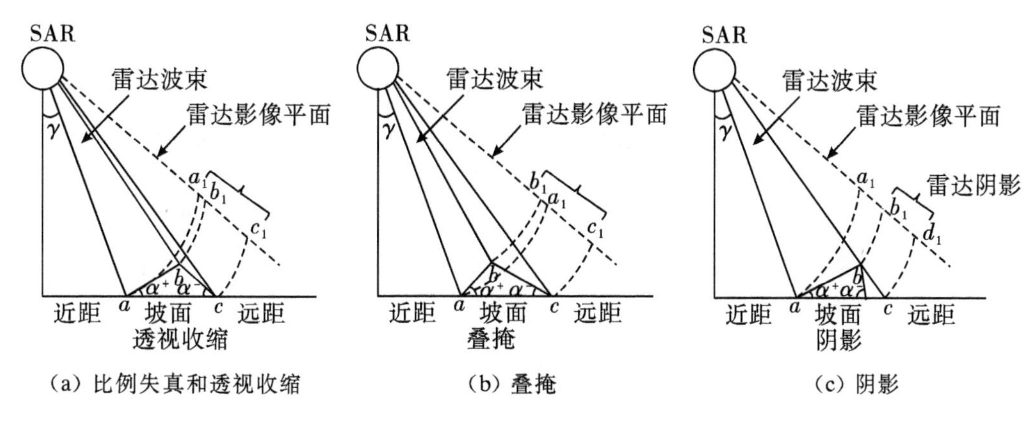

(a) 比例失真和透视收缩　(b) 叠掩　(c) 阴影

图 5.5　SAR 影像的几何失真

(2) 辐射特性。

合成孔径雷达的辐射特性主要有相干斑噪声。当微波信号发射到地表时，由于地表是复杂表面，故微波信号在返回时是许多散射点回波矢量的叠加，即发生了干涉。回波的相位与传感器到该点的距离有关，当传感器发生移动时，相位发生变化，合成幅度发生变化。因此，合成孔径雷达影像上存在随机、颗粒状的亮、暗斑点，称为相干斑噪声。可以使用多视处理、卷积滤波等方法去除相干斑噪声。

5.1.3　热红外遥感影像

热红外遥感影像指使用 3～15 μm，具体指 3～5 μm 和 8～14 μm 这 2 个波长范围的红外传感器(热探测器、热辐射计、热扫描仪)被动式探测地表发射的辐射能量形成的影像。热红外遥感在林火监测、城市热岛效应、地表温度反演等领域有广泛的应用。热红外遥感的基本原理和更多影像特性见第 7 章。

(1) 空间特性。

就空间分辨率而言，给定分辨率(R)、镜头数值孔径(d)和波长(λ)，根据瑞利判据有 $R=0.61\lambda/d$。由于热红外波长较长，故其空间分辨率一般较低。同时，由于热扩散现象，热红外影像的边界不清晰。在几何畸变上，与扫描影像的几何畸变规则一致。

(2) 光谱特性。

波长为 3～5 μm 的影像一般称作中红外影像。根据黑体辐射定律，在 3～5 μm，太阳和地球的能量均偏弱且数量级相当，影像呈现深色调。中红外波段对温度异常比较敏感，可以进行火灾、火山等高温目标的识别。对于森林火灾，中红外可以清晰地显示火点，甚至对小的隐火也有很强的识别能力。

波长为 8～14 μm 的影像一般称作热红外影像(热影像)。在热红外波段，地球是主要辐射源，太阳辐射能量可以忽略。因为地球是主要辐射源，热红外遥感可以全天时工作。此外，可以认为热影像是记录地物辐射温度变化分布的影像。热影像一般常用黑白色调的变化来描述地面景物的热反差，影像色调深浅与温度分布对应，颜色越浅辐射越强，表示温度越高；也可用假彩色显示，暖色调表示高温，冷色调表示低温。

(3) 时间特性。

热红外影像的获取时间很重要，对于不同的应用研究目的，最佳成像时间段不同。以热制图为例，在热制图中需要进行物体热惯量的估算，因此，一般选择黎明前即一天中温度最低时的热红外影像和14时即一天中温度最高时的热红外影像，获取日温差最大值，进行热惯量估算。而对于地质学家而言，更多采用黎明前的热红外影像进行信息识别，这是因为在晚间，热红外影像阴影和坡向效应最小，有利于地层、构造的识别。因此，要根据应用研究目的选取合适时间段的热红外影像。

5.1.4 高光谱遥感影像

高光谱遥感又称为成像光谱技术，主要指在电磁波谱的可见光和反射红外波段(即0.38～3 μm的波段)范围内，获取大量带宽窄而中心波长连续的影像的遥感成像技术。高光谱遥感在20世纪80年代被提出。美国国家航空航天局喷气推进实验室(NASA/JPL)在1983年制造了第一台机载成像光谱仪AIS，该技术当时主要服务于地质学家进行岩矿制图；在1987年制造了AVIRIS机载传感器，其至今仍是科学界高质量高光谱数据的主要来源。最早的星载成像光谱仪是1999年的MODIS传感器，是Terra(EOS AM-1)和Aqua(EOS PM-1)卫星的核心设备，在地学领域发挥了重要作用，为预测全球变化、辅助环境保护政策制定提供了支持。虽然MODIS传感器拥有36个波段，但其波段宽度仍属于多光谱范畴，一般都将MODIS归类为多光谱传感器。如今，高光谱遥感已广泛应用于气候、环境、地质和农业等领域中。高光谱遥感的基本原理和更多影像特性详见第10章。

(1) 空间特性。

高光谱遥感的空间分辨率由瞬时视场角决定。一般而言，高光谱遥感分为机载和星载两类，前者平台运行高度低，空间分辨率通常较高；后者平台运行高度高，空间分辨率通常较低。以机载高光谱传感器中的SFSI为例，平台运行高度为2 km，影像分辨率可达0.8 m。星载高光谱传感器中，空间分辨率较高的是EO-1 Hyperion，其空间分辨率为30 m。

(2) 光谱特性。

首先，高光谱遥感具有极高的光谱分辨率。高光谱遥感影像的波段可达成百上千个，带宽为1～10 nm，具有精准识别地表物质反射辐射特性细微差异的能力。就机载平台而言，早期的AIS传感器带宽为9.3 nm，AVIRIS传感器带宽为9.6 nm。如今，Specium公司制造的AISA FENIX传感器可以提供3.5 nm带宽的影像，GER公司制造的EPS-H传感器甚至可以提供0.67 nm带宽的影像。NASA发射的EO-1 Hyperion可以提供10 nm带宽的影像，欧空局发射的MERIS传感器可以提供2.5～30 nm带宽的影像，CRSI Proba传感器甚至可以提供1.25 nm带宽的星载高光谱遥感影像。较高的光谱分辨率在地物识别中能够起到重要的作用。以高光谱矿物识别为例，白云母[$KAl_2(Si_3AlO_{10})(OH, F)_2$]在2205～2215 nm具有关于Al的诊断性吸收特征，斜绿泥石[$(Mg, Fe)_5Al(Si_3Al)O_{10}(OH)_8$]由于 AlFe-OH、AlMg-OH 和 Mg-OH 的存在于 2255 nm 附近及 2315～2345 nm 具有诊断性吸收特征(Govil et al.，2018)。由此可见，部分地物诊断性特征波段范围较窄，70～400 nm带宽的多光谱影像无法识别这些特征，高光谱影像却可以实现准确识别。

其次，高光谱遥感光谱波段多，在某一光谱范围内能够实现连续成像。以 AVIRIS 传感器为例，在 0.4～2.5 μm 工作范围内具有 224 个光谱波段，可以连续测量地物相邻的光谱信号。这些光谱信号组成的地物光谱反射曲线，真实记录了入射光被物体反射回来的能量百分比随波长的变化。利用地物间反射曲线光谱的特性和形态差异，可以实现地物的精细探测、识别和参数反演。

(3) 辐射特性。

高光谱遥感的辐射分辨率主要由信噪比(*SNR* 或 *S*/*N*)进行表征，定义为信号与噪声强度的比值，单位是 dB。当空间分辨率与光谱分辨率确定后，信噪比是高光谱遥感系统的主要技术指标。信噪比高低直接影响高光谱遥感对地物的识别能力。以探测植被在 0.7 μm 附近的“红边蓝移”现象为例，信噪比须至少高于 100 dB。

5.2 遥感影像预处理

5.2.1 影像几何配准

当光学卫星遥感影像在几何位置上发生了变化，如行列不均匀、像元大小与地面大小对应不准确、地物形状不规则变化等，即表明此时遥感影像发生了相对于地面真实形态的几何畸变(田上成等，2013)。实质上，遥感影像的几何畸变是影像平移、缩放、旋转、偏扭、弯曲以及其他变形综合作用的结果。遥感影像的几何畸变(或变形)主要由 5 个方面的影响造成(梅安新，2001)：①遥感平台位置和运动状态变化的影响。无论是卫星还是飞机，其运动过程中都会由于航高、航速、俯仰等产生飞行姿态的变化，从而引起影像变形。②地形起伏的影响。地形起伏会存在高差，导致局部像点的位移，从而使地面点的信号被同一位置上某高点的信号代替。如图 5.6 所示，实际像点 P 与像幅中心的距离相对于理想像点 P_0 与像幅中心的距离偏移了 Δr。③地球表面曲率的影响。地球是一个严格意义上的椭球体，地球表面是曲面，而曲面存在像点位置的移动以及像元对应于的地面宽度不等。④大气折射的影响。由于大气分布的密度从下往上愈来愈小，折射率不断改变，因此折射后的辐射传播不再是一条直线而是曲线，从而引发了传感器接收的像点发生位移。⑤地球自转的影响。卫星前进过程中，传感器对地面扫描获得影像时，地球自转的影响

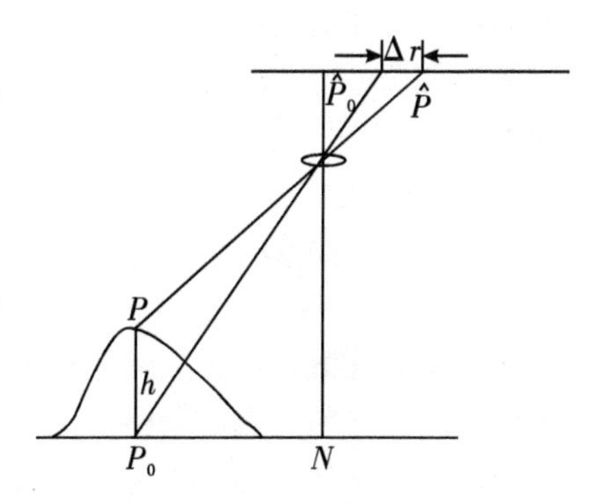

图 5.6 高差导致的像点位移
(梅安新，2001)

较大，会导致影像偏离。

遥感影像几何畸变的校正方法有许多种，但是基于数字影像处理的精校正方法是遥感影像几何畸变常用的校正方法，因为它的适用范围较为广泛，无须考虑高程信息，以及传感器的位置和姿态参数等(童庆禧等，2006)。其基本思想为，将像元点间所对应的地面距离不相等的遥感影像经过投影关系变换，投影至等间距的网格点所组成的遥感影像，最终确定校正影像的行列数值以及每一个像元的亮度值(见图 5.7)。具体来说，首先建立变换前影像坐标与变换后影像坐标的关系，然后采用内插法计算每一个像素点新位置的亮度值，其计算方法通常采用最近邻法、双向线性内插法和三次卷积内插法。

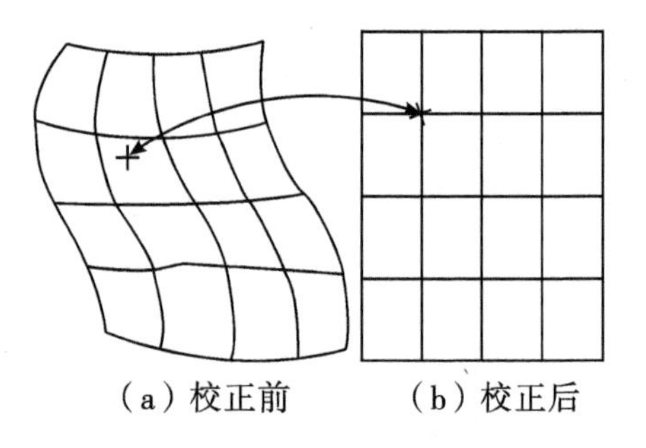

图 5.7 几何校正(梅安新，2001)

此外，在遥感影像的几何畸变校正中，为了更准确地得到校正后的遥感影像效果，遥感影像校正前后的控制点数的选取是至关重要的，控制点对应遥感影像变换前后的坐标(梅安新，2001)。控制点的选取包括数目确定和选取原则，首先控制点的数目下限是根据多项式的未知系数有多少来确定的，但实际工作表明，选取控制点的最小数目对遥感影像进行校正，效果往往不理想。原因在于影像边缘处或者地面特征变化大的地区，没有控制点，仅靠计算推出对应点，会使影像变形。因此，在实际过程中，控制点数的选取都要大于最低数。其次，控制点的选择要以配准对象为依据，以地面坐标为匹配标准的，称为地面控制点(ground control point，GCP)。此外，地图或遥感影像作为控制点标准也是可行的，但无论采用哪一种坐标系，关键在于建立待匹配的 2 种坐标系的对应点关系。

5.2.2 影像辐射定标

根据遥感数据精确估计地表生物的物理变量主要取决于遥感影像的质量，尤其是影像辐射定标的精度(梁顺林等，2013)。辐射定标是将传感器记录的电压或数字值转换成绝对辐射亮度的过程。辐射定标可以分为绝对定标或相对定标。绝对定标是指传感器的数字值与一个比值的乘积，这个比值是通过入瞳处精确已知的均一辐射亮度场确定的；相对定标则是将一个波段内所有探测器的输出归一化为一个给定的输出值。

卫星遥感辐射定标系统由发射前辐射定标、机(星)上定标以及外场定标这 3 个关键部分组成。传感器被送入太空之前，必须对其辐射特性进行精确测量，这就是通常所说的发射前定标。在太空中，定标的结果会随着传感器周围的太空环境变化而改变，如真空环境、太空能量粒子的轰击、透光片透射系数和光谱响应的变化以及传感器电子系统的缓慢老化。在轨绝对定标通常为热红外通道提供常规的定标方法，以获取准确的温度信息，但是由于卫星供电、重量和空间的限制，大多数运行的卫星上用来成像的太阳光谱通道并不具备星上定标的能力，即使一些在轨卫星有简单的星上定标系统，它们的灵敏度也会随着时间而改变。发射后定标系数需要通过外场定标方法来获取，外场定标方法通常是指利用地表天然或人工场地进行传感器发射后定标的方法(曾湧等，2012)。发射后辐射定标的典型方法主要有 2 种：一种方法是利用飞机搭载已定标的辐射计，在相同光照和观测方向条件下测量卫星观测到的目标的光谱辐射亮度，这种方法需要对空间和光谱均一的地面目标进行同步辐射测量，通常称为辐射亮度定标方法；另一种方法是利用已知的大气和地面目标的物理特性，将观测到的辐射亮度与辐射传输计算的结果进行比较。

5.2.3 影像大气校正

当获取某一地区的遥感影像时，进入传感器的辐射强度最终以灰度值(亮度值)的形式呈现在遥感影像中，且辐射强度越大，灰度值越大。灰度值受 2 个物理量的影响：一是太阳辐射照射到地面的辐射强度，二是地物的光谱反射率。若太阳辐射强度相同，则遥感影像上像元灰度值的差异直接反映出地物目标光谱反射率的差异。然而，实际测量时，太阳辐射强度值会因受到自然与非自然因素的影响而发生改变。辐射畸变的产生主要有 2 个原因：一是传感器仪器本身产生的误差，二是大气对辐射的影响。仪器产生的误差是由于多个检测器之间存在差异以及仪器系统工作中产生的误差(孔卓等，2022)。仪器误差导致遥感影像不均匀，会存在条纹和噪声。但是由仪器误差导致的遥感影像畸变，一般是由生产单位根据传感器参数进行校正，而用户需要考虑的是由大气影响造成的遥感影像畸变。

进入大气的太阳辐射会发生反射、折射、吸收、散射及透射，其中，吸收和散射对传感器的接收有着较大的影响。当大气不存在时，传感器接收的辐射照度只与太阳辐射到地面的辐射照度和地物反射率有关。当大气存在时，太阳辐射经过大气的吸收和散射，透过率小于 1，从而减弱了原信号的强度，同时大气的散射光也有一部分直接或经过地物反射进入传感器，这两部分辐射又增强了信号，但却不是真正有用的信号(黄祎琳，2013)。因此，去除上述的大气影响，恢复遥感影像中地面目标的真实地物反射率的过程即为大气校正。一般来说，直方图最小值去除法和回归法是粗略大气校正较为常用的 2 种方法。最小值去除法的基本思想在于一幅影像中总是可以找到某种或某几种地物，其辐射亮度或反射率接近零，此时影像中对应位置的像元亮度也应为零，因此将每一波段中每个像元的亮度值均减去本波段的最小值，从而使影像亮度动态范围得到改善，对比度增强，提高了影像质量。回归法是分别以 2 个相邻波段对应位置的像元亮度值为坐标，做二维光谱空间散点图，通过回归分析拟合出 1 条直线，并得到其斜率和纵截距，该纵截距可被当作传感器接收的来自大气散射部分的电磁波辐射，又称为路径辐射或程辐射。用 Y 轴波段中的像元亮度值减去该程辐射度，可改善影像质量。

5.2.4 影像增强

影像增强的目的是对目视效果较差或者有用信息不够突出的影像，采用计算机影像

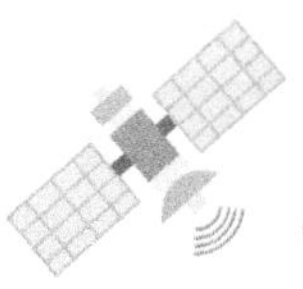

处理技术对其进行改善(卫亚星、王莉雯，2006)。常用的数字影像处理方法主要有对比度扩展、空间滤波、影像运算以及多光谱变换，下面分别进行介绍。

对比度扩展是一种通过改变影像像元的亮度值来改变影像像元的对比度，从而改善影像质量的处理方法，常用的方法有对比度线性变换和非线性变换。顾名思义，对比度线性变换是指变换过程中的变换函数是线性或者分段线性的；对比度非线性变换的变换函数是非线性的，常用的有指数函数和对数函数。

空间滤波以重点突出影像上的某些特征为目的，如突出边缘或纹理特征等，其大致做法是通过像元与其周围相邻像元的关系，进行几何增强，主要包括平滑和锐化。当影像中存在某些亮度变化过大的区域，或者存在不该有的亮点时，平滑方法可以平缓区域亮度或去除不必要的亮点，常用的平滑方法有均值平滑和中值滤波。锐化是为了突出影像的边缘、线状目标或某些亮度变化率大的部分，锐化后的影像已不再具有原遥感影像的特征而成为边缘影像，常用的锐化方法有罗伯特梯度、索伯尔梯度、拉普拉斯算法及定向检测。

2 幅或多幅单波段影像完成空间配准之后，通过一系列影像运算可以达到影像增强的效果，从而提取到某些信息或者去掉某些不必要的信息。常用的影像运算方法有差值运算和比值运算。差值运算方法中，一种是将 2 幅具有同样行数和列数的遥感影像进行逐像素的亮度值相减，其目的在于促进目标与背景反差较小的信息提取；另外一种是将 2 幅影像的行和列各移动 1 行，再与原影像相减，起到突出边缘与几何增强的作用。比值运算是将 2 幅同样行数和列数的影像进行逐像素的亮度值相除，对于不同波段的影像而言，比值运算的作用是检测波段的斜率信息并加以扩展，以突出不同波段间地物光谱的差异，提高对比度。比值运算常用于突出遥感影像中的植被特征、提取植被类别或估算生物量。此外，比值运算对于去除地形影响非常有效，使向阳处与背阴处都毫无例外地只与地物反射率的比值有关。

多光谱、高光谱影像具有波段多和信息量大的优势，对影像解译有极大的价值。但是，在影像处理计算时，较大的数据量通常需要耗费大量的计算时间、占据大量的计算机内存。事实上，多光谱尤其是高光谱遥感影像的波段之间存在不同程度的相关性，导致数据冗余。因此，采用光谱变换方法可以有效地保留主要信息、降低数据量，以及增强或提取有用的信息。光谱变换方法的本质是对遥感影像进行线性变换，使光谱空间的坐标系按一定规律进行旋转。所谓光谱空间就是一个 n 维坐标系，每一个坐标轴代表一个波段，坐标值为亮度值，坐标系内的每一个点代表一个像元。常用的多光谱变换方法有 K-L 变换(Karhunen-Loeve transform)和 K-T 变换(Kauth-Thomas transformation，又称为缨帽变换)。

5.2.5 影像拼接与融合

影像拼接是针对 2 幅或者多幅遥感影像具有重叠的区域，采用一定的方法进行特征匹配，从而获得更宽视野或者更高分辨率影像的处理技术。拼接过程中，为了获得更加自然的拼接影像效果，影像拼接需要考虑透视失真问题以及伪影问题(罗运等，2021)。

影像拼接包括影像预处理、影像配准和影像融合这3个主要步骤。

影像预处理的目的是提高配准精度、降低配准难度，包括调整灰度差异、去噪、几何修正以及将2幅影像投影到同一坐标系等基本操作。

影像配准是指在不同时段对同一场景不同视角使用相同或不同的传感器拍摄的有重叠区域的影像进行几何校准的过程。遥感影像配准是遥感影像处理的重要研究内容，也是影像融合、目标变化检测和识别、拼接和镶嵌等过程中必不可少的步骤(余先川等，2013)。它主要包括预处理、特征提取、特征匹配、变换模型求解和影像重采样等5个处理步骤。影像配准的方法主要有基于区域的配准、基于特征的配准、基于混合模型的配准和基于物理模型的配准。基于区域的配准又称为模板匹配法，该方法一般不需要对影像进行复杂的预处理。基于特征的配准是目前使用最多的遥感影像配准方法，该方法计算量小，且对影像灰度变化及遮挡等有较好的不变性。基于混合模型的配准结合了基于区域的配准和基于特征的配准两类方法的优点，既具有前者配准精度高的优点，又具有后者计算速度快的优点，且对影像灰度变化、旋转和缩放等具有不变性。基于物理模型的配准与上述方法不同，它不是将影像视为离散点的组合，而是将影像理解为一个整体的物理模型，主要是模拟物理形变的过程。

对于影像融合而言，根据融合过程中算法的空间域范围，影像融合可以分为2类，分别为空间域和变换域(史敏红，2019)。空间域影像融合是一种影像融合算法，可对影像像素执行简单快速的操作。变换域融合是指先通过源影像的多尺度分解来进行变换域的融合，再通过分解获得的系数来得到融合系数，最后进行算法重构。

根据融合对象又可分为3类，基于像素级的融合、基于特征级的融合以及基于决策级的融合，这3个层次由低到高。目前，影像融合方法主要集中在像素级和特征级的融合，对于决策级的融合研究较少。像素级影像融合是指直接对影像的像素进行操作得到融合影像的过程，该类方法的优点在于对原始影像中所包含的信息保留较多。特征级影像融合是指首先从源影像中提取影像的特征信息，如影像轮廓、纹理等信息，然后对所提取的特征信息进行处理的过程。与基于像素级的影像融合相比，特征级的影像融合的优点在于处理速度快、计算量小，但信息丢失较多。决策级融合是指首先模拟人的判断与分析，对影像进行初步判定，然后对判定的结果进行相关处理，最后进行影像融合的过程。其主要方法有贝叶斯推理、D-S证据推理、表决法、聚类分析、模糊推理、神经网络等。决策级影像融合的优点是可用性和可测性好，但成本较高。与像素级和特征级影像融合相比，决策级影像融合的信息丢失最多。

5.3 遥感影像解译与分类处理

5.3.1 影像解译

影像解译是指从影像中获取认知信息的基本过程，即从遥感影像上识别目标，运用解译标志和实践经验与知识，通过影像所提供的各种识别目标的特征信息，进行分析、推理与判断，定性、定量地提取出目标，并把它们表示在地理底图上的过程(Lillesand et al.，2015)。例如，土地覆盖现状解译，是在影像上先识别土地覆盖类型，然后再对分类图进行测算以获得各类土地覆盖的面积。

遥感影像所提供的信息是通过影像的色调、结构等形式间接体现的，因此，遥感影像解译需要用到一些背景知识和解译标志(张安定，2016)。结合遥感影像的解译标志，解译者能直接在影像上识别地物的性质、类型和状况；或者通过已识别出的地物或现象，进行相互关系的推理分析，从而进一步识别出其他不易在遥感影像上直接解译的目标。这些解译标志也称为判读要素，即影像上能直接反映和判别地物信息的影像特征，其中，遥感解译最重要的 9 个要素为形状、大小、阴影、色调、颜色、纹理、图案、位置和布局。

(1) 形状：目标物在影像上的成像方式。地物的形状特性通常受影像的空间分辨率、比例尺、投影性质等影响，不同目标物在影像中呈现不同的形状，可以用于识别区分地物。例如，工厂、飞机场、港口设施等可以通过形状信息进行判别。

(2) 大小：目标物在影像上的尺寸。部分地物之间由于具有相似的形状而难以进行准确判别，如单轨与双轨铁路。此时，可以根据地物的大小标志加以区别。地物在影像上的大小取决于比例尺，根据比例尺可以测算和比较不同目标物的大小。

(3) 阴影：目标物在影像上因阻挡阳光直射而出现的影子。一方面，阴影可以反映地物的高度及结构，从而辅助具有立体特性的地物判读，如铁塔、桥和高层建筑物等；另一方面，阴影的存在也可能会使目标丢失，给判读带来困难。阴影的长度、形状受到太阳高度角、地形起伏、目标所处的地理位置等多种因素的影响。

(4) 色调：目标物在影像上黑白深浅的程度。色调是地物电磁辐射能量大小或地物波谱特征的综合反映，用灰阶(灰度)表示。同一地物在不同波段的影像上会有很大差别；同一波段的影像上，由于成像时间和季节的差异，即使同一地区同一地物的色调也会不同。例如，由于不同岩石的反射和发射谱波不同，因此在同一波段的影像上，不同岩石的影像会产生不同的色调和密度，据此可以鉴定岩石的种类。

(5) 颜色：目标物在彩色影像上的色别和色阶。颜色也是地物电磁辐射能量大小的综合反映。用彩色摄影方法可获得真彩色影像，其地物颜色与天然彩色一致；而用光学合成方法获得的假彩色影像，可以根据需要突出某些地物，以便于识别特定目标。

(6) 纹理：目标物表面在影像上的质感，其与色调配合所呈现出的平滑或粗糙的粗细程度。部分特殊地物具有特有的纹理结构，可作为影像解译的线索。例如，草场及牧场的纹理相对平滑，成片的树林纹理则相对粗糙。

(7) 图案：目标物在影像上有规律的排列和组合形式。部分地物具有独特的图形结构，以这种图案为线索可以容易地判别出目标物，如层叠的梯田、狭长的道路、弯曲的水系等。

(8) 位置：目标物在影像上所处的环境。不同地物有特定发生或存在的环境，因此可以作为判断地物类型的重要标志。例如，专门生长在沼泽地、沙地和戈壁上的某些植物，存在于高纬度的极地冰川，等等。

(9) 布局：多个目标物在影像上的空间相关关系。地面上的地物与地物之间存在着一定的依赖关系，通过对地物之间相互依存关系的分析，可以从已知地物证实另一种地物的存在及其属性和规模，从而实现地物解译。例如，根据学校和操场、灰窑和采石场的依存关系，可以帮助进行学校和灰窑的判读。

5.3.2 影像非监督分类

影像非监督分类指在没有先验类别作为样本的条件下，即事先不知道类别特征的情况下，仅依靠影像上不同类型地物的光谱信息(或纹理信息等)进行特征提取，再采用聚类分析方法，将所有像素划分为若干个类别的过程，这一过程也称为聚类分析(赵英时，2013)。非监督分类以集群为理论基础，在多光谱影像中搜寻、定义其自然相似光谱集群，并进行集聚统计和分类。因此，非监督分类的结果只能区分不同地物类别，并不能确定类别的属性，必须通过分类后目视判读或实地调查来确定类别。

如图 5. 8 所示，遥感影像的非监督分类流程一般包括以下 6 个步骤。

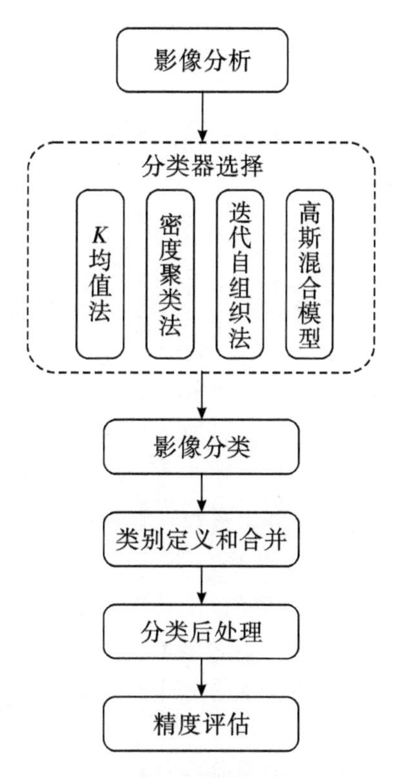

图 5. 8 非监督分类的基本流程

1. 影像分析

在非监督分类前，需要提前对待分类影像进行影像分析，从而大体上判断主要地物的类别数量。

2. **分类器选择**

根据分类的复杂度、精度需求等选择分类器。常见的聚类算法有 *K* 均值、迭代自组织(ISODATA)等方法。*K* 均值是一种常见的聚类算法，其使用聚类分析方法，随机选择 *K* 个点作为初始质心，将数据集中每个点分配到一个簇中，具体为每个点找距其最近的质心，并将其分配给该质心对应的簇，然后迭代地重新配置它们，完成分类过程。迭代自组织是一种重复自组织数据分析技术，其计算数据空间中均匀分布的类均值，然后用最小距离技术将剩余像元进行迭代聚合，每次迭代都重新计算均值，且根据所得的新均值，对像元再进行分类。

3. **影像分类**

根据选定的分类器，设定必要参数，对影像执行非监督分类。

4. **类别定义和合并**

非监督分类得到的影像分类结果并不包含类别的属性。因此，分类后需要通过目视判读和实地调查，对所得的聚类结果进行类别定义和合并，以确定类别。

5. **分类后处理**

对分类结果进行处理，以减小噪声，进一步提高结果精度，改善目视效果，详见第 5.3.4 节。

6. **精度评估**

对分类结果进行评价，确定分类的精度和可靠性，详见第 5.3.5 节。

5.3.3 影像监督分类

影像监督分类指在分类前人们已对遥感影像样本区中的类别属性有了先验知识，可以将这些样本类别的特征作为依据建立和训练分类器，进而完成整幅影像的类型划分，将每个像元归并到相对应的一个类别中。换句话说，监督分类就是根据地表覆盖分类体系、方案进行遥感影像的对比分析，并据此建立影像分类判别规则，最后完成整景影像的分类。

如图 5.9 所示，遥感影像的监督分类流程一般包括以下 6 个步骤。

1. **类别定义/特征判别**

根据分类目的、影像数据自身的特征以及研究区收集的信息确定分类系统；对影像进行特征判断，评价影像质量，以决定是否需要进行影像增强等预处理。这个过程主要是一个人工目视查看的过程，为后面样本的选择打下基础。

2. **样本选择**

为建立分类函数，需要对每一类别选取一定数目的样本，在专业遥感/图像处理系统 ENVI 中是通过感兴趣区(ROIs)来确定的，也可以将矢量文件转化为 ROIs 文件来获得，或者利用终端像元收集器(endmember collection)获得。

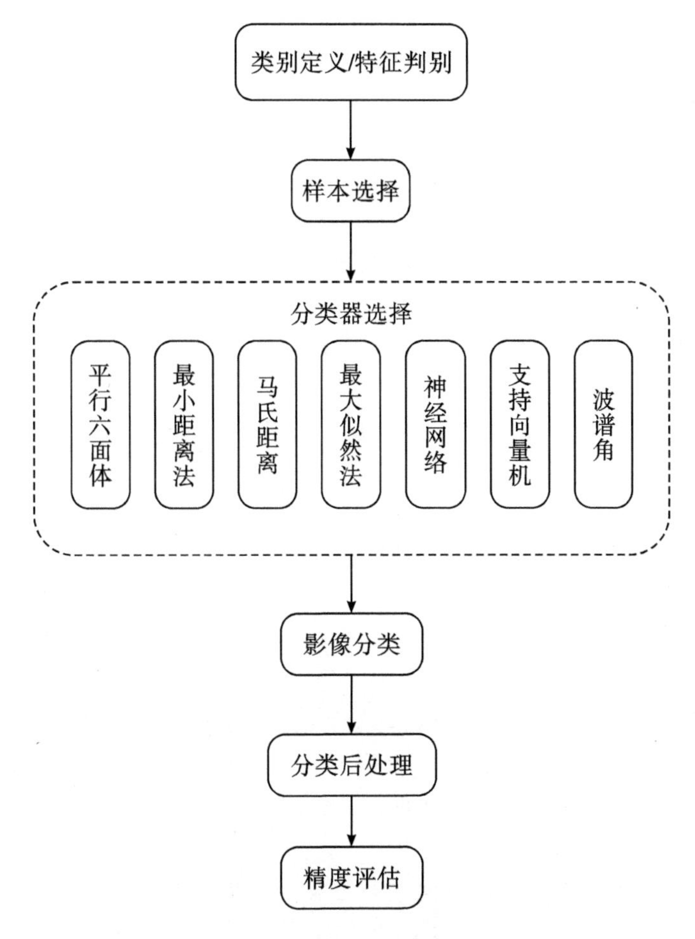

图 5.9 监督分类的基本流程

3. 分类器选择

可以根据分类的复杂度、精度需求等确定用哪一种分类器。常见的监督分类器有以下 7 种。

(1) 平行六面体(parallelepiped)。根据训练样本的亮度值形成一个 n 维的平行六面体数据空间，其他像元的光谱值如果落在平行六面体任何一个训练样本所对应的区域，就被划分到其对应的类别中。平行六面体的尺度是由标准差阈值所确定的，而该标准差阈值则是根据所选类的均值求出的。

(2) 最小距离(minimum distance)。利用训练样本数据计算出每一类的均值向量和标准差向量，然后将均值向量作为该类在特征空间中的中心位置，计算输入影像中每个像元到各类中心的距离，到哪一类中心的距离最小，该像元就归入哪一类。

(3) 马氏距离(Mahalanobis distance)。计算输入影像到各训练样本的马氏距离(一种有效地计算两个未知样本集的相似度的方法)，最终统计马氏距离最小的，即为此类别。

(4) 最大似然(maximum likelihood)。假设每一个波段的每一类统计都呈正态分布，计算给定像元属于某一训练样本的似然度，像元最终被归并到似然度最大的一类当中。

(5) 神经网络(neural network)。用计算机模拟人脑的结构，用许多小的处理单元模拟生物的神经元，用算法模拟人脑的识别、记忆、思考过程，并应用于影像分类。

(6) 支持向量机(support vector machine)。支持向量机是一种建立在统计学习理论基础上的机器学习方法。它可以自动寻找那些对分类有较大区分能力的支持向量，并由此构造出分类器，将类与类之间的间隔最大化。

(7) 波谱角(spectral angle mapper)。在 n 维空间中将像元与参照波谱进行匹配，先计算波谱间的相似度，再对波谱之间的相似度进行角度对比，角度越小代表相似度越高。

4. 影像分类

根据选定的分类器，设定模型参数，结合标注样本，对影像执行监督分类。

5. 分类后处理

对分类结果进行处理，以减小噪声，进一步提高结果精度，改善目视效果，详见第 5.3.4 节。

6. 精度评估

对分类结果进行评价，确定分类的精度和可靠性，详见第 5.3.5 节。

5.3.4 分类后处理

非监督分类和监督分类等分类方法得到的一般是初步结果，难以达到最终的应用目的。因此，需要对初步的分类结果进行改善，以得到满足需求的分类结果，即分类后处理。常用的分类后处理方法有小斑块处理、分类统计、分类叠加、栅格矢量化。

1. 小斑块处理

应用非监督分类和监督分类对像素进行分类，结果中不可避免地会产生一些面积很小的图斑，即噪声斑块。在分类后处理中，需要使用特定方法对这些小图斑进行剔除或重新分类。常用的方法有主/次要分析(majority/minority analysis)、聚类处理(clump)和过滤处理(sieve)。

(1) 主/次要分析。采用类似于卷积滤波的方法将较大类别中的虚假像元归到该类中，需定义一个变换核尺寸。主要分析用变换核中占主要地位(像元数最多)的像元类别代替中心像元的类别；次要分析用变换核中占次要地位的像元的类别代替中心像元的类别。

(2) 聚类处理。运用数学形态学算子(腐蚀和膨胀)，将临近的类似分类区域聚类并进行合并。因分类区域中斑点或洞的存在，分类影像经常缺少空间连续性。低通滤波虽然可以用来平滑这些影像，但是类别信息常常会被临近类别的编码干扰，聚类处理恰好解决了这个问题。首先将被选的分类用一个膨胀操作合并到一块，然后用变换核对分类影像进行腐蚀操作。

(3) 过滤处理。过滤处理可以解决分类影像中出现的孤岛问题。过滤处理使用斑点分组方法来消除这些被隔离的分类像元。类别筛选方法通过分析周围的 4 个或 8 个像元，判定 1 个像元是否与周围的像元同组。如果一类中被分析的像元数少于输入的阈值，这些像元就会被从该类中删除，删除的像元归为未分类的像元。

2. **分类统计**

分类统计可以基于分类结果计算源分类影像的统计信息。基本统计包括类别中的像元数、最小值、最大值、平均值以及类中每个波段的标准差等。可以绘制每一类对应源分类影像像元值的最小值、最大值、平均值以及标准差，可以记录每类的直方图，以及计算协方差矩阵、相关矩阵、特征值和特征向量，并显示所有分类的总结记录。

3. **分类叠加**

分类叠加可以将分类结果的各种类别叠加在一幅 RGB 彩色合成图或者灰度影像上，从而生成一幅 RGB 影像。

4. **栅格矢量化**

为了对栅格形式的分类结果进行空间分析、多边形叠置或入库存档等操作，往往需要将栅格数据转换为矢量要素，这一过程就称为矢量化。

5.3.5 精度评估

混淆矩阵也称为误差矩阵，是表示精度评估的一种标准格式，用 m 行 n 列的矩阵形式来表示。其中，矩阵的每一行代表预测类别，每一行的总数表示预测为该类别的数据的数目；每一列代表真实归属类别，每一列的数据总数表示该类别的数据实例的数目。

表 5.1 给出了二分类混淆矩阵的示意，其中，TP、FP、FN、TN 分别代表预测结果中的真阳性(true positive，预测为正，实际也为正)、假阳性(false positive，预测为正，实际为负)、假阴性(false negative，预测为负，实际为正)、真阴性(true negative，预测为负，实际也为负)。利用混淆矩阵中的因子，可以计算不同指标来对分类结果进行精度评价。其中，最常用的有以下 4 种。

表 5.1 混淆矩阵示意

类别		真实值	
		positive	negative
预测值	positive	TP	FP
	negative	FN	TN

(1) 查准率(precision)。查准率是分类正确的正样本个数占分类器分成的所有正样本个数的比例。

$$Pre = \frac{TP}{TP + FP} \tag{5.4}$$

(2)查全率(recall)。查全率是分类正确的正样本个数占实际正样本个数的比例。

$$Rec = \frac{TP}{TP + FN} \tag{5.5}$$

(3)F_1 分值。F_1 分值是查准率和查全率的调和平均数，旨在同时考虑两者的影响。

$$F_1 = \frac{2TP}{2TP + FN + FP} \tag{5.6}$$

(4) 总体分类精度(overall accuracy)。被正确分类的像元总和除以总像元数，得到总体分类精度。被正确分类的像元数目沿着混淆矩阵的对角线分布，总像元数等于所有真实参考源的像元总数。

$$OA = \frac{TP + TN}{TP + TN + FP + FN} \tag{5.7}$$

5.4 遥感影像监督分类

5.4.1 遥感影像的特征组合与筛选

卫星遥感影像监督分类的基本流程如图 5.10 所示，包括样本采集、影像预处理、特征组合与筛选、分类器构建、模型学习与调优、精度评估与应用制图等步骤。遥感影像本身具备的多源性、多光谱与多时相的特征和遥感领域多年来积累的大量先验知识，共同提供了巨量的可输入分类器的遥感特征。因此，有必要通过合适的特征组合和筛选方法选出特定的特征组合，这样既可以减少信息冗余、提高分类器的精度，又可以节约时间和算力。

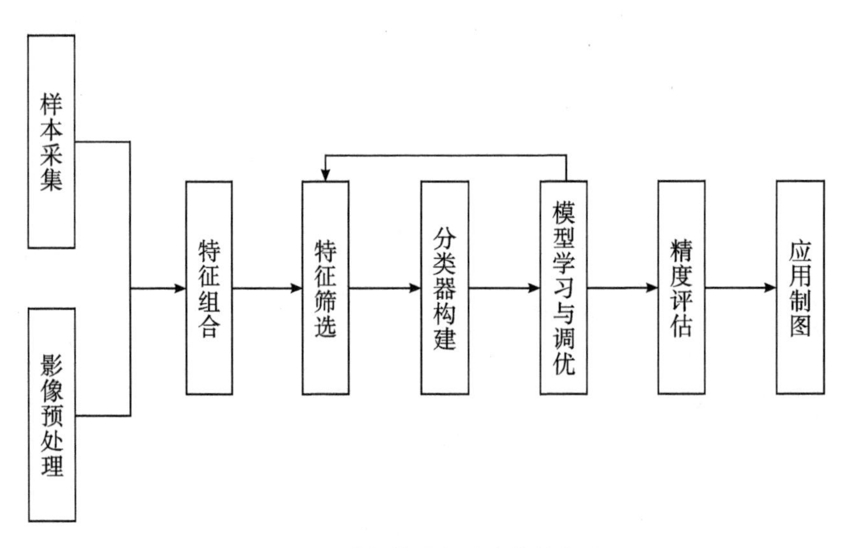

图 5.10 遥感影像监督分类的基本流程

1. 遥感影像特征组合

近年来，遥感卫星不断增加，不同传感器、不同时空分辨率的遥感影像随之海量增加，针对不同的传感器的特性，根据遥感领域的知识积累，均可以生成大量的特征供分类器学习并用于地物分类。例如，高光谱影像本身就具备巨量的光谱波段特征，非常有必要进行适当筛选后再使用。相较于高光谱数据的巨量波段，更加常用的多光谱影像本身的多波段特征较少，但可以根据不同波段间的组合生成特定指数，用以增强目标特征，如归一化植被指数(normalized difference vegetation index，NDVI)用来突出植被特征等数量众多的光谱指数特征。除了这些光谱特征，还有根据影像灰度表征性质构建的纹理特征、多时相影像组合出的表征地表信息随时间变化的时间序列特征。

全面、典型的特征组合还可以有效地提升分类器的性能与应用的能力。针对不同的分类任务，想要构建具有针对性的遥感影像特征组合，首先需要精准地把握目标地物的特性，包括可见的光谱特征与时序的物候特征等，再结合当地的干扰类别组合出合理的特征组合，往往需要兼顾光谱指数特征、纹理特征与时序特征等，并适当联合多源遥感影像与先验资料构建更完备的特征输入。

2. 遥感影像特征筛选

随着特征数的不断增加，对于监督分类来说，所需要的样本数量也不断增加。经验表明，样本数是样本维度的 6～10 倍时才能得到较好的分类效果，当样本数量达到维度数的 100 倍时才能得到最好的分类效果，这种现象被 Hughes 所证明(童庆禧等，2006)。因此，海量的特征需要一定的方法进行预筛选，以降低特征维数，进而构建出更优的分类器。

常用的特征筛选方法包括：基于信息量丰富判断的方法，如基于熵、联合熵的方法；基于特征之间相关性的方法，如最佳指数因子(optimal index factor，OIF)、波段指数(band index，BI)等方法(苏红军等，2008)；基于特征降维的方法，如主成分分析(principal component analysis，PCA)等；基于分类后特征重优化的方法，如随机森林的特征重要性筛选等。下面对这几种方法分别进行介绍。

(1) 基于熵的特征筛选。

这类方法计算各个特征本身的熵，度量波段的信息大小，可以剔除信息量较小的特征；还可以计算多个波段的联合熵，用于判断特征组合的信息量大小。但这类方法只从信息量入手，没有考虑特征之间的相关性，且计算量较大。

(2) 基于特征相关性的方法。

这类方法计算波段间的相关性，进而判断波段间的冗余信息量大小，筛选出最优的特征组合，如最佳指数因子 OIF：

$$OIF = \sum_{i=1}^{n} S_i \Big/ \sum_{j=1}^{n} \sum_{i=i+1}^{n} |R_{i,j}| \tag{5.8}$$

式中：S_i 表示第 i 个波段的标准差；$R_{i,j}$ 表示第 i 个和第 j 个波段的相关系数；n 表示目标特征组合的特征数量。通过遍历运算可知，OIF 值越大，说明这几个特征组合间的相关性越小，同时信息量越大。波段指数的方法是将特征划分为数个子空间，通过同时考量组内相关性与组外相关性确定特征的优劣。但这类方法通常需要迭代计算，计算量同样较大。

(3) 基于特征降维的方法。

主成分分析是这类方法的代表，其原理是通过计算特征间的协方差矩阵的特征值与特征向量，将高维特征映射到新的低维度的正交特征上，这些新的特征就是主成分。通

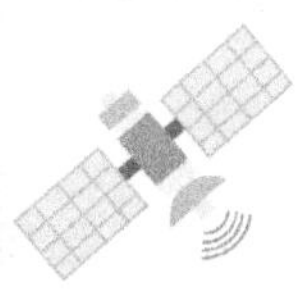

过主成分分析得到的新的特征中，第一个维度沿着原始特征的方差最大方向，后续特征也不断沿着上个维度的方差最大方向，这样获取的前面维度的特征之间的相关性就会非常小，信息量也最为丰富。通过主成分分析，可以使原本海量的波段特征降低维度、减少噪声和去除相关性，从而获得最优的特征输入。由于采用了矩阵运算，PCA 计算较快，但该方法对原始特征进行了变更，会面临难以解释的问题。

(4) 基于模型准确率的方法。

除了在将特征输入分类器之前进行特征筛选，还可以在分类器训练后根据分类的效果进行筛选，其中随机森林的特征重要性筛选是较为常用的方法。在训练随机森林模型时，可以迭代置换其中的某个输入特征，等得到置换前后的准确率的差值，再计算该差值的均值与方差，用于表征该特征对于分类结果的重要性。在模型训练好后，可以根据特征重要性的排序筛去不重要的特征，保留关键特征，从而构建出更好的分类器。

基于上述的特征组合与筛选的方法，可以得到合适的输入分类器中的遥感特征，这对于遥感分类的精度至关重要，同时节约了存储、计算与时间资源。分类器的选择与构建也是影响遥感分类精度的关键因素，下面将分别介绍遥感领域常用的监督学习分类器。

5.4.2 最大似然法

最大似然法是遥感分类中常用的简单分类器，它是基于贝叶斯决策论的一种参数估计方法，在样本量较小、分类目标较为简单的场景中可以取得鲁棒的效果(骆剑承等，2002)。监督学习的目标可以理解为通过有限的样本集估计目标类别 $Y=\{c_1, c_2, \cdots, c_n\}$ 的过程。从概率理论的贝叶斯框架来理解机器学习，监督学习需要估计出后验概率 $P(c|x)$，则贝叶斯最优分类器 $H(x)$ 为：

$$H(x)=\arg\max_{C\in Y} P(c|x) \tag{5.9}$$

$P(c|x)$ 作为分类器的目标，是无法在现实世界中直接获取的，因此需要一定的策略估计出后验概率 $P(c|x)$ 用于分类。这里主要有 2 类策略。一类是直接对 $P(c|x)$ 进行建模学习，从而获得分类的概率估计，这类方法称为判别式模型，下面的小节中介绍的支持向量机、随机森林与神经网络，都属于判别式模型，可基于不同的策略直接对 $P(c|x)$ 进行建模。另一类的思路是先估计出联合概率 $P(x,c)$，再根据条件概率进一步计算出后验概率，如式(5.10)所示。其中，$P(x)$ 与类标记无关，可以通过训练集信息直接计算获得。

$$P(c|x)=\frac{P(x,c)}{P(x)} \tag{5.10}$$

根据贝叶斯理论，$P(c|x)$ 可进一步转化为计算类别先验概率 $P(c)$ 与条件概率(似然概率) $P(x|c)$。根据大数定律，当样本集中的信息较为充足时，可以根据标注类别估计出类别先验概率 $P(c)$，但直接估计 $P(x|c)$ 的数量级巨大，难以直接计算，估计类别条件概率 $P(x|c)$ 就成为关键任务。

$$P(c|x)=\frac{P(c)P(x|c)}{P(x)} \tag{5.11}$$

极大似然估计(maximum likelihood estimation，MLE)，就是一类根据数据采样来估计概率分布参数的经典方法，可用于求解 $P(x|c)$的概率分布参数，进而获得分类器的参数。假设样本集中的样本是独立同分布的，那么：

$$P(M_c|\theta_c) = \prod_{x\in M_c} P(x|\theta_c) \tag{5.12}$$

其中：M_c 表示样本集 M 中第 c 类样本的集合；θ_c 为概率估计的参数。极大似然就是在 θ_c 所有可能的取值中寻找若干最优参数 $\hat{\theta}_c$，也就是使服从概率分布的数据出现的可能性极大的值。

通常采用对数似然的方式进行估计：

$$L(\theta_c) = \log P(M_c|\theta_c) = \sum_{x\in M_c} P(x|\theta_c) \tag{5.13}$$

$$\hat{\theta}_c = \arg\max_{\theta_c} L(\theta_c) \tag{5.14}$$

极大似然法是一类简单的分类器，适合较为简单的遥感分类任务，但对于特征空间较为复杂或样本采集难以充分完整的任务存在一定的局限性。

5.4.3 支持向量机

支持向量机(support vector machine，SVM)也是一类常用的监督学习分类器，具有鲁棒的分类性能，在遥感领域有着广泛的应用。SVM 通过建立超平面将正负类别分隔开，通过各自类别到超平面的距离(间隔)来寻找支持向量进而构建超平面(Kotsiantis et al.，2007)。如图 5.11 所示，这个超平面可能是线性的，也可能是非线性的。

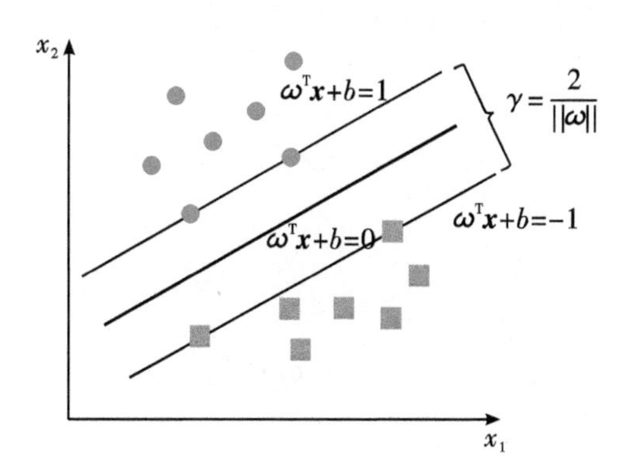

图 5.11 支持向量机的超平面

对于给定样本集 $D=\{(x_1, y_1), (x_2, y_2), \cdots, (x_m, y_m)\}$，支持向量机的基本思想就是在样本集 D 中构建一个超平面，可以将 D 中的类别分开。划分超平面可以通过线性方程来表示：

$$\boldsymbol{\omega}^T \boldsymbol{x} + b = 0 \tag{5.15}$$

其中：$\boldsymbol{\omega}$ 是法向量，代表超平面的方向；b 是位移项。

样本空间到达超平面$(\boldsymbol{\omega}, b)$的距离可以表示为：

$$r=\frac{|\boldsymbol{\omega}^{\mathrm{T}}\boldsymbol{x}+b|}{\|\boldsymbol{\omega}\|} \tag{5.16}$$

假设是二分类，即 $y\in\{1,-1\}$，样本集中的点可以被 $\boldsymbol{\omega}^{\mathrm{T}}\boldsymbol{x}+b$ 划分开，即当 $y_i=1$ 时 $\boldsymbol{\omega}^{\mathrm{T}}\boldsymbol{x}_i+b\geqslant1$，当 $y_i=-1$ 时 $\boldsymbol{\omega}^{\mathrm{T}}\boldsymbol{x}_i+b\leqslant-1$。理想状态下，使式(5.16)成立的、距离超平面最近的点的特征称为支持向量，两类支持向量到超平面的距离之和为间隔，见式(5.7)。

$$\gamma=\frac{2}{\|\boldsymbol{\omega}\|} \tag{5.17}$$

为了最大化间隔 γ 划分超平面，支持向量机需要找到最小化 $\frac{1}{2}\|\boldsymbol{\omega}\|^2$ 的 $(\boldsymbol{\omega},b)$，即：

$$\min_{(\boldsymbol{\omega},b)}\frac{1}{2}\|\boldsymbol{\omega}\|^2 \tag{5.18}$$

s. t. $y_i(\boldsymbol{\omega}^{\mathrm{T}}\boldsymbol{x}+b)\geqslant1$，$i=1,2,\cdots,m$

为了求解式(5.18)，可以将问题转化为拉格朗日函数的对偶问题，写成：

$$L(\boldsymbol{\omega},b,\boldsymbol{\alpha})=\frac{1}{2}\|\boldsymbol{\omega}\|^2+\sum_{i=1}^{m}\alpha_i[1-y_i(\boldsymbol{\omega}^{\mathrm{T}}\boldsymbol{x}_i+b)] \tag{5.19}$$

其中，$\boldsymbol{\alpha}=(\alpha_1;\alpha_2;\cdots;\alpha_m)$。令 $L(\boldsymbol{\omega},b,\boldsymbol{\alpha})$ 对 $\boldsymbol{\omega}$、b 的偏导为 0，可得：

$$\boldsymbol{\omega}=\sum_{i=1}^{m}\alpha_i y_i\boldsymbol{x}_i \tag{5.20}$$

$$b=\sum_{i=1}^{m}\alpha_i y_i \tag{5.21}$$

根据式(5.20)与式(5.21)将式(5.19)中的 $\boldsymbol{\omega}$、b 消去，可以获得式(5.18)的对偶问题：

$$\max_{\boldsymbol{\alpha}}\sum_{i=1}^{m}\alpha_i-\frac{1}{2}\sum_{i=1}^{m}\sum_{j=1}^{m}\alpha_i\alpha_j y_i y_j\boldsymbol{x}_i^{\mathrm{T}}\boldsymbol{x}_j \tag{5.22}$$

s. t. $\sum_{i=1}^{m}\alpha_i y_i=0$

$\alpha_i\geqslant0$，$i=1,2,\cdots,m$

可以利用如序列最小优化(sequential minimal optimization，SMO)等算法迭代求解出，进而解出超平面方程：

$$f(\boldsymbol{x})=\boldsymbol{\omega}^{\mathrm{T}}\boldsymbol{x}+b=\sum_{i=1}^{m}\alpha_i y_i\boldsymbol{x}_i^{\mathrm{T}}\boldsymbol{x}_i+b \tag{5.23}$$

上述介绍的是线性支持向量机，需要假设训练样本是线性可分的。但是，在更多的任务中，可能难以寻找到一个线性的超平面去区分不同类别，这就需要引入带有核函数(kernel function)的非线性支持向量机。

非线性支持向量机的思路是将原始空间线性不可分的样本，通过函数 $\varphi(\boldsymbol{x})$ 将原始特征 $\boldsymbol{x}$ 映射到更高维度的空间中，从而找到合适的超平面。虽然在原始空间特征线性不可分，但是只要原始特征空间是有限维度的，那么一定存在一个可以构建出超平面的高维特征空间，使样本在高维度可分。于是，在映射后的高维度存在超平面：

$$f(\boldsymbol{x}) = \boldsymbol{\omega}^{\mathrm{T}} \varphi(\boldsymbol{x}) + b \tag{5.24}$$

式(5.24)的求解过程同线性支持向量机的求解过程，可最终划归为拉格朗日函数的对偶问题：

$$\max_{\boldsymbol{\alpha}} \sum_{i=0}^{m} \alpha_i - \frac{1}{2} \sum_{i=1}^{m} \sum_{j=1}^{m} \alpha_i \alpha_j y_i y_j \varphi(\boldsymbol{x}_i)^{\mathrm{T}} \varphi(\boldsymbol{x}_j) \tag{5.25}$$

$$\text{s.t.} \quad \sum_{i=0}^{m} \alpha_i y_i = 0$$

$$\alpha_i \geqslant 0,\ i = 1, 2, \cdots, m$$

其中，$\varphi(\boldsymbol{x}_i)^{\mathrm{T}} \varphi(\boldsymbol{x}_j)$计算困难，故引入核函数：

$$\boldsymbol{K}(\boldsymbol{x}_i, \boldsymbol{x}_j) = \varphi(\boldsymbol{x}_i)^{\mathrm{T}} \varphi(\boldsymbol{x}_j) \tag{5.26}$$

通过先验知识构建的核函数隐式地表达了高维特征空间的特征，避开了烦琐的求解过程。常用的核函数包括线性核函数、多项式核函数、高斯核函数、拉普拉斯核函数和 Sigmoid 核函数等，选择适当的核函数也是影响支持向量机性能的重要因素(周志华，2016)。

5.4.4 随机森林

随机森林算法是遥感领域常用的一种机器学习算法。它训练速度较快，可以接受输入大量异质特征，还可以根据特征重要性筛选特征，迭代提升模型精度，因此在遥感制图中得到了广泛应用，尤其是在大尺度的遥感计算中，展现了稳健的鲁棒制图性能。

随机森林是一种集成学习算法，是以决策树为基学习器的 Bagging 集成算法。所谓集成学习，是指通过构建多个学习器并通过某种策略整合这些学习器来完成监督学习任务。这些众多的基础学习器就是基学习器。集成学习可以有效地提升弱学习器面对大数据时的学习性能，随机森林就是集成了众多决策树算法构建出的"森林"(周志华，2016)。

决策树是一类简单的机器学习算法。它通过根节点不断生长出内部节点和叶子节点，每一次内部节点都会根据一项特征来判断输入的信息是属于什么类别，经过多次的节点生长，通过不同的特征筛选，最终生长出叶子节点指向类别信息。

具体来说，样本集在根节点处根据最初的属性开始划分，每到一处内部节点，都根据属性进行划分，直到满足适当规则不能划分，生成最后的类别。训练的过程是计算每一次划分后样本集的纯度，即期望划分后的样本都是同一个类别的。每一次划分时将计算不同属性划分后的样本纯度，并挑选纯度最高的划分属性作为这个节点的划分属性，划分后，再继续向下迭代这个过程。

信息熵是较为常用的度量划分后样本纯度的指标：

$$E(D) = -\sum_{k=1}^{m} p_k \log_2 p_k \tag{5.27}$$

其中：D 是样本集合；p_k 为样本集中第 $k(k=1,2,\cdots,m)$类样本所占 D 的比例。

根据式(5.27)可以计算不同属性对于样本集划分的影响大小，即信息增益。通常，某属性在特定节点的信息增益越大，意味着在当前节点按照该属性进行样本集的划分对结果更有利。假设样本的属性 a 有 N 个可能的取值$\{a^1, a^2, \cdots, a^N\}$，若使用 a 来对样本集 D 进行划分，会产生 N 个节点，在第 n 个节点上的样本可以标记为 D^n，则信息增益 $G(D, a)$可以表示为：

$$G(D,a) = E(D) - \sum_{n=1}^{N} \frac{|D^n|}{|D|} E(D^n) \tag{5.28}$$

基尼系数是另一个用来刻画纯度的指标。使用基尼系数作为节点划分依据的决策树叫作 CART 决策树，是极为常用的一种决策树模型。基尼值 $Gini(D)$的计算式如下：

$$Gini(D) = 1 - \sum_{k=1}^{N} p_k^2 \tag{5.29}$$

$Gini(D)$越小，表示数据集的纯度越高。根据基尼值计算得到的基尼系数 $Gini_{\text{index}}(D, a)$可以表示为：

$$Gini_{\text{index}}(D,a) = \sum_{n=1}^{N} \frac{|D^n|}{|D|} Gini(D^n) \tag{5.30}$$

由于单个决策树能够有效搜寻到的特征数有限，当遥感分类的任务较为复杂时难以适应，因此常用随机森林来集成众多决策树基学习器，通过 Bagging 的集成方法可构成集成模型。

Bagging 是一种著名的并行式集成学习方法。它的抽样和集成过程如下：首先给定包含 n 个样本的数据集，随机取出一个样本放入训练集中；再把该样本放回初始样本集，经过 n 次随机采样操作，样本可能被重复抽取；最终可以得到含有 n 个样本的训练集。通过上述采样方法，可以根据需要采样出 M 个含 n 个训练样本的训练集，然后针对每个训练集训练出一个基学习器，再将这些基学习器进行整合。

通过对决策树基学习器进行 Bagging 集成，构成了基本的随机森林学习器。相较于经典的决策树在节点划分样本时在所有属性中选择一种属性，随机森林中决策树的每一个节点会先随机地抽取少量的属性作为一个子属性集合，然后在子属性集合中进行属性选取。这样的随机化操作可以有效地预防过拟合，提高模型性能(Liaw et al.，2002)。

5.4.5 神经网络

神经网络算法是遥感领域经典且常用的算法。在今天，相较于其他传统机器学习模型，神经网络算法的多样性、复杂性，涉及并推动的交叉学科的广度，都是前所未有的，在业界与学界掀起了“AI+”的热潮。近年来，随着深度神经网络算法的高速发展，以卷积神经网络(convolutional neural network，CNN)为代表的深度学习算法广泛地提升了遥感解译的制图精度与应用能力。

最简单的神经网络也称为感知机。其基本思路是通过构建损失函数并不断地学习，从而获得将正负样本完全分离的超平面。对于平面上被分类错误的点$(\boldsymbol{x}_i, y_i)$来说，有：

$$-y_i(\boldsymbol{\omega}\boldsymbol{x}_i + b) > 0 \tag{5.31}$$

所有误分点到超平面的距离 d 为：

$$d = -\frac{1}{\|\boldsymbol{\omega}\|}\sum_{x_i \in M} y_i(\boldsymbol{\omega x}_i + b) \tag{5.32}$$

其中，$\|\boldsymbol{\omega}\|$ 是 $\boldsymbol{\omega}$ 的 L2 范数。如果不考虑$\frac{1}{\|\boldsymbol{\omega}\|}$，就是感知机学习的最简单损失函数：

$$L(\boldsymbol{\omega}, b) = -\sum_{x_i \in M} y_i(\boldsymbol{\omega x}_i + b) \tag{5.33}$$

该损失函数可以通过梯度下降损失函数迭代更新参数，直到获得最优的参数。不断地叠加线性函数层，在不同的线性层之间插入非线性的激活层，就构成了最简易的多层感知机。

针对遥感影像分类，更常用的是卷积神经网络，即待求解的参数是众多的在影像上滑动的卷积块，以此来学习遥感影像的空间与通道特征。在不同的卷积层之间叠加池化层、激活层，并构建适当的损失函数，通过梯度下降算法进行参数更新，就构成了最基础的卷积神经网络。

卷积神经网络可以应用到多种遥感任务中，尤其是在高分辨率遥感影像的语义分割、目标检测中取得了巨大的进展与切实的应用（Zhu et al.，2017）。近年来，以 Transformer 为代表的深度神经网络也取得了巨大的进展。随着深度学习技术的蓬勃发展，神经网络在遥感领域的应用也有待进一步的挖掘与探索。

5.5　遥感影像分类信息提取与变化检测

5.5.1　农作物分类

农作物遥感分类识别是农业遥感应用中农情监测的重要内容，是提取农作物种植范围和面积的基础，也是开展农作物的长势、产量、灾害等相关信息监测的基础。

不同的农作物具有其对应的物候特征，因此引入长时间序列的遥感影像光谱变化特征能够有效地提升农作物种类识别的精度。基于 NDVI 时序特征数据，通过面向对象和机器学习分类方法可进行农作物分类和识别，其分类流程如图 5.12 所示。本案例所使用的遥感数据为高分一号多光谱数据，数据采集的时间范围为 10 月到次年 10 月，其间每间隔一个月采集一景影像。农作物样本数据通过实地作物调查的方式收集作物类型信息，并随机地划分训练集和验证集。本案例的研究区为廊坊市永清县，包含 3 种作物种植类型，分别为冬小麦－夏玉米、单季玉米、红薯。

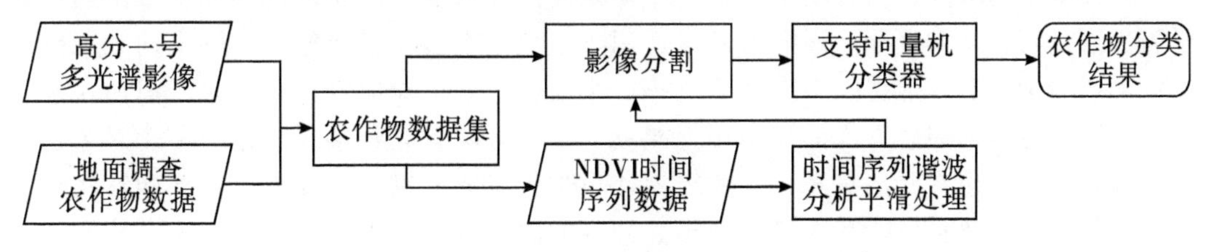

图 5.12　基于 NDVI 时序数据的农作物分类流程

农作物的物候期能够反映其生长和发育过程中的特征变化，不同的物候期与遥感光谱信息对应的植被指数也会相应发生变化。作物处于生长期时，随着叶片覆盖度的增加，NDVI 值随之增长并在该阶段达到最大值；作物进入成熟期后，NDVI 值随着叶片光合作用能力的下降而减小。因此，本案例计算 NDVI 时间序列数据用于作物分类（郑利娟，2017）。

不同时相之间遥感数据的不一致可能导致 NDVI 时序数据存在不规则波动，从而限制了基于时序数据分类方法的精度。本案例引入了时间序列谐波分析法，利用傅里叶变换和最小二乘法拟合时序曲线，获得经过重建的时间序列数据。该方法的具体流程为：对时序离散点数据进行曲线拟合，通过拟合曲线与离散点之间的对比筛选出离散点中的噪声点。重复上述操作，不断筛除噪声点，并将剩余离散点重新拟合生成新的曲线，最终获得光滑的时序特征曲线。

研究区中不同作物类型的 NDVI 时序曲线均有对应的特征。冬小麦－夏玉米的 NDVI 时序曲线具有明显的 3 个波峰：冬小麦于 10 月上旬播种，到 11 月中旬为冬小麦的分蘖期，该阶段内叶片的叶绿素含量较高，NDVI 值迎来了第一个波峰；次年 3 月冬小麦进入了返青期，于 5 月开始抽穗开花，作物对应的 NDVI 值达到了第二个波峰；夏玉米于 6 月中旬种植，到 9 月进入了收获期，该时期内会有第三个 NDVI 值波峰。单季玉米和红薯在整个生长季中只有一个明显的 NDVI 峰值，其生长期均集中在 5—9 月，2 种作物的 NDVI 峰值均在该时间段内，而红薯的 NDVI 值明显低于玉米，因此其时序特征具有一定的可区分性。

本案例使用面向对象的分类方法完成根据时序特征的作物分类。面向对象的分类方法能够挖掘地物的空间纹理特征，减小分类制图的椒盐噪声。本案例使用作物成熟期时间段内的影像进行分割，此时作物与背景环境的特征差异更为明显，能使分割效果达到最好。分类器使用支持向量机，分类所使用的特征为对象内的 NDVI 时序特征，在经过训练和测试集精度验证后，获得最终的农作物分类模型并用于制图。

5.5.2 城市绿地提取

城市绿地是城市环境的重要组成部分，对推动城市的可持续发展起到了重要作用。然而随着城市化的进程，城市绿地遭到大面积侵蚀，呈现出破碎化的特点，因此对城市绿地分布实现实时、精确的监测对城市生态保护规划有着重要意义。本节将对城市绿地提取方法和实例进行介绍。

（1）城市绿地提取方法的发展。

城市绿地提取的传统方法主要根据影像像元的光谱信息，通过统计理论方法或机器学习方法进行分类和提取。该方法通常适用于中分辨率多光谱影像，能够实现大规模长期的城市绿地监测，但受限于空间分辨率，小尺度的城市绿地难以被识别。面向对象方法被用于高分辨率遥感影像的城市绿地提取，该类方法首先将影像分割成多个对象，再进行绿地分类，但其无法对多尺度的绿地地块进行有效分割。深度学习方法能够实现多层次特征的自动化提取，其中，影像语义分割方法被引入用于城市绿地提取。该类方法能够取得更好的提取效果，但其局限性在于其精度需要大量的训练数据支撑，需要通过更好的样本扩增和迁移学习方法进行优化（徐知宇，2021）。

（2）城市绿地提取的总体流程。

城市绿地提取的总体流程如图 5.13 所示，通过城市边界数据筛选出城市区域内高分辨率遥感数据，并通过目视解译获取城市绿地样本，使用该样本训练城市绿地提取网络（Shi et al.，2022）。为了提高城市绿地提取网络的泛化能力，使其在更大范围的预测也保持较高的精度，本案例通过域自适应方法对数据集区域外其他城市的高分影像进行迁移学习。最终通过迁移学习后的与城市对应的绿地提取网络进行制图，经过整合后得到大范围的城市绿地制图结果。

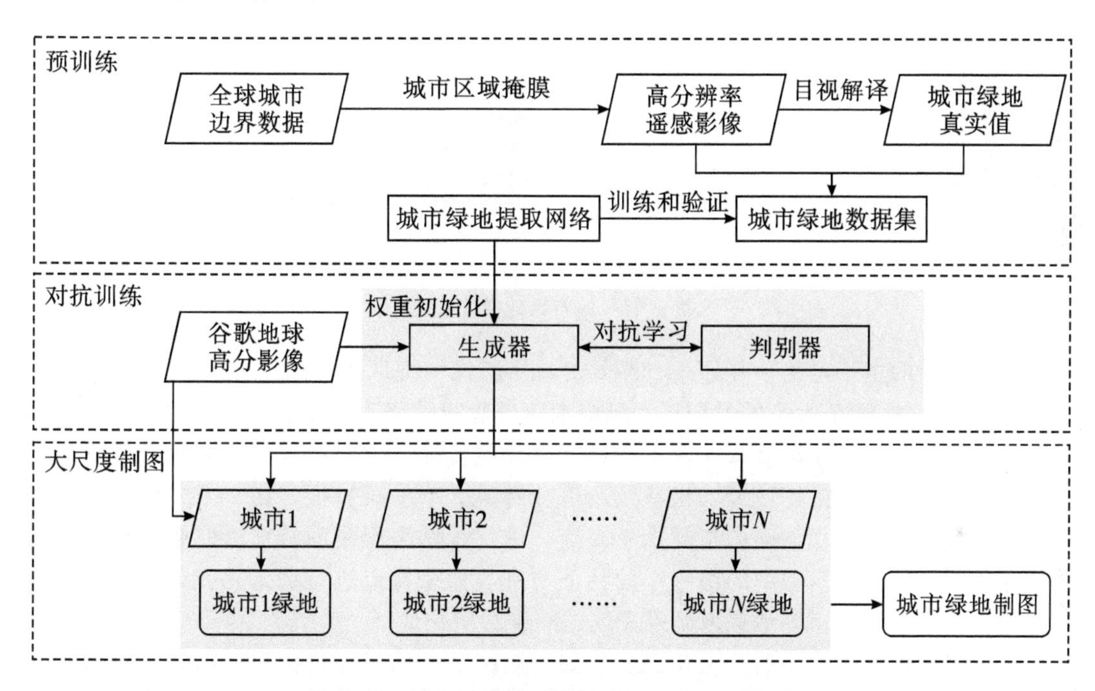

图 5.13　城市绿地制图流程（Shi et al.，2022）

（3）研究区域和数据。

本案例的城市绿地数据集是基于高分二号采集的中国广东省遥感影像，空间分辨率为 1 m。影像经过城区筛选和目视解译后，被裁剪成 4544 张 512×512 大小的影像，并划分为训练集、验证集和测试集，训练集中的数据经过随机裁剪、翻转和旋转等数据增强操作以防止模型过拟合。城市绿地制图区域包括我国 34 个主要城市和地区，包含 2 个特别行政区、4 个直辖市、5 个自治区省会城市和 23 个省会城市。用于制图的遥感影像为谷歌地球高分影像，涵盖了上述 34 个城市和地区，空间分辨率接近 1.1 m，影像被裁剪成512×512 大小后进行预测。

（4）城市绿地提取模型。

为了实现大范围高精度的城市绿地制图，城市绿地提取模型（见图 5.14）使用了基于深度学习的语义分割网络，并引入了基于生成对抗网络的域自适应迁移学习方法。其中，语义分割网络用于提取城市绿地，并作为生成对抗网络中的生成器；判别器作为全连接网络结果的分类器，用于判别生成器所提取的特征属于绿地数据集的源域还是属于待制图城市影像的目标域；通过对生成器和判别器的对抗学习实现模型从数据集到制图城市数据的迁移学习。

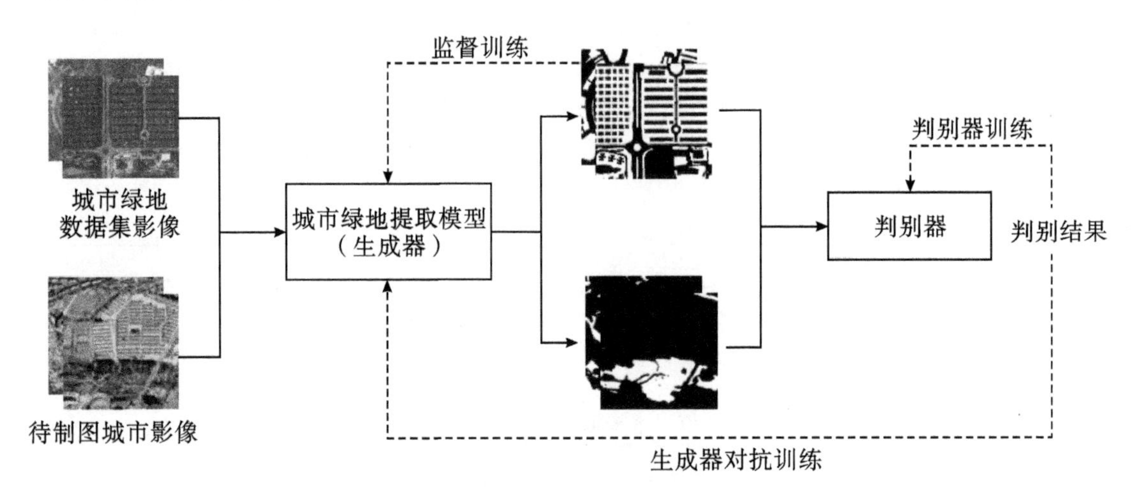

图 5.14 城市绿地提取模型

生成器中的主干网络使用了 ResNet-50，从影像中提取多尺度特征。主干网络首先通过步长为 2 的 7×7 大小的卷积层、批标准化层和线性修正单元函数进行初步的特征提取，然后通过 4 个残差块获取 4 个不同尺度的深层特征。不同的残差块之间通过增强坐标注意力模块进行连接，该模块将特征通道分解成 2 个一维特征，在 2 个方向上实现特征信息整合，从而实现精确的空间信息交互，进一步增强网络的特征提取能力。为了细化绿地预测区域，对模型中的细粒度的特征与真实值采样点进行训练并获得分类器，然后基于该分类器对城市绿地提取结果完成进一步的优化。

为了将绿地数据集中的先验知识迁移到待制图区域的影像特征中，本案例引入了一个简单的分类网络作为判别器对预测结果进行识别。该判别器包含 5 个卷积层，其卷积核大小为 4，步长为 2，最后输出二元分类结果，用于判断模型预测结果所属数据集。

城市绿地提取模型的优化过程主要分成 2 个步骤：预训练和对抗训练。预训练使用城市绿地数据集对城市绿地提取模型进行监督训练，该步骤让生成器充分学习数据集中的绿地特征。预训练的损失函数包含 2 个部分，设预测值结果为 X，真实值为 Y，则 Dice 损失函数可以表示为：

$$L_{\text{Dice}} = 1 - 2|X \cap Y| / (|X| + |Y|) \tag{5.34}$$

基于点特征的分类器损失采用交叉熵损失函数：

$$L_{\text{CE}} = -\sum_{i}^{N}[x_i \log y_i + (1 - x_i)\log(1 - y_i)] \tag{5.35}$$

式中，x_i 和 y_i 分别表示在 N 个采样点中的第 i 个真实值和预测值。

经过预训练后，将训练好的城市绿地提取模型作为生成器，将数据集中的影像和目标城市影像输入生成器中，得到预测结果 P_s 和 P_t。预测结果经过判别器后得到所属数据集的类别，通过交叉熵损失函数对判别器进行优化：

$$L_D(P_s,P_t) = -\{(1-y)\log[D(P_s)] + y\log[D(P_t)]\} \tag{5.36}$$

式中：y 表示原数据所属类别，$y=0$ 时表示原数据属于目标城市数据集，$y=1$ 时表示原数据属于绿地数据集；D 为判别器。

为了让生成器在 2 个数据集中提取的特征尽可能相似，通过优化对抗损失令判别器尽可能无法区分预测结果所属数据集：

$$L_{\mathrm{adv}} = -\log[D(P_t)] \tag{5.37}$$

经过训练后，模型能够在不需要引入额外城市绿地标注数据的情况下完成对特定城市的绿地制图。

5.5.3　建筑物变化检测

建筑物作为城市的重要组成部分，能够直观地反映城市内部的变化，对城市建筑物进行及时的检测和更新对城市规划、灾害应急响应、基础地理信息更新等应用有重要意义。高分辨率对地观测和深度学习技术的发展给智能化建筑物识别和变化检测提供了新的发展机遇。本节将对建筑物变化检测方法和实例进行介绍。

建筑物变化检测是对同一地理空间位置的建筑物进行多次观测并获取其状态变化的信息。假设同一区域 2 个时相经过配准的影像分别为 $I_1^{C\times H\times W}$ 和 $I_2^{C\times H\times W}$，其中，C、H 和 W 分别表示影像的波段数量、高度和宽度，建筑物变化检测的任务即为生成能够反映变化状态的二值图 $M^{H\times W}$。该过程可以表示为：

$$Y = G(F(I_1, I_2)) \tag{5.38}$$

式中：F 为变化特征提取器；G 为变化结果分类器。

(1) 传统方法。

传统变化检测方法基于单个像元的光谱差异获得变化信息，例如差值法、比值法和回归分析法等，并结合影像变换分析(如变化向量分析法、主成分分析等)识别变化区域。然而，该类方法由于缺乏影像上下文信息，对噪声高度敏感。

基于先验知识的变化检测方法主要采用人工设计的特征提取地物变化信息，并结合机器学习算法完成变化区域的检测。该类变化检测方法可以基于分类处理的顺序分为分类前比较和分类后比较。分类前比较方法将同一区域不同时相的遥感影像堆叠后输入分类器中，经过模型训练后预测变化区域；分类后比较方法分别将 2 个时相的影像进行地物类别分类，基于分类结果比较后得到建筑物变化区域。上述 2 种目标检测方法都有一定的局限性，分类前比较方法受限于人工设计的特征和分类器的判别性能；分类后比较方法则受限于多次分类造成的累积误差，且针对 2 个时相影像分别进行分类的方式无法很好地提取 2 个时相的影像特征变化。

面向对象方法通过影像分割将相似像元组合成不同大小的对象，在对象尺度上提取其光谱特征、纹理特征和空间邻域信息，并基于这些特征信息通过机器学习分类器提取变化区域。随着遥感影像空间分辨率的提升，该类变化检测方法能够有效地提高分类器的判别能力，优化建筑物变化检测的完整性，而该类方法的局限性在于不同时相影像分割的不一致性。

(2) 基于深度学习方法。

随着深度学习在计算机视觉领域中的发展，影像语义分割深度学习模型被逐渐应用到建筑物的变化检测任务中。深度学习方法凭借其强大的非线性特征映射能力，能够克服不同时相影像的辐射差异问题，充分挖掘建筑物的变化特征。

建筑物变化检测的深度学习模型主要包括编码器和解码器两部分(见图5.15)，每个时相对应一个编码器，通过编码器的多层非线性映射提取影像特征；解码器的输入为2个时相对应的影像特征，用于提取2个时相特征的变化信息，并通过上采样层还原特征影像的分辨率。最终，通过分类器输出变化区域。模型训练过程中，通过优化预测值和真实值之间的损失函数来提升模型性能。在建筑物变化检测任务中，损失函数采用交叉熵损失函数，可以表示为：

$$L_{\mathrm{CE}}(\hat{Y}, Y) = -[Y\log\hat{Y} + (1 - Y)\log(1 - \hat{Y})] \tag{5.39}$$

其中：$\hat{Y}$ 为预测结果；Y 为真实结果。下面将介绍一个基于深度学习的建筑物变化监测应用实例。

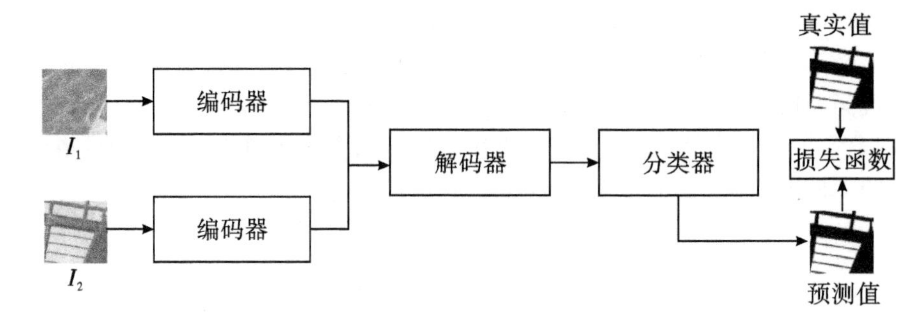

图5.15 深度学习建筑物变化检测流程

(3) 建筑物变化检测应用实例。

城市建筑物地理信息数据库需要定期更新，但传统基于人工实地调研的更新方式赶不上城市动态变化的速度，所以需要利用覆盖范围大、重访周期短的遥感数据和深度学习变化检测模型辅助实现高效自动化的数据库更新。本应用通过一种双时相影像建筑物变化检测方法更新数据库，在未发生变化的区域中保留未变化的建筑物，并在发生变化的区域内通过高精度的边缘检测模型提取建筑物轮廓的变化信息，实现数据库的更新(金宇伟，2021)。同时，利用半监督训练方法，可实现在少量更新建筑物标注样本的条件下对大范围区域的建筑物进行自动更新。

建筑物数据更新流程如图5.16所示。首先，基于单时相的影像和建筑物标注数据训练建筑物提取网络；然后，使用双时相的影像和建筑物标注数据训练变化检测网络，得到变化区域；最后，在这些变化区域上应用建筑物提取网络得到新的建筑物矢量数据完成更新。考虑到后一时相建筑物的标注数量有限，可以通过半监督训练的方式自动更新未标注区域的数据。

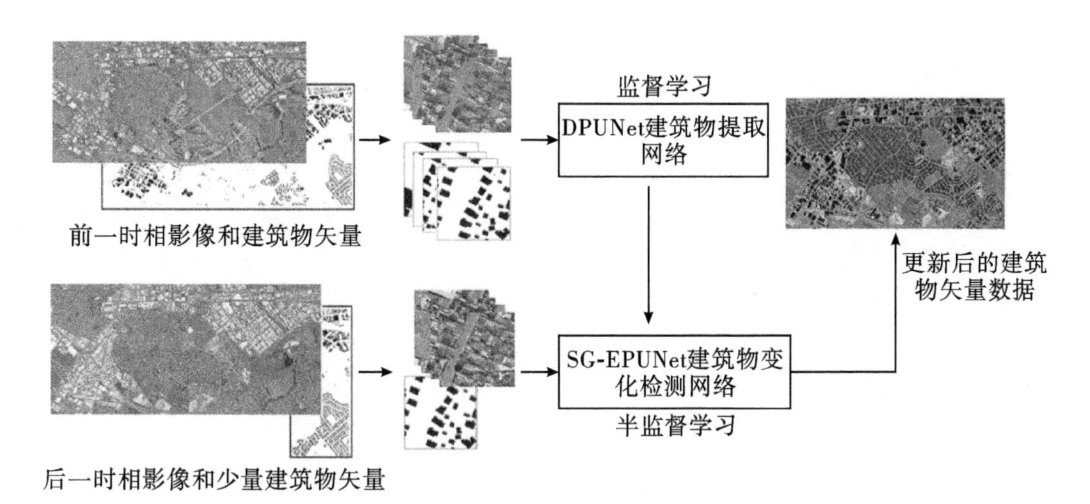

图 5.16 基于建筑物提取和变化检测网络的建筑物更新流程

建筑物提取网络部分结合了语义分割和边缘提取模型，从而让模型能够同时提取具有上下文信息的建筑物纹理特征和建筑物边界信息。该网络基于 U-Net 架构设计，为语义分割网络中经典的编码器－解码器结构，编码器部分为 ResNet-34，通过卷积层提取特征，通过池化层压缩特征分辨率，编码器中不同分辨率的特征会与解码器对应分辨率的部分直接相连，从而获得高分辨率的建筑物特征。为了让建筑物的轮廓进一步细化，网络在语义分割网络的基础上集成了边缘检测模块，该模块与解码器有着相同的结构，并通过门控注意力模块让语义分割部分的建筑物特征对边界特征进行约束，从而达到增强建筑物边界、抑制噪声边界的效果。

考虑到 2 个时相影像之间的不同传感器、时间、大气条件等差异，直接应用上述建筑物提取网络到后一时相影像可能会导致精度下降。因此，可引入建筑物变化检测网络，将建筑物提取约束在需要更新的变化区域中。该网络由 2 个特征提取器和 1 个显著性变化检测模块组成。特征提取器权重使用建筑物提取网络的权重进行初始化。显著性变化检测模块能够基于 2 个时相的特征得到变化概率，概率接近于 0 的区域应保持前一时相的建筑物分布，概率接近于 1 的区域则应用建筑物提取网络进行建筑物提取和更新。同时，为了利用少量建筑物样本对大范围区域的建筑物进行更新，可将模型所得的建筑物更新结果作为伪标签，训练后一时相的特征提取器，经过训练后的模型可以迁移应用于大范围的城市建筑物变化信息提取与更新。

思考题

1. 请简述光学卫星遥感影像的基本特征。
2. 为什么需要对遥感影像作预处理，有哪些常规的预处理方法?
3. 什么是遥感影像解译和分类?
4. 什么是遥感影像分类后处理?
5. 如何利用卫星遥感影像开展变化检测?

参考文献

[1] GOVIL H, GILL N, RAJENDRAN S, et al. Identification of new base metal mineralization in Kumaon Himalaya, India, using hyperspectral remote sensing and hydrothermal alteration[J]. Ore geology reviews, 2018, 92: 271 - 283.

[2] JENSEN J R. Introductory digital image processing: a remote sensing perspective[M]. 2nd ed. Upper Saddle River: Prentice Hall PTR, 1995.

[3] KOTSIANTIS S B, ZAHARAKIS I, PINTELAS P. Supervised machine learning: a review of classification techniques [J]. Emerging artificial intelligence applications in computer engineering, 2007, 160(1): 3 - 24.

[4] LILLESAND T M, KIEFER R W, CHIPMAN J W. Remote sensing and image interpretation [M]. 7th ed. Hoboken: John Wiley & Sons, 2015.

[5] LIAW A, WIENER M. Classification and regression by random forest[J]. R News, 2002, 2/3: 18 - 22.

[6] SHI Q, LIU M, MARINONI A, et al. UGS-1 m: fine-grained urban green space mapping of 31 major cities in China based on the deep learning framework[J]. Earth system science data discussions, 2023, 15(2): 555 - 577.

[7] SWAIN P H, DAVIS S M. Remote sensing: the quantitative approach[J]. IEEE transactions on pattern analysis and machine intelligence, 1981, PAMI-3(6): 713 - 714.

[8] ZHU X X, TUIA D, MOU L, et al. Deep learning in remote sensing: a comprehensive review and list of resources[J]. IEEE geoscience and remote sensing magazine, 2017, 5(4): 8 - 36.

[9] 黄祎琳. 基于遥感图像大气校正的意义与发展[J]. 科技创新与应用, 2013(36): 44 - 45.

[10] 金宇伟. 基于深度学习的高分辨率遥感影像建筑物识别及变化检测[D]. 成都: 电子科技大学, 2021.

[11] 孔卓, 杨海涛, 郑逢杰, 等. 高光谱遥感图像大气校正研究进展[J]. 自然资源遥感,

2022，34(4)：1－10.
[12] 梁顺林，李小文，王锦地. 定量遥感：理念与算法[M]. 北京：科学出版社，2013.
[13] 骆剑承，王钦敏，马江洪，等. 遥感图像最大似然分类方法的 EM 改进算法[J]. 测绘学报，2002，31(3)：234－239.
[14] 罗运，贺翔，丁诗婕. 图像拼接算法发展综述[J]. 现代计算机，2021(8)：78－82.
[15] 梅安新. 遥感导论[M]. 北京：高等教育出版社，2001.
[16] 史敏红. 图像融合技术发展综述[J]. 计算机时代，2019(9)：27－29.
[17] 苏红军，杜培军，盛业华. 高光谱影像波段选择算法研究[J]. 计算机应用研究，2008，25(4)：1093－1096.
[18] 田上成，张乔，刘保成，等. 基于传感器几何特性和图像特征的影像配准方法[J]. 航天返回与遥感，2013，34(5)：85－89.
[19] 童庆禧，张兵，郑兰芬. 高光谱遥感——原理、技术与应用[M]. 北京：高等教育出版社，2006.
[20] 徐知宇. 基于深度学习的城市绿地遥感分类及应用研究[D]. 北京：中国科学院大学(中国科学院空天信息创新研究院)，2021.
[21] 卫亚星，王莉雯. 遥感图像增强方法分析[J]. 测绘与空间地理信息，2006，29(2)：4－7.
[22] 余先川，吕中华，胡丹. 遥感图像配准技术综述[J]. 光学精密工程，2013，21(11)：2960－2972.
[23] 曾湧，王文宇，王静巧. 基于实验室定标和均匀景统计的相对辐射定标方法[J]. 航天返回与遥感，2012，33(4)：19－24.
[24] 张安定. 遥感原理与应用题解[M]. 北京：科学出版社，2016.
[25] 赵英时. 遥感应用分析原理与方法[M]. 2 版. 北京：科学出版社，2013.
[26] 张悦楠，房磊，乔泽宇，等. 亚热带常绿林型遥感识别及尺度效应[J]. 生态学杂志，2020，39(5)：1636－1650.
[27] 周志华. 机器学习[M]. 北京：清华大学出版社，2016.
[28] 郑利娟. 基于高分一/六号卫星影像特征的农作物分类研究[D]. 北京：中国科学院大学(中国科学院遥感与数字地球研究所)，2017.

6　遥感影像波段运算与专题解译

遥感影像专题解译以遥感影像为研究对象，在计算机系统的支持下，综合运用地学分析、遥感图像处理、地理信息系统、模式识别与人工智能技术等，实现地学专题信息的智能化获取。波段运算属于遥感专题解译的一种经典方法，它对单个或多个影像波段进行代数运算，旨在产生新的特征波段，提取感兴趣的地物信息，增强影像的表达能力。本章首先介绍了波段运算的通用法则，包括加减乘除等代数运算规则；接着，以波段运算为基础，详细解释了关于植被、积雪、城市、水体和土壤等典型地物的特征指数；最后，结合真实应用案例，利用光谱指数开展水稻提取、水体污染识别和干旱评估等应用分析。

6.1　遥感影像波段运算

6.1.1　波段运算的定义

波段运算是指对单个或者多个图像波段进行相关运算以实现某种目的的图像处理手段。波段运算根据地物本身在不同波段的灰度差异，在不同波段之间通过简单的代数运算产生新的特征“波段”，从而突出感兴趣的地物信息，抑制不感兴趣的地物信息，即达到图像增强的目的。

波段运算功能可作用于单个或者 2 个栅格图像，输入数据必须满足以下条件：①输入数据必须为单波段灰度图像；②输入数据必须具有相同的空间分辨率；③输入数据的空间范围必须有交集。

6.1.2　波段运算的规则

根据地物在不同波段的灰度差异，通过不同波段的代数运算产生新的“波段”。其作用是突出地物的某些特征，使之更加容易区分和判读。例如，表 6.1 列举了 ENVI/IDL 软件中常用的波段代数运算的基本函数和运算符。

表 6.1 ENVI/IDL 软件中常用波段的运算函数

数学运算符	三角函数	其他波段运算选项
加(+)、减(-)、乘(×)、除(÷) 最小(<)、最大(>) 绝对值[abs(x)]、平方根[sqrt(x)] 指数(^)、自然指数[exp(x)] 自然对数[ln(x)]、以 10 为底的对数[lg(x)]	正弦[sin(x)]、余弦[cos(x)]、正切[tan(x)] 反正弦[asin(x)]、反余弦[acos(x)]、反正切[atan(x)] 双曲正弦[sinh(x)]、双曲余弦[cosh(x)]、双曲正切[tanh(x)]	关系运算符(EQ、NE、LE、LT、GE、GT) 逻辑运算符(AND、OR、XOR、NOT) 类型转换函数(byte、fix、long、float、double、complex)

波段运算一般可分为基础运算、归一化运算和线性组合运算。

1. 基础运算

基础运算主要包括加法、减法、乘法和除法(比值)运算。

(1) 加法运算。

波段加法运算主要是对 2 幅同样大小的灰度图像的对应像元值进行相加求和。假设 2 幅图像 $f_1(x,y)$和 $f_2(x,y)$，加法运算后的图像为：

$$f_1(x,y) = a[f_1(x,y) + f_2(x,y)] \tag{6.1}$$

式中，a 表示正数。进行加法运算时，像元相加后的值可能超出了灰度范围(0～255)，此时可以截断处理，将大于 255 的像元值仍取为 255，新图像会偏大，整体较亮。也可以加权求和，设 $\alpha \in (0,1)$，则新图像像元值为：

$$f_1(x,y) = \alpha f_1(x,y) + (1-\alpha) f_2(x,y) \tag{6.2}$$

波段加法运算常用于图像处理等方面。通过加法运算，把同一景物的多重影像加起来求平均，可以有效降低影像中的随机噪声；也可用于将一幅图像的内容经配准后叠加到另一幅图像上，以改善图像的视觉效果。在多光谱图像中，通过加法运算可以加宽波段，如绿色波段和红色波段图像相加可以得到近似全色图像，而绿色波段、红色波段和红外波段图像相加可以得到全色红外图像。

此外，在光谱特征选取方面，加法运算也有不小的贡献，例如，为了提取大麦的抽穗期，可将绿光波段与蓝、红波段的差值相加，从而扩大样本的可分离性，构建了大麦抽穗日期指数(Ashourloo et al.，2022)。

(2) 差值运算。

波段差值运算又称作减影技术，其运算方法是将 2 幅同样大小的灰度图像对应像元的灰度值进行相减求差。设有 2 幅图像 $f_1(x,y)$和 $f_2(x,y)$，其差值运算的计算公式为：

$$f(x,y) = a[f_1(x,y) - f_2(x,y) + b] \tag{6.3}$$

式中：a 表示正数；b 表示所有像素中负值最大像素值的绝对值。由于相减后的像元有可能出现负值，故需要令每个像元的值都加上 b，使所有的像元的值都变为正数；再乘以正数 a，以确保数据值在允许的范围内。

当差值运算应用于2个波段时，运算后的图像反映了同一地物在这2个波段的反射率之差。不同地物的反射率差值不同，因此差值图像可以突出差值较大的地物。例如，植被在红外波段与浅色土壤很难分开，并且在红波段与深色土壤、水体也很难分开，当用红外波段减去红波段时，由于植被在这2个波段的反射率差异很大，相减后植被像元便具有很高的差值，而土壤和水体在这2个波段的反差很小，因此在差值图像中植被信息被突出，很容易找到其分布区域和面积。

差值运算还可以检测同一区域在一段时间内的动态变化。例如，对多年土地利用分类图像作差，可构建土地利用转移矩阵，以此分析土地利用变化的时空格局；用森林火灾发生前后的图像作差值运算，在差值图像上，火灾地区由于变化明显而呈高亮显示，其他地区则变化不大，可以计算出精确的烧毁面积；水情变化、河口河岸泥沙的淤积程度、河流湖泊的污染与萎缩，以及城市的扩展模式和速度等，也可以通过差值运算进行监测。

此外，在计算用于确定物体边界位置的梯度时，也要用到图像差值运算，从而可以得到不同方向的梯度图像，以此突出图像上目标的边缘信息。差值运算还可以去除周期性噪声或已知污染像素。在图像分割方面，如分割运动的车辆，可用差值运算去掉静止部分，剩余运动元素。

（3）乘运算。

波段乘运算指2幅同样大小的灰度图像的对应像元值相乘。乘运算可用来遮蔽图像的某些部分。例如，使用掩膜图像与原图像相乘，可保留、削弱或抹去图像的某些部分。设有2幅图像 $f_1(x,y)$ 和 $f_2(x,y)$，乘运算的计算公式为：

$$f(x,y) = a[f_1(x,y) \times f_2(x,y)] \tag{6.4}$$

式中，a 表示正数。进行乘运算时，像元相乘后的值可能超出了灰度范围（0～255），此时需要乘一个正数 a，以确保像素值在灰度允许范围内。

乘运算主要用于遮掉图像的某些部分，即可用于进行图像掩膜。例如，设置一个掩膜图像，在相应原图像需要保留的部分让掩膜图像的值为1，而在需要抑制的部分为0，掩膜图像乘上原图像就可以抹去非研究区域。

（4）比值运算。

比值运算是指2个不同波段的图像对应像元的灰度值相除（除数不为0），是遥感图像处理中的常用方法。在比值图像上，图像像元亮度反映了2个波段光谱比值的差异，因此这种算法对于增强和区分在不同波段的比值差异较大的地物有明显效果。设有2幅图像 $f_1(x,y)$ 和 $f_2(x,y)$，其比值运算的计算公式为：

$$f(x,y) = a \cdot \left[\frac{f_1(x,y)}{f_2(x,y)}\right] \tag{6.5}$$

式中：a 表示正数；[·]表示取整函数。进行比值运算后可能出现小数，此时必须取整，并乘以正数 a，将像素值调整到显示允许的范围内。

波段比值法的主要作用有：降低传感器灵敏度因空间变化造成的影响，增强图像中的特定区域，降低地形导致的阴影影响，突出不同时相影像的差异，增强同一地物在不同波段的差异，从而对地物的识别产生明显的效果。然而，当分母值很小时，比值的结果可能会增加图像中的噪声，因此在必要时，可在运算之前对图像进行滤波处理。

比值法操作简单，可广泛应用于多个领域。例如，由于地形效应的存在，在地形起伏较大地区获得的遥感影像往往受到阴影的干扰，而比值法则是一种较为简单的消除阴影的方法(邓佳音等，2018)。同时，比值法常常被用于矿物寻找和监测。在地质勘查中，常用 TM/ETM 多波段数据进行比值运算，从而解译矿物类型：B3/B1 突出铁氧化物，B5/B7 突出泥化矿物，B5/B4 突出铁矿物，B5/B1 突出镁铁质火成岩(Inzana et al.，2003)。Zaini 等首次使用 Landsat8 OLI/TIRS 图像观察了地热潜力，并监测了火山活动，通过 OLI 图像的波段比分析表明，火山由黏土、含二氧化碳和氧化铁矿物等多种热液蚀变矿物组成(Zaini et al.，2022)。大尺度区域内的作物制图也常将波段比作为一个分类特征，例如，学者们通常选取 Sentinel-1 SAR C 波段的 VV/VH 共极化比时间序列作为一个有效特征来识别和提取水稻(Bazzi et al.，2019)。

2. 归一化运算

归一化运算是将 2 幅同样大小的灰度图像的对应像元值进行以下计算：

$$f(x,y) = \frac{f_1(x,y) - f_2(x,y)}{f_1(x,y) + f_2(x,y)} \tag{6.6}$$

归一化运算旨在放大波段之间的光谱差异，从而达到突出某一地物光谱特征的目的。例如，归一化植被指数(NDVI)对近红外波段和红外波段进行归一化运算，可用于识别植被地物。NDVI 利用植被在红光波段大于近红外波段的光谱亮度值，而其他地物在红光波段的光谱亮度值小于近红外波段的特点，突显遥感影像中的植被信息。归一化差异水体指数(normalized difference water index，NDWI)对绿光波段和近红外波段进行归一化运算，可用于识别水体。NDWI 利用水体在近红外波段和短波红外波段范围内吸收强度最大、几乎没有反射，并且植被在近红外波段的反射率很强的特点，采用绿光波段与近红外波段的比值来抑制植被信息，并突出水体信息。

3. 线性组合运算

大多数情况下，直接对遥感数据的某一波段或几个波段之间进行简单的数学运算往往无法充分反映某一地表参数，如地表温度、水体深度和地表生物量等参数。此时需要建立地表参数与遥感信号之间的统计关系来对参数进行估算，这种方法也称为经验统计方法，常用于地表参数反演。

建立反演模型主要分为两步：一是研究地表参数与单波段之间的相关性；二是建立波段之间不同的组合形式，然后与地表参数进行相关性分析。相关性分析中，往往使用建立线性(非线性)回归模型等方法，本节仅介绍线性组合方法。设有 i 个波段$\{f_1(x,y)$，$f_2(x,y)$，…，$f_i(x,y)\}$，则比值运算的计算公式为：

$$f(x,y) = af_1(x,y) + bf_2(x,y) + \cdots + kf_i(x,y) \tag{6.7}$$

式中：$f(x,y)$为已知的某种地表参数像素值；a，b，…，k 为需要拟合的参数，可通过回归分析计算得出。根据式(6.7)即可得到某一地表参数关于相关波段的线性表示。

值得注意的是，尽管经验统计法在遥感中被广泛应用，但其局限性是显而易见的。经验关系往往建立在遥感测量与反演参数地面观测的基础上，其有效性和可靠性会受到遥感影像质量和地面观测条件的限制，对其验证也需要收集尽可能多的地面数据。同时，

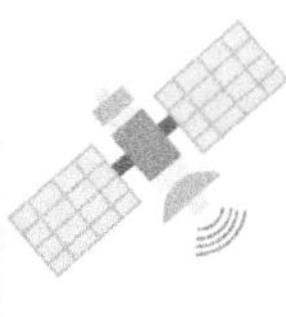

经验关系模型的适用性常常受到时间和空间的限制，严格来说，一个经验关系模型只对建立该关系的特定地区和特定时间适用。

6.2 光谱指数与专题解译

6.2.1 植被指数

广义上的植被指数是指利用卫星不同波段数据组合而成的，能够反映植物生长状况的指数。植物叶面在可见光的红光波段有很强的吸收特性，在近红外波段有很强的反射特性，这是植被遥感监测的物理基础，通过这 2 个波段测值的不同组合可以得到不同的植被指数。植被指数是对地表植被活动简单有效的度量，这一指数在一定程度上反映着植被的演化信息。通过大量地物光谱波段测量的研究分析发现，植被在红光波段0.55～0.68 μm 处有一个强烈的吸收带，它与叶绿素密度成反比；而在近红外波段 0.73～1.10 μm处有一个较高的反射峰，它与叶绿素密度成正比。植被覆盖越高，红光反射越小，近红外光反射越大。红光吸收很快达到饱和，而近红外光反射随着植被增加而增加。

因此，任何强化红色可见光通道(0.6～0.7 μm)和近红外光谱通道(0.7～1.1 μm)差别的数学变换都可以作为植被指数，用来描述植被状况。以 *NIR* 表示近红外波段反射率，以 *RED* 表示红光波段反射率，常见的植被指数包括比值植被指数、归一化植被指数、增强型植被指数和差值植被指数等。

(1) 比值植被指数(ratio vegetation index，RVI)。

比值植被指数(RVI)(Birth et al.，1968)是通过简单的波段相比来表征植被特征的一种植被指数，使用以下公式可计算：

$$RVI = \frac{NIR}{RED} \tag{6.8}$$

其特征为：①植被覆盖度会影响 RVI，当植被覆盖度较高时 RVI 对植被十分敏感，当植被覆盖度小于 50%时这种敏感性显著降低；②RVI 值的常见范围是 0～30，一般绿色植被区的范围是 2～8；③RVI 受大气条件影响，大气效应大大降低了对植被检测的灵敏度，所以在计算前需要进行大气校正，或用反射率计算 RVI。

其应用为：①利用比值植被指数研究城市建设用地的扩张速率，预测或规划城市未来的发展前景。不同用地的地表温度由高到低排序依次是城镇用地、工矿与交通用地、农村宅基地、林地、旱地，这说明建设用地的地表温度较高，其比值植被指数较非建设用地小。RVI 的平均值 M 和标准差 D 可以作为定量指标来提取建设用地：$RVI \leqslant M - D/2$ 为建设用地，$RVI > M - D/2$ 为非建设用地。②可用于实时、快速、无损监测作物的氮素状况，这对于精确的氮肥管理有重要意义。利用光谱比值指数 RVI(990，720)来估算小麦叶片的氮积累量，为便携式小麦氮素监测仪的研制开发及遥感信息的快速提取提供了适用可行的波段选择与技术依据。

（2）归一化植被指数（normalized vegetation index，NDVI）。

归一化植被指数（*NDVI*）主要用于检测植被的生长状态、植被覆盖度和消除部分辐射误差等，能够反映出植物冠层的背景影响，如土壤、潮湿地面、雪、枯叶、粗糙度等，且与植被覆盖有关。*NDVI* 的计算式为：

$$NDVI = \frac{NIR - RED}{NIR + RED} \tag{6.9}$$

NDVI 的取值范围为 -1～1。*NDVI* 的本质是 *NIR* 和 *RED* 的非线性拉伸。在高植被区（*LAI* 值很高，植被茂密时），*NDVI* 的灵敏度较低，远不如 *RVI* 增加的速率。总体来说，*NDVI* 对绿色植物敏感，与植物分布密度呈线性关系，是表征植物生长状况和空间分布密度的最佳指标，但在低植被覆盖区存在扩大的情况，在高植被覆盖区存在压缩的情况。

其特征为：①*NDVI* 能够部分消除与太阳高度角、卫星观测角、地形、云影等与大气条件有关的辐射变化的影响；②*NDVI* 结果被限定在 -1～1，避免了数据过大或过小给使用带来的不便；③*NDVI* 是植被生长状态及植被覆盖度的最佳指示因子；④非线性变换，增强了 *NDVI* 的低值部分，抑制了高值部分，使 *NDVI* 数值容易饱和、对高植被密度区的敏感性降低。

其应用为：①负值表示地面覆盖为云、水、雪等，对可见光高反射；② 0 表示有岩石或裸土等，此时 *NIR* 和 *RED* 近似相等；③正值表示有植被覆盖，且随覆盖度的增大而增大。

NDVI 的局限性表现在，用非线性拉伸的方式增强了近红外波段和红光波段的反射率的对比度。对于同一幅图像，分别求 *RVI* 和 *NDVI* 时会发现，*RVI* 值增加的速度高于 *NDVI* 值增加的速度，即 *NDVI* 对高植被区具有较低的灵敏度。另一方面，*NDVI* 会受到背景地物遮挡、地表覆盖类型、土壤以及气候条件的影响。

（3）增强型植被指数（enhanced vegetation index，EVI）。

增强型植被指数（*EVI*）是遥感专题数据产品中的生物物理参数，可以同时减少来自大气和土壤噪声的影响，稳定地反映了所测地区植被的情况（Huete et al.，2002）。红光和近红外探测波段的范围设置更窄，不仅提高了对稀疏植被探测的能力，而且减少了水汽的影响。同时，引入了蓝光波段对大气气溶胶的散射和土壤背景进行了矫正，见式（6.10）。

$$EVI = 2.5\frac{NIR - RED}{NIR + 6RED - 7.5BLUE + 1} \tag{6.10}$$

式中，*BLUE* 表示蓝光波段反射率。其特征为：①*EVI* 常用于 *LAI* 值高的区域，即植被茂密区；②*EVI* 值的范围是 -1～1，一般绿色植被区的范围是 0.2～0.8。

其应用为：①运用影像数据通过植被指数的提取来分析植被变化，按照增强植被指数的算法，通过对来自大气和土壤噪声的处理，生产出 *EVI* 影像。② *EVI* 可以描述特定气候带内植被在不同季节的差异。采用 *EVI* 来分析植被变化及气候的变化，能反映研究区域内植被空间的差异。通过分析不同生态分区 *EVI* 的变化特征与气象因子的相关性为环境监测、治理及植被控制决策提供数据参考和理论基础。

（4）差值植被指数（difference vegetation index，DVI）。

差值植被指数（*DVI*）可区分土壤和植被，但不考虑由大气影响或阴影引起的反射率和辐射率之间的差异（Huete et al.，2002）。该指数通过近红外波段和红光波段的差异来表征植被状况。其计算式为：

$$DVI = NIR - RED \tag{6.11}$$

其特征为：*DVI* 能很好地反映植被覆盖度的变化，但对土壤背景的变化较敏感，当植被覆盖度为 15%～25%时 *DVI* 随生物量的增加而增加，当植被覆盖度大于 80%时 *DVI* 对植被的灵敏度有所下降。

其应用为：①*DVI* 被应用于识别植被覆盖分布；②*DVI* 还被用于植被理化参数反演，如生物量等。

（5）归一化燃烧指数（normalized burn ratio，NBR）。

归一化燃烧指数（*NBR*）通过计算近红外波段和短波红外波段的比值来增强火烧迹地的特征信息（Garcia et al.，1991）。根据定义，标准化燃烧率用于突出火灾后的燃烧区域，可用于火烧迹地的信息提取以及监测火烧区域植被的恢复状况。其计算公式为：

$$NBR = \frac{NIR - SWIR2}{NIR + SWIR2} \tag{6.12}$$

式中，*SWIR*2 表示波长范围在 1.8～2.5 μm 的短波红外波段的反射率。

NBR 计算式包括近红外波段和短波红外波段波长的测量值：健康植被在近红外波段光谱中显示出高反射率，而最近烧毁的植被区域在短波红外波段光谱中具有高反射率。该指数的计算基于具有近红外波段和短波红外波段的遥感图像，如来自 Landsat-7、Landsat-8 或 MODIS 的遥感影像，取值的范围为 −1～1。*NBR* 在过去几年中变得尤为重要，因为极端天气条件导致近年来破坏森林生物量的野火显著增加。

（6）归一化差值水汽指数（normalized difference moisture index，NDMI）。

归一化差值水汽指数（*NDMI*）通过计算近红外与短波红外之间的差异来定量化反映植被冠层的水分含量情况（Hardisky et al.，1983）。其计算公式为：

$$NDMI = \frac{NIR - SWIR1}{NIR + SWIR1} \tag{6.13}$$

式中，*SWIR*1 表示波长范围在 1.4～1.8 μm 的短波红外波段的反射率。

在卫星遥感数据中，由于植被在短波红外波段对水分的强吸收，植被在短波红外波段的反射率相较于近红外波段的反射率要小，因此 *NDMI* 与冠层水分含量高度相关，可以用来估计植被水分含量，而且 *NDMI* 与地表温度之间存在较强的相关性，因此也常用于分析地表温度的变化情况。

6.2.2　积雪指数

（1）归一化雪指数（normalized difference snow index，NDSI）。

雪通常具有非常高的可见光波段反射率和非常低的短波红外波段反射率，因此可以区分雪和大多数云类型。归一化雪指数（*NDSI*）是衡量可见光和短波红外之间反射率差异的相对幅度的指标。可通过计算特定时间和地点在卫星图像中拍摄和合成的 2 个波段的比率来识别雪覆盖：

$$NDSI = \frac{GREEN - SWIR}{GREEN + SWIR} \tag{6.14}$$

式中：*GREEN* 表示可见光中对雪具有高反射率的绿光波段的反射率；*SWIR* 表示短波红外波段的反射率。

波段选择解释为可见光波段中的高雪反射率和短波红外波段中的低雪反射率，而这些光谱区域中的云反射率很高。此属性能帮助区分云和雪。*NDSI* 是与像素中雪的存在相关的指数，通过可见光波段和短波红外波段反射率差异的比率来表征雪的存在；与其他雪指数相比，*NDSI* 能更准确地描述雪覆盖，如用 *NDSI* 来反演像元内部的积雪覆盖比例(fractional snow cover，FSC)。

其特征为：①使用表征可见光波段和短波红外波段反射率差异的 *NDSI* 比率检测积雪，$NDSI>0$ 的像素被认为存在一些雪，$NDSI\leqslant 0$ 的像素是无雪地表；②该指数的计算基于反射率，因此它取决于来自地表的可见光波段和短波红外波段的足够反射率，以及可见光波段和短波红外波段之间反射量的差异，以便 *NDSI* 的计算给出可靠的结果。

其应用为：①积雪检测；②积雪覆盖分数；③辨别雪和云；④准确检测复杂阴影地形中的冰川冰；⑤探测结冰的湖水；⑥冰川测绘。

(2) 归一化差异冰雪指数(normalized difference snow ice index，NDSII)。

归一化差异冰雪指数(*NDSII*)使用 Landsat TM 和 SPOT-VGT 的红色及中红外光谱带的反射率值进行计算(Xiao et al.，2001)。VGT 传感器具有与 Landsat TM 波段等效的 4 个光谱波段(蓝光、红光、近红外和中红外)。基于 VGT 的 NDSII 方法是一种简单且自动的方法，可以监测和绘制从景观到全球尺度的冰雪覆盖区域。NDSII 开发背后的概念是利用 VGT 传感器的红光波段和短波红外波段中雪反射率的差异进行计算。

$$NDSII = \frac{RED - SWIR}{RED + SWIR} \tag{6.15}$$

其特征为：① NDSII TM 对冰雪覆盖面积和空间分布的估计与归一化差异雪指数效果类似；② NDSII VGT 具有从区域到全球尺度的冰雪覆盖的运行监测和绘图的潜力；③ NDSII指数范围为 $-1\sim1$，也采用类似于 *NDSI* 的固定阈值 0.4。

其应用为：①可应用于每日或 10 d 合成的 VGT 绘制和监测雪、冰盖；② NDSII 时序数据已被应用于监测中国青藏高原的冰雪覆盖。

(3) S3 雪指数(S3 snow index，S3)。

*S*3 的结构和模式考虑了植被和雪的不同光谱响应(Motoya et al.，2001)。*S*3 的操作通常伴随着与近红外波段中一定百分比的反射率相关的结果的标准阈值。

$$S3 = \frac{NIR \times (RED - SWIR)}{(NIR + RED)(NIR + SWIR)} \tag{6.16}$$

其特征为：①*S*3 可用于从植被中对雪进行分类，识别出优于 *NDSI* 的雪表征，特别是在植被/森林覆盖积雪的地区，*S*3 还用于区别雪和云；②已有研究发现 0.1 的阈值适用于 *S*3 在大部分场景中识别雪。

其应用为：①雪覆盖识别；②分离植被像素中的雪；③区分云和雪。

(4) 雪水指数(snow water index，SWI)。

在物理和气象条件变化很大的崎岖地形区域上的积雪制图经常遇到雪影混合、雪-云混合、雪-植被混合和雪-水混合等问题。因此，山区积雪面积的精确提取和绘图需要不受其他邻近土地覆盖变量(尤其是水)影响的遥感指数。为了实现更准确的积雪测绘，有学者开发了雪水指数(SWI)(Dixit et al.，2019)。该指数结合了绿光波段、近红外波段和短波红外波段，分析了雪、云、植被、水的光谱特征。

$$SWI = \frac{GREEN \times (NIR - SWIR)}{(GREEN + NIR)(NIR + SWIR)} \tag{6.17}$$

其特征为：①与早期的雪指数类似，SWI 能够消除云、土壤、植被和水的影响；②该指数利用更复杂的方法来消除相邻水像素的影响；③SWI 利用近红外波段在水的吸收特性，从而可以很容易地将雪与水区分开来；④通常认为 SWI 阈值大于 0.21 为积雪。

其应用为：①分离山体对积雪监测的影响；②大范围积雪制图。

6.2.3 城市指数

(1) 归一化差异建成区指数(normalized difference built-up index，NDBI)。

归一化差异建成区指数($NDBI$)(Guha et al.，2018)使用近红外波段和短波红外波段来强调人造建筑区域。$NDBI$ 是基于比率计算的，以减轻地形照明差异和大气的影响。

$$NDBI = \frac{SWIR - NIR}{SWIR + NIR} \tag{6.18}$$

其特征为：①$NDBI$ 负值代表水体，正值代表建成区，植被的 $NDBI$ 值比较低；②$NDBI$的值介于-1～1。

其应用为：①建成区的识别与制图；②分离水体、植被与不透水面；③监测城市建成区的空间分布和增长。

(2) 建成区指数(built-up index，BU)。

建成区指数(BU)使用 $NDVI$ 和 $NDBI$ 可视化和自动绘制城市/建成区，从而可以扩大 $NDBI$ 在植被和城区间的差异，进而更精准地识别建成区的空间分布(Zha et al.，2003)。

$$BU = NDBI - NDVI \tag{6.19}$$

其特征为：①适用于在夏季月份识别城市地区，在积雪期间效果较差；②通常较低的值代表建成区，较高的值代表植被。

其应用为：①建成区的识别与制图；②非常适合长期监测城市发展和估算城市地区不透水面的百分比。

(3) 城市指数(urban index，UI)。

基于 TM 影像，结合城市用地特点和热辐射信息，学者提出了城市指数(UI)。该指数利用 Landsat TM 热红外波段、短波红外波段以及近红外波段进行计算(杨燕等，2006)：

$$UI = \frac{Thermal - SWIR}{NIR} \tag{6.20}$$

式中，*Thermal* 表示 Landsat TM 热红外波段的反射率。

其特征为：①充分利用了城市区域的热红外波段信息，即城镇用地的热辐射信息，构建了城市指数来提取城镇用地信息；②利用 TM 遥感数据和 *UI* 提取城镇用地信息之前，需对影像进行预处理，以降低其空间分辨率，从而减少了城镇像元间的差异；③大面积植被和水体可能导致 *UI* 出现漏检误差。

其应用为：①城市用地信息提取；②估算城市地区不透水面的面积。

6.2.4 水体指数

(1) 归一化差异水体指数(normalized difference water index，NDWI)。

归一化差异水体指数(*NDWI*)(Mcfeeters，1996)用遥感影像的特定波段进行归一化差值处理，以突显影像中的水体信息。*NDWI* 是基于绿光波段与近红外波段的归一化比值指数，一般用来提取影像中的水体信息，效果较好。

$$NDWI = \frac{GREEN - NIR}{GREEN + NIR} \tag{6.21}$$

其特征为：①用 *NDWI* 来提取有较多建筑物背景的水体，如城市中的水体，其效果会较差；②与 *NDVI* 相比，*NDWI* 能有效地提取植被冠层的水分含量；③在植被冠层受水分胁迫时，*NDWI* 指数能及时响应，因此对旱情监测具有重要作用。

其应用为：①水体识别；②植被含水量监测。

(2) 改进的归一化差异水体指数(modified normalized difference water index，MNDWI)。

在归一化差异水体指数的基础上，徐涵秋对构成该指数的波长组合进行了修改，提出了改进的归一化差异水体指数 *MNDWI*，并分别将该指数在含不同水体类型的遥感影像中进行了实验，大部分获得了比 *NDWI* 好的效果，特别是提取城镇范围内的水体，因为 *NDWI* 影像往往混有城镇建筑用地信息，使提取的水体范围和面积有所扩大(Xu，2006)。

$$MNDWI = \frac{GREEN - SWIR1}{GREEN + SWIR1} \tag{6.22}$$

其特征为：①实验发现 *MNDWI* 比 *NDWI* 更能够揭示水体的微细特征，如悬浮沉积物的分布、水质的变化；②*MNDWI* 可以很容易地区分阴影和水体，解决了水体提取中难以消除阴影的难题。

其应用为：①水体识别；②植被含水量监测。

(3) 缨帽变换湿度指数(tasseled cap wetness，TCW)。

Landsat 专题制图仪的缨帽变换由 6 个多光谱特征组成，所有这些特征都可以在多时相数据集中的稳定性和变化方面进行区分。前 3 个特征通常解释了单日期图像的最大变化，前 3 个特征分别被标记为亮度、绿色和湿度。第 3 个特征即湿度，已被证明对土壤、植物水分和植被结构敏感。缨帽变换湿度指数（TCW）将可见光波段和近红外波段的总和与短波红外波段的总和进行对比（Crist，1985）：

$$TCW = 0.0315 \times BLUE + 0.2021 \times GREEN + 0.3102 \times RED + 0.159 \times NIR + 0.6806 \times SWIR1 + 0.6109 \times SWIR2 \tag{6.23}$$

其特征为：①TCW 对地形影响的敏感性较低；②TCW 是封闭冠层林成熟度和结构的重要指标；③TCW 对含水量和冠层结构之间的相互作用更敏感。

其应用为：①捕获针叶树死亡事件；②监测树皮甲虫和采伐；③森林变化检测与含水量估计。

（4）自动水提取指数（automated water extraction index，AWEI）。

自动水提取指数（$AWEI$）用于提高其他分类方法通常无法正确分类的阴影和暗表面等区域的分类准确性。因此，该指数针对阴影和非阴影区存在不同的计算公式，对于阴影区（Feyisa et al.，2014），为：

$$AWEI_{sh} = BLUE + 2.5 \times GREEN - 1.5 \times (NIR + SWIR1) - 0.25 \times SWIR2 \tag{6.24}$$

对于非阴影区，为：

$$AWEI_{nsh} = 4 \times (GREEN - SWIR1) - (0.25 \times NIR + 2.75 \times SWIR2) \tag{6.25}$$

其特征为：① $AWEI$ 可通过波段的区分和添加以及不同系数的应用，最大限度地提高水和非水像素的可区分性；② $AWEI$ 计算公式的系数是根据在各种土地覆盖类型的纯像素数据集中观察到的反射模式确定的经验数值；③系数通过强制非水像素低于 0 和水像素高于 0 来稳定区分水和非水的阈值。

其应用为：①水体制图；②区分阴影和水体。

（5）水体指数 2015（water index 2015，WI2015）。

水体指数 2015（$WI2015$）使用线性判别分析分类和统计分析来确定最能区分水和非水的系数，即最小化类内方差和最大化类间方差的系数（Fisher et al.，2016）：

$$WI2015 = 1.7024 + 171 \times GREEN + 3 \times RED - 70 \times NIR - 45 \times SWIR1 - 71 \times SWIR2 \tag{6.26}$$

其特征为：①有色水体和混合像素会导致 $WI2015$ 识别水体的遗漏误差；②$WI2015$ 用来自 TM、ETM+ 和 OLI 传感器的数据时，精度非常稳定且相似。

其应用为：①大规模水体制图；②区分不透水面和水体；③该指数对纯水像素的总体准确度范围为 95%～99%，对混合像素的总体准确度范围为 73%～75%。

6.2.5 土壤指数

（1）土壤调节植被指数（soil-adjusted vegetation index，SAVI）。

土壤调节植被指数（$SAVI$）用于校正归一化差异植被指数对植被覆盖率较低地区土壤亮度的影响。$SAVI$ 用 RED 和 NIR 值之间的比率计算，土壤亮度校正因子（L）定义为 0.5，可以适应大多数土地覆盖类型（Huete，1988）。

$$SAVI = \frac{NIR - RED}{NIR + RED + L} \times (1 + L) \tag{6.27}$$

其特征为：①*SAVI* 必须预先已知下垫面植被的密度分布或覆盖百分比，因此仅适合于提取某一小范围内植被覆盖度变化较小区域的下垫面的植被信息。②*SAVI* 的目的是解释背景的光学特征变化并修正 *NDVI* 对土壤背景的敏感。与 *NDVI* 相比，*SAVI* 增加了根据实际情况确定的土壤调节系数 L，其取值范围为 0～1。$L=0$ 时，表示植被覆盖度为零；$L=1$ 时，表示植被覆盖度非常高，即土壤背景的影响为零，这种情况只有在植被树冠浓密的高大树木覆盖的地方才会出现。③*SAVI* 仅在土壤线参数 $a=1$、$b=0$(即非常理想的状态下)时才适用。

其应用为：①该指数与 *NDVI* 类似，但抑制了土壤像素的影响，它使用土壤亮度校正因子将土壤亮度影响降至最低；②该指数使用冠层背景调整因子 L，这是关于植被密度的函数，通常需要事先了解植被数量；③该指数最适用于植被相对稀疏的地区，有些通过树冠可以看到土壤。

(2) 变换型土壤调节植被指数(transformed soil adjusted vegetation index，TSAVI)。

植被指数有许多不同的表达方式，其中，*NDVI* 在植被覆盖度定量研究中的应用最广，但是 *NDVI* 值不仅受地面植被状况的影响，而且受土壤背景、大气状况以及成像条件的影响。已经发展了多种植被指数来部分消除环境条件的影响，对于干旱半干旱区域中植被覆盖比较稀疏的地区，采用土壤调节植被指数(*SAVI*)和变换型土壤调节植被指数(*TSAVI*)来降低土壤背景的影响。*TSAVI* 可通过式(6.28)进行计算(Baret et al.，1991)：

$$TSAVI = \frac{a(NIR - a)(RED - b)}{RED + a(NIR - b) + 0.08(1 + a^2)} \tag{6.28}$$

式中：a 和 b 分别为土壤线的斜率和截距；0.08 是土壤调节参数。

其特征为：①*TSAVI* 通过假设土壤线具有任意斜率和截距来最小化土壤亮度影响；②*TSAVI* 提高了指数在植被覆盖稀疏时的表征能力。

其应用为：①土壤识别；②植被监测；③植被生物量反演；④*TASVI* 与植被 *LAI* 具有高相关性。

(3) 调整型土壤调节植被指数(modified soil adjusted vegetation index，MSAVI)。

目前，通过卫星遥感资料确定区域面上的植被分布、类型的研究受到许多实用领域的普遍重视，并由此提出了许多形式不同的植被指数。土壤背景噪声是造成植被指数不确定的重要原因之一，不同学者在标准化差值植被指数的基础上提出了多种旨在能削弱土壤背景噪声的土壤调整植被指数，如权重差值植被指数、土壤调整植被指数和变换型土壤调整植被指数等。这些植被指数不同程度上削弱了土壤背景噪声，但是必须预先已知下垫面植被的密度分布或覆盖百分比，也就是说仅适合于求解某一小范围内植被覆盖变化较小区域的下垫面上的植被指数，而且其动态范围也偏小。在这种情况下，*MSAVI* 被提出用于改进上述指数的不足(Wu et al.，2019)：

$$MSAVI = \frac{2NIR + 1 - \sqrt{(2NIR + 1)^2 - 8(NIR - RED)}}{2} \tag{6.29}$$

其特征为：① *MSAVI* 是一种旨在替代 *NDVI* 的指数，因为植被低或植物中缺乏叶绿素会使 *NDVI* 无法提供准确的数据；② *MSAVI* 将裸土对土壤调节植被指数（*SAVI*）的影响降至最低；③ *MSAVI* 值的范围是 -1～1，-1～0.2 表示裸土，0.2～0.4 为种子萌发阶段，0.4～0.6 为叶片发育阶段，当值超过 0.6 时可以直接应用 *NDVI* 进行植被监测。

其应用为：①用 *MSAVI* 检测不均匀发芽的作物；②用 *MSAVI* 衡量植被-温度相应的相关性；③用 *MSAVI* 监测植被的水分胁迫。

6.3 光谱复合指数与应用

6.3.1 水稻提取

地物的光谱特征往往包含丰富的信息，有助于帮助区分地物，尤其是作物。作物与别的地物类别有不同的光谱特征，采用特定的方式组合多波段光谱特征来构建光谱复合指数，有助于增强该作物与其他地物类别以及不同作物之间的区别，同时抑制相同作物之间的微弱差异。水稻是我国的主要粮食作物之一，快速、精准地获取水稻的种植面积及分布信息，有利于各级农业部门了解水稻的长势，分析病虫害及冷害、热害状况，从而为指导区域农业生产和区域水稻产量估算提供可靠依据。因此，水稻提取是目前农业遥感领域中一个极其重要的任务。采用不同的指数以及组合指数来提取水稻，提取效果各有优劣。如何高效地利用光谱指数特征，将水稻从多种地物类别以及多种作物之中区分出来，是水稻提取任务要解决的核心问题。常用于水稻提取的数据有 MODIS、Landsat 数据，这些数据由于其重访周期相对较短，拥有较好的时间序列信息，且光谱特征也比较丰富，具有多个光谱波段，能够更好地显示出水稻的物候特征，还可增大水稻与其他地物类别以及作物类别之间的差异性。

水稻在一个生长周期内将经历 5 个主要生长阶段：秧苗生长期、分蘖期、幼穗发育期、抽穗扬花期和灌浆成熟期。在水稻生长早期，稻田需要保持一定深度的水，与同期其他农作物（玉米、大豆、花生和棉花等）相比具有较高的地表含水量，有利于 MOD09A1 中的短波红外数据对稻田的识别（曹丹等，2018）。另外，16 d 合成的 MOD13Q1 数据分辨率相对较高，能够反映水稻的生长规律，有助于通过比较其他农作物与水稻的生长特征曲线来提高对水稻田的识别能力。

同时，利用水稻特有的移栽期地表水分指数和增强型植被指数（*EVI*）的变化特征可以实现对水稻的提取。由水稻的生理特性知识可知，为了便于农田插秧，在水稻移栽前需要对稻田进行灌水，此时稻田的土壤含水量很高。因此，在水稻移栽期，可根据此时水稻田含水量高的特点，从遥感影像中将水稻提取出来，并且能很好地与其他作物区分开。实验通过提取东北三省内的水稻样点数据，提取出 MODIS-NDVI 时间序列的变化曲线分析水稻的物候特征，再根据水稻移栽期地表水指数（land surface water index，*LSWI*）和 *EVI* 的时序变化，建立两者之间的数学关系，最终实现了东北三省水稻面积的提取。其技术路线如图 6.1 所示。

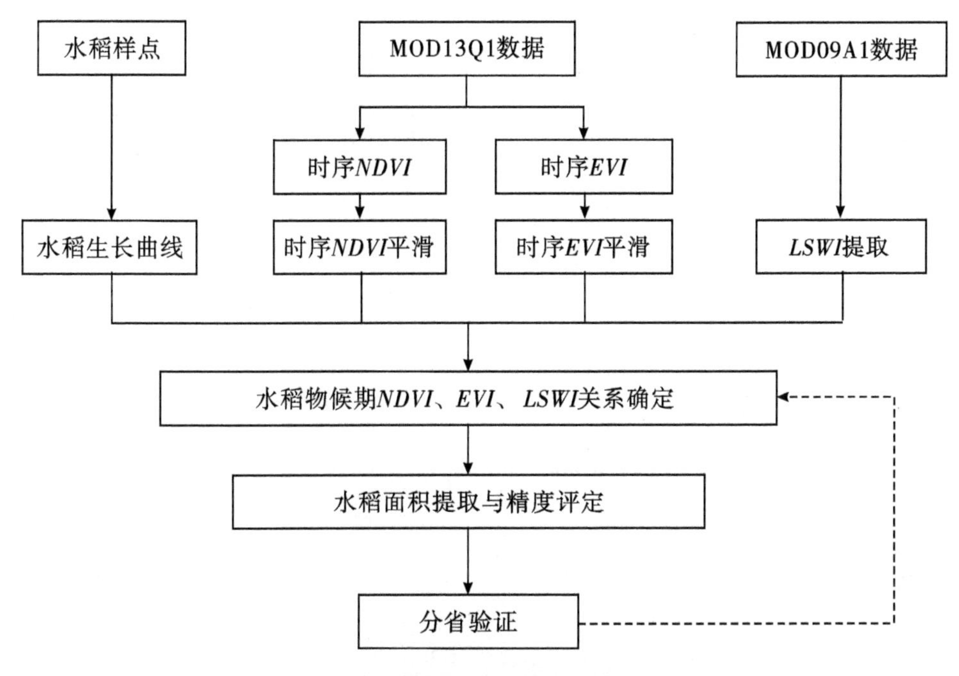

图 6.1 水稻提取技术路线(曹丹等，2018)

具体步骤如下：首先，利用 Google Earth 分别选取了若干个水田、旱地、林地、建筑用地和水域的样本点。然后，对提取的样点作插值和 S-G(savitzky-golay)滤波处理，得到各样点的时序 *NDVI* 曲线，进而判断水稻的物候周期。图 6.2 为提取的东北典型地类的 *NDVI* 时序曲线，依次为水田、旱地、林地、建设用地和水域。从时序 *NDVI* 曲线可以看出：水田与建筑用地、林地、水域可以通过 *NDVI* 时序很好地区分开，全年平均 $NDVI>0.7$ 的地区是林地，全年平均 $NDVI<0$ 的地区判断是水体，$NDVI<0.2$ 的地区是建设用地。但是从物候曲线可以看出，水田与旱地在物候上区别不大，较难区分，因为水田在移栽期含水量较高，于是引入对水体较为敏感的 *LSWI* 对两者进行区分。利用 MOD09A1 数据分别计算水田和旱地的 *LSWI*，见式(6.30)。

$$LSWI = \frac{b_2 - b_6}{b_2 + b_6} \tag{6.30}$$

式中：b_2 为近红外波段反射率；b_6 为短波红外波段反射率。对水田、旱地样点分别提取 *LSWI* 后发现，在水田的移栽期内两者有很大的区别。因此，根据统计出来的样点移栽期的水田和旱地的 *LSWI* 分布结果可以综合总结出水稻在移栽期的水体指数大致满足该关系：$0.12 \leqslant LSWI < 0.5$。通过水体指数初步筛选后，需要再通过植被指数进行进一步筛选。在利用植被指数时，因为 *NDVI* 比较容易饱和，而 *EVI* 能够抑制大气、土壤背景对植被信息的影响，所以获取了 250 m 分辨率的 MOD13Q1 的 *EVI* 数据，提取各地类样点在水稻移栽期内的 *EVI*，并进一步进行统计分析，145 d 的 $EVI<0.26$ 可认为是水稻像元。

通过上述分析，可将满足条件的像元分类为水田像元，但此结果可能包含了永久水体和湿地等地类类型。因此，需要将 1 年内所有可用日期的数据中小于 0 的像元看作永久水体，并将最新土地利用数据中的沼泽地和滩地的水域类型除去，以进一步排除永久水体和湿地。

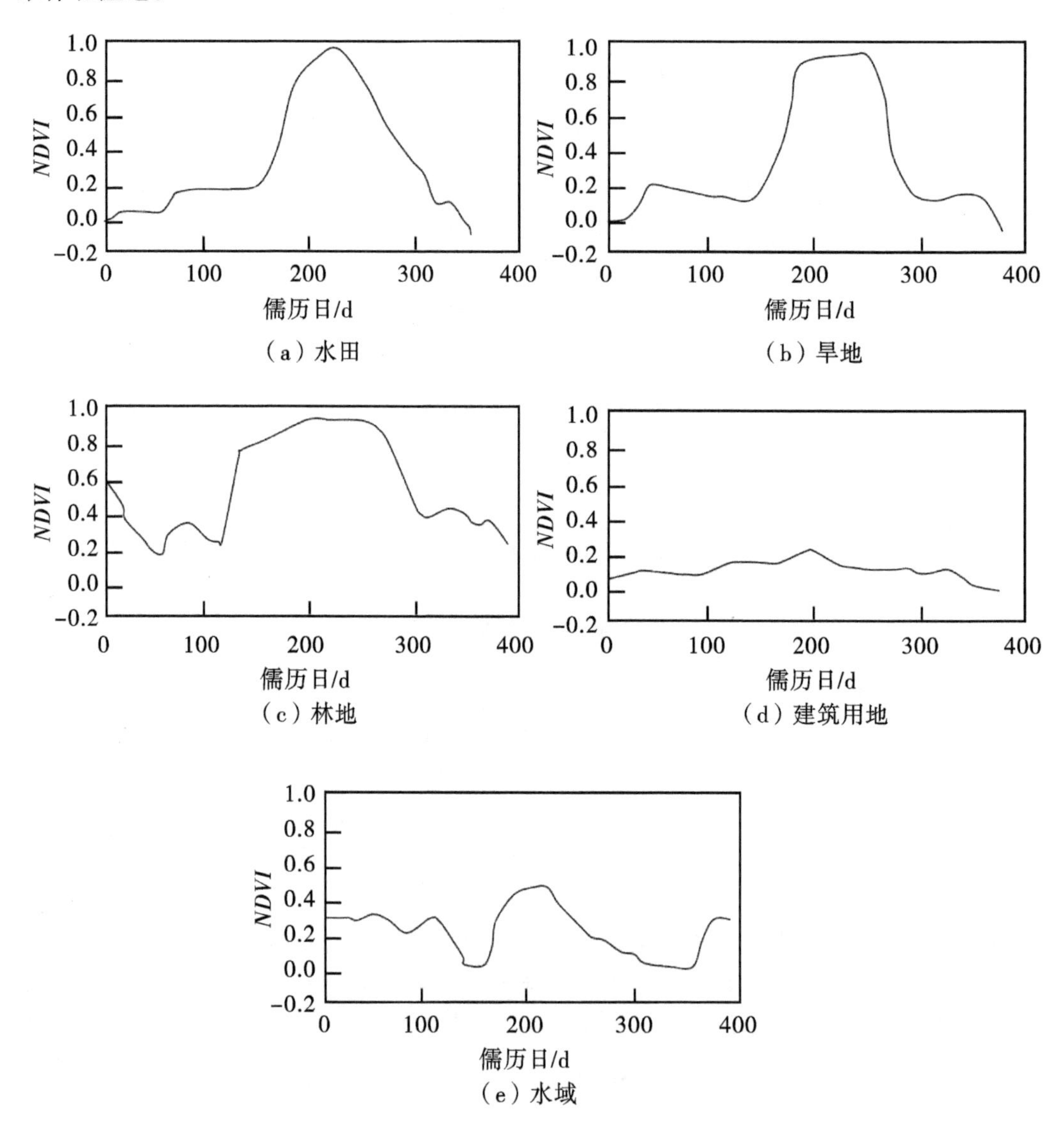

图 6.2　各地类 *NDVI* 时序曲线(曹丹等，2018)

除了利用 MODIS 数据进行水稻提取，为了获得更高分辨率、更具有空间特性的水稻制图结果，也有学者在 Sentinel-2 影像上进行水稻的提取。Ni 等采用 Sentinel-2 影像，基于水稻的物候特征，通过增强水稻与其他作物之间的光谱分离性来提取水稻(Ni et al.，2021)。通过实验分析发现，在传统采用单一关键物候期(即插秧期)进行水稻制图的方法中，水稻和其他植物(如湿地植被)之间存在着较为严重的光谱分离性差的问题，导致提取效果不理想。为解决这个问题，可采用基于像素的增强型物候学特征合成方法(Eppf-CM)进行水稻提取。该方法主要包含 3 个步骤：首先，利用 Eppf-CM 构建一个新的特征，即基于 Eppf-CM 的复合图像，其中包括 4 个不同的物候期。然后，为了评估 Eppf-CM 在光谱可分离性方面的改进，对 4 个物候期的所有组合进行了比较。最后，将基于 Eppf-CM 的合成图像输入一个单类分类器（单类支持向量机，OCSVM）中来绘制水稻，其中，OCSVM 的参数是通过敏感性分析来设定的。

如图 6.3 所示，Eppf-CM 的主要步骤可以分为以下 3 个阶段。

（1）通过 2 种云掩膜方法分别在场景级和像素级去除 Sentinel-2 图像中的云层。

（2）通过分析裸土指数（*BSI*）、地表水指数（*LSWI*）、归一化植被指数（*NDVI*）和植物衰老反射指数（*PSRI*）的时间分布，确定水稻的 4 个独特物候期。

（3）首先，对在不同物候期获得的每张图像计算 1～2 个光谱指数。然后，通过对每个光谱指数图像在其相应的物候期上，应用中值合成的方法，得出 6 个指数合成图像[*BSI*、*LSWI*、绿色叶绿素植被指数（*GCVI*）、*NDVI*、增强植被指数（*EVI*），以及 *PSRI*]。最后，通过整合这 6 个指数的合成图像，构建了一个新的特征图像，即基于 Eppf-CM 的合成图像。

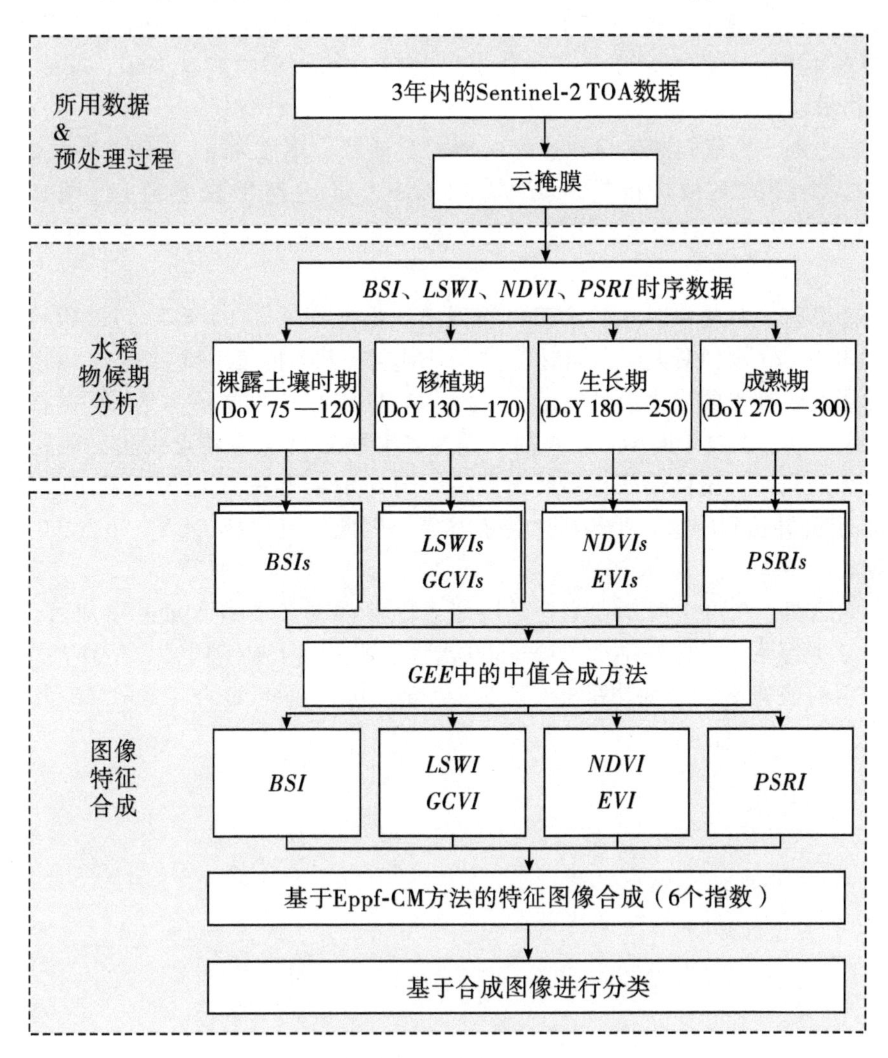

图 6.3 水稻提取技术路线(Ni et al.，2021)

首先，当云量百分比高于70%时，Sentinel-2图像的整个场景将被掩膜掉。云量百分比是根据图像的元数据中的CLOUDY_PIXEL_PERCENTAGE属性确定的。根据前人的研究，可知这个阈值通常被设定为70%。其次，Sentinel-2数据中的QA60波段标记了不透明的云层像素和卷云像素，因此，从低云率场景中，通过掩膜掉QA60波段中被标记为1的像素，进一步去除了被云污染的像素，再进行后续的应用。

为了提高水稻和其他作物的光谱可分离性，通过对4个光谱指数（*BSI*、*LSWI*、*NDVI* 和 *PSRI*）的时间序列进行分析，来确定4个关键物候期（裸土期、移植期、生长期和成熟期）。选择这些指数的原因如下：①选择 *BSI* 用于检测土壤裸露期是因为它可以有效地表征土壤中的矿物质含量；②选择 *LSWI* 是因为它在识别洪水信号方面有很好的表现，在以往的研究中已经证明了它在检测移栽期方面的优势；③*NDVI* 作为一个被广泛认可的植被敏感度指数，被广泛用于检测生长期；④由于 *PSRI* 对类胡萝卜素和叶绿素含量的变化具有较高的敏感性，因此被用来检测成熟期。

为确定4个关键物候期，分别分析了 *BSI*、*LSWI*、*NDVI* 和 *PSRI* 的年平均时空分布，如图6.4所示。通过对分布图的分析以及现有的水稻物候学知识，确定了水稻的4个关键物候期。

（1）裸土期。土壤光谱信号在这个时期较为活跃。图6.4(a)表明 *BSI* 在DoY 75—120得到了持续的高值。相反，*NDVI* 和 *LSWI* 则达到了低谷阶段[图6.4(b)和图6.4(c)]，这表明该时期植被不明显且含水量较少。因此，DoY 75—120被定义为裸土期。

（2）移植期。在这一时期，水田将被淹没。根据图6.4(b)所示，*LSWI* 迅速上升，在DoY 130—170达到最大值。同时，在这一时期，*BSI* 持续下降[图6.4(a)]，受到了水淹没的影响，被水的光谱信号覆盖。因此，DoY 130—170被认为是水稻的移栽期。

（3）生长期。在这个时期，水稻的快速生长和树冠的闭合将会发生。因此，在叶绿素信号增加的同时，土壤信号也会明显减少。图6.4(a)和图6.4(c)显示 *NDVI* 在DoY 180—250上升并达到峰值，*BSI* 则达到了谷底。因此，可以把DoY 180—250看作水稻的生长期。

（4）成熟期。在这个时期，水稻的叶绿素随着类胡萝卜素含量的增加而迅速减少。如图6.4(d)所示，*PSRI* 在DoY 270—300出现了明显的上升。同时，*NDVI* 的明显下降表明了水稻的快速衰老现象[图6.4(c)]。因此，可以确定DoY 270—300为水稻的成熟期。

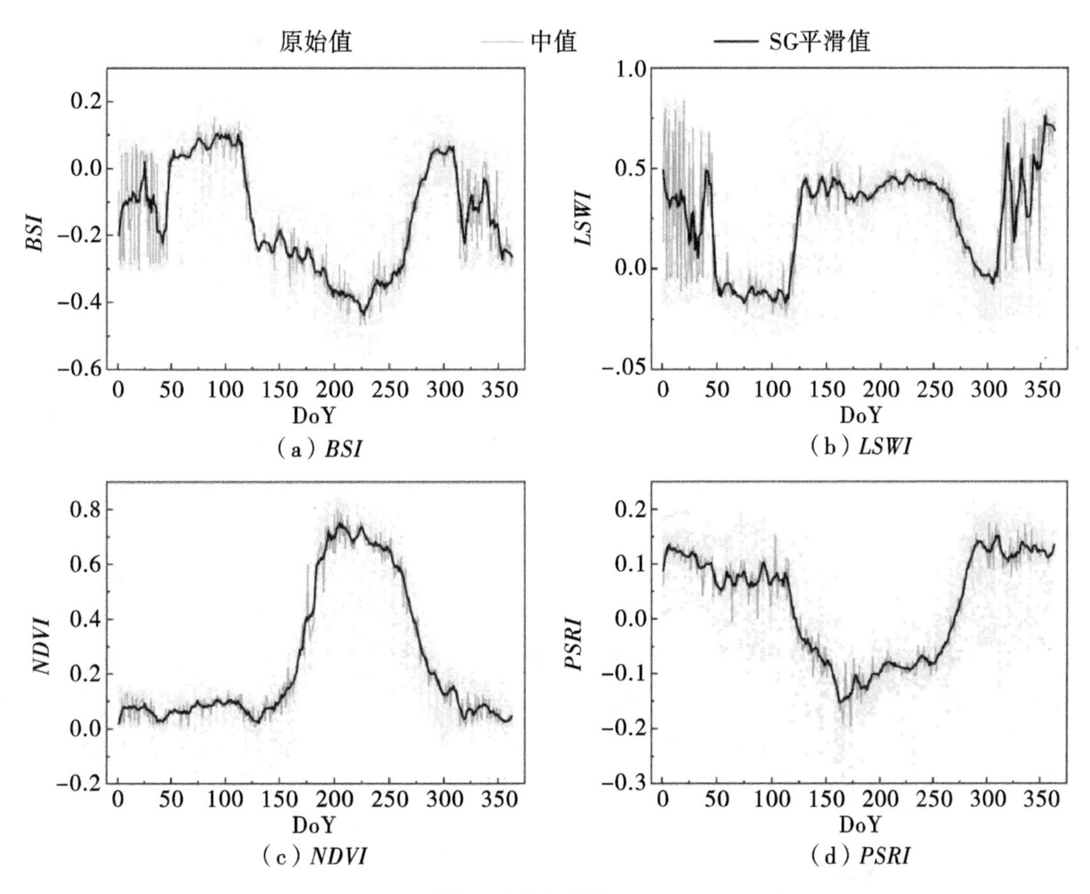

图 6.4 4 种指标的时序曲线(Ni et al.，2021)

分析得到了 4 个物候期之后，在不同物候期获得的每张图像上计算 1～2 个光谱指数。然后，通过对每个光谱指数图像在其相应的物候期内，应用中值合成方法，得出 6 个指数合成图像。例如，*BSI* 综合图像是由在裸土期(DoY 75—120)对所有云掩膜后的 Sentinel-2 影像计算得到的 *BSI* 进行中位数合成所得。

表 6.2 是上述所有指标的计算公式汇总，共选用了 6 种光谱指数，分别对应了 4 个不同物候期的特征显示，并且在移植期和生长期中分别再添加了 *GCVI* 和 *EVI* 作为特征补充，以提高不同作物之间特征的可分离能力。

表 6.2 光谱指数计算公式汇总

光谱指数	计算公式	对应物候期
BSI	$BSI = [(SWIR + R) - (NIR + B)]/[(SWIR + R) + (NIR + B)]$	裸土期
LSWI	$LSWI = (NIR - SWIR)/(NIR + SWIR)$	移植期
GCVI	$GCVI = NIR/G - 1$	移植期
NDVI	$NDVI = (NIR - R)/(NIR + R)$	生长期
EVI	$EVI = 2.5 \times (NIR - R)/(NIR + 6 \times R - 7.5 \times B + 1)$	生长期
PSRI	$PSRI = (R - B)/NIR$	成熟期

注：*R*、*B*、*G* 分别对应 *RED*、*BLUE*、*GREEN*。

选择这6个特定的光谱指数来构建新特征的原因如下：考虑到在水稻物候分析中具有突出表现并且被广泛应用的指数，故先选择 *BSI*、*LSWI*、*NDVI* 和 *PSRI*。对于移植期和生长期，*GCVI* 和 *EVI* 具有显著的作用，因此额外增加了这2个指数。*GCVI* 最初是为估计叶绿素含量而设计的，在该方法中加入了 *GCVI*，可以在移植期区分水田和其他植被(因为 *GCVI* 对灌溉因素的敏感性比其他植被指数更强)。此外，尽管 *NDVI* 在植被识别方面表现良好，但仍有一些已知的局限性，包括对大气条件和封闭树冠下饱和度的敏感性不足等，导致应用效果不佳。因此，*EVI* 也被引入进来弥补 *NDVI* 的不完善之处。最后，通过堆叠这6个指数的复合图像，得到一个具有6个指数的新特征，即基于Eppf-CM的复合图像，将其输入分类器中进行分类，能使判别特征更加明显，帮助从中精准地提取出水稻。

利用光谱复合指数提取水稻的关键技术，就是找到水稻的独特物候期或者相应的物候特征，从而用特征的组合或者指数组合来反映出水稻与其他地物类别以及不同作物之间的可分离性，并通过增强可分离性使分类器可以更准确地从中提取出水稻的信息。因此，采用这种方式提取水稻，需要的数据源必须满足以下几个条件：①时间序列的数据完整性要高，重访周期不能太长；②影像的光谱分辨率要高，需要有多个光谱波段显示不同的特征；③数据有效性要强，需要去云或者少云数据，避免干扰。水稻提取作为农业作物提取中极其关键的一环，在未来的需求也会日益增加，因此如何更高效地利用光谱复合指数进行水稻提取将是一个非常具有挑战性的任务，未来也会逐渐研究出更多先进的技术手段来精准地进行水稻制图。

6.3.2 干旱评估

1. 干旱及其研究发展

气候变化被认为是21世纪地球的主要威胁之一。全球地表温度在过去的百年间显著上升，气候变暖加剧了全球水循环，造成极端事件频发(Solomon et al.，2007)。在各种极端事件中，干旱是发展最缓慢、持续时间最长、最不可预测、对经济和环境破坏最严重的一种自然灾害。干旱灾害不仅较其他自然灾害影响范围广，而且危害巨大，造成了水资源短缺、作物减产或绝收、饥荒与流行病扩散，甚至导致人口迁移和朝代更替(Wilhite，2001)。受社会经济发展、人口持续增长、全球环境变化引起的气候变暖等情况的影响，水资源短缺等问题日趋严重，这也直接导致了干旱地区范围不断扩大和干旱化程度加重。干旱灾害对北美、欧洲、亚洲、大洋洲、非洲等均造成了极其严重的危害，已成为全球关注的问题。

鉴于对干旱研究的角度和侧重点不同，目前世界上没有一个统一的干旱定义可以充分表述干旱的强度、持续时间、危害以及对不同地区的潜在影响(Heim，2002)。Palmer提出干旱为“持续异常的水分亏缺”(Palmer，1967)；世界气象组织将干旱定义为“持续的、长期的降水不足”。《联合国防治荒漠化公约》对干旱的定义是“干旱是指降水量明显低于正常水平，导致严重水文失衡，对土地资源生产系统产生不利影响的自然现象”

(McKee et al., 1993)。中国气象局定义干旱为“因水分的收与支或供与求不平衡而形成的持续的水分短缺现象”。美国气象局在总结各种干旱定义的基础上把干旱大致概括为4类：气象干旱(一个地区一段时间内的降水亏缺)、农业干旱(在无地表水资源供给的情况下，一段时期土壤水分减少而造成的作物减产或失收现象)、水文干旱(一段时间降水减少导致的地表和地下水资源亏缺现象)、社会经济干旱(水资源供需的时空不平衡影响相关社会经济活动的现象)(Council，1997)。

相较于其他的自然灾害，干旱灾害有自己的特点：①形成缓慢，持续时间长，发生和结束难以判断；②对不同对象的影响方式不同，例如，对农作物会导致农作物枯萎，而对动物会导致饮水困难；③空间分布范围上难以界定；④水利设施和社会经济等因素决定了影响的严重程度；⑤具有时间对比性，历史记录的比较对判定有很大的影响；⑥影响具有滞后性，如一定时间后爆发粮食危机等。

干旱监测评估是准确把握干旱动态、评估区域干旱态势、决策未来抗旱策略的关键。干旱领域的研究始于20世纪初期，之后逐渐发展了各种各样的干旱指数和评价方法。最早由Munger(1916)提出了将连续24 h内降雨量低于1.27 mm(0.5 in)的日数作为识别干旱的标准。Blumenstock(1942)应用干旱日数长短与概率论描述干旱频率，并定义48 h内降雨低于2.54 mm即为干旱。之后，为描述农业干旱中水分需求的影响，McGuire等(1957)利用实际供应水分与湿度需求的相对百分比，定义了充足水分指数，并将其实际应用于1957年美国东部的干旱现象分析。从以上论述可知，在20世纪上半叶，干旱的识别和评估过程已逐步从把降水短缺作为干旱现象的简单方法发展到针对特定问题模式的有限应用。1965年，Palmer利用降雨量、温度及土壤饱和含水量等参数，提出了帕尔默干旱指数(Palmer drought severity index，PDSI)来描述气象干旱，其可反映异常气候条件的影响，通过标准化，实现了干旱事件在空间和时间上的可比性。之后，PDSI被广泛用于干旱研究的各个领域，如对比不同烈度的干旱事件，研究干旱时空的分布特征，探索干旱的周期规律，监测水文趋势，预测作物产量，评估潜在的火灾危机，划定干旱的影响范围，以及预测干旱等，并由此成为干旱指数发展史上的里程碑。

我国干旱评估的研究起步于20世纪50年代，采用的干旱指标及评估方法大多是参考国外指标体系的结构模式，按照国内气候特征和干旱特点逐步建立起来的。例如，安顺清等(1985)对PDSI干旱指标及其计算模式进行修正后将其应用到国内，取得了满意的效果；张强等(2004)以标准化降水指数(standardized precipitation index，SPI)和湿润指数为基础，发展了一个可以考虑近期降水量对干旱影响的综合指标。另外，学者们针对干旱现象的不确定性，采用不同方法对干旱的风险评估展开了系统研究，逐步完善了我国干旱风险指标与评估的概念及方法(刘薇等，2008)。

2. 遥感干旱指数

干旱指数是研究和评估干旱事件的基础，也是衡量干旱程度的关键指标。传统的干旱定量方法主要依靠气候统计指数，然而部分指数由于忽略了气温、土壤等因素对干旱的影响，在评估不同水文系统的干旱和区别不同类型的干旱时缺乏针对性。近年来，干旱指数的开发及应用取得了较大的发展，对干旱指数及其应用加以综述和评价，可以为干旱的监测和评估，特别是干旱指数在区域资源环境、跨学科多领域的应用提供方法和依据。基于遥感技术建立干旱指数的优势包括：大范围空间数据的连续性，在地面站点稀疏或不存在的区域都有相关数据；数据采集的重访率较高，具中等分辨率的卫星数据，如 MODIS，在相同地点每天能获取多景影像，能够对历史数据进行回顾分析研究，有利于进行有意义的历史干旱分析与建模。

理想的遥感干旱指数特征包括：能定期发布区域干旱状况的业务化数据产品；能计算各时间段内各区域相对历史数据的干旱的异常程度；能区分轻旱、中旱和重旱。其数据较易获取并能以各种格式呈现，如能用 GIS 对数据进行可视化分析，能够对遥感干旱指数的计算结果进行精度评估。干旱指数可划分为 2 类：一类是基于地面气候数据的干旱指数；另一类是基于遥感监测的干旱指数。传统的干旱监测方法是基于地面站点观测或实验观测，通过对观测数据进行统计分析来对干旱情况进行量化分析。但由于干旱特征及其影响的复杂性，很难找到一种普遍适用于各种用途的干旱指数，因此应用于不同需求的干旱指数得到了发展。

国内外干旱遥感科学人员开发了大量的干旱遥感指数，主要包括可见光－近红外、热红外和微波遥感三大类。可见光－近红外干旱遥感借助反射率与土壤含水率的负相关性质，以及植被区的水分胁迫状况进行干旱解译；热红外遥感依据水分平衡与能量平衡的基本原理，通过土壤表面发射率(比辐射率)和地表温度之间的关系估算土壤水分，是最常用的遥感干旱监测技术。经过近几十年的发展，研究人员开发出干旱指数不下几十种。各种干旱指数在特定地域及时间范围内都有其相对的合理性，具有重要的理论和应用价值。

干旱是在水分胁迫下，农作物及其生活环境相互作用构成的一种旱生生态环境。利用遥感监测旱情，通常是利用地表植被状况、地表热特征、叶面含水特征、地表蒸散等指标监测作物旱情。在这些理论指导下，利用遥感监测植被指数、地表温度和地表水分信息建立了距平植被指数(anomaly vegetation index，AVI)、植被状态指数(vegetation condition index，VCI)、温度条件指数(temperature condition index，TCI)、作物缺水指数(crop water stress index，CWSI)、归一化干旱指数(normalized difference drought index，NDDI)和归一化多波段干旱指数(normalized multi-band drought index，NMDI)、作物叶面缺水指数(normal differential water index，NDWI)、Bhalme 和 Mooley 干旱指数(Bhalme-Mooley drought index，BMDI)、极端干旱指数(drought severity index，DSI)和土壤热惯量等指数来表征作物旱情(闫娜娜，2005；牟伶俐，2006)。干旱的遥感监测，主要是探究不同地表类型的水分含量，包括裸土、部分植被覆盖和全植被覆盖等情形。在部分植被覆盖和全植被覆盖的情况下，植被指数模型，如归一化植被指数、作物缺水指数、供水植被指数等比较适用。植被的生长状态与土壤水分具有密切的关系。当植被受水分胁迫时，反映绿色植被生长状态的植被指数会变化，从而达到了干旱监测的目的。下面主要介绍归一化干旱指数和归一化多波段干旱指数。

(1) 归一化干旱指数。

Gu 等(2007)开发了归一化差异干旱指数(*NDDI*)，是 *NDVI* 和 *NDWI* 的组合，该指数结合二者的优势反映地表因干旱导致的植被长势和土壤湿度的变化，进而反映出当前地表的干旱程度，其计算式为：

$$NDDI = \frac{NDVI - NDWI}{NDVI + NDWI} \tag{6.31}$$

(2) 归一化多波段干旱指数。

Wang 等(2008)提出了基于 3 个波段的归一化多波段干旱指数(*NMDI*)，适用于表达空间遥感土壤的植被水分含量，其计算式为：

$$NMDI = \frac{R_{860\ \mathrm{nm}} - (R_{1640\ \mathrm{nm}} - R_{2130\ \mathrm{nm}})}{R_{860\ \mathrm{nm}} + (R_{1640\ \mathrm{nm}} - R_{2130\ \mathrm{nm}})} = \frac{R_2 - (R_6 - R_7)}{R_2 + (R_6 - R_7)} \tag{6.32}$$

式中，R 表示在 MODIS 传感器中各个波段的反射率，860 nm 为通道 2 波段，1640 nm 为通道 6 波段，2130 nm 为通道 7 被段。该指数利用植被冠层强烈吸收近红外(860 nm)的特性，同时利用短波红外 1640 nm 与 2130 nm 波段对土壤和植被含水量及水分吸收差异的敏感特性，提高反映干旱的敏感度，并提高监测土壤与植被水分含量的能力。*NMDI* 对土壤湿度的变化反应比较灵敏，对比分析不同时相的 *NMDI* 遥感图像时，发现其与 0～50 cm 土层深度的土壤墒情相关性显著，且通过了 0.01 水平的显著性检验。已有研究发现，*NMDI* 在植被覆盖度较低时(作物生长前期)反演土壤水分的效果要优于植被覆盖度高时(张红卫等，2009)。

3. 遥感干旱指数应用案例

(1) 案例一：利用 *NDVI*、*NDWI* 与 *NDDI* 分析美国中部平原、草原的干旱情况(Gu et al., 2007)。

传统上，干旱监测是基于气象站的观测，缺乏描述和监测详细干旱情况的空间格局所需的连续空间覆盖。自 20 世纪 70 年代以来，已有数百项研究利用卫星陆地观测数据对各种动态陆面过程进行监测，卫星遥感也为干旱监测提供了新的研究方向。该研究基于连续 5 年(2001—2005 年)的 MODIS 数据的归一化植被指数(*NDVI*)和归一化水体指数(*NDWI*)计算出归一化差异干旱指数(*NDDI*)，对堪萨斯州和俄克拉荷马州弗林特山生态区的草地进行了干旱评估，其步骤为：①建立区域气候时间序列数据库(2001—2005 年)；②建立草地 *NDVI*、*NDWI* 与气候条件的关系评价；③基于 5 年比较，研究了 *NDWI* 与 *NDVI* 提供的额外干旱信息；④计算 *NDDI*，以评价和分析弗林特山生态区草地的干旱情况，并与 *NDVI*、*NDWI* 对干旱的表征能力做了比较，结果发现 *NDVI*、*NDWI* 和干旱之间存在密切关系。

干旱年份的夏季月份的 *NDVI* 和 *NDWI* 值大大低于非干旱年份的夏季月份的 *NDVI* 和 *NDWI* 值，且在夏季严重干旱时期，*NDWI* 值比 *NDVI* 值下降幅度更大，这表明 *NDWI* 比 *NDVI* 对干旱条件更敏感。然而，作为综合了 *NDVI* 与 *NDWI* 的干旱指数 *NDDI*，其在该研究区对干旱的敏感程度明显超过 *NDVI* 以及 *NDWI*，证明了 *NDDI* 对于干旱有强指示能力。图 6.5 展示了弗林特山研究区夏季的 *NDDI* 的空间分布，*NDDI* 值越高表明干旱越严重，该研究区 2003 年为干旱年，2004 年为非干旱年。可以看出，干旱年的 *NDDI* 值明显大于非干旱年，尤其是在 8 月与 9 月，这说明了 *NDDI* 具有对大面积地区的干旱进行监测的潜在价值。

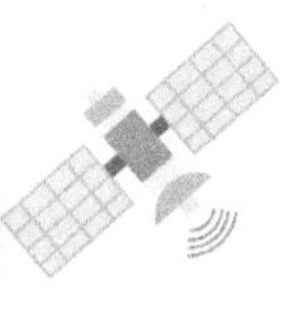

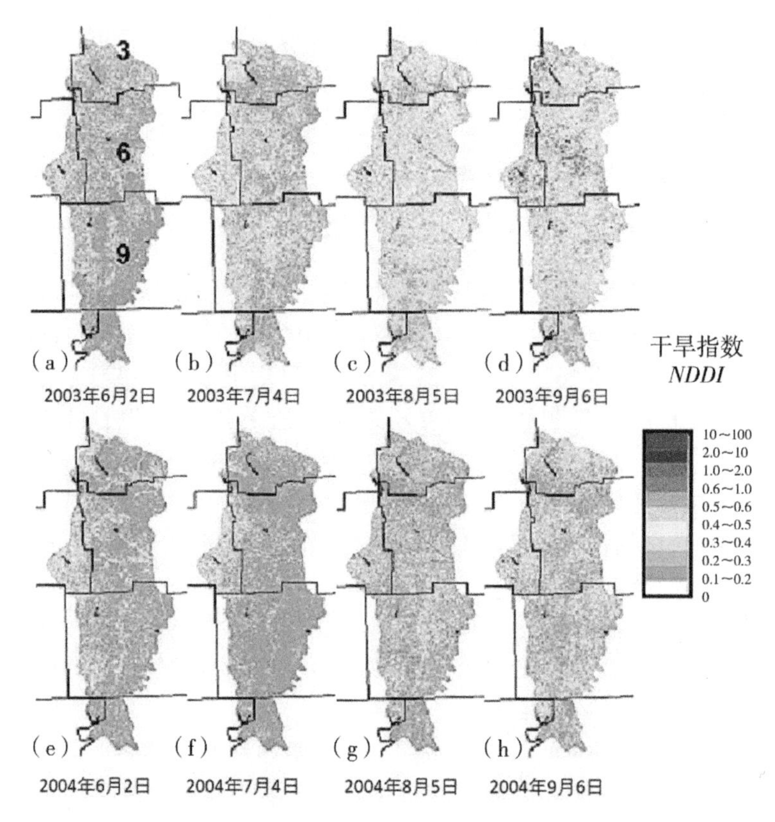

图 6.5　弗林特山区的 *NDDI* 空间分布(Gu et al.，2007)

(2) 案例二：使用 *NMDI* 进行森林火灾探测(Wang et al.，2008)。

近年来，森林火灾因其对环境、人类、野生动物、生态系统功能、天气和气候的巨大影响而受到越来越多的关注。干旱在为森林火灾的发生创造有利条件方面发挥着重要作用。根据多年来的研究，建立了累积干旱与火灾之间的密切关系。为了尽可能地减少森林火灾的影响，准确监测和绘制森林火灾的时空分布非常重要，因为它有助于评估和控制火灾影响以及对土地利用、土地覆盖变化和气候变化等的研究。该研究的目的是调查和比较归一化多波段干旱指数(*NMDI*)、归一化水指数(*NDWI*)和归一化燃烧比(*NBR*)，在美国佐治亚州南部和希腊南部森林检测其 2007 年探测森林火灾的能力。

对于佐治亚州的森林火灾案例，3 种指数的分析比较如图 6.6 所示，火情在(a)中用红色线条勾勒，而在 *NMDI*、*NDWI* 和 *NBR* 图像中用红色像素表示。可以看出，*NMDI* 表现出对于火灾最佳的指示作用，其指示效果优于 *NDWI* 以及 *NBR*，而且其指示范围十分贴合实际火灾区域，说明 *NMDI* 对于火灾的检测精度高。计算了各个指数对于火灾检测结果的混淆矩阵，结果表明，使用 *NMDI* 进行主动火灾探测的总体准确率接近 100%。

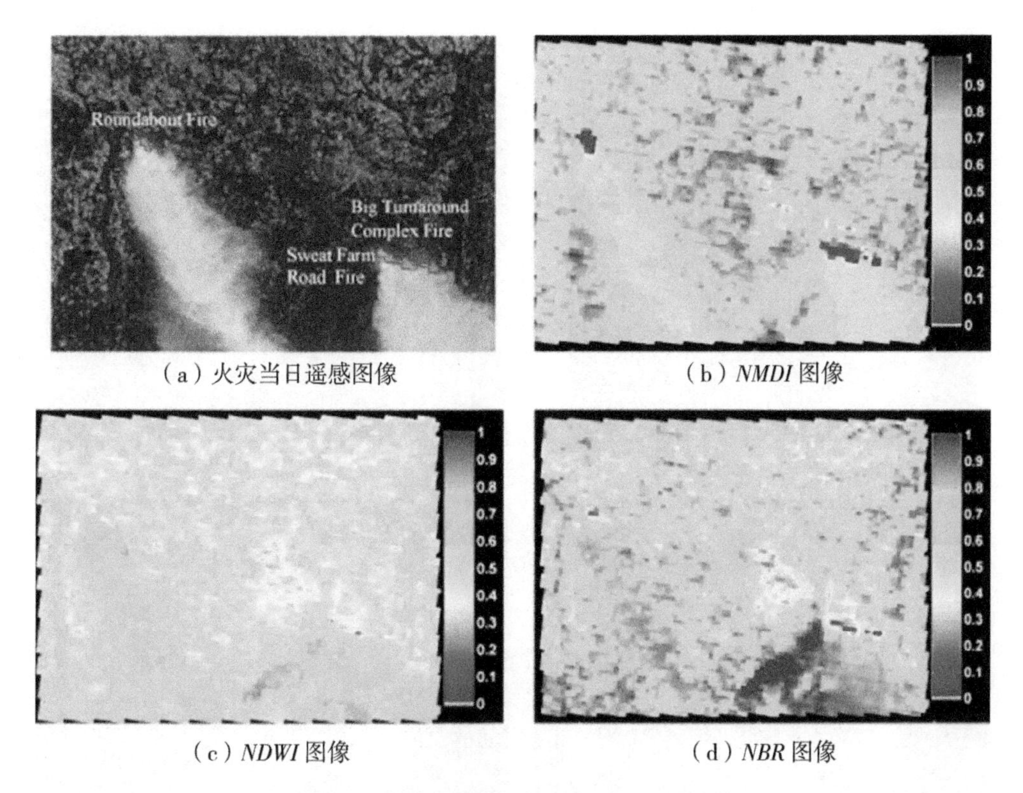

（a）火灾当日遥感图像　（b）*NMDI* 图像

（c）*NDWI* 图像　（d）*NBR* 图像

图 6.6　佐治亚研究区(Wang et al.，2008)

对于希腊大火案例，其研究方法与上面相同。图 6.7 给出了 3 种指数的火灾检测结果，火情在图 6.7(a)中用红色线条勾勒，而在 *NMDI*、*NDWI* 和 *NBR* 图像中用红色像素表示。由图 6.7 可以看出，与 *NDWI* 和 *NBR* 相比，*NMDI* 在主动火灾探测方面再次表现出最优的性能和辨别能力，使用 *NMDI* 的火灾探测结果与使用 MODIS 火灾产品的总体准确率接近 100%，误报率低于 1%，平均火灾探测率约为 75%。

基于 2 个研究区火灾实例的测试，可以发现 *NMDI* 都有对应于活动火灾的强信号，并能准确定位活动火点。基于图像比较和统计分析进行性能评估，结果表明使用 *NMDI* 的主动火灾探测非常准确。与 *NDWI* 和 *NBR* 相比，*NMDI* 表现出最优的整体性能和辨别能力。

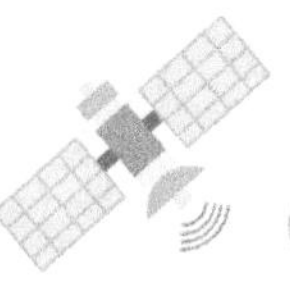

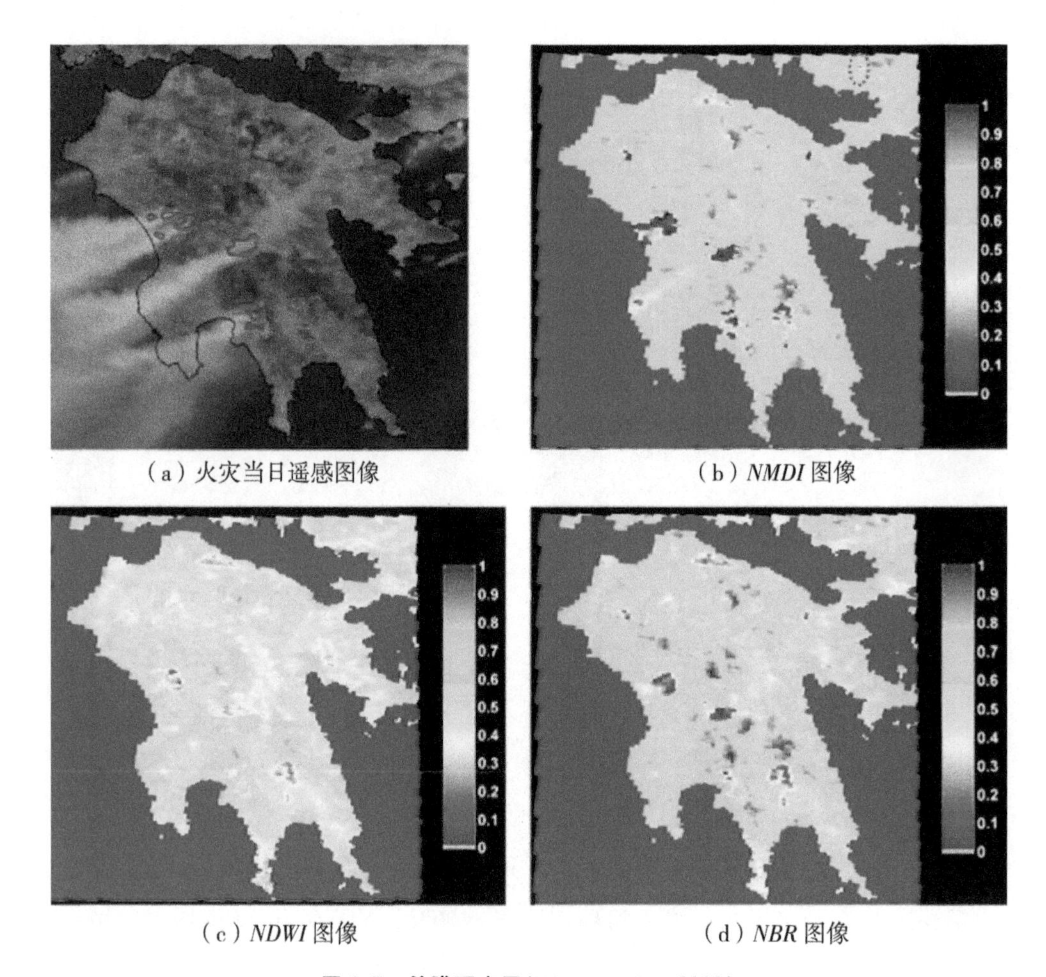

（a）火灾当日遥感图像　　（b）*NMDI* 图像

（c）*NDWI* 图像　　（d）*NBR* 图像

图 6.7　希腊研究区(Wang et al.，2008)

思考题

1．波段运算有哪些类型？
2．波段运算对专题解译有何作用？
3．常规的植被指数有何特殊功能和应用？
4．积雪指数和植被指数在光谱特性和波段组合上有何异同？
5．如何充分利用各类指数高效地监测干旱灾害？

参考文献

[1] ASHOURLOO D, NEMATOLLAHI H, HUETE A, et al. A new phenology-based method for mapping wheat and barley using time-series of Sentinel-2 images[J]. Remote sensing of environment, 2022, 280: 113206.

[2] BAZZI H, BAGHDADI N, EI HAJJ M, et al. Mapping paddy rice using Sentinel-1 SAR time series in Camargue, France[J]. Remote sensing, 2019, 11(7): 887.

[3] BARET F, GUYOT G. Potentials and limits of vegetation indices for LAI and APAR assessment[J]. Remote sensing of environment, 1991, 35(2/3): 161 - 173.

[4] BIRTH G S, MCVEY G R. Measuring the color of growing turf with a reflectance spectrophotometer[J]. Agronomy journal, 1968, 60(6): 640 - 643.

[5] BLUMENSTOCK G. Drought in the United States analyzed by means of theory of probability [J]. United States department of agriculture, economic research service, 1942, 819: 157395.

[6] COUNCIL A M S. Policy statement: meteorological drought[J]. Bulletin of the American meteorological society, 1997, 78: 847 - 849.

[7] CRIST E P. A TM tasseled cap equivalent transformation for reflectance factor data[J]. Remote sensing of environment, 1985, 17(3): 301 - 306.

[8] DIXIT A, GOSWAMI A, JAIN S. Development and evaluation of a new "snow water index(SWI)" for accurate snow cover delineation [J]. Remote sensing, 2019, 11 (23): 2774.

[9] FEYISA G L, MEILBY H, FENSHOLT R, et al. Automated water extraction index: a new technique for surface water mapping using landsat imagery[J]. Remote sensing of environment, 2014, 140: 23 - 35.

[10] FISHER A, FLOOD N, DANAHER T. Comparing landsat water index methods for automated water classification in Eastern Australia[J]. Remote sensing of environment, 2016, 175: 167 - 182.

[11] GARCIA M L, CASELLES V. Mapping burns and natural reforestation using thematic mapper data[J]. Geocarto international, 1991, 6(1): 31 - 37.

[12] GU Y, BROWN J F, VERDIN J P, et al. A five-year analysis of MODIS NDV1 and NDWI for grass land drought assessment over the central Great Plains of the United States[J]. Geophysical research letters, 2007, 34(6): L06407.

[13] GUHA S, GOVIL H, DEY A, et al. Analytical study of land surface temperature with NDVI and NDBI using Landsat 8 OLI and TIRS Data in Florence and Naples City, Italy [J]. European journal of remote sensing, 2018, 51(1): 667 - 678.

[14] HARDISKY M A, KLEMAS V, SMART R M. The influence of soil salinity, growth form, and leaf moisture on the spectral radiance of spartina alterniflora canopies[J]. Photogrammetric engineering and remote sensing, 1983, 49: 77 - 83.

[15] HEIM R R. A review of twentieth-century drought indices used in the United States[J]. Bulletin of the American meteorological society, 2002, 83(8): 1149 - 1166.

[16] HUETE A, DIDAN K, MIURA T, et al. Overview of the radiometric and biophysical performance of the MODIS vegetation indices[J]. Remote sensing of environment, 2002, 83(1/2): 195 - 213.

[17] HUETE A R. A soil-adjusted vegetation index (SAVI)[J]. Remote sensing of environment, 1988, 25(3): 295 - 309.

[18] INZANA J, KUSKY T, HIGGS G, et al. Supervised classifications of Landsat TM band ratio images and Landsat TM band ratio image with radar for geological interpretations of central madagascar[J]. Journal of African earth sciences, 2003, 37(1): 59 - 72.

[19] MCFEETERS S K. The use of the normalized difference water index (NDWI) in the delineation of open water features[J]. International journal of remote sensing, 1996, 17(7): 1425 - 1432.

[20] MCKEE T B, DOESKEN N J, KLEIST J. The relationship of drought frequency and duration to time scales[C]// Proceedings of the 1993 8th conference on applied climatology. Anaheim: American Meteor Society, 1993: 179 - 184.

[21] MCGUIRE J K, PALMER W C. The 1957 drought in the Eastern United States[J]. Monthly weather review, 1957, 85(9): 305 - 314.

[22] MOTOYA K, YAMAZAKI T, YASUDA N. Evaluating the spatial and temporal distribution of snow accumulation, snowmelts and discharge in a multi basin scale: an application to the Tohoku Region, Japan[J]. Hydrological processes, 2001, 15(11): 2101 - 2129.

[23] MUNGER T T. Graphic method of representing and comparing drought intensities[J]. Monthly weather review, 1916, 44(11): 642 - 643.

[24] NI R, TIAN J, LI X, et al. An enhanced pixel-based phenological feature for accurate paddy rice mapping with Sentinel-2 imagery in google earth engine[J]. ISPRS journal of photogrammetry and remote sensing, 2021, 178: 282 - 296.

[25] PALMER W C. The abnormally dry weather of 1961—1966 in the Northeastern United Sates[J]. New York university geophysical research laboratory report, 1967, 68(3): 32 - 56.

[26] SOLOMON S D, QIN D, MANNING M, et al. Climate change 2007: the physical science basis. Contribution of working group I to the fourth assessment report of the intergovernmental planel on climate change (IPCC)[M]. Cambridge: Cambridge University Press, 2007.

[27] WANG L, QU J J, HAO X. Forest fire detection using the normalized multi-band drought index (NMDI) with satellite measurements[J]. Agricultural and forest meteorology, 2008, 148(11): 1767 - 1776.

[28] WILHITE D A. Creating a network of regional drought preparedness networks: a call

for action[J]. Drought network news, 2001, 13(2/3): 1-4.

[29] WU Z, LEI S, BIAN Z, et al. Study of the desertification index based on the albedo-MSAVI feature space for semi-arid steppe region[J]. Environmental earth sciences, 2019, 78(6): 232.

[30] XIAO X, SHEN Z, QIN X. Assessing the potential of VEGETATION sensor data for mapping snow and ice cover: a normalized difference snow and ice index [J]. International journal of remote sensing, 2001, 22(13): 2479-2487.

[31] XU H. Modification of normalised difference water index (NDWI) to enhance open water features in remotely sensed imagery[J]. International journal of remote sensing, 2006, 27(14): 3025-3033.

[32] ZAINI N, YANIS M, ABDULLAH F, et al. Exploring the geothermal potential of Peut Sagoe volcano using Landsat 8 OLI/TIRS images[J]. Geothermics, 2022, 105: 102499.

[33] ZHA Y, GAO J, NI S. Use of normalized difference built-up index in automatically mapping urban areas from TM imagery[J]. International journal of remote sensing, 2003, 24(3): 583-594.

[34] 安顺清，邢久星. 帕默尔旱度模式的修正[J]. 气象，1985，11(12)：17-19.

[35] 曹丹，景海涛，孙金珂. 多时相 MODIS 指数提取东北三省水稻种植面积[J]. 测绘科学，2018，43(7)：54-60.

[36] 邓佳音，陈建平. 多光谱影像波段比值法消除地形阴影的定量分析[J]. 地质学刊，2018，42(3)：501-506.

[37] 刘薇，曹升乐，任立良. 模糊综合模型在干旱等级评价中的应用[J]. 水电能源科学，2008，26(2)：100-102.

[38] 牟伶俐. 农业旱情遥感监测指标的适应性与不确定性分析[D]. 北京：中国科学院遥感应用研究所，2006.

[39] 杨燕，田庆久，虢健宏. 基于城镇指数提取城镇用地信息的方法研究[J]. 遥感信息，2006(4)：27-29.

[40] 闫娜娜. 基于遥感指数的旱情监测方法研究[D]. 北京：中国科学院遥感应用研究所，2005.

[41] 张强，高歌. 我国近 50 年旱涝灾害时空变化及监测预警服务[J]. 科技导报，2004(7)：21-24.

[42] 张红卫，陈怀亮，周官辉，等. 归一化多波段干旱指数在农田干旱监测中的应用[J]. 科技导报，2009，27(11)：23-26.

7 热红外遥感

热红外遥感探测技术具有独特的属性和广泛的用途，已在各种行业以及地学遥感探测中发挥着重要作用，尤其是具备夜间观测的特点，可以与光学遥感结合，发挥二者的优势和互补作用。本章介绍热红外遥感探测的基本原理、热红外传感器与辐射定标、热红外图像特征与解译、热红外遥感的应用方向与典型案例。

7.1 热红外遥感探测原理

7.1.1 红外波谱特征

红外遥感是指利用波长为0.76～1000.0 μm的波段开展的被动遥感探测。地物的红外波谱主要由地物反射的太阳热辐射（反射红外）和地物本身的热辐射（辐射红外）组成，按二者的贡献程度和红外遥感的探测方式，可以将红外波谱划分为4组波段区（见表7.1）。

(1) 近红外：0.76～3.0 μm，以地表物体对太阳热辐射的反射能量为主，又称为反射红外，和可见光波段一样，都是光学遥感探测的重要波段。其中，靠近可见光的0.76～1.2 μm波段可使胶片感光，又称为摄影红外。

(2) 中红外：3.0～6.0 μm，以地物自身的热辐射为主，地物对太阳辐射的反射能量相对较小，但也会对常温地物的遥感探测形成干扰，常用于探测地球表面的高温物体，如地热、火山和山火等。

(3) 远(热)红外：6.0～15.0 μm，以常温地物的热辐射为主，地物对太阳辐射的反射能量可忽略不计，又称为热红外，是热红外遥感探测的核心波段，主要用于常温地物的热红外探测（白天和夜间），如地表温度、体温计、夜视仪等。其中，8.0～14.0 μm波段是最优的地表热红外的观测窗口，如Landsat卫星的热红外波段6(10.4～12.6 μm)。

(4) 超远红外：15.0～1000.0 μm，主要来自常温地物的热辐射，大多数被大气层吸收，难以用于地学遥感探测。其能量大小位于电子和光子之间，不完全适合用光学或微波理论和技术，在20世纪90年代以前一度被称为“太赫兹空白”。太赫兹波[0.1～10.0 THz(1 THz = 10^{12} Hz)]频率高、波长短，具有很高的时域频谱信噪比，在浓烟、沙尘环境中传输损耗少，可穿透墙体等固体物。太赫兹成像技术在工业无损探测、安全检测（塑料手枪、塑料炸弹、流体炸药和人体炸弹）、远距离探测地下/路边雷场分布等方面有独特功能。大于 1000.0 μm(1 mm)的波段则称为微波，本质上也是被动热红外，在地学遥感探测上有广泛的用途(见第 8 章)。

表 7.1 红外波段的种类、范围及特征

波段名称	波长范围/μm	特征和遥感探测方式
近红外 (反射红外)	0.76～3.0	以地表对太阳辐射的反射能量为主，用于被动光学遥感探测(白天)
中红外	3.0～6.0	以地物自身的热辐射为主，地物对太阳辐射的反射能量较小，常用于探测地球表面的高温物体，如地热、火山和山火等
远红外 (热红外)	6.0～15.0	以常温地物的热辐射为主，地物对太阳辐射的反射能量可忽略不计，主要用于地物的热红外探测(白天和夜间)
超远红外	15.0～1000.0	以常温地物的热辐射为主，多被大气吸收，较难用于地学遥感探测

7.1.2 真实物体的热辐射

从理论上讲，自然界任何温度高于热力学温度 0 K 或 - 273 ℃的物体都在不断地向外发射电磁波，即向外辐射具有一定能量和波谱分布位置的电磁波。其辐射能量的强度和波谱分布位置是关于物质类型和温度的函数。正因为这种辐射主要依赖于温度，因此称为热辐射。热辐射是一种电磁波，遵循电磁波的所有规律，即以光速直线传播，传播速度等于辐射波长同频率的乘积；以不连续的量子形式传播，每个量子的能量为 $Q = h\nu$ (h 为普朗克常数)。

黑体是理解热辐射的基础，黑体被定义为完全的吸收体和发射体。它吸收和重新发射所接收到的所有能量，中间没有反射，其吸收率和发射率相等，且为 1。即在任何温度下，对各种波长的电磁辐射能的吸收系数恒等于 1 的物体称为黑体。实际上，自然界并不存在黑体，所有物体都会反射少量的入射能，而不是完全的吸收体。

普朗克(Planck)定律给出了黑体辐射出射度与温度、波长的定量关系(见第 2 章)。德国物理学家威廉・维恩(Wilhelm Wien，1864—1928)提出了维恩位移定律，给出了黑体的发射峰值波长与温度的定量关系，指出随着黑体温度的增加，发射峰值波长减小；他凭借发现热辐射定律获得了 1911 年诺贝尔物理学奖。斯特藩 - 玻尔兹曼(Stefan-Boltzmann)定律描述了随着黑体温度的增加，总发射辐射也增加，即黑体的辐射强度与温度的 4 次方成正比。也就是说，物体热辐射的强度和峰值波长都是随着物体的温度变化而变化的。温度确定后，从普朗克公式、维恩位移定律就可以确定辐射源的光谱分布，推算出物体的峰值波长。从斯特藩 - 玻尔兹曼定律可以计算物体辐射的总功率。反之，也可以根据物体的光谱分布及辐射总功率推算出物体的实际温度。这些理论对黑体是严格成立的，通过对地表辐射能量的测量或运用遥感热图像数据，可以间接获得目标对象的温度信息。但是对于真实物体，由于比辐射率的影响，要获得地表真实温度的难度较大。

真实物体的辐射出射度小于同温度下黑体的辐射出射度，二者的比值被称为比辐射率或发射率，用 $\varepsilon(T,\lambda)$ 表示，指物体在温度 T、波长 λ 处的辐射出射度 $M_S(T,\lambda)$ 与同温度、同波长下的黑体辐射出射度 $M_B(T,\lambda)$ 的比值，如式(7.1)所示：

$$\varepsilon(T,\lambda) = \frac{M_S(T,\lambda)}{M_B(T,\lambda)} \tag{7.1}$$

比辐射率是一个无量纲的量，ε 的取值范围为 0～1，它是关于波长 λ 的函数，由材料的性质决定，通常在常规的温度变化范围内为常数。

根据红外辐射计测出物体的辐射出射度以及相同温度下黑体的辐射出射度，可得到比辐射率。但是，在自然环境下要证明被测物体和黑体的表面温度相同是很困难的。由于所测物体的出射辐射度中还包含有部分环境辐射，难以区分环境辐射和自身辐射，故难以精确地测定物体的比辐射率。

当计算真实物体的总辐射出射度时，把斯特藩－玻尔兹曼定律修正为式(7.2)：

$$M(T) = \varepsilon\sigma T^4 \tag{7.2}$$

式中：$M(T)$为总辐射出射度，单位为 $W \cdot m^{-2}$；T 为物体真实温度，单位为 K；σ 为斯特藩－玻尔兹曼常数，取值为 $5.67\times10^{-8}\ W \cdot m^{-2} \cdot K^{-4}$；$\varepsilon$ 为物体的比辐射率。

式(7.2)说明，物体不断辐射电磁波能量(辐射能量)的强度 $M(T)$与物体的比辐射率 ε 以及物体的表面温度 T、波长 λ 有关。当从传感器或地表测量中获得了辐射能量$M(T)$时，还需要知道物体的比辐射率 ε，才能得到目标对象的温度。

真实物体的比辐射率是物体发射能力的表征，它不仅依赖于地表物体的组成成分，而且与物体的表面状态(表面粗糙度等)及物理性质(介电常数、含水量、温度等)有关，并随着所测定的辐射能的波长(λ)、观测角度(θ)等条件的变化而变化。如表 7.2 所示，常温下不同地表物体在 8～14 μm 谱段内的比辐射率变化较大，每种物体的比辐射率各异，呈现出相对独特的波谱特征，这种热红外波谱特征即为热红外遥感探测的物理基础之一。

表 7.2　各种常用物质于常温下在热辐射波段(8～14 μm)的比辐射率

物质	平均比辐射率(8～14 μm)	物质	平均比辐射率(8～14 μm)
清水、湿雪	0.98～0.99	水泥混凝土	0.92～0.94
粗冰	0.97～0.98	油漆	0.90～0.96
人的皮肤	0.97～0.99	干植被	0.88～0.94
健康绿色植被	0.96～0.99	干雪	0.85～0.90
湿土	0.95～0.98	花岗岩	0.83～0.87
沥青混凝土	0.94～0.97	玻璃	0.77～0.81
砖	0.93～0.94	粗铁片	0.85～0.90

续表

物质	平均比辐射率 (8～14 μm)	物质	平均比辐射率 (8～14 μm)
木	0.93～0.94	光滑金属	0.16～0.21
玄武岩	0.92～0.96	铝箔	0.03～0.07
干矿物质土	0.92～0.94	亮金	0.02～0.03

另外，常规物体的比辐射率与观测角度有关，而辐射强度与观察角度 θ 无关的辐射源则称为朗伯源。只有绝对黑体才是朗伯源，太阳可近似看成一个朗伯源。自然界的真实物体并不是朗伯源，它们的表面辐射亮度 L 与出射方向(观察角度)θ 有关，即比辐射率 ε 不仅是关于波长 λ 的函数，还是出射角 θ 的函数。

根据比辐射率与波长的关系，可以把物体的热辐射分为 3 类：①接近于黑体的物体，发射率近于 1。许多物质在某一特定波长范围内的辐射如同黑体，如水在 6～14 μm 波段的辐射特征很接近黑体，发射率为 0.98～0.99。②与波长无关的灰体，发射率小于 1。自然界大多数物体为接近于黑体的灰体。③发射率随波长变化的物体，称为选择性辐射体，如氙灯、水银灯等。

7.1.3 热辐射与地气的相互作用及传输方程

(1) 热辐射与地气的相互作用。

在第 2 章中，介绍了太阳短波辐射能量被地表物体表面吸收、反射、透射的基本过程，它们之间的能量平衡关系如式(7.3)所示：

$$E_{\mathrm{I}} = E_{\mathrm{A}} + E_{\mathrm{R}} + E_{\mathrm{T}} \tag{7.3}$$

式中：E_{I} 为入射能；E_{A} 为吸收能；E_{R} 为反射能；E_{T} 为透射能。它们都是关于波长的函数。式(7.3)两边同时除以入射能，得式(7.4)：

$$\frac{E_{\mathrm{I}}}{E_{\mathrm{I}}} = \frac{E_{\mathrm{A}}}{E_{\mathrm{I}}} + \frac{E_{\mathrm{R}}}{E_{\mathrm{I}}} + \frac{E_{\mathrm{T}}}{E_{\mathrm{I}}} \tag{7.4}$$

其中：定义 $\alpha(\lambda) = \frac{E_{\mathrm{A}}}{E_{\mathrm{I}}}$，$\rho(\lambda) = \frac{E_{\mathrm{R}}}{E_{\mathrm{I}}}$，$\tau(\lambda) = \frac{E_{\mathrm{T}}}{E_{\mathrm{I}}}$；$\alpha(\lambda)$、$\rho(\lambda)$ 和 $\tau(\lambda)$ 分别表示物体的吸收率、反射率、透射率。则式(7.4)可改为式(7.5)：

$$\alpha(\lambda) + \rho(\lambda) + \tau(\lambda) = 1 \tag{7.5}$$

对于热辐射，所关注的是地表特征的发射辐射，即吸收部分入射能量的再发射。基尔霍夫(Kirchhoff)定律指出，在热平衡条件下，物体的光谱发射率 $\varepsilon(\lambda)$ 等于它的光谱吸收率 $\alpha(\lambda)$，即 $\varepsilon(\lambda)=\alpha(\lambda)$。发射率既是物体辐射能力的量度，也是物体吸收能力的量度，发射率即比辐射率。虽然绝对的热平衡状态并不存在，但局地热平衡却是普遍存在的。所谓局地热平衡，是指瞬时热交换非常缓慢，物体向外辐射的能量近似等于从外界吸收的能量，此时物体处于热平衡状态。已有经验证明，基尔霍夫定律对大多数地面条件都能适用。因此，在实际应用中可以用物体的光谱发射率来代替光谱吸收率，式(7.5)可改

写为式(7.6)：

$$\varepsilon(\lambda) + \rho(\lambda) + \tau(\lambda) = 1 \tag{7.6}$$

在遥感应用中，研究的目标物体一般假定为对热辐射是不透明体，即透射率 $\tau(\lambda) = 0$，式(7.6)可以改写为式(7.7)：

$$\varepsilon(\lambda) + \rho(\lambda) = 1 \tag{7.7}$$

式(7.7)说明，在热辐射光谱区段，物体的发射率和它的反射率之间存在互补关系。物体的反射率越低，其发射率越高；反之，物体的反射率越高，发射率则越低。例如，在热红外谱段，水的反射率微不足道，因此它的发射率接近于1；相反，金属片具有高反射率，因此它的发射率远小于1。

根据式(7.7)，可以通过测定物体的反射率 $\rho(\lambda)$ 来测定发射率 $\varepsilon(\lambda)$。需要注意的是，物体的发射率与反射率均是关于测定波长(λ)、观测角度(θ)、观测方向(ϕ)的函数。

(2) 热辐射传输方程。

太阳辐射以短波为主，在波长较长的热红外谱区，地表物体的热辐射以自身的热辐射为主，而来自太阳辐射的反射能量占比很小。但太阳辐射是地表发射能量的主要来源，地面吸收太阳短波辐射后开始升温，且地面吸收太阳辐射之后再向外辐射波段较长的热红外辐射。在热红外遥感的地－气辐射传输中，地面与大气都是热红外辐射的辐射源，辐射能多次通过大气层，被大气吸收、散射和反射(见图7.1)，地表热红外遥感探测需要考虑大气对热辐射的影响。

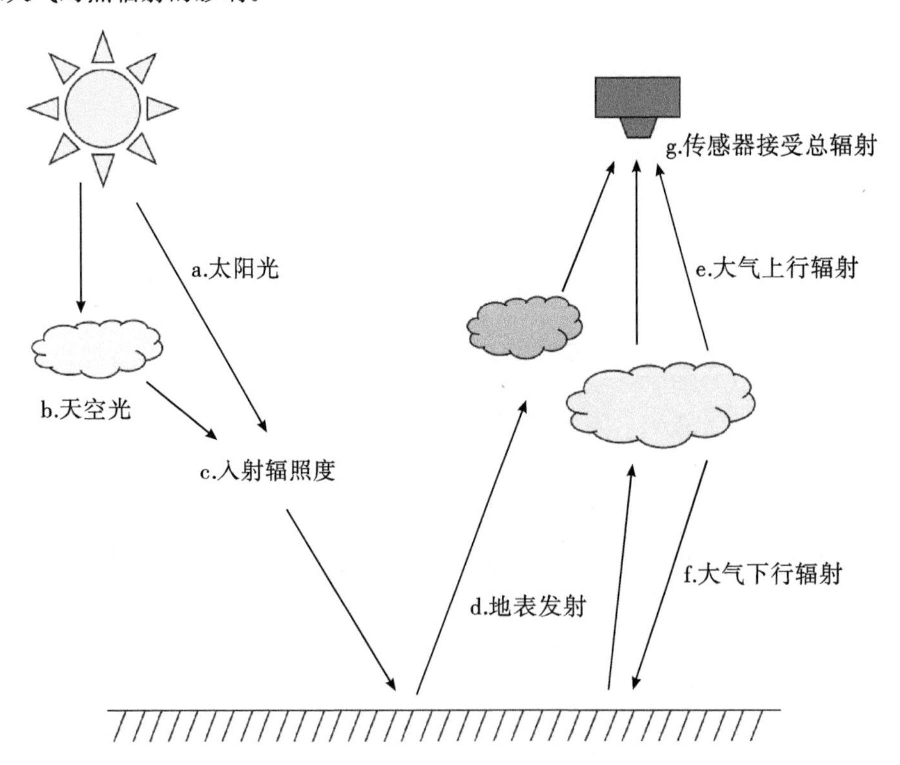

图7.1　地–气辐射传输与相互作用示意(赵英时，2013)

若假设地表和大气对热辐射具有朗伯体性质，大气下行辐射强度在半球空间内为常数，则热辐射传输方程(赵英时，2013)可简化为式(7.8)：

$$L_\lambda = B_\lambda(T_S)\varepsilon_\lambda\tau_{o\lambda} + L_{o\lambda}^{\uparrow} + (1-\varepsilon_\lambda)L_{o\lambda}^{\downarrow}\tau_{o\lambda} \tag{7.8}$$

式中：L_λ 为遥感探测器接收到波长 λ 的热红外辐射亮度；$B_\lambda(T_S)$ 为地表物理温度是 T_S(单位为 K)时的普朗克黑体辐射亮度；ε_λ 为波长 λ 的地表比辐射率(发射率)；$\tau_{o\lambda}$ 为地面到遥感探测器之间的大气层透射率；$L_{o\lambda}^{\uparrow}$ 和 $L_{o\lambda}^{\downarrow}$ 分别为波长 λ 的大气上行辐射和大气下行辐射。

式(7.8)中等号右边第一项[$B_\lambda(T_S)\varepsilon_\lambda\tau_{o\lambda}$]为地表热辐射经过大气衰减后被遥感探测器接收的热辐射亮度，即被测目标地物的辐射；第二项($L_{o\lambda}^{\uparrow}$)为大气上行辐射亮度，即大气的直接热辐射；第三项[$(1-\varepsilon_\lambda)L_{o\lambda}^{\downarrow}\tau_{o\lambda}$]为大气下行辐射(大气射向地面的热辐射)经地表反射后又被大气衰减最终被遥感探测器接收的辐射亮度。

7.1.4 热红外遥感典型波段

在热红外区，存在 3～5 μm 和 8～14 μm 这 2 个大气探测窗口。地表物体的温度一般在 -40～40 ℃，平均环境温度在 27 ℃(300 K)。根据维恩位移定律，地面物体(-40～40 ℃)的辐射峰值波长为 9.25～12.43 μm，其辐射峰值波长为 9.7 μm 附近，正是在热红外谱段 8～14 μm 的大气窗口内。随着温度升高，发射辐射的峰值向短波方向移动，对于地表高温目标，如火源，其温度达到了 600 K，辐射峰值波长在 4.8 μm，在热红外谱段 3～5 μm 的大气窗口内。因此，通常热红外遥感波段选择在 3～5 μm 和 8～14 μm 这 2 个波段区间(见图 7.2)。需要注意的是，太阳在热红外波段的辐射能量在抵达地表的过程中快速衰退，地表反射的热红外能量远小于常温下地表自身的热辐射能量。

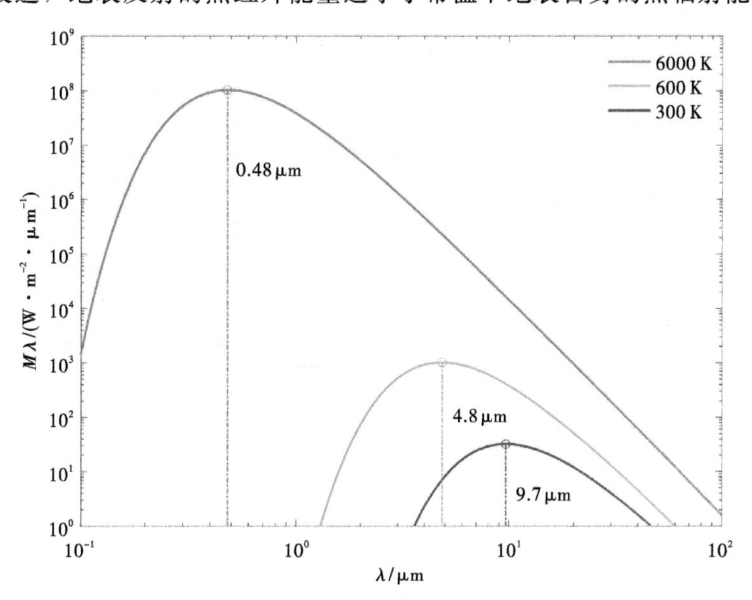

图 7.2 太阳和地表不同温度物体的热辐射光谱

3～5 μm 的中红外谱段对火灾、活火山等高温目标的识别敏感，常用于捕捉高温信息，进行各类火灾、活火山、火箭发射等高温目标的监测和识别。特别是对于森林火灾，它不仅可以清楚地显示火点、火线的形状、大小、位置信息，对小的隐火、残火也有很强的识别能力。

8～14 μm 的热红外谱段集中了大多数地表特征的辐射峰值波长。在此波段区间，不同物质的发射率有较大的差异，但同一物质类型的发射率变化较小，一般可作为“灰体”对待。在具体应用中，还将热红外谱段进一步划分为 10.5～11.5 μm 和 11.5～12.5 μm 等不同的波段区间来区分特定物质的发射率差异，如 NOAA 气象卫星 AVHRR 的第 4 波段(10.5～11.3 μm)和第 5 波段(11.5～12.5 μm)，Landsat 卫星的第 6 波段(10.4～12.6 μm)等。它们一般主要用于调查地表物体的热辐射特性，探测常温下的温度分布、热制图、目标物识别等，如地热调查、土壤分类、水资源考察、城市热岛、地质找矿、海洋油污染、军事侦察(夜视、人物、飞机、舰船、车辆识别)等；也可用于森林火灾等高温事件的探测，如 ASTER、MODIS 传感器上针对不同功能设置了多个热红外探测波段(见表 7.3)。

表 7.3　典型卫星传感器的热红外波段特征

传感器	卫星平台	热红外波段数	波段及光谱范围/μm	空间分辨率/m	幅宽/km
AVHRR 甚高分辨率辐射仪	NOAA 6～18，1980 年至今，美国	3	3：3.55～3.93 4：10.5～11.3 5：11.5～12.5	1100	1500
TM4，TM5 和 ETM7	Landsat，1984 年至今，美国	1	6a：10.0～12.9 6b：10.4～12.5	60 120	185
TIRS 热红外成像仪	Landsat 8 2013 和 Landsat 9 2021，美国	2	10：10.60～11.19 11：11.50～12.51	100	185
ASTER 高级空间热辐射热反射探测器	EOS Terra 1999 和 Aqua 2002，美国	5	10：8.125～8.475 11：8.475～8.825 12：8.925～9.275 13：10.25～10.95 14：10.95～11.65	90	60

续表

传感器	卫星平台	热红外波段数	波段及光谱范围/μm	空间分辨率/m	幅宽/km
MODIS中等分辨率成像光谱辐射仪	EOS Terra 1999和Aqua 2002，美国	16	20：3.660～3.840 21：3.929～3.989 22：3.929～3.989 23：4.020～4.080 24：4.433～4.498 25：4.482～4.549 27：6.535～6.895 28：7.175～7.475 29：8.400～8.700 30：9.580～9.880 31：10.780～11.280 32：11.770～12.270 33：13.185～13.485 34：13.485～13.785 35：13.785～14.085 36：14.085～14.385	1000	2330
IRS红外相机	HJ-1A/B，2008年，中国	2	7：3.50～3.90 8：10.5～12.5	150 300	720
中波红外相机	高分四号地球同步轨道卫星，2015年，中国	1	6：3.4～4.1	400	400

7.2 热红外传感器与辐射定标

7.2.1 热红外传感器

红外传感器一般是将地物反射或辐射的红外波谱信息记录在胶片或磁带上，再进行影像判读或者将磁带上的数据进行数字图像处理，以确定地物的性质、状况和变化规律。常用的热辐射探测仪有热辐射计(非成像方式)和热扫描仪(成像方式)2种。

辐射计指用来测量特定波段范围和视野区域内接收到的辐射强度的传感器。美国科学家兰利(Samuel Pierpont Langley，1834—1906)于1881年发明了热辐射计，采用一根涂黑的白金丝受热所产生的电流大小来度量其吸收到的热辐射能量，可精密测定微量的热辐射能量(达$1/10^5$ ℃的温差)。热辐射计是利用红外光敏探测器和滤光镜来测量特定波长区间和视野区域内的热辐射能量的一种非成像测量装置。其工作原理是将目标物体接收到的热辐射压缩到一个内部定标源(参考源)上，先通过断点控制器使来自目标物的辐射(未知量)与辐射参考源的辐射(已知量)交替照射到探测器上，再通过测量两者的辐照度和差异来测算目标物体的热辐射能量。场光阑用来限制辐射计的视野范围，其瞬时视场(IFOV)决定了辐射计的时空分辨率；滤光镜用来选取不同的波段区间，辐射计可根据所选取的波段范围分为红外辐射计(热红外辐射计)、紫外辐射计、微波辐射计等。

热扫描仪是一种热成像测量技术，通常使用量子或光子探测器，将辐射入射的光子和探测器内物质电荷载体的能级直接相互作用，而探测器必须冷却到接近绝对零度才能将自己的热散射减少到最少，从而获得高灵敏度的测量值，响应速度可小于 1 μs。

7.2.2 热红外传感器的辐射定标

热红外传感器所获得的地物辐射信息(辐射亮度)除了受到大气层的干扰，还存在着一系列系统误差，如记录噪声、参考温度的变化和探测器误差等。热扫描仪输出的一般是未经校正的图像，因此它显示的结果只是辐射的相对测量值而不是辐射的绝对测量值。为了从扫描数据中获取精确的辐射信息，扫描仪必须被辐射定标，即在热传感器输出值与入射的辐射亮度值之间建立定量关系。辐射定标有多种方法，每种均有其自身的精度和效率。在任何给定的情况下，使用何种辐射定标方法，不仅与现有数据获取与处理设备的功能有关，而且与应用需求有关。本节介绍 3 种最常用的热扫描仪的定标方法。

(1) 内部温度参考源。

内部温度参考源又称为内定标法。新一代的热扫描仪均附有内部温度参考源，多采用在旋转扫描镜角视场的两侧放置 2 个黑体辐射源的形式。这 2 个黑体源的温度被精确控制，并设置为地面监测目标的“最冷”与“最热”。对于每一条扫描线，扫描器先记录冷参考源的辐射温度，然后扫描地面，最后再记录热参考源的辐射温度。所有的信号被记录在磁带上，2 个温度源也随图像数据被记录下来，以便推算出整幅热图像的辐射温度以及与其他热扫描仪输出值对比时有一个绝对辐射值作为参考。

经温度定标后的热图像显示的是定量的温度，其等值线便是等温线；也可以根据需要对某一温度范围做进一步的细化处理，以显示更细致的温度变化细节，提高图像的温度分辨率。内定标法不能计算大气效应，测温误差往往较大。在晴朗干燥的天气条件下，飞行高度为 600 m，所测温度与实际温度相差小于 0.3 ℃；但在大多数飞行条件下，大气效应能使扫描仪所测温度与实际温度相差高达 2 ℃。对于那些仅需地物间相对温度变化的应用，可以采用内定标法，但内定标法不适合精确定量研究。

(2) 相关定标法。

对于热扫描仪定标，可以运用经验或理论的大气模式来计算大气效应。在理论大气模型数学关系中，可利用观测到的各种环境参数(如温度、压力、二氧化碳浓度等)来预测大气对遥感信号的影响。影响大气效应因子的测量和建模比较复杂，一般可以根据建立实际地表测量值与相应扫描数据之间的经验关系来消除大气的影响，即空－地相关定标法。

(3) 转换定标法。

通过建立不同遥感探测器的热辐射值之间的转换关系进行热辐射温度定标。例如，利用 AVHRR 的红外通道(b4)数据定标 TM 红外波段(b6)的辐射值的关系如式(7.9)：

$$R_{TM} = 0.99255 \times R_{AVHRR} - 4.10172 \tag{7.9}$$

传感器只记录地物表面的热辐射状况，但水体或者潮湿土壤的水汽蒸发使与大气接触的潮湿地表温度下降，而此时传感器探测的仅仅是表层热辐射，所测温度可能与大部分土壤或水体的温度有很大差异(偏低)。因此，多数情况下，热红外图像解译的是定性而不是定量信息。定量解译是热红外遥感中的重要研究内容，还需要广泛深入研究。

7.3 热红外图像的特征与解译

7.3.1 热红外图像的特征

热红外图像依靠记录物体表面的热辐射能量而成像，不受日照条件的限制，可以在白天、黑夜成像，除了其独特的基于热辐射属性的探测功能，还可以作为依赖日照反射能量而成像的光学遥感影像探测的重要补充。

热红外图像可以简单地被认为是地物表面的辐射能量(或温度)分布，常用黑白色调的变化来描述地面景物的热反差，图像色调深浅与温度分布是对应的，色调与色差反映温度与温差；热图像上的浅色调代表强辐射体，表明其表面温度高或辐射率高；深色调代表弱辐射体，表明其表面温度低。也可用假彩色显示热图像，如暖色调(红、黄等)表示高温、冷色调(蓝、黑等)表示低温(见图 7.3)。由于不同物体间温度和比辐射率的差异，故可以根据图像上的色差所反映的温差来识别物体。

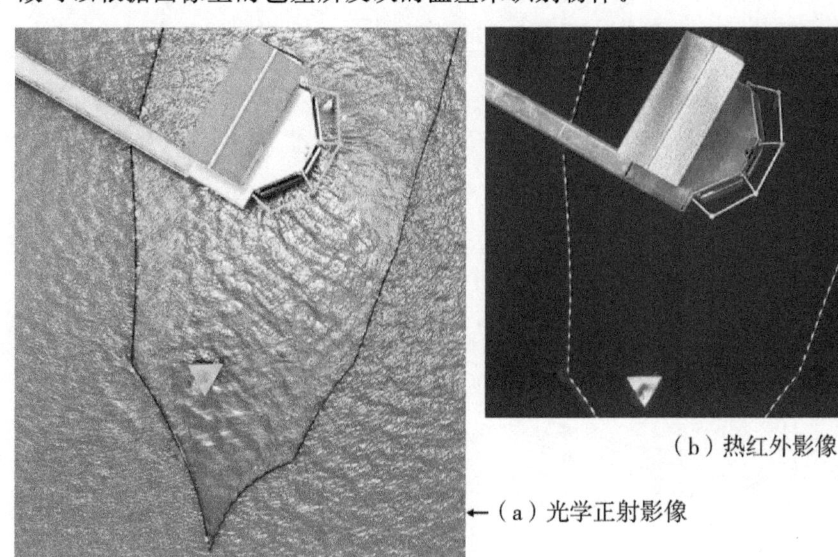

(b) 热红外影像

←(a) 光学正射影像

图 7.3 实拍河道水体及建筑物的光学正射影像和热红外影像

由于热扩散作用的影响，热红外图像中反映的目标边界模糊，高辐射体目标信息往往偏大。热红外图像中水体的信息与其他陆地景物有明显不同(深色)，因此热图像对环境中水分含量等信息反映敏感，红外遥感影像常用于探测目标物体的水分含量，如土壤水分、植物叶片含水量、干旱和山火危险性监测等。

热红外扫描图像具有扫描成像固有的几何畸变，这种几何畸变主要来自扫描成像系统本身和平台飞行姿态变化的影响。例如，扫描镜旋转速度变化，使像点间隔不恒定；弧形扫描与平面记录，使边缘像点压缩或伸长；飞行姿态的滚动、倾斜，使图像弯曲变形或比例尺变化等。

热红外扫描图像具有不规则性，可由多种因素引起。首先，天气条件的影响，空中云的遮挡降低了地表物体的热反差，雨将产生平行纹理，风将产生污迹或条纹图标，冷气流将引起不同形状的冷异常，等等。其次，电子噪声的影响，无线电干扰将产生电子噪声带和波状云纹的干扰图。再者，后处理的影响，包括曝光、显影等，显影产生了显影剂条纹，而胶片质量、受潮等将引起不规则污迹。上述因素均能使图像出现一些“热”假象，因此在图像解译中需要正确识别热红外图像上的热特征，排除各种假异常的干扰。

7.3.2　热红外图像成像时段的选择

由于太阳辐射和地表温度的昼夜变化，热红外图像的获取时段对图像解译很重要。多种因素都会影响到如何选择热红外图像的最佳获取时段，而不同应用的最佳成像时段也各不相同。如图 7.4 所示，不同地物表面的昼夜温度变化各异，22:00 至次日 5:00，各条温度曲线变化幅度小，曲线之间存在明显的热辐射亮温(能量)差异，这是夜间红外遥感探测的有效时段。在 6:00—8:00 和 17:00—21:00 时段，所示地物之间的地表辐射亮温差异较小，难以有效地识别不同地物，这是热红外图像获取要避免的时段。在 12:00—16:00，各种地物达到了最高温度区间，不同地物的比辐射率差异导致的辐射亮温差异达到最大，是热红外图像在白天观测的最佳时段。

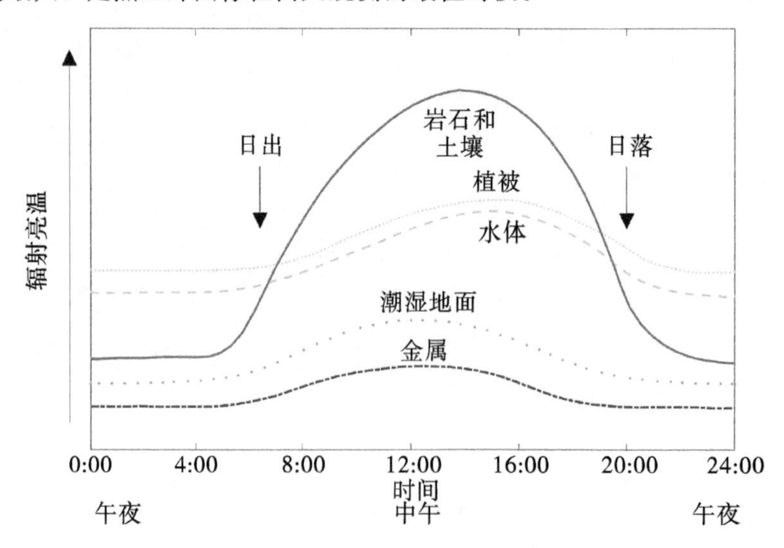

图 7.4　不同地物的辐射亮温日变化与热红外遥感成像时段选择

白天阳光直接加热物体，物体温度的差异主要取决于物体的热特征和它对阳光(主要是可见光、近红外谱段部分)的吸收，或者说物体对太阳热辐射不同的响应。热红外遥感主要选用3～5 μm和8～14 μm这2个谱段。在3～5 μm谱区，传感器记录的热辐射能量包括地表反射(次要)的太阳热辐射及地表发射(主要)的热辐射。在8～14 μm谱段，以地表发射(主要)的热辐射为主，地表反射的太阳热辐射可忽略不计。由于太阳直射光的方向性，白天的热红外图像上记录有其他物体遮挡造成的热“阴影”异常模式，如树、建筑物、地形等因接受热量的不同而形成热“阴影”。虽然这种热“阴影”在图像解译中有时是有用的，有助于识别目标物，但它更可能使热图像分析复杂化。

为了避免白天图像所引起的一系列问题，许多地质学家更偏爱用黎明前的热图像。它可以提供长时间适宜且稳定的温度，且阴影和坡向效应最小，便于地层、构造的识别。但是，黎明前虽然物体温度较稳定，不同物体间的热反差却较低，不利于解译。同时，夜间作业，如飞机导航，地面参照物的选择也存在一定的难度，因此热红外成像时段的选择，需要根据研究目的、研究区域等特点来综合考虑。

需要注意的是，反射过程仅涉及地表最上层，而热变化过程可延伸到地表以下一定深度，如基岩平均温度的日变化可延伸到地表以下10 m左右，一般在1个太阳日内近地表层的冷热交替在50～100 cm。而地表日平均温度通常近于空气平均温度，观测昼夜热循环引起的温度变化时，应注意温度的季节差异和局地气候条件对日变化的影响。

7.3.3 物体的热学性质

地表任意物体的温度变化极限(峰值)和变化速率是由物质本身的热学性质决定的，并可以通过它的热传导率、热容量、热惯量等来测定。

(1) 热传导率(thermal conductivity)。

热传导率又称为导热系数，是对热量通过物体的速率的量度，其值是相对两平面间温差保持1 ℃时，通过体积为1 cm^3 的物质以cal表示的热量，常用 K 表示，单位为 $cal \cdot cm^{-1} \cdot s^{-1} \cdot ℃^{-1}$ 或 $J \cdot cm^{-1} \cdot s^{-1} \cdot K^{-1}$。例如，常温下，水的热传导率为0.0013 $cal \cdot cm^{-1} \cdot s^{-1} \cdot ℃^{-1}$。

金属具有高的热传导率，而绝缘材料则具有低的热传导率。岩石通常是热的不良导体，热通过金属比通过岩石快得多。对于任何岩石类型而言，其热传导率可在所给数值的 -20%～20%变动。对于土壤或多孔岩石，其热传导率还与充填物有关，孔隙中的空气和水分将大大改变其热传导率。

(2) 热扩散率(thermal diffusivity)。

热扩散率是物体内部温度变化速率的量度，常用 k 表示，单位为 $m^2 \cdot s^{-1}$，其值为 $k = K/(c\rho)$，c 为物质的比热，ρ 为物质的密度。在0 ℃时，水的热扩散率为 1.34×10^{-7} $m^2 \cdot s^{-1}$，而空气的热扩散率为 1.826×10^5 $m^2 \cdot s^{-1}$。

(3) 热容量(thermal capacity)与比热(specific heat)。

热容量与比热均是物质储存热能力的量度。物质所吸收的热量是根据温度变化来计量的。热容量是指在一定条件下，如定压或定容条件下，物体温度升高1 ℃(或1 K)所需要吸收的热量，常用 C 表示，单位为 $cal \cdot ℃^{-1}$。

对于一定的物质而言，热容量与质量成正比。因此，单位质量的热容量叫作比热，常用 c 表示，单位为 $cal \cdot g^{-1} \cdot ℃^{-1}$。

因为热容量与比热是随温度变化的，所以必须指定测量温度，一般常用 15 ℃。如净水的比热为 $1\ cal \cdot g^{-1} \cdot ℃^{-1}$，即意味着 15 ℃的 1 g 净水温度升高 1 ℃需要 1 cal 热量。在有限的温度范围内，物质的比热可以认为是常数。均匀物质的热容量等于其比热(c)与质量(m)的乘积。地表土壤、岩石、金属、木、水等常用物质中水的热容量最大。

(4) 热惯量(thermal inertia)。

热惯量是一个综合指标，是量度物质热惯性(阻止物理温度变化)大小的物理量，即物质对温度变化的热反应的一种量度。高热惯量的物质，对温度的变化阻力较大。热惯量常用 P 表示，单位为 $cal \cdot cm^{-2} \cdot s^{-1/2} \cdot ℃^{-1}$。物质热惯量 P 由式(7.10)给出：

$$P = (K\rho c)^{1/2} \tag{7.10}$$

式中：K 为热传导率，单位为 $cal \cdot cm^{-1} \cdot s^{-1} \cdot ℃^{-1}$；$c$ 为比热，单位为 $cal \cdot g^{-1} \cdot ℃^{-1}$；$\rho$ 为密度，单位为 $g \cdot cm^{-3}$。

表 7.4 给出了常用物质的热特性。在 20 ℃时，水的热惯量为 $0.037\ cal \cdot cm^{-2} \cdot s^{-1/2} \cdot ℃^{-1}$，灰岩的热惯量为 $0.045\ cal \cdot cm^{-2} \cdot s^{-1/2} \cdot ℃^{-1}$。一般来说，物体在 1 个太阳日内，温度的变化与热惯量成反比。热惯量 P 大，昼夜温差小，表面温度较均一。

表 7.4　常用物质的热特性

名称	热传导率 K/ ($cal \cdot cm^{-1} \cdot s^{-1} \cdot ℃^{-1}$)	密度 ρ/ ($g \cdot cm^{-3}$)	比热 c/ ($cal \cdot g^{-1} \cdot ℃^{-1}$)	热惯量 P/ ($cal \cdot cm^{-2} \cdot s^{-1/2} \cdot ℃^{-1}$)
玄武岩	0.0050	2.8	0.20	0.053
湿黏土	0.0030	1.7	0.35	0.042
白云岩	0.0120	2.6	0.18	0.075
花岗岩	0.0065	2.6	0.16	0.052
灰岩	0.0048	2.5	0.17	0.045
沙土	0.0014	1.8	0.24	0.024
页岩	0.0030	2.3	0.17	0.034
板岩	0.0050	2.8	0.17	0.049
铝	0.5380	2.69	0.215	0.0544
铜	0.9410	8.93	0.092	0.879
纯铁	0.1800	7.86	0.107	0.389
铅	0.0830	11.34	0.031	0.171
银	1.0000	10.42	0.056	0.764
碳钢	0.1500	7.86	0.110	0.360
玻璃	0.0021	2.6	0.16	0.029

续表

名称	热传导率 K/ $(\mathrm{cal \cdot cm^{-1} \cdot s^{-1} \cdot ℃^{-1}})$	密度 ρ/ $(\mathrm{g \cdot cm^{-3}})$	比热 c/ $(\mathrm{cal \cdot g^{-1} \cdot ℃^{-1}})$	热惯量 P/ $(\mathrm{cal \cdot cm^{-2} \cdot s^{-1/2} \cdot ℃^{-1}})$
木	0.0005	0.5	0.327	0.009
水	0.0013	1.0	1.01	0.037

白天地物受太阳辐射的影响，温度较高，呈暖色调；夜间散热，温度较低，呈冷色调。土壤、岩石昼夜温差变化比较明显。

水体具有比热大、热惯量大，对红外几乎全吸收，自身辐射发射率高，以及水体内部以热对流方式传递温度等特点，使水体表面温度较为均一，昼夜温度变化慢、变化幅度小。白天，水体升温慢，比周围土壤、岩石温度低，呈冷色调或暗色调；夜晚，水体储热能力强，热量不易散失，比周围土壤、岩石温度高，呈暖色调或浅色调。因此，水体的热标记可作为判断热红外成像时间的可靠指数。当热红外图像未注明成像时间段时，若水体具有比邻近地物较暖的标记，则为夜间的成像；反之，为白天的成像。例外的是，若开放水体周围被冰雪覆盖的地面包围，则情况有所不同，水体昼夜均较周围冰雪更暖。

绿色林地辐射温度较高，夜间的图像具有暖标记，而白天虽受阳光照射，但因水分蒸腾作用降低了叶面温度，升温不明显，使植被比周围土壤的辐射亮温低；但针叶林不明显，因为其树冠针叶丛束的发射率较高。

在农作物覆盖区，传感器感应的是土壤上作物的辐射温度，而不是裸土本身。由于干燥作物隔开了地面，使之保持热量，从而使农作区夜间呈暖色，与裸露土壤的冷色调相对照。人工铺设区如街道、停车场，白天的温度比周围区域更高，夜间因散热较慢也会保持较高的温度。

7.4 热红外遥感的应用方向与典型案例

7.4.1 地表温度反演

地表温度是地-气相互作用过程中的重要参数，对水文、气象、全球碳平衡以及全球变化等研究具有重要的意义；地表温度信息也是旱灾预报、作物水压估算、植被生理监测、农作物估产等农业遥感应用的关键参数。地表温度反演的主要任务是通过对热红外遥感图像进行解译、分析，获得地表的辐射亮温并转换为地表的真实温度(或动力学温度)。

根据普朗克辐射定律，黑体在特定辐射亮温(T_B)和波段的辐射度(M)与动力学温度(T)之间的关系可用式(7.11)表示：

$$M(\lambda, T_B) = \frac{2\pi hc^2}{\lambda^5} \cdot \frac{1}{e^{hc/\lambda kT} - 1} \tag{7.11}$$

式中：c 为真空中的光速；k 为玻尔兹曼常数，$k = 1.38 \times 10^{-23}$ J/K；h 为普朗克常数，

$h = 6.626 \times 10^{-34}$ J·s。对于黑体，$T_B = T$。

真实物体在特定辐射亮温（T_B）和波段的辐射度（R）与动力学温度（T）之间的关系可用式(7.12)表示：

$$R(\lambda, T_B) = \frac{2\pi hc^2}{\lambda^5} \cdot \frac{1}{e^{hc/\lambda kT} - 1}\varepsilon_\lambda \cdot M(\lambda, T_B) = \varepsilon_\lambda \cdot \frac{2\pi hc^2}{\lambda^5} \cdot \frac{1}{e^{hc/\lambda kT} - 1} \tag{7.12}$$

式中，ε_λ 为真实物体的比辐射率。

经公式变换，物体表面的动力学温度（真实温度）与热红外图像探测所得的辐射亮温之间的关系可用式(7.13)表示：

$$T = \frac{hc}{k\lambda \cdot \ln(1 - \varepsilon_\lambda + \varepsilon_\lambda \cdot e^{hc/\lambda kT_B})} \tag{7.13}$$

式(7.12)是通过热红外图像探测地表温度的基本原理，而式(7.13)是将热红外图像探测的辐射亮温转化为真实温度的定量表达。

地表辐射亮温反演的方法主要有热辐射传输方程法、单通道算法和劈窗算法。热辐射传输方程法是根据式(7.8)的辐射传输方程，考虑辐射过程来反演地表温度的方法。为了规避对大气剖面数据的依赖，研究人员探寻更为实用的单通道算法，如覃志豪等(2001)提出的基于 Landsat TM5 热红外图像的单窗算法，在热红外波段上建立了辐射传输方程，算法中包含大气透射率和有效大气平均温度 2 个大气参数，并用大气水汽含量计算大气透射率，用近地表气温计算大气平均温度，使单通道算法摆脱了对大气剖面数据的依赖。劈窗(split windows，SW)算法是目前通用的卫星热红外图像地表温度反演算法，其利用大气窗口 10～13 μm 内的 2 个相邻通道(11 μm 和 12 μm)对大气吸收作用的差异来消除大气的影响，从而获得了地球表面真实温度(McMillin，1975)。

图 7.5 展示了 2018 年 3 月 11 日基于 MODIS 热红外波段的广东省陆地地表温度分布(不含岛屿)，空白区域因受云层遮挡无有效观测数据，夜间温度场受太阳辐射影响小，更能展示大湾区城市群的城市热岛效应。

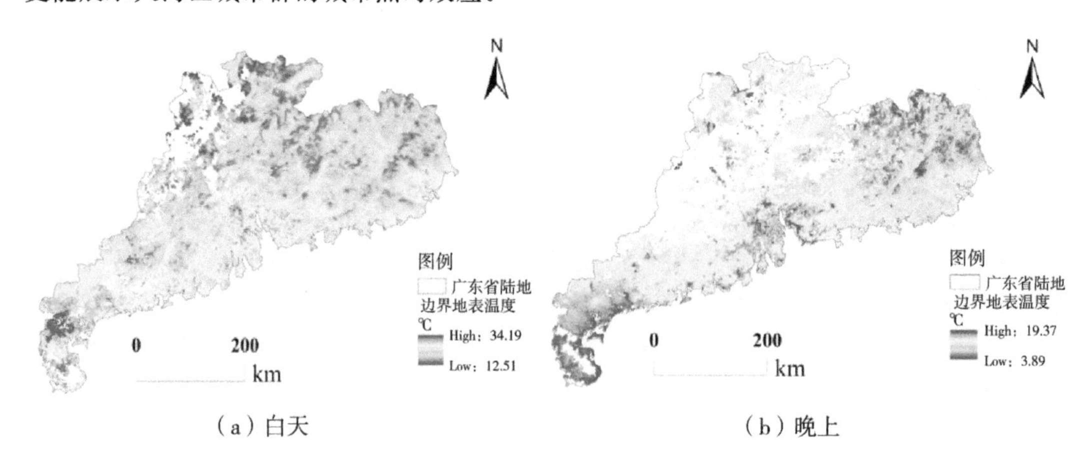

(a) 白天　　(b) 晚上

图 7.5　基于 MODIS 的广东省陆地地表温度分布(2018 年 3 月 11 日)

7.4.2 地震、火山监测

地震涉及复杂的地壳运动过程，影响因素众多。地震热红外遥感是从地表复杂的热红外信息中有效识别出与地震断裂带活动密切相关的前兆热异常，从而为地震监测预报提供基础数据和决策参考。目前，地震热红外遥感研究以历史地震案例的温度场和热异常分析为主，还未形成客观、可靠的地震前兆热异常识别理论体系。

20 世纪 80 年代，苏联科学家 Gorny 在分析中亚地区的卫星热红外遥感图像时发现，1984 年中亚地区几次 4～5 级地震前，在活动断裂带上空出现了覆盖几万平方公里的异常增温现象(Gorny et al.，1988)。苏联科学家 Tronin 在研究中亚地区的地震活动带时，对 10000 景 NOAA 卫星的热红外图像进行分析后发现，在活动断裂带附近往往存在线性的条带状的热红外辐射异常，其增温幅度可达到几度的量级。Tronin 认为这种热红外异常与地震或断裂带活动有关，其活动性与当地断裂带之间存在统计上的相关性(Tronin，1996)。

地震发生时可以产生各种地表与大气耦合的界面现象，物理的、化学的、生物的都可能发生。若将震源的形成不局限于局部地区的岩体错动，而是扩展到广大的地下，则大面积活动的岩石层可作为地震的信息源。大地震震源区断层受到的挤压应力增加产生了预位移并在断层上产生了较高的热量，使震源区断层带内部和表层的温度升高。断层预位移的发生预示着大地震的发生已进入短临阶段，监测断层带及其两侧的温度变化，可以为大地震的短临预报提供参考指标(田国良等，2014)。

由于地震热红外异常主要是通过地表和底层大气表现出来的，因此如何提取和识别震源区的辐射亮温异常变化是地震热红外遥感探测的关键。目前，利用热红外卫星遥感辐射亮温开展地震前兆热异常的研究较多。强祖基等(1998)研究了 1996 年 2 月 3 日丽江 7.0 级地震和 1998 年 4 月 14 日唐山 4.7 级地震的热异常变化，通过采集震中附近的气体样品，发现 CH_4 和 CO_2 等温室气体含量成倍或成数量级地增加，这些气体在震源区的瞬变电场中可能获得释放的能量，从而形成 2～6 ℃的增温(热异常)。徐秀登等(1995)认为，地震前兆红外热异常有如下基本特征：① Ms 5 级以上地震震前多有清晰可辨的红外临震热异常；②红外异常多在震前 2～22 d 内突然出现，呈现突发性特征；③与地震有关的热红外异常可持续几天到十几天，甚至更长，而非地震热异常则会快速消失；④震前 2～10 d 累计增温幅度可达几摄氏度到十几摄氏度。

卫星热红外遥感图像和地表实测温度资料显示，强震发生前在震中区附近确实存在不同程度的地表温度异常，这为开展卫星热红外技术在地震预报中的应用奠定了基础(强祖基等，1990，1998)。如图 7.6 所示，1999 年 1 月 29 日 5:44 在北京西北部的内蒙古发生 Ms 4.9 级地震，在离地震中心 400 km 范围的震源区出现了明显的震前热异常(Tronin et al.，2002)，图中箭头表示震前断层热异常，十字表示地震中心。但迄今为止，还没有总结出可靠且容易识别的异常指标阈值，主要原因是：影响地表热红外辐射的因素复杂多变，各类场源引起的热变化信息难以分离，而且地形地貌、地物类型和气象等非构造活动因素对地表热红外辐射的影响幅度可能比构造运动或地震活动引起的异常还要大。地震热信息混杂在诸多信息之中，属于强干扰下的弱信号，信噪比低，很难通过简单比较或设置阈值的方法分离出来。而现有的热红外辐射地震热异常信息识别方法主要是在空间上进行对比分析，并受云层干扰，难以获取连续覆盖的温度场，限制了开展有效的热异常空间变化对比分析。

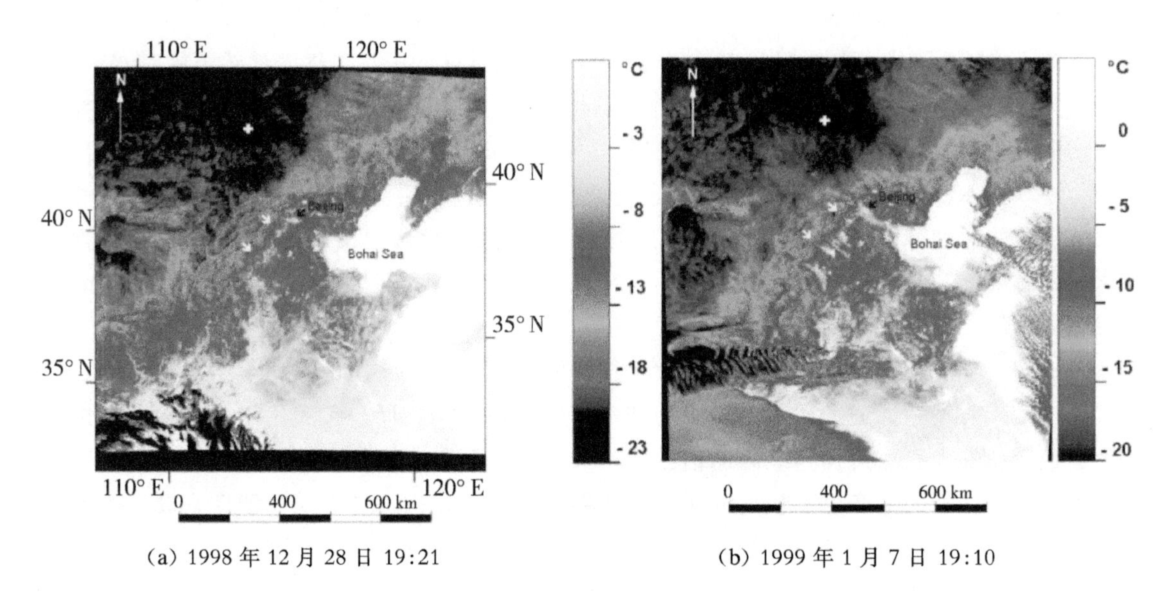

(a) 1998 年 12 月 28 日 19:21　　(b) 1999 年 1 月 7 日 19:10

图 7.6　基于 NOAA-14 热红外波段探测到的北京周围地震源区的 2 d 的地震前兆热异常(Tronin et al.，2002)

地震热红外异常可以作为地震前兆，但由于对地震热红外成因机理的认识尚需完善，将热红外异常信息用于地震预测还有诸多问题尚待突破，如热异常变化趋势与发震时间的关系确定需要大量的震例归纳总结。另外，非震因素对地震热红外异常信息提取的影响巨大，如何有效地去除非震因素对地震热红外异常的影响是地震热红外探测的另一个难点。区域地震年活动性和震源深度可以作为提取地震热红外异常变化的佐证，区域地震年活动性可能会减少非震因素的干扰。对于大陆地震来讲，地形地貌、地物类型和气象等非震因素对地表热红外辐射的影响较大；对于海域地震，洋流和海风等非震因素对地表热红外辐射的影响更大，探测难度也更大。

由于火山爆发前和爆发后产生的热异常非常显著，利用热红外遥感成像技术监测、预报火山状态的技术已经比较成熟，但因为卫星热红外监测的频率较低，其在活火山的短临高频监测预警业务应用中仍受限。

7.4.3 森林野火监测

由于森林火灾将导致地表发生异常的高温和红外热辐射异常，因此可以充分利用卫星等热红外遥感成像技术监测森林火灾。利用遥感技术监测森林火灾始于20世纪60年代初，主要采用航空红外探测器。自20世纪80年代初开始，随着航天遥感技术和遥感应用技术的发展，美国、加拿大、苏联、巴西、墨西哥等国家先后开展了利用NOAA-AVHRR、Landsat、DMSP等卫星数据探测森林火灾的实验和研究。自1999年Terra卫星和2002年Aqua卫星分别成功发射以来，基于MODIS光学和多个热红外波段传感器获取的图像在森林火灾监测中发挥了巨大的作用，全球各国陆续开展了大量的森林火灾等级预报、火灾监测和灾后生态环境损失评估等研究工作。在森林火灾工作中，我国国家林业局和武警森林指挥部已建立起基于多源卫星光学和热红外图像的森林火灾监测和灭火作战决策支持系统，在森林火灾指挥应急响应中发挥了重要作用。

在没有发生燃烧时，森林及地物发出的辐射称为背景辐射；森林燃烧时主要的辐射源则是火焰和具有较高温度的碳化物。利用背景辐射和森林燃烧时辐射的差异，可以从卫星热红外遥感信息中及时发现火情，并监测它们的燃烧状态和蔓延趋势。林内草地灌木丛的火温一般为300～800 ℃，峰值辐射能波长在2.7～5.1 μm。实验研究也证实，林火的峰值热辐射波长在3.7 μm附近，属于中红外波段。NOAA系列卫星的AVHRR传感器的第3通道波长为3.55～3.93 μm，而Terra/MODIS和Aqua/MODIS的第21和第22通道的波长均为3.929～3.989 μm，因此它们对森林火灾形成的局地地物热状态非常敏感，被专门设计用来监测森林野火、火山等地表高温物体。如图7.7所示，基于国产高分四号卫星中波红外通道(3.1～4.5 μm)数据，可以直观地用相邻森林火点附近的辐射亮温变化识别出森林着火点的蔓延趋势(刘明、贾丹，2018)。

监测森林火灾的方法有很多，最常用的是常规地面观测、机载仪器观测和卫星遥感观测等方法。常规的地面瞭望塔观测和机载观测往往受到观测能力和范围的限制，无法满足大范围、高密度的要求，而利用卫星遥感技术则可以监测大区域和全球的森林火灾。如NOAA的AVHRR和EOS的MODIS的光学和热红外遥感影像，已被广泛应用于大范围、长时段的森林、草原火灾监测。火灾识别的方法主要有图像信息增强处理、阈值法、应用*NDVI*监测火灾、MODIS火点识别算法，以及人工神经网络的林火监测方法等。

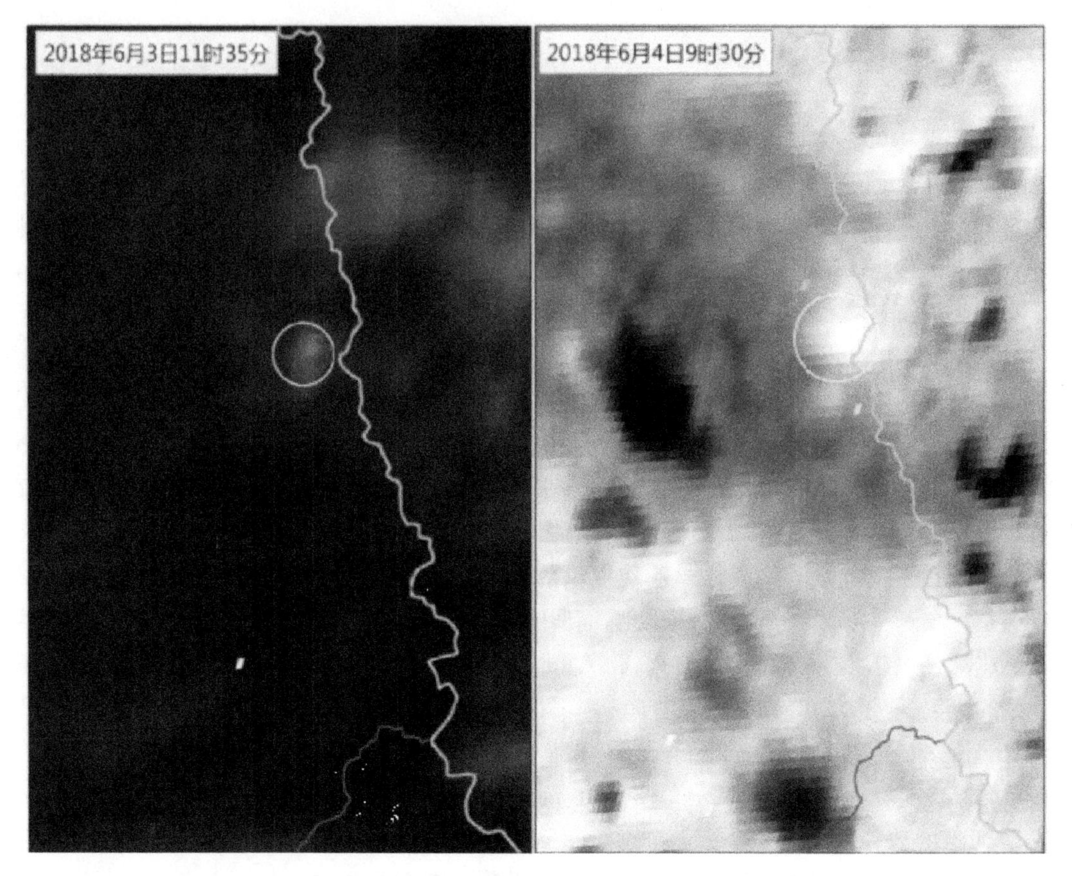

图 7.7　基于高分四号卫星中波红外通道数据的森林火点辐射亮温演变(刘明、贾丹，2018)

7.4.4　地热资源探测

地球表面温度除了受太阳短波辐射和大气长波辐射的影响，还受地球深部热源的影响。地球深部热源主要由地球内部放射性元素衰变和地球形成早期遗留的能量构成，同时受地质构造控制和地层岩石的物理性质影响，并以传导和对流的方式向地表进行热传递，呈现出局部增温现象(热异常)。由喷气孔和热泉点所表现出的地热异常，一般反映了浅层地热的存在和控热构造，可利用热红外图像快速地识别出地表温泉点和浅层地热资源。而埋藏比较深的地下热水，通常是通过垂直裂隙系统以渗透或对流的方式传递到地表，并形成比地面背景温度高的热异常，同样可采用热红外遥感图像并结合研究区的断层构造分布识别出此类热异常并探寻地热资源(周彦儒，1998)。如图 7.8 所示，利用 Landsat 卫星的热红外波段图像，结合地形和断层构成，识别出了粤北良口镇北溪地区的热异常，该热异常与温泉口及沿河地下水渗流分布密切相关(姚金等，2011)。

图 7.8 基于 Landsat ETM+7 热红外图像的良口镇
北溪地区的热异常(姚金等，2011)

利用热红外遥感图像探测地热资源需要具备以下条件：①热红外遥感图像的温度分辨率越高越好；②通过热红外遥感图像所获取的仅是地表温度，需排除其他因素引起的假地热异常，确认存在真实的地热异常；③根据探测区域的地物和气象特征选择合适季节的图像；④断层构造一般对地热异常有重要的控制作用，而地热资源导致的热异常一般都分布在活动断层区域，需要清楚研究区的断层构造才能更准确地根据热异常判别地热资源存在的可能性。

周彦儒(1998)在辽南地区开展的地热调查试验中，发现热异常 43 处，通过野外调查验证发现，其中有 6 处已知地热点(汤岗子、安波、俭汤、思拉堡、龙门汤、汤河沿)具有明显的热异常，其他 35 处为人工高温热源点。思拉堡热异常区处于中低山区山间河谷平原的边缘部位，为第四系覆盖区，有 2 处地下热水以温泉形式出露于沙河北岸的阶地上，阶地上面农田广布，有水田和旱田。经现场勘察，野外挖出热水坑水温高达 48 ℃以上。龙门汤地热区位于山间谷地，温泉点出露于沟谷南岸，温泉水沿河沟形成条带状异常。野外验证结果也表明沟谷南岸直接出露的泉点水温在 40 ℃左右(周彦儒，1998)。

7.4.5 热污染排放监测

现代工业生产和城市生活产生了大量的热排放和热异常，造成环境热污染；随着能源消耗增加和城市化进程加快，环境热污染的影响也在日益加剧。例如，煤炭工业的发展和煤矿城市人口的增加，其高能耗使矿区(城市)热污染日益严重；矿区周围堆积的矸石堆、煤堆等，其热场分布、热场结构、热场组成都会加剧城市热岛效应，使矿区(城市)热场(热异常)在一定气候条件下造成严重的热污染，对城市景观生态和人居环境造成极大的威胁(田国良等，2014)。

随着海岸带开发和经济发展，沿海地区的水体热污染已经成为一个重要的环境问题。火力发电厂、核电站、石油、化工、造纸等工业废水中均含有大量的废热。这些废热排入水体后，能使周围水温升高，具有明显的温差特征。若水温升高超过了水体中各类生物的适宜温度，将会导致水体生物的生长受到抑制，甚至死亡，严重影响生态环境的质量。图 7.9 展示了基于 Landsat TM5 热红外波段图像监测到的大亚湾核电厂温排水导致的海表温度(异常)分布，时间为 2008 年 5 月 16 日 10:34，可为核(火)电厂温排水的环境监测和影响评估提供观测数据(于杰等，2009)。

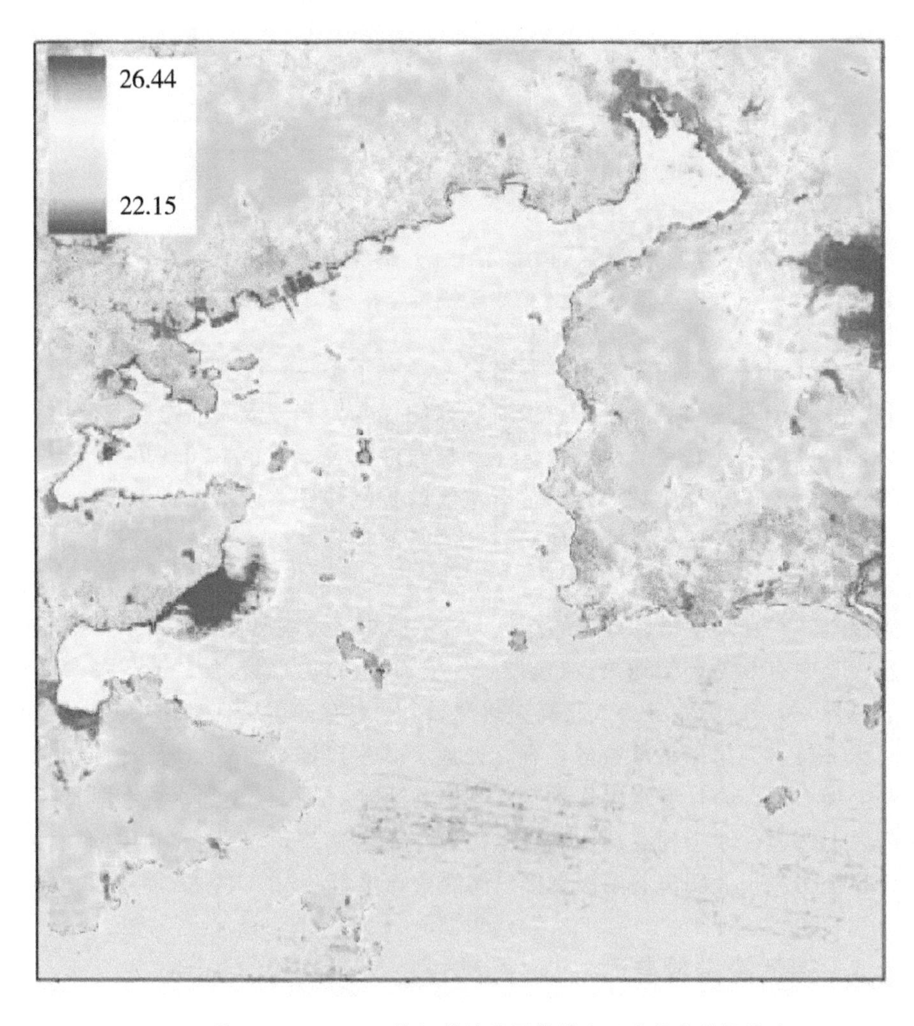

图 7.9　基于 Landsat TM5 热红外波段图像的大亚湾核电站温排水导致的海表温度异常(于杰等，2009)

思考题

1. 请阐述热红外遥感的探测原理。
2. 热红外遥感图像获取的波段和时段选择受哪些因素的影响?
3. 热红外遥感图像有哪些特征?
4. 如何将热红外遥感图像获取的辐射亮温转化为地表真实温度?
5. 热红外遥感的应用领域有哪些? 发展前景如何?

参考文献

[1] GORNY V I, SALMAN A G, TRONIN A A, et al. Terrestrial outgoing infrared radiation as an indicator of seismic activity[J]. Proceedings of the academy of sciences of the USSR, 1988, 301(1): 67-69.

[2] MCMILLIN L M. Estimation of sea surface temperatures from two infrared window measurements with different absorption[J]. Journal of geophysical research, 1975, 80(36): 5113-5117.

[3] TRONIN A A. Satellite thermal survey — a new tool for the study of seismoactive regions[J]. International journal of remote sensing, 1996, 17(8): 1439-1455.

[4] TRONIN A A, HAAKAWA M, MOLCHANOV O A. Thermal IR satellite data application for earthquake research in Japan and China[J]. Journal of geodynamics, 2002, 33(4): 519-534.

[5] 刘明,贾丹. 卫星遥感技术在森林火灾扑救中的应用[J]. 城市与减灾,2018(6): 66-70.

[6] 强祖基,赁常恭,李玲芝,等. 卫星热红外图像亮温异常——短临震兆[J]. 中国科学(D辑:地球科学),1998(6): 564-574.

[7] 强祖基,徐秀登,赁常恭. 卫星热红外异常——临震前兆[J]. 科学通报,1990(17): 1324-1327.

[8] 覃志豪,ZHANG M H,ARNON K,等. 用陆地卫星TM6数据演算地表温度的单窗算法[J]. 地理学报,2001,56(4): 456-466.

[9] 田国良,柳钦火,陈良富. 热红外遥感[M]. 2版. 北京:电子工业出版社,2014.

[10] 徐秀登,徐向民,马升灯,等. 临震大气增温异常成因的初步认识[J]. 地震学报,1995,17(1): 123-127.

[11] 姚金,李静荣,凌造. 粤北地热资源遥感调查探测模式与应用[J]. 地球信息科学学报,2011,13(1): 144-150.

[12] 于杰，李永振，陈丕茂，等. 利用 Landsat TM6 数据反演大亚湾海水表层温度[J]. 国土资源遥感，2009(3)：24－29.
[13] 赵英时. 遥感应用分析原理与方法[M]. 2 版. 北京：科学出版社，2013.
[14] 周彦儒. 热红外遥感技术在地热资源调查中的应用与潜力[J]. 国土资源遥感，1998，10(4)：24－28.

8 微波遥感

微波遥感包括主动微波遥感和被动微波遥感。由于微波遥感使用的电磁波的波长远大于大气中水汽、云雾和气溶胶等微粒粒径，故微波遥感具有不受云雾干扰、全天候探测的优点；微波遥感近几十年来发展迅速，并获得了广泛的应用。本章首先介绍微波遥感的基本概念和发展历程，然后重点阐述微波合成孔径雷达技术的成像原理和成像特征，最后结合实例分析微波雷达遥感在农林、海洋和灾害监测等方面的应用。

8.1 概述

8.1.1 微波波段的划分

微波遥感包括主动微波遥感和被动微波遥感。主动微波遥感也称为微波雷达遥感，是一种通过发射雷达脉冲，再接收目标地物的反射信号而获得雷达图像的遥感技术。在电磁波谱中，波长在 1 mm～1 m 波段范围的电磁波称为微波，在该区间内可再分为毫米波、厘米波、分米波。微波传感器在发射和接收雷达波束时仅使用很窄的波段。微波波段可进一步细分，并用特定字母命名。目前使用最广泛的微波波段分类系统是由美军在第二次世界大战期间建立的，如表 8.1 所示。

表 8.1　微波波段分类系统(Waite，1976)

波段名称	波长/cm	频率/GHz
P	77.00～136.00	0.22～0.39
UHF	30.00～100.00	0.3～1.0
L	15.00～30.00	1.0～2.0
S	7.50～15.00	2.0～4.0
C	3.75～7.50	4.0～8.0
X	2.40～3.75	8.0～12.5
Ku	1.67～2.40	12.5～18.0
K	1.18～1.67	18.0～26.5
Ka	0.75～1.18	26.5～40.0
Millimeter	<0.75	>40.0

8.1.2 微波遥感的优势

经过几十年的发展，微波遥感展现出了许多光学遥感所不具有的优势，已与光学遥感并驾齐驱，成为当下遥感探测的重要手段。

(1) 微波遥感具有全天时、全天候的工作能力。

传统的光学遥感依赖于太阳辐射，只有在太阳照射时才能进行对地观测；而无论是接收目标地物发射微波信号的被动微波遥感，还是传感器发射并接收回波的主动微波遥感，都不受太阳辐射和黑夜的影响，具有全天时工作的能力(见图 8.1)。由于大气中的云雾、水珠及其他悬浮颗粒远小于微波波长，微波信号在大气中的瑞利散射强度非常弱，可以忽略不计，即微波在传播过程中不受云雾影响，能够穿透云雾，使微波遥感具有全天候工作的能力。

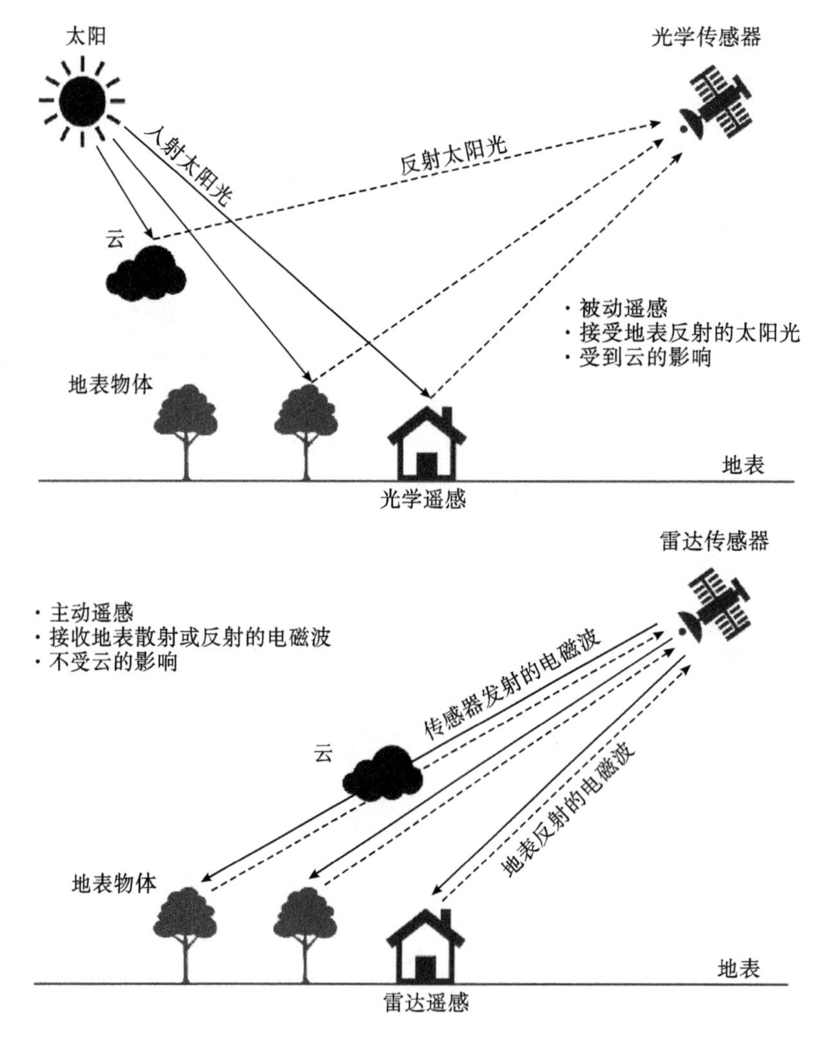

图 8.1 光学(上)与微波(下)遥感成像机理对比

(2) 微波遥感对地表具有较强的穿透能力。

由于微波波长较长，其相比于其他波段具有较强的穿透能力，该特性可以用来探测隐藏在树林下的地形、军事目标，以及埋藏于地下的矿藏、地下水等。对于不同的地表目标物质，微波信号具有不同的穿透能力，如相同频率的微波信号能够穿透几十米干沙，对冰层则能穿透百米。

(3) 微波遥感具有较强的探测能力。

微波遥感接收的回波信号记录着地物反射雷达信号的振幅和相位信息，可以用于探测得到地物的表面结构、物理属性以及其与观测平台的距离，如在海洋探测方面微波遥感能够用于精确的距离测量、海面波动与风力监测等。此外，微波遥感能够穿透地表，进行土壤水分及地表下探测。随着微波遥感传感器的迅速发展，微波图像的时空分辨率已经达到或超过光学遥感，正展现出强大的应用潜力和广阔的发展前景。

8.1.3 微波辐射的特征

微波具有电磁波的基本特性，包括反射、吸收、散射、透射等。由于微波遥感通过接收地物发射或反射的电磁波信号成像，微波辐射具有以下几点特征。

(1) 叠加和相干性。

叠加是指当2个及2个以上的电磁波在空间中传播时，若于某点相遇，则该点的振动为各个电磁波独立引起振动的叠加。若上述多个电磁波的频率和振动方向均相同，则相遇点的叠加振幅为各个独立电磁波振幅的矢量和，该现象称为干涉。在微波遥感中，当2个雷达脉冲相干时，其交叠位置相位相同处振动加强，即雷达图像上出现颗粒状或斑点状特征。

(2) 衍射。

衍射是指在电磁波传播过程中，当遇到不可透过的有限宽度的物体时，一部分电磁辐射会改变传播方向而绕到障碍物后面的现象。在微波遥感中普遍存在衍射现象。

(3) 极化。

电磁波传播是指电场和磁场相互垂直、交替变化的过程。电场通常用垂直于其传播方向的矢量表示，该矢量所指的方向可能随着时间而变化，也可能不随时间变化。当电场矢量的方向不随时间变化时，称其为线极化。同种地物在不同极化模式下的雷达图像上表现不同，因此可以利用不同极化雷达图像提高对地物的解译精度。

8.2 微波遥感分类及发展历程

微波遥感按传感器的工作方式分为主动微波遥感和被动微波遥感(见图8.2)。主动微波遥感通过微波传感器向目标地物发射微波并接收其后向散射信号来实现对地观测。主动微波传感器主要有雷达(radio detection and ranging，Radar)、雷达高度计(radar altimeter，也叫作微波高度计)和微波散射计(microwave scatterometer)。雷达的使用最为广泛，包括侧视雷达(side-looking radar system，SLR)和全景雷达。侧视雷达根据所发射微波波束的天线特点还可以分为真实孔径雷达(real aperture radar，RAR)和合成孔径雷达(synthetic aperture radar，SAR)。被动微波遥感系统中，传感器本身不发射电磁波，而是通过接收目标地物发射的微波达到探测目的，常见的有微波辐射计(microwave radiometer，MR)。

微波传感器按是否成像可以分为成像传感器和非成像传感器(见图 8.2)。成像微波传感器获取地表扫描所得的带有地物信息的电磁波信号并形成图像。这些传感器可以是主动遥感，如侧视雷达、合成孔径雷达等；也可以是被动遥感，如微波辐射计。非成像传感器发射雷达信号再通过接收回波信号测定参数，不以成像为目的；一般都属于主动遥感系统，常见的有微波散射计、雷达高度计。

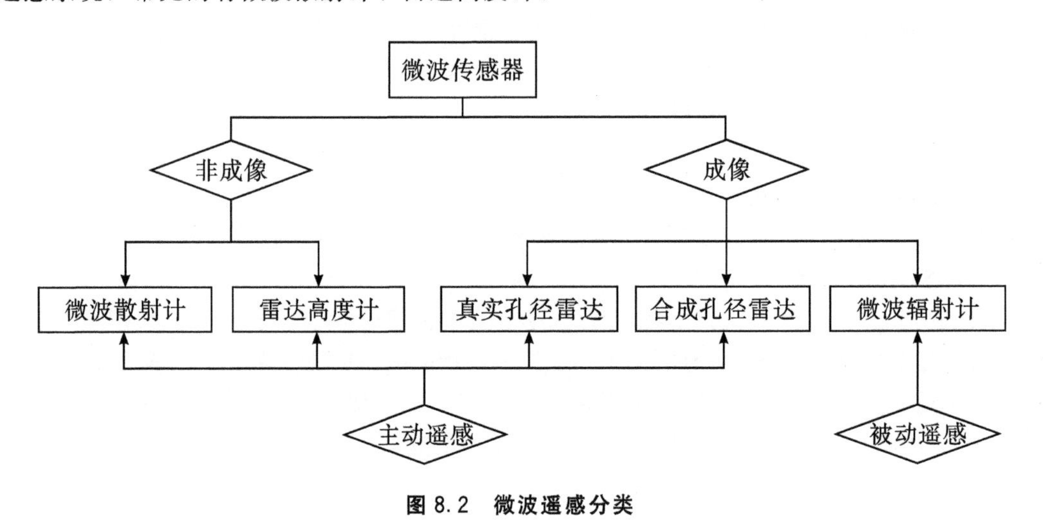

图 8.2　微波遥感分类

8.2.1　微波散射计

微波散射计(microwave scatterometer)用于定量测量各类地物的散射系数，是不成像的主动微波传感器。其优先用于观测如海洋等均质区域，是海洋测量的重要工具。微波散射计通过向海表、陆面发射微波脉冲信号并接收其后向散射回波信号能量来探测有关目标的信息，回波信号能量的强弱取决于目标物表面的粗糙度以及物质本身的介电特性。微波散射计通过变换发射雷达波束的入射角或变换极化特征及变换波长，可以研究不同条件对目标物散射特性的影响。大多数散射计通过在不同角度上测量散射特性，可以获取比成像雷达更多的信息。

散射计按扫描方式分为扇形波束散射计和笔形波束散射计 2 种，主要工作在 C 波段(5.3 GHz)和 Ku 波段(13.5 GHz)。C 波段波长较长，受云雨等因素的影响较小；Ku 波段频率高，对于目标特征的变化更加敏感，有利于探测低速风场。美国航空航天局(NASA)发射的散射计全部采用了 Ku 波段，如 SASS、NSCAT、SeaWinds；欧空局(ESA)发射的散射计则选择了 C 波段，如 AMI、ASCAT。

快速、准确地获取海面风场信息是散射计面临的首要任务。海面风场分布决定着大洋环流的分布模式，进而影响全球的气候变化，主要应用于数值天气预报(numerical weather prediction，NWP)模型同化。SASS成功运行以来，散射计数据开始用于海冰边界制图、海冰分类、海冰参数反演、浮冰漂移监测等研究。散射计陆面数据主要应用于土壤水反演与植被参数反演，在大尺度上获取土壤水信息时倾向于选择C波段、扇形波束散射计。

8.2.2 雷达高度计

雷达高度计(radar altimeter)用于测量目标物与遥感平台的距离，精度达厘米级，是不成像的主动微波传感器。雷达高度计根据精密测量发射波和接收波之间的时间差可以测出飞机、卫星等飞行器轨道各点到地面的垂直距离，常用于地形、海浪及海冰等方面的测量，可以准确地获取地表高度变化、海浪高度等参数。星载雷达高度计最早于1973年搭载美国Skylab上天，其脉冲宽度为0.1 ms，设计精度为100 cm。如今，随着测高数据精度的大幅提高，卫星雷达测高不仅在海洋，也在陆地水体、冰盖、冰川等领域得到了广泛应用。卫星雷达测高的海洋应用研究均基于3个基本观测量，分别为海面高度、有效波高和海面风速，为海洋水体运动研究提供了基础的数据支持，有助于预报海洋天气和海面状态。如果卫星到海面或卫星本身的高度已知，那么发射脉冲与平均回波脉冲前沿半功率点间的时延可以测定平均海洋外形；当海洋存在着多种不同程度的波浪时，高度计发射的脉冲将发生畸变，使回波具有一定斜率，记录和分析这种畸变的程度能获得风速、浪、波高和海面粗糙度等重要海洋信息。雷达高度计于1978年开始对南北极冰盖进行观测，至今已获取了极地冰盖超过30年的时间序列数据，有关学者借此研究全球变暖、降雪和冰川融化引起的冰盖高程年际变化，并准确测量了冰面高度、体积以及冰盖消长。20世纪80年代末，雷达高度计开始应用于内陆湖泊、河流的水位变化监测，后来又扩展到湿地监测，现已发展到业务化阶段。

8.2.3 微波辐射计

微波辐射计(microwave radiometer)用于探测地面各点的亮度温度并生成亮度温度图像，是成像的被动微波传感器，被动接收目标地物的微波辐射。地面物体具有发射微波的能力，其发射强度与自身的亮度温度有关。扫描、接收这些信号并换算成对应的亮度温度图，对地面物体状况的探测很有意义。微波辐射计主要应用于大气探测、海洋观测、对地观测微波遥感等3个方面，包括气象、农林、地质、海洋环境监测和军事侦察及天文、医疗和导弹的末端制导等领域。微波辐射计起源于20世纪30年代，最初以外太空星球电磁辐射为观测目标，最早于1962年搭载美国“Mariner-2”进入太空，获取相关微波辐射资料。20世纪50年代发展为地表物体微波辐射观测，得克萨斯大学的一个研究组使用微波辐射计对若干陆地材料进行了辐射测量，这是微波辐射测量第一次用于地球遥感。

微波辐射计有多种类型，主要有全功率微波辐射计、Dicke型微波辐射计、双参考温度自动增益控制微波辐射计、Graham 型微波接收机等。目前星载微波辐射计多为全功率型微波辐射计。全功率型周期定标微波辐射计由天线子系统(反射面、馈源和天线罩)、分极化分频器、接收机子系统(高频通道和中低频通道)、信息处理和控制单元、热辐射定标源子系统(辐射体、温度控制器和测温电路)、扫描伺服机构等组成。天线接收的信号经过分极化分频器分别输入各自的高频通道，从中输出的中频信号经中频放大、检波器平方律检波、低频放大器放大及直流补偿后，由 A/D 变换器转换成数字量，在信息处理和控制单元经过数字积分和定标处理，反演出各视场的天线温度。

8.2.4 侧视雷达

侧视雷达(side-looking radar system，SLR)是成像的主动微波遥感系统，在飞机或卫星平台上由传感器向与飞行方向垂直的侧面发射一个窄的波束，覆盖地面该侧的一个条带，然后接收在这一条带上地物的反射波，从而形成一个图像带。随着飞行器前进，其不断地发射这种脉冲波束，又不断地接收回波，从而形成了一幅幅雷达图像。机载侧视雷达最早在 20 世纪 50 年代初研制成功。当时，在天线设计、厘米波的微波元件以及记录技术方面的进展使获取用于军事侦察卫星的高分辨率图像成为可能。由于地球科学家的应用研究，成像雷达在 20 世纪 50 年代发展成为一种重要的遥感工具。到 1969 年，机载侧视雷达的测绘工作已成为商业业务。上面提到的侧视雷达一般是指真实孔径雷达(real aperture radar，RAR)，这是以实际孔径天线进行工作的非相干侧视雷达，只有加大天线孔径、缩短探测距离和工作波长才能提高其方位分辨率，但实现困难。因此，真实孔径雷达不能通过远距离收集数据来产生高分辨率的雷达图像，对利用轨道飞行器作雷达运载工具的做法有着严格限制。

8.2.5 合成孔径雷达

合成孔径雷达(synthetic aperture radar，SAR)也是侧视雷达，在飞机或卫星平台上由传感器向与飞行方向垂直的侧面发射信号。合成孔径雷达是相干(interferometric)侧视雷达，采用线性调频调制的方位压缩技术构成合成天线。其相当于一个沿直线方向运动着的线列小天线，首先移动到每个位置(或时间)发射一个信号，然后接收并分别存储每点的目标回波信号的振幅和相位信息，再把存储的不同时刻全部回波信号进行方位方向的合成处理得到地面的实际图像，这个处理过程“组成”了一个比实际天线大得多的合成天线。该合成天线提高了方位分辨率，且天线孔径越小分辨率越高，弥补了真实孔径雷达的不足。合成孔径雷达的概念一般认为在 1951 年由 Carl Wiley 提出，第一次实验验证是在 1953 年由伊利诺伊大学控制系统实验室完成。1978 年美国发射了第一颗载有 SAR 的海洋卫星 SEASAT-A，标志着合成孔径雷达已成功进入了从太空对地观测的新时代。经过近几十年的发展，合成孔径雷达技术已较为成熟，各国建立了相应的发展计划，各种新型体制的合成孔径雷达应运而生，在测绘、地质、海洋、农林和生态等军用、民用领域不断推广应用、深入发展。

8.3　合成孔径雷达

8.3.1　合成孔径雷达工作原理

当飞机或卫星向前飞行时，其搭载的雷达发射器通过倾斜安装在遥感平台下方的天线，在微秒级的极短时间内发射一束能量强大的脉冲波，然后接收脉冲波遇到地面物体后反射回来的信号。天线发射和接收雷达脉冲交替进行，记录形成了图像扫描线，如图 8.3所示。由于雷达发射器与不同地面物体的距离不同，天线接收到返回信号的时间也不同。根据该工作原理，侧视雷达影像能够较好地反映地形起伏，例如，侧视雷达影像上山坡朝向雷达发射天线的一侧较亮，而背向雷达发射天线的另一侧较暗。

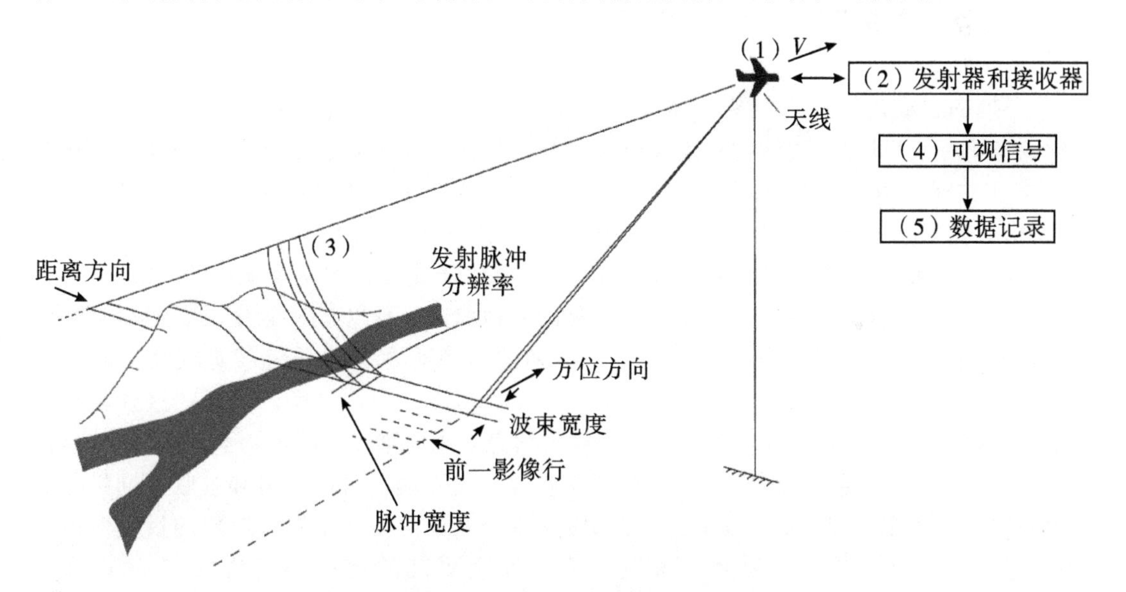

图 8.3　侧视雷达系统工作原理(彭望琭，2002)

侧视雷达系统按其方位分辨率与距离的关系，可以分为真实孔径侧视雷达与合成孔径侧视雷达。在合成孔径侧视雷达系统中，飞机、卫星等遥感平台在匀速前进飞行中，通过小孔径天线以一定的时间间隔发射脉冲波，在多个不同位置上接收记录回波信号并进行合成处理，从而实现大孔径天线的效果，如图 8.4 所示。

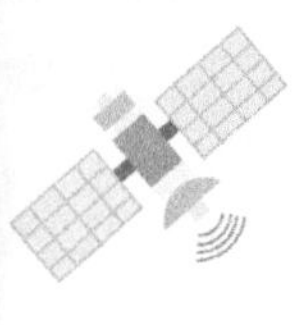

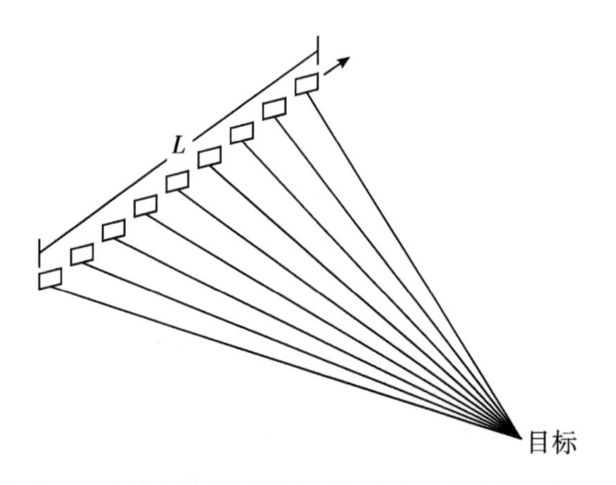

图 8.4 合成孔径侧视雷达天线原理图(彭望琭，2002)

8.3.2 合成孔径雷达发展历程

早期的合成孔径雷达主要为机载合成孔径雷达系统(Henderson，1975；Ulaby et al.，1982)。1978 年，美国发射了星载合成孔径雷达 SEASAT。SEASAT 的设计寿命为 2 年，但由于动力系统出现问题，该系统仅运行了 3 个月。然而，SEASAT 提供的高质量雷达影像引起了学界及业界的极大兴趣。20 世纪 70 年代末及 80 年代，美国国家航空航天局(NASA)的航天飞机装载了 SIR-A 和 SIR-B 合成孔径雷达系统。与 SEASAT 相比，SIR-A 和 SIR-B 进一步扩展了雷达成像的入射角度，可以有效地用于地表环境调查。20 世纪 90 年代以来，各国相继发射了一系列的星载雷达遥感系统，如欧洲空间局的 ERS-1、ERS-2，日本的 JERS-1 和加拿大的 RADARSAT-1，等等。然而，这些星载雷达系统都是单频率系统，获取的雷达影像波段信息有限，难以准确识别不同地物目标(Li and Yeh，2004)。鉴于此，研究人员研发了极化雷达系统，可以发射和接收不同极化的微波成像(郭华东、李新武，2001)。极化雷达系统获取的雷达影像对地物的后向散射机制敏感，与单极化雷达遥感影像相比，可以实现更高的地物识别精度(Lee et al.，2001)。随着 ENVISAT ASAR、ALOS PALSAR、TerraSAR-X 和 RADARSAT-2、Sentinel-1 及我国高分三号等星载极化雷达系统的陆续发射，极化雷达遥感数据得到了越来越广泛的应用。

8.3.3 雷达系统及成像参数

1. 频率和波长

微波是电磁波谱中频率在 300 MHz(0.3 GHz)～300 GHz 之间的电磁波。雷达微波频率与波长成反比，即：

$$c = f \times \lambda \tag{8.1}$$

式中：c 为光速，值为 3×10^8 m/s；f 为雷达微波频率，单位为 Hz；λ 为波长，单位为 cm。

频率对雷达系统的影响主要体现在2个方面：其一，对于真实孔径侧视雷达，其空间分辨率随着波长相对于天线长度的缩短而提高；其二，微波雷达的波长越长，雷达系统对天气状况越不敏感，通常只有强降雨雪才可能会对微波雷达的传输造成干扰。

2. 偏振/极化

偏振/极化是电磁波的一种特性，它描述了在垂直于电磁波传播方向的平面上振荡的方向。雷达系统的极化是指天线发射和接收雷达信号的方向，分为水平方向(H)和垂直方向(V)。根据天线发射和接收信号的方向组合形成了4种最常见的线性极化模式，分别为HH、HV、VV、VH。其中，天线发射方向与接收方向一致的极化方式，称为同极化模式；2种方向不一致的极化方式，称为交叉极化模式。不同极化方式对地物特征的反映不同，因此与传统单极化雷达相比，极化雷达包含更多的目标信息，可以实现更高的分类精度(见图8.5)。

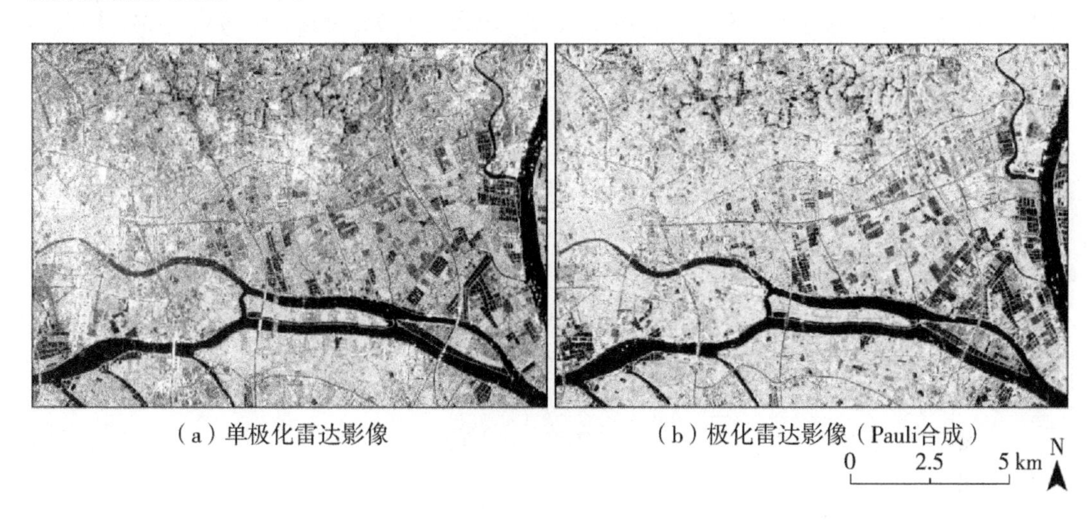

图8.5 不同极化雷达影像

3. 入射角

如图8.6所示，入射角是指雷达微波入射线与大地水准面法线之间的夹角，是影响雷达后向散射和雷达影像地物形态的一个主要因素。局部入射角是指雷达微波入射线与入射面法线之间的夹角，随着局部入射角的变化，雷达影像上地物表面的粗糙度也会变化。雷达影

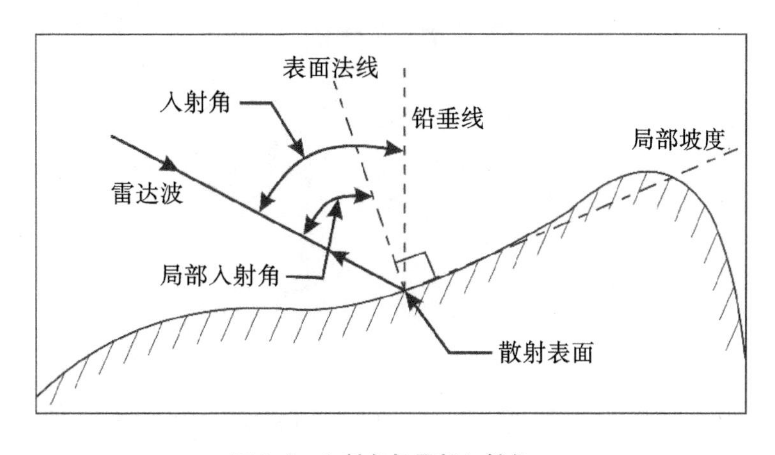

图8.6 入射角与局部入射角

像垂直方向上的空间分辨率、雷达信号对地面湿度的敏感性等都会随着俯角的变化而不同。相似景观在不同俯角的雷达影像上也会有较大的区别。

4. 空间分辨率

雷达图像是雷达传感器所获信息的综合产物，是微波遥感探测目标的信息载体。在侧视雷达系统中，雷达图像的空间分辨率可以分为距离分辨率(垂直于飞行方向)和方位分辨率(平行于飞行方向)2种。

(1) 距离分辨率。

如图8.7所示，在侧视雷达系统中，距离分辨率与脉冲宽度有关，在理论上等于脉冲宽度的一半，见式(8.2)：

$$R_g = \frac{\Delta d}{\cos \varphi} = \frac{\tau c}{2\cos \varphi} \tag{8.2}$$

式中：R_g 为距离分辨率；Δd 为两目标地物间的距离；τ 为脉冲间隔，单位为 $\mu s/10^{-6}$ s；φ 为侧视雷达的俯角，范围为 $0^\circ \sim 90^\circ$。由此可见，脉冲发射间隔越短，俯角越小，侧视雷达的距离分辨率越高。

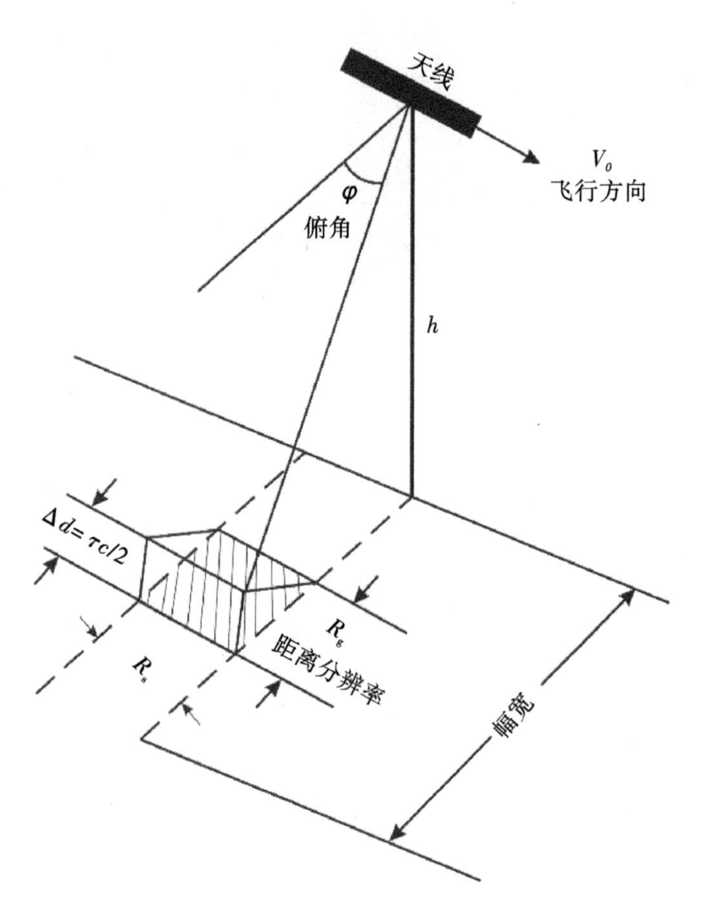

图8.7 侧视雷达的距离分辨率

（2）方位分辨率。

在真实孔径侧视雷达系统中，方位分辨率与脉冲波长成正比，与雷达天线孔径成反比，见式(8.3)：

$$R_a = \beta \times d = \frac{\lambda}{D} \times d \tag{8.3}$$

式中：R_a 为方位分辨率；β 为真实波束宽度；d 为天线与目标地物间的距离；λ 为侧视雷达发射的微波脉冲波长；D 为雷达天线孔径。由此可见，发射脉冲波长越短，天线孔径越大，距离目标地物越近，侧视雷达的方位分辨率越高。

在合成孔径侧视雷达系统中，合成天线孔径等价于真实孔径雷达的方位分辨率，见式(8.4)：

$$R_s = \beta \times d = \frac{\lambda}{L_s} \times d = \frac{D}{2d} \times d = \frac{D}{2} \tag{8.4}$$

式中：R_s 为合成孔径雷达的方位分辨率；β 为合成波束宽度；d 为天线与目标地物间的距离；λ 为发射的微波脉冲波长；L_s 为合成天线孔径；D 为雷达天线孔径。由此可见，合成孔径雷达的方位分辨率与距离、波长等无关，只与天线孔径有关。天线孔径越小，合成孔径雷达的方位分辨率越高。

表 8.2 给出了目前主要星载极化雷达系统的系统参数及成像参数。

表 8.2　典型星载雷达系统的系统参数及成像参数

雷达系统	波段	频率/GHz	极化方式	入射角/(°)	距离分辨率/m	方位分辨率/m
RADARSAT-2	C	5.4	全极化	10～60	3～100	3～100
PALSAR-2	L	1.2	全极化	8～70	3～100	3～95
TerraSAR-X	X	9.65	全极化	20～55	1～18.5	1～18.5
TanDEM-X	X	9.65	全极化	20～55	1～18.5	1～18.5
COSMO-SkyMed	X	9.6	全极化	20～60	3～100	3～100
Sentinel-1	C	5.4	双极化	20～45	5～20	5～40
高分三号	C	5.4	全极化	17～60	0.9～700	1～500

8.3.4 雷达图像的几何特征

由于侧视雷达成像与天线到地物的距离和角度密切相关，故侧视雷达图像的几何特征与摄影测量、扫描测量都不相同。

（1）斜距图像的几何失真。

如图 8.8 所示，有 3 个相同地物目标 A、B、C。在地距图像上，3 个目标地物是等长的。而侧视雷达是通过天线接收倾斜方向回波来生成斜距图像的，等长的目标地物 A、

B、C 由于在不同距离上产生回波，其在斜距图像上的投影不再等长。地物与天线的距离越短，其视角越小，在斜距图像上的投影长度缩小越多。该现象称为斜距显示的近距离压缩，即随着地物与雷达天线距离的变化，图像上的比例尺也发生变化，形成几何失真现象。

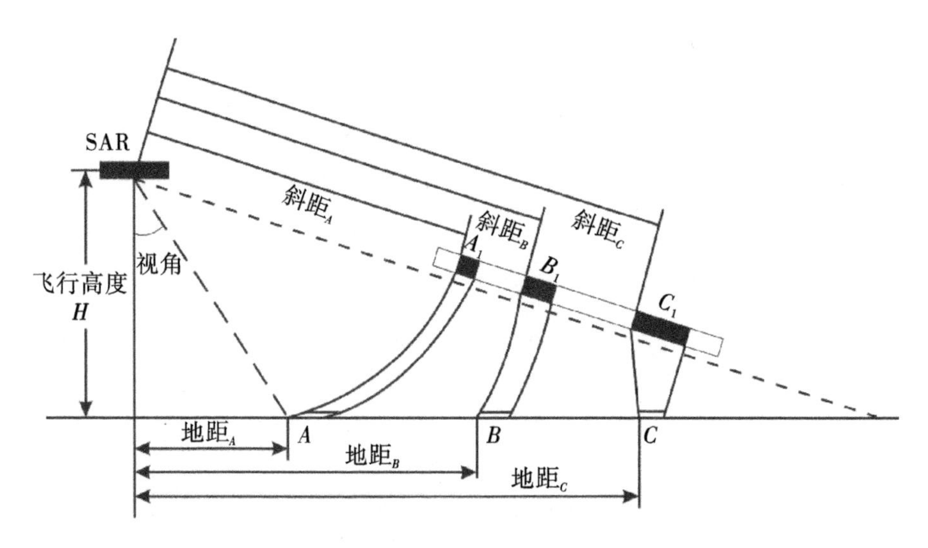

图 8.8　斜距图像和地距图像的比较

(2) 地形畸变。

在山坡或高耸建筑物区域，由于微波脉冲反射面的坡度不同，故雷达天线到地物的距离会相应发生变化，使雷达图像上产生多种畸变现象。如图 8.9(a)所示，面向雷达的斜坡坡度较缓，雷达波束依次到达坡底、坡中部和坡顶。由于存在倾斜视角，雷达图像上的山坡投影长度小于实际坡长，并在雷达图像上表现出较高的亮度，该畸变现象称为透视收缩。坡底的收缩量大于坡顶的收缩量，且随着山坡坡度的增加，各处的收缩量均增大。如图 8.9(b)所示，面向雷达的斜坡较陡，雷达波束先到达坡顶，而后依次到达坡中部和坡底。同样由于倾斜视角，雷达图像上山坡投影的长度收缩，但坡顶与坡底的相对位置颠倒，坡底的收缩量小于坡顶的收缩量，该畸变现象称为雷达叠掩。如图 8.9(c)所示，面向雷达的斜坡坡度介于前两者之间，形成了雷达波束同时到达坡底、坡中部和坡顶的特殊现象，使在雷达图像上该山坡仅为一个点，不存在山坡长度。

对于背向雷达的斜坡，如果其坡度很缓，雷达波束仍可以到达。在坡度和坡长相同的情况下，由于背坡的雷达入射角大，雷达图像上背坡投影长度比面坡投影长，在亮度方面背坡表现为比面坡暗。而当背坡坡度较大时，雷达波束无法到达，使该区域在雷达图像上为暗区，该畸变现象称为雷达阴影。背坡坡度越大，或与雷达天线的距离越远，雷达阴影越长。

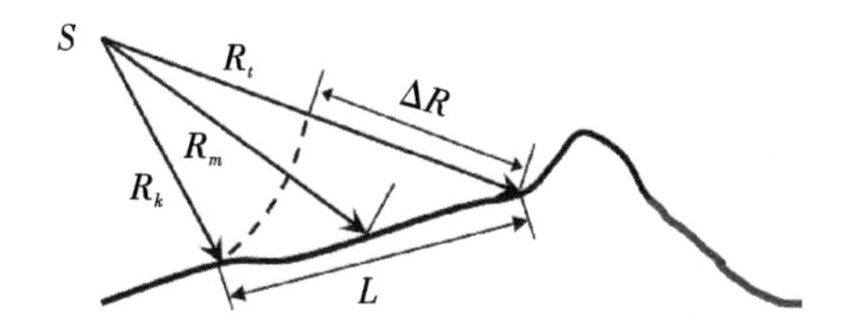

(a) 雷达透视收缩（$\Delta R<L$，$R_t>R_k$）

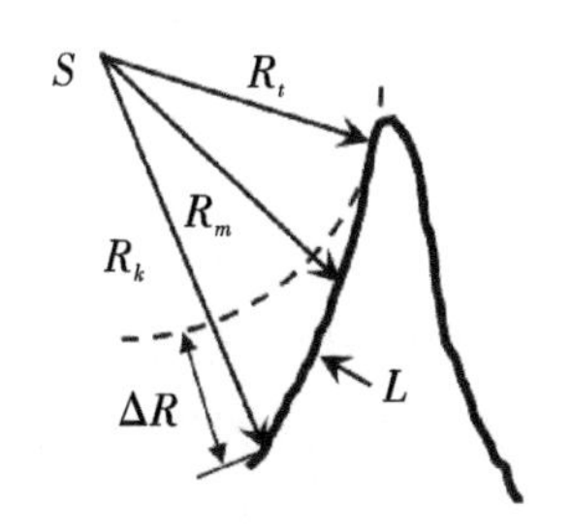

(b) 雷达叠掩（$\Delta R<L$，$R_t<R_k$）

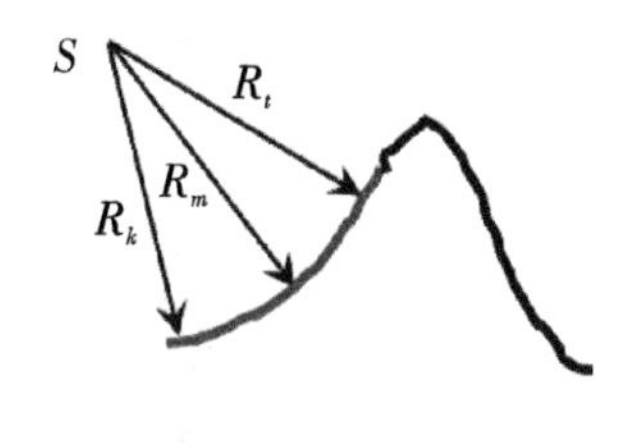

(c) 斜坡成像为一点（$R_t=R_m=R_k$）

图 8.9　面向雷达斜坡的成像影响

8.3.5　典型地物的雷达后向散射机制

雷达系统主要通过记录地物后向散射的雷达回波成像。雷达系统参数确定后，地物本身的物理和几何特性是决定雷达回波强弱的主要因素。雷达信号在通过介质时强度会有一定的衰减，物理学定义了衰减系数来衡量不同介质对雷达信号的削弱能力。介质的衰减系数与其导电率及导磁率的平方根成正比，与其介电常数的平方根成反比，见式(8.5)：

$$\alpha=\frac{\sigma}{2}\sqrt{\frac{\mu}{\varepsilon}} \tag{8.5}$$

式中：α 为衰减系数，单位为 Np/m；σ 为导电率，单位为 S/m；μ 为导磁率，单位为 H/m；ε 为介电常数，单位为 F/m。

一般情况下，地物的介电常数越大，其对雷达入射波的反射能力越强。除介电常数外，目标地物的结构、粗糙度、排列和间距等也都会影响雷达后向散射的机制和强度。例如，相同地物由于排列方式不同，其与雷达系统形成的观测方向也不同。观测方向是指雷达信号接触地面地表的方向，在不同地形中不同观测方向所产生的雷达阴影存在差异。在自然地貌中，当观测方向垂直于地形走向时，雷达阴影最大；当观测方向平行于地形走向时，雷达阴影最小。在较小或中等地形起伏区域，雷达阴影能够起到加强微小地貌特征的作用；但在地形起伏较大的区域，雷达阴影则会遮盖大面积区域，对观测造成不利干扰。在人造地貌中，因建筑物结构和土地利用格局多样，不同观测方向下特定人造景观在雷达影像上的显示方式不同。典型地物的雷达后向散射机制如下。

（1）耕地。

耕地的后向散射与作物类型、作物生长阶段等直接相关，因长势、土壤含水量、粗糙度等参数不同，耕地后向散射呈现空间变化。以水稻为例，不同生长阶段水稻田的微波雷达后向散射差异较大。在生长初期，由于水稻田的含水量接近饱和，且水稻植株较小，水稻田的后向散射接近于水面后向散射；随着水稻植株的生长，植株冠层和水面的复合散射模式成为水稻田雷达后向散射的主要模式，水稻田的后向散射强度逐渐增强并达到高峰值。水稻田的雷达后向散射具有显著的随植物生长的时间变化规律。此外，不同极化方式对耕地雷达成像的影响也较大。在 HH 极化数据中，耕地的纹理特征与边缘特征如田埂等表现不明显；在 VV 极化数据中，农作物的边界信息有一定的改善，但其纹理结构仍不如交叉极化清晰。

（2）建设用地。

由于建筑物特殊的几何形态(墙壁与地面容易发生角反射)、材料(水泥、钢筋等材料具有较大的介电常数)和水平垂直结构的分布，建设用地在雷达图像上的后向散射回波较强，甚至在部分区域形成白色亮斑。在侧视雷达图像上，建筑物能够表现出一定的叠掩、阴影和角反射的结构特征，同时侧视雷达图像也能反映建筑物的方向特征和纹理特征。新建小区或别墅区为较规则的斑块状，纹理特征均匀，可见排列有序的高亮斑点，图像亮度分布不均匀，亮目标为建筑物的角反射所致，暗目标为建筑物阴影或小区道路。老城区建筑图斑纹理特征不明显，可见杂乱无序的亮斑点，图像亮度分布范围较大。农村居民点的纹理特征不均匀，分布较城区稀疏，亮度较低。建筑用地的雷达成像对不同极化方式的响应也存在较大差别。在 VV 极化数据中，建筑用地的纹理特征与结构特征表现不明显，建筑物的边界轮廓较模糊；在交叉极化数据中，该情况有较大改善，HV 极化数据适用于建筑用地识别。

（3）林地。

林地的后向散射与微波波长、极化方式、入射角等雷达系统参数，及其自身的生长状况、分布特点有关。林地通常具有较强的后向散射特征。成片林地的树冠连接在一起，在雷达图像上表现为浅灰色或灰白色调，且山区林地较容易产生叠掩、阴影等特征。

（4）草地。

由于草地较为平整，其散射回去并被雷达接收的波束远小于雷达发射的波束，故草地在雷达图像上表现为暗色调。草地的后向散射随时间变化不大，且在夏季时与森林的后向散射较为接近。

（5）交通运输用地。

道路相对于微波波长比较光滑，交通设施用地的后向散射系数很小，在雷达图像上表现为较暗的线状。雷达图像上交通运输用地的识别能力与其光滑程度、道路宽度、雷达图像分辨率等有关。城市道路图斑纹理均匀，亮度较低，呈现直线或弧线形，且两侧可见规则排列的路灯亮点；农村道路亮度相对于城市更低，一般宽度较窄且长度较短。

（6）水域及水利设施用地。

水域的后向散射受其表面粗糙度的影响较大。当水体表面较为光滑时，其在雷达图像上表现为黑色调，面积较小的水体易与阴影等发生混淆；当水面波浪起伏或存在雨雪等天气状况时，其在雷达图像上表现出明暗相间的色调变化。船只、养殖箱等水利设施与水体的后向散射差异较大，在雷达图像上能够较容易地识别。

8.3.6 雷达图像处理

由于雷达遥感通过相干波成像，其机理复杂，并存在特殊的辐射和几何畸变，故雷达图像的处理方法有别于传统光学遥感图像的处理方法。雷达图像的处理方法主要包括辐射定标、几何校正与配准、图像滤波、极化分解、雷达干涉等。

（1）辐射定标。

定标是定量分析的前提，辐射定标是实现合成孔径雷达对地定量观测的关键技术。雷达图像的辐射定标是指确定雷达图像的灰度与标准雷达散射截面的关系，并计算出地物目标回波的绝对值。辐射定标过程中有多个参数参与，其定标实现见式(8.6)：

$$\sigma_0 = k_s \times (DN^2 - NEBN) \times \sin\theta_i \tag{8.6}$$

式中：σ_0 是后向散射系数；k_s 是定标常数；DN 是像元值；$NEBN$ 是噪声等效；θ_i 是像元的入射角。

（2）几何校正与配准。

在合成孔径雷达系统中，同一地物目标会被雷达脉冲多次照射并回波，因此在成像处理过程中必须进行几何校正以得到此图像。几何校正主要分为几何粗校正和几何精纠正两部分。前者是指基于轨道信息的几何校正，包括地球自转、曲率、卫星姿态校正，斜距－地距改正和利用地面控制点拟合变换公式而进行的简单校正；后者是指借助地面控制点(ground control point，GCP)的几何校正，包括SAR图像与光学图像之间的配准以及多幅SAR图像间的配准。

几何精纠正的关键点在于选取控制点。图像配准时，采用的几何校正多项式次数不同，控制点选取的数量也不同，一般控制点的最少选取数量为$(n+1)(n+2)/2$，n 为多项式次数。选取控制点时应注意使所有控制点均匀分布于雷达图像，并且在图像边缘地区着重注意选点。在SAR图像与光学图像之间的配准中，应该着重选取除角点以外的建筑物或交通运输用地上的控制点；而在SAR图像间的配准中，应该着重选择明亮的地物控制点。

（3）图像滤波。

雷达图像的相干成像特点使图像中存在较大的斑点噪声，对图像识别分类造成了严重干扰，影响了分类的精度和质量。因此，在雷达图像处理过程中，必须进行图像滤波或多视处理。广泛使用的图像滤波方法有Lee滤波、Kuan滤波、Frost滤波、Gamma滤波、Local Sigma滤波等(Lee and Pottier，2009)。有效的图像滤波方法能够抑制斑点噪声，改善雷达图像的视觉效果，在较好保持地物边界信息的同时，能够增强不同地物间的对比能力。

（4）极化分解。

极化分解技术旨在将极化雷达接收到的后向散射矩阵分解为相对简单的地物散射机制组合，以便呈现较容易的物理解释，用于提取图像中的相应目标类型。利用极化分解技术可以从后向散射矩阵中提取出不同的极化参数，这些极化参数对应着不同类型的散射机制，如单次散射、二次散射和体散射等，有助于提高地物的分类精度。目前比较常用的极化分解方法主要包括 Holm、H/A/Alpha、Freeman-Durden、Van Zyl、Krogager、Yamaguchi 等(Lee and Pottier，2009)。由于基于不同的理论和物理模型，不同极化分解方法得到的极化参数往往反映地物的不同物理和结构特征，因此适合识别不同的地物类型。

(5) 雷达干涉。

合成孔径雷达干涉测量(interferometric synthetic aperture radar，InSAR)技术诞生于 20 世纪 60 年代，具有监测范围广、时间分辨率高、能够全天时全天候获取地面信息等优点，目前已经被广泛应用于研究由地震或火山活动等引起的大范围地面形变，在地面沉降监测中也显示出巨大的潜力。Graham(1974)首先将 InSAR 技术应用于地球表面高程信息的获取以及地形图的绘制，为 InSAR 技术在地形制图领域的发展奠定了基础。InSAR 利用不同时间或不同视角下传感器与地面目标的相位差来获取地表高程信息或地面沉降信息，监测精度能够达到厘米级，甚至毫米级，与传统的监测方法相比具有明显的优势(朱建军等，2017)。

8.4 微波雷达遥感的典型应用

微波雷达遥感具有全天时、全天候的工作能力与一定的地表穿透能力，能弥补可见光遥感与红外遥感的不足；微波遥感接收的回波信号记录着地物反射雷达信号的振幅和相位信息，可以反演得到地物的表面结构、物理属性以及其与观测平台的距离等。基于上述优势，近几十年来微波遥感迅猛发展，被广泛应用于农业监测、土地规划与地质勘探、林业监测、灾害监测等多个领域。

8.4.1 农业领域

由于不同农作物的冠层结构、几何特性和介电特性在雷达图像中表现出不同特征，微波遥感被广泛应用于农业领域，主要涉及对农作物的识别分类、农作物生长状况的监测估计以及土壤湿度和植被含水量的分析(Tan et al.，2011)。例如，通过后向散射差异区分水稻的耕作制度，由此对不同季节、不同环境的水稻种植进行规划管理(见图 8.10)；通过后向散射的时间序列变化反演农作物的生物量、株高、密度等参数，从而对农作物的生长状况进行评估。

图 8.10 不同时相极化雷达影像上的水稻后向散射特征(Qi et al., 2017)

8.4.2 土地规划与地质勘探

在土地利用变化监测和地物类型划分方面，微波遥感可以利用多频率、多极化雷达数据来获取地物的纹理特征、介电性能等特性，区分光学特征相似但粗糙度及介电性能不同的地物，提高土地利用的分类精度(Pierce et al., 1994；陈劲松等，2004)。此外，还可以利用多时相雷达数据监测土地覆盖的时间变化情况，为打击违法土地开发、推动合理利用土地资源提供技术支持(Qi et al., 2015)(见图 8.11)。

在地质勘探方面，利用微波遥感大范围、高精度的探测能力，雷达数据可以分析地貌特征和构造现象，甚至可以对岩体岩性和浅部埋藏地质体进行初步解译。例如，提取断裂信息，高精度解译其走向和分布等。

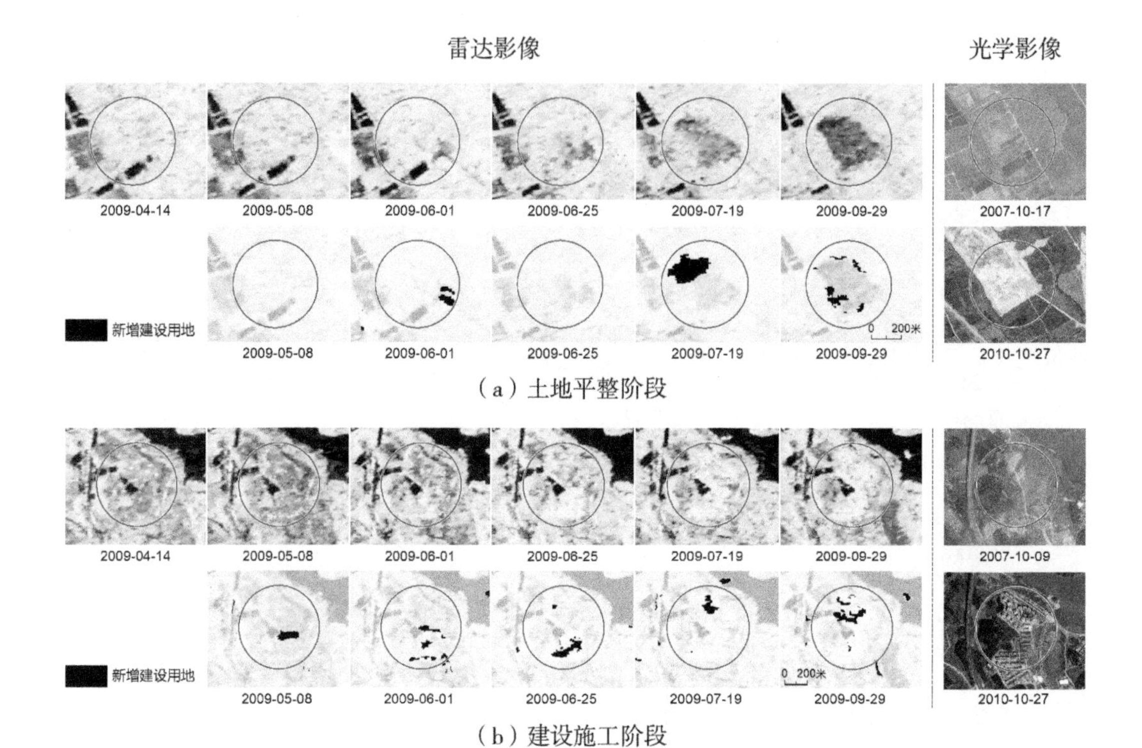

图 8.11 建设用地开发短周期遥感监测

8.4.3 林业领域

微波遥感在林业领域的应用主要涉及森林面积监测、垂向信息获取、森林高度与蓄积量等指标反演(Lang et al., 2008)(见图 8.12)。在大范围森林覆盖变化监测方面，利用雷达图像后向散射强度、纹理特征以及时间序列分析等方法，可以有效地提高毁林检测性能。微波遥感为有效管理和保护森林、预防森林灾害提供了科学依据。

图 8.12 基于 F-SAR 的森林三维制图

(来源：https://www.dlr.de/content/en/articles/news/2015/20150715_dlr-nasa-3d-radar-measurements-of-forest-areas_14194.html。)

8.4.4 灾害监测

全天时、全天候工作的微波遥感可以在突发性灾害的实时监测方面发挥重大作用。在救援人员无法立即到达的地区，使用干涉 SAR 数据建立灾后高精度的地面三维模型，为受灾区监测、救灾方案确立以及灾后分析研究提供依据。例如，对于地震灾害，可根据 InSAR 获得的位移场估算震源参数，对地震的同震和震后形变进行反演，帮助了解地震、分析地震的过程和机制(邵芸等，2008)。

除了地震反演，微波遥感还可以对城市地表沉降、矿区沉降、滑坡、洪水、火山和台风等灾害进行监测(Bovolo et al.，2007)(见图 8.13)，例如，利用多时间序列 SAR 数据对台风进行实时监测，并获取其海面风速信息等。

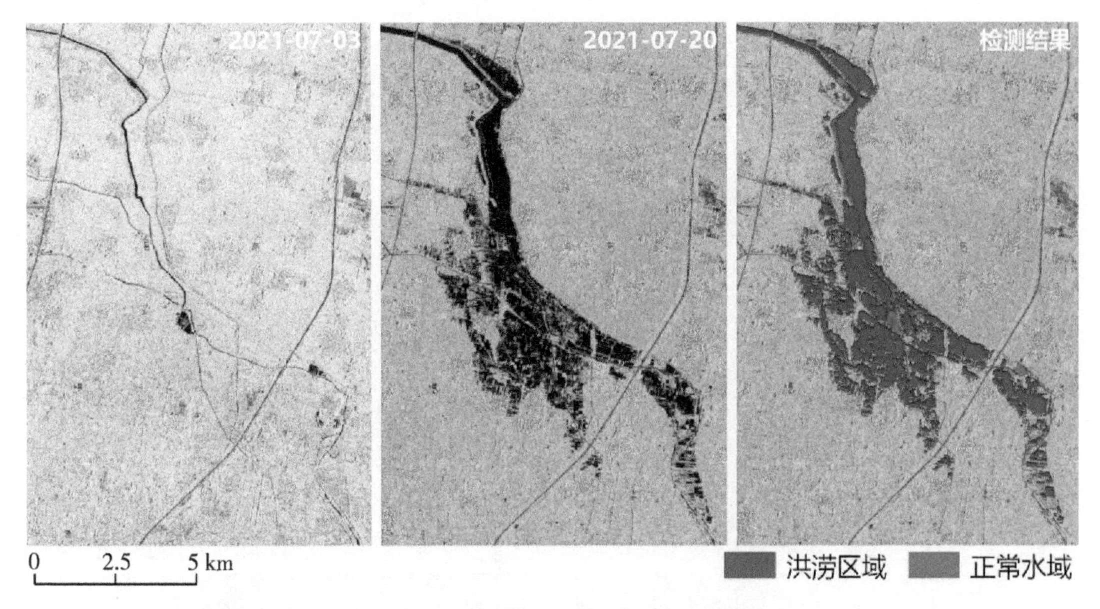

图 8.13 基于高分三号的洪水区域检测

8.4.5 冰雪监测

冰川和积雪是重要的水资源，极易受气候变化的影响，通过微波遥感技术可以对其进行监测，反演气候水文循环的变化过程。微波遥感在冰川方面的应用主要涉及 3 个方面：①利用微波雷达数据可以进行海冰分类(见图 8.14)，监测海上浮冰并评估海冰冰情(Warner et al.，2013)；②利用微波雷达数据可以对冰川地貌进行识别和绘图，对沉积物、冰碛物、岩石露头和冰川冰进行高精度分类提取；③可以对冰川的变化进行动态监测，研究冰川流速与温度、季节、地理位置和地貌条件等多种因素的关系，绘制极地海冰高分辨率运动场，对极地海冰的运动特征进行描述(Zakhvatkina et al.，2013)。融雪过程中积雪的液态水含量和表面粗糙度发生显著变化，微波雷达可通过监测融雪前后的后向散射变化，监测冰雪融化过程，识别融雪阶段。这对于掌握积雪变化规律，规避雪崩和融雪洪灾等具有重要意义。

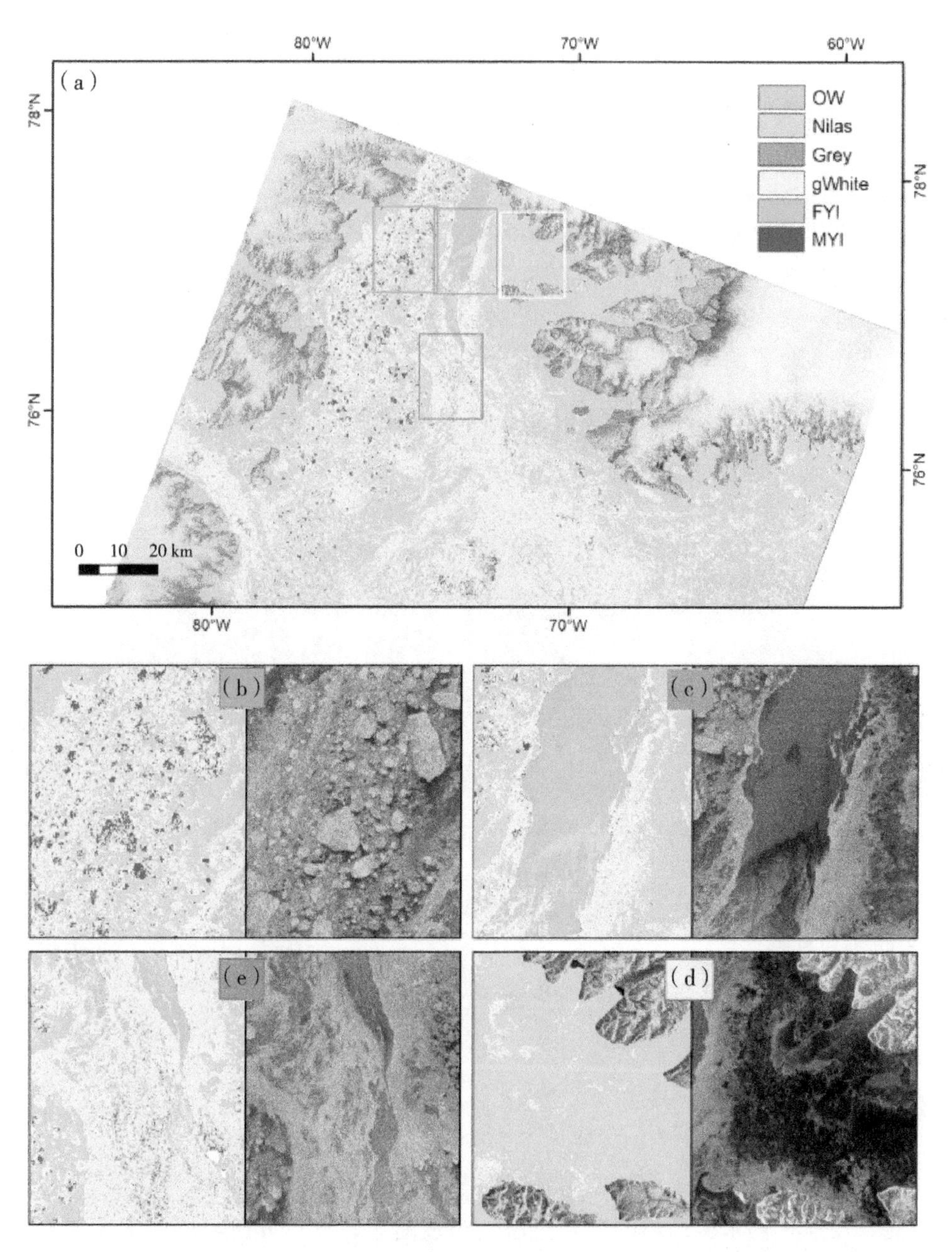

图 8.14　基于 C 波段雷达影像的海冰分类结果(Mahmud et al.，2022)

8.4.6　海洋领域

微波遥感在海洋领域应用广泛，包括海上船只监测、海上溢油监测、海底地形反演、海浪监测、内波反演等。在海上船只监测方面，可利用雷达图像上船只结构特征的差异对货船和油船进行分类识别，能实现复杂海况背景下的舰船曲线尾迹检测(见图 8.15)；在海上溢油监测方面，可利用油膜对海面波动的抑制造成的雷达图像后向散射差异进行溢油区域探测；在海底地形反演方面，微波雷达卫星可以作为海洋调查船的补充，结合先验地形特征、水动力模型，对近岸浅海区域的水下地形进行探测。此外，微波遥感还可以进行海浪观测，反演海浪谱和有效波高，提取内波边缘特征，建立内波参数反演模型等。

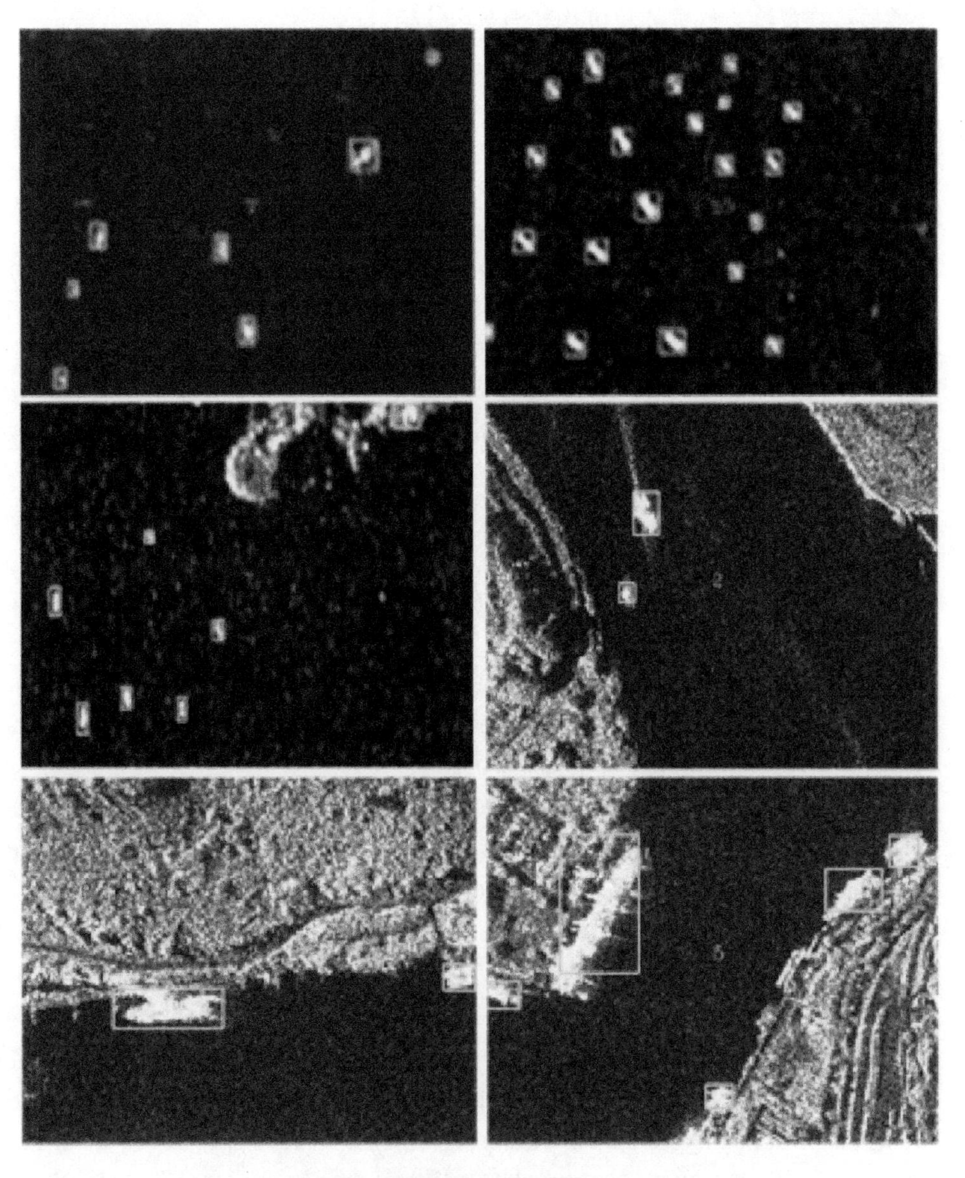

图 8.15　基于雷达影像的舰船检测结果(Cui et al.，2019)

思考题

1. 微波遥感包括哪些类别?
2. 雷达遥感相较于传统光学遥感有什么优势?
3. 请简述侧视雷达的成像原理。
4. 请简述典型地物的雷达后向散射机制及特征。
5. 请简述雷达遥感的应用领域。

参考文献

[1] BOVOLO F, BRUZZONE L. A split-based approach to unsupervised change detection in large-size multitemporal images: application to tsunami-damage assessment[J]. IEEE transactions on geoscience and remote sensing, 2007, 45(6): 1658－1670.

[2] CUI Z Y, LI Q, CAO Z J, et al. Dense attention pyramid networks for multi-scale ship detection in SAR images[J]. IEEE transactions on geoscience and remote sensing, 2019, 57(11): 8983－8997.

[3] GRAHAM L C. Synthetic interferometer radar for topographic mapping[J]. Proceedings of the IEEE, 1974, 62(6): 763－768.

[4] HENDERSON F M. Radar for small-scale land-use mapping[J]. Photogrammetric engineering and remote sensing, 1975, 41(3): 307－319.

[5] LANG M W, TOWNSEND P A, KASISCHKE E S. Influence of incidence angle on detecting flooded forests using C-HH synthetic aperture radar data[J]. Remote sensing of environment, 2008, 112(10): 3898－3907.

[6] LEE J S, GRUNES M R, POTTIER E. Quantitative comparison of classification capability: fully polarimetric versus dual and single-polarization SAR[J]. IEEE transactions on geoscience and remote sensing, 2001, 39(11): 2343－2351.

[7] LEE J S, POTTIER E. Polarimetric radar imaging from basics to applications[M]. New York: CRC Press, 2009.

[8] LI X, YEH A G. Multitemporal SAR images for monitoring cultivation systems using case-based reasoning[J]. Remote sensing of environment, 2004, 90(4): 524－534.

[9] MAHMUD M S, NANDAN V, SINGHA S, et al. C- and L-band SAR signatures of Arctic sea ice during freeze-up[J]. Remote sensing of environment, 2022, 279: 113129.

[10] PIERCE L E, ULABY F T, SARABANDI K, et al. Knowledge-based classification of polarimetric SAR images[J]. IEEE transactions on geoscience and remote sensing, 1994, 32(5): 1081－1086.

[11] QI Z X, YEH A G O, LI X, et al. Monthly short-term detection of land development using RADARSAT-2 polarimetric SAR imagery[J]. Remote sensing of environment, 2015, 164: 179-196.

[12] QI Z X, YEH A, LI X. A crop phenology knowledge-based approach for monthly monitoring of construction land expansion using polarimetric synthetic aperture radar imagery[J]. ISPRS journal of photogrammetry and remote sensing, 2017, 133: 1-17.

[13] TAN C P, EWE H T, CHUAH H T. Agricultural crop-type classification of multi-polarization SAR images using a hybrid entropy decomposition and support vector machine technique [J]. International journal of remote sensing, 2011, 32(22): 7057-7071.

[14] ULABY F T, LI R Y, SHANMUGAN K S. Crop classification using airborne radar and landsat data[J]. IEEE transactions on geoscience and remote sensing, 1982, 20(1): 42-51.

[15] WAITE W P. Historical development of imaging radar[J]. Remote sensing of the electro magnetic spectrum, 1976, 3: 1-22.

[16] WARNER K, IACOZZA J, SCHARIEN R, et al. On the classification of melt season first-year and multi-year sea ice in the beaufort sea using Radarsat-2 data [J]. International journal of remote sensing, 2013, 34(11/12): 3760-3774.

[17] ZAKHVATKINA N Y, ALEXANDROV V Y, JOHANNESSEN O M, et al. Classification of sea ice types in ENVISAT synthetic aperture radar images[J]. IEEE transactions on geoscience and remote sensing, 2013, 51(5): 2587-2600.

[18] 陈劲松，邵芸，林晖. 全极化 SAR 数据在地表覆盖/利用监测中的应用[J]. 国土资源遥感，2004，16(2)：39-42.

[19] 郭华东，李新武. 新一代 SAR 对地观测技术特点与应用拓展[J]. 科学通报，2011，56(15)：1155-1168.

[20] 彭望琭. 遥感概论[M]. 北京：高等教育出版社，2002.

[21] 邵芸，宫华泽，王世昂，等. 多源雷达遥感数据汶川地震灾情应急监测与评价[J]. 遥感学报，2008，12(6)：865-870.

[22] 朱建军，李志伟，胡俊. InSAR 变形监测方法与研究进展[J]. 测绘学报，2017，46(10)：1717-1733.

9　激光雷达遥感

激光雷达遥感属于独特的非成像主动遥感，与微波雷达遥感类似，具备昼夜工作等优点，还具有距离测量精准、高效等优点，近 20 年来发展迅速，已被广泛应用在气象、测绘、水利、林业、自动驾驶等各个领域。激光雷达遥感技术作为一种新兴的三维数据获取手段和独特的海量点云(或全波形)数据特征，在数据处理和应用方面仍面临着诸多挑战。本章主要概述激光雷达技术的发展历程、仪器设备与处理软件、基本原理、数据处理方法、应用方向与典型案例。

9.1　激光雷达遥感的发展历程

激光雷达(light detection and ranging，LiDAR)是激光探测及测距系统的简称，属于主动遥感技术。其工作原理是传感器主动发射激光测定传感器和目标物体之间的传播距离，分析目标物体表面的反射能量、反射波谱等信息，解算目标坐标信息，从而精确地呈现目标物体的三维结构(见图 9.1)。根据不同的应用目的可以选择不同的激光波长，如植被遥感常用的是近红外光(波长为 1064 nm)。

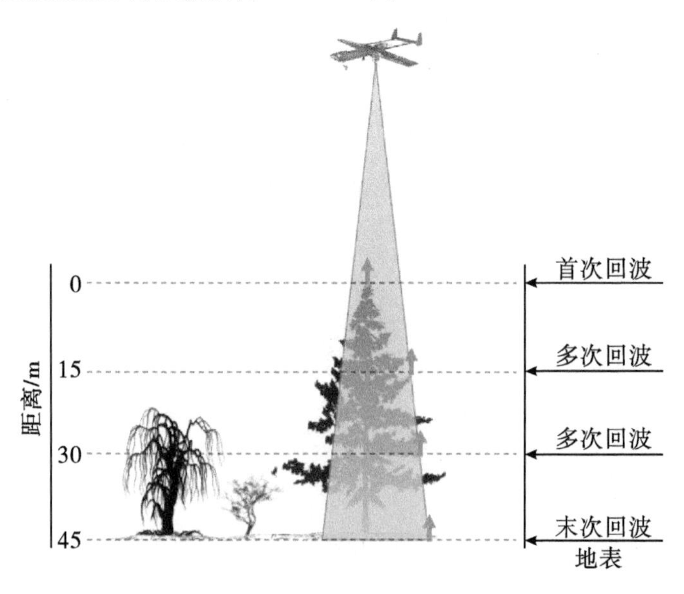

图 9.1　激光雷达工作示意(郭庆华等，2018)

激光雷达早在20世纪60年代末就开始得到应用，近几十年凭借其极高的角分辨能力、距离分辨能力、抗干扰能力等独特的优点，在气象、测绘、林学等各个领域迅速发展（见图9.2）。1968年，美国锡拉丘兹大学（Syracuse University）的Hickman和Hogg将激光雷达搭载在机载平台上，首次验证了机载激光雷达用于近海岸水深测量的可行性（Hickman and Hogg，1969）。20世纪70年代末，美国国家航空航天局（NASA）成功研制出机载海洋激光雷达（airborne oceanographic LiDAR，AOL），然后Hoge等用AOL在大西洋和切萨皮克湾进行了水深测定，成功绘制出了水深10 m内的海底地貌（Hoge et al.，1980；Krabill et al.，1984）。20世纪80年代初，机载激光雷达系统展现出了极大的应用潜力，很快就被用于陆地地形勘测（Arp et al.，1979；Krabill et al.，1984）。在地形勘测中，植被冠层郁闭度较高的地区往往会阻碍激光传播，给地形勘测带来一定的困难。激光脉冲的穿透力与冠层郁闭度密切相关，Nelson等提出可将激光雷达系统用于探测森林的垂直结构，但限于当时激光雷达系统不够先进，高度低于8 m的树木无法有效检测（Nelson et al.，1984）。

20世纪90年代后期，全球定位系统（GPS）及惯性导航系统（inertial navigation system，INS）的发展给激光雷达带来了新的突破。1990年，德国斯图加特大学的Ackermann教授领衔研制出了世界上第一个激光断面测量系统，其标志性成就在于将激光扫描技术与即时定位定姿系统结合，形成了机载激光扫描仪（Ackermann-19）。1993年，首个商用机载激光雷达系统TopScan ALTM 1020在德国问世。1995年，机载激光雷达设备实现了商业化生产。自此，日渐成熟的机载激光雷达技术成了森林资源调查的重要补充手段，在林木高度测量与林分垂直结构信息获取方面具有其他遥感技术无可比拟的优势（庞勇等，2005）。

随着激光雷达技术的进步与发展，星载激光雷达的研制和应用在20世纪90年代逐步成熟。1996年和1997年，NASA在航天飞机上搭载了全波形激光雷达（SLA-1/2）进行对地观测。21世纪以来，国内外先后发射了激光探测卫星，搭载有激光扫描仪。2003年，NASA发射了第1颗搭载了全波形激光雷达载荷——地球科学激光测高系统（geoscience laser altimeter system，GLAS）的ICESat（ice，cloud，and land elevation satellite）卫星（庞勇等，2019）。2018年，NASA先后发射了ICESat-2和GEDI（global ecosystem dynamics investigation），分别搭载了光子计数激光测高仪和全波形激光雷达载荷（朱笑笑等，2020）。2019年，中国发射的高分七号卫星，同时搭载了全波形激光测高仪和双线阵立体相机（唐新明等，2021）。近些年来，各科学领域日益增长的对高精度测量的需求，使星载激光雷达技术得到了迅猛的发展（单杰等，2022）。

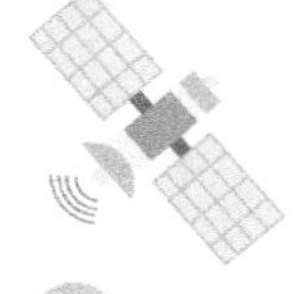

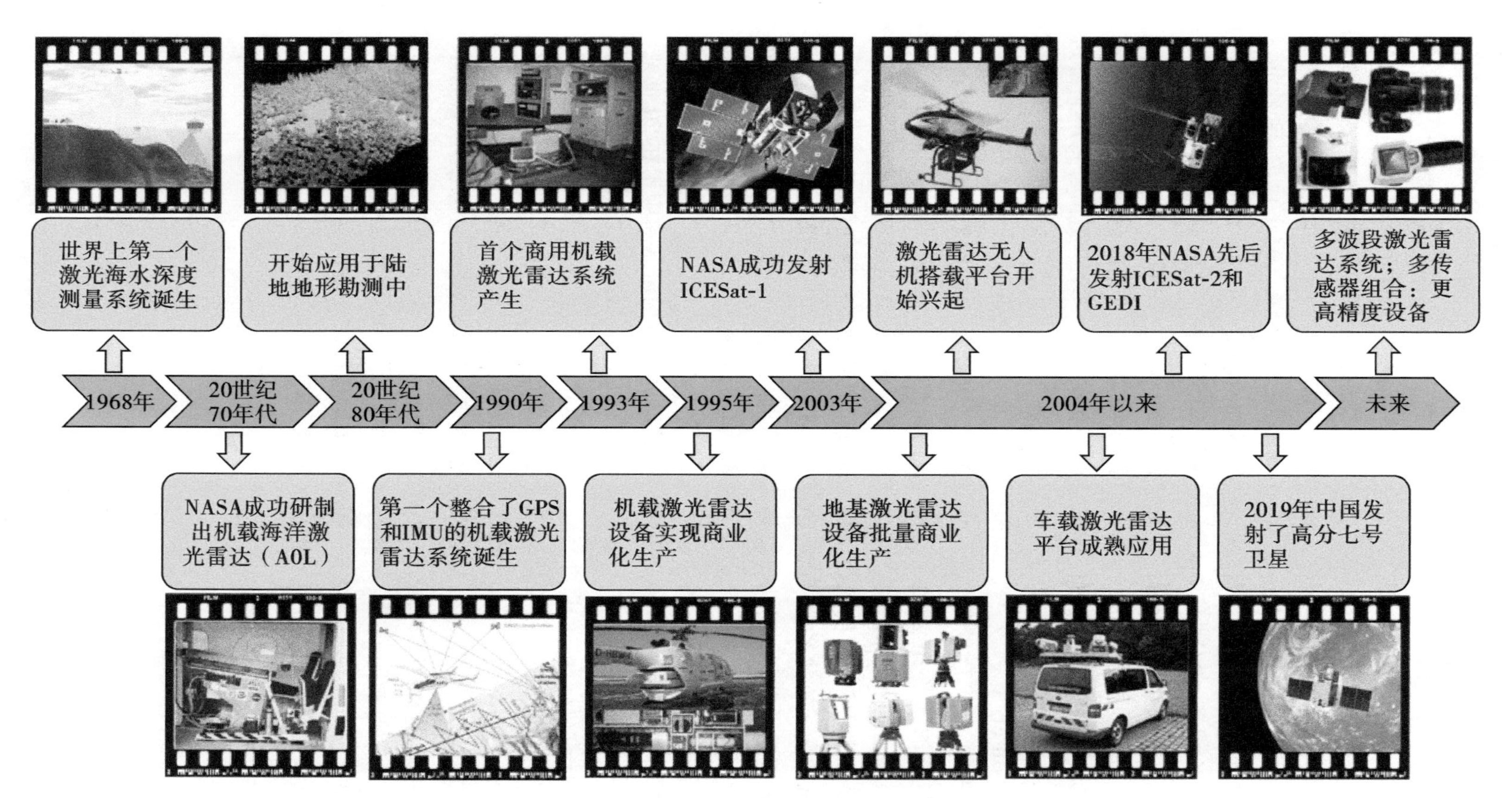

图9.2 激光雷达技术发展历程（郭庆华等，2018）

9.2 常用激光雷达设备与软件简介

9.2.1 激光雷达设备

按照测距原理，激光扫描仪主要可以分为脉冲式和相位式 2 种(见 9.3 节详细介绍)。按照承载平台的不同，激光雷达可分为地基激光雷达(terrestrial laser scanner，TLS)、机载激光雷达(airborne laser scanner，ALS)和星载激光雷达。其中，地基激光雷达也常称为地面激光雷达扫描仪，通常用于单一目标或者小尺度精细三维数据的采集；机载激光雷达以飞行器为搭载平台，通常用于区域尺度三维信息数据的快速获取；星载激光雷达以卫星平台为依托进行大尺度三维信息数据的获取。下面将着重介绍几种常用的商业激光雷达系统及其相关设备。

国外设备制造厂商有着较为成熟、完备的商业激光雷达设备开发技术，如加拿大的 Optech 公司、奥地利的 Riegl 公司、瑞典的 Hexagon 公司[徕卡测量系统(Leica geosystems)]、美国的 Trimble 公司等，其生产的代表性设备在商用激光雷达系统中占据着重要的地位(见表 9.1)。固定式地基激光雷达扫描仪的体积和质量中等，测距距离在数百米到数千米不等，测距精度和发射频率相对较高，典型代表有 Riegl VZ、Trimble VX、Faro Focus 3D 等(见图 9.3)。轻便型激光雷达扫描仪的体积和质量小，适用于载荷较小的平台，是移动式激光雷达系统和无人机激光雷达系统的首选。相较于固定式地基激光雷达扫描仪，轻便型激光雷达扫描仪的单次扫描范围相对较小，但搭载平台的可移动性使外业测量更加灵活，典型代表有 Velodyne Puck VLP16、HDL、Rigel VUX 等。机载激光雷达系统的主流设备一般较为笨重，但测距范围和测距精度较高，典型代表有 Optech ALTM、Riegl LMS、Leica ALS 等。

国内商业激光雷达设备的开发起步相对较晚。近些年来，以北京北科天绘科技有限公司等为代表的厂商不断推进我国轻便型激光雷达设备的开发，其生产的设备的主要参数已经可以与国外厂商相媲美。此外，国内厂商还在激光雷达系统集成方面开展了大量研究并已实现商业化。例如，北京数字绿土科技股份有限公司开发的背包式激光雷达系统、无人机激光雷达系统和机载激光雷达系统都处在国际领先水平。

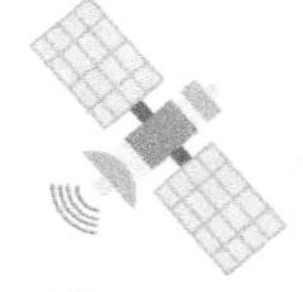

表 9.1　主流商业激光雷达扫描仪的型号及性能指标(郭庆华等，2018)

产商	国家	型号	扫描类型	射程/m	扫描视场/(°)	测距精度/mm	最大扫描速率/(点·秒$^{-1}$)	激光级别*
Leica	瑞士	HDS3000	脉冲	2～100	360×270	6(50 m 时)	4000	Ⅲ
		HDS6000	相位	1～79	360×310	6(50 m 时)	500000	Ⅲ
		ScanStation2	脉冲	2～300	360×270	6(50 m 时)	50000	Ⅲ
		HDS C10	脉冲	0.1～300	360×270	2(100 m 时)	50000	Ⅲ
		ALS70－HP	脉冲	1～3500	75	100(1000 m 时)	1500	Ⅲ
Trimble	美国	GS 100	脉冲	1～100	360×60	6(50 m 时)	5000	Ⅱ
		GX 3D	脉冲	1～350	360×60	12(100 m 时)	5000	Ⅲ
		GX	脉冲	≤350	360×270	7.2(100 m 时)	50000	3R
		VX	脉冲	＞150	取决于取景窗口	10(＜150 m 时)	15	—
Riegl	奥地利	LPM－2K	脉冲	2～2000	360×190	50	3600	Ⅰ
		LPM－321	脉冲	10～6000	360×150	15～25	1000	Ⅰ
		LMS－Z620	脉冲	2～2000	360×80	10	11000	Ⅰ
		VZ－400	脉冲	1～500	360×100	5	12500	Ⅰ
		VUX－1	脉冲	3～300	330	10	550000	Ⅰ
Faro	美国	LS420	相位	0.6～20	360×320	3(20 m 时)	120000	Ⅲ
		LS840/880	相位	0.6～40/70	360×320	3(25 m 时)	120000	Ⅲ
		Photo 20/80	相位	0.6～20/76	360×320	2(25 m 时)	120000	Ⅲ
		Focus 3D	相位	≤153	360×305	2(25 m 时)	976000	3R
Optech	加拿大	ILRIS－3D/3D^{VP}	脉冲	3～1500	40×40	7(100 m 时)	2500	Ⅰ
		ILRIS－36D	脉冲	3～1500	360×110	7(100 m 时)	2500	Ⅰ
		ILRIS－3D/3D^{ER}	脉冲	3～2000	40×40	7(100 m 时)	2500	Ⅰ
		ALTM Gemini	脉冲	150～4000	50	50～300	280	Ⅰ
Z+F	德国	Imagery 5010	相位	0.3～187	360×320	1(50 m 时)	1 016700	Ⅰ
Velodyne	美国	Puck VLP16	脉冲	1～100	360×30	±3(100 m 时)	300000	Ⅰ
		HDL－32E	脉冲	1～70	360×40	±3(100 m 时)	700000	Ⅰ
		HDL－64E	脉冲	1～120	360×26.9	±2(120 m 时)	＞1 330000	Ⅰ

注：“*”表示根据激光对人体造成的伤害程度来分类：Ⅰ级激光属于最低能量激光设备；Ⅱ级激光对人体安全且避免静电危险；Ⅲ级激光是连续的激光波，人眼直视有危险。

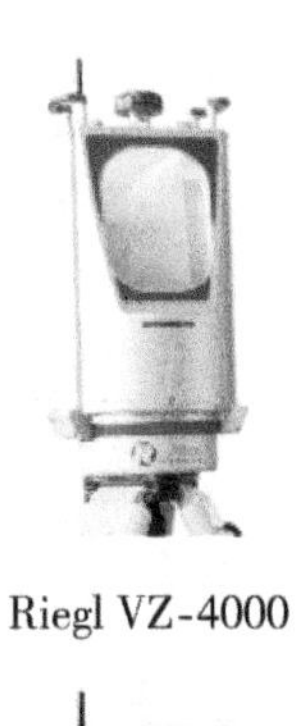

Riegl VZ-4000

Velodyne Puck VLP16

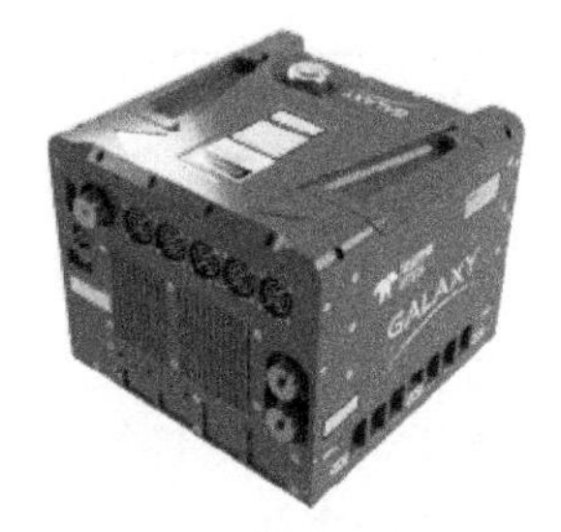

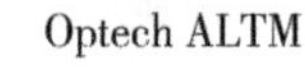

Optech ALTM

Trimble VX

Riegl VUX

Leica ALS50

（a）固定式地基激光雷达扫射仪　（b）轻便型激光雷达扫射仪　（c）机载激光雷达设备

图 9.3　常用激光雷达设备(图片来自网络)

9.2.2　激光雷达软件

激光雷达的数据处理与传统的光学遥感区别较大，需要有专业的激光雷达数据处理软件。近年来，激光雷达数据专业处理软件陆续出现，开源软件包括 Cloud Compare、SAGA GIS、Fusion 等；商业软件包括 Terrasolid、Quick Terrain Modeler、ENVI LiDAR、LP360、LiDAR360、Lastools 等。各软件功能的比较如表 9.2 所示。

表 9.2　主流激光雷达数据专业处理软件的功能比较(郭庆华等，2018)

软件	3D 显示	滤波	地形处理	林业参数	批处理
Cloud Compare	√	×	×	×	×
SAGA GIS	√(弱)	√	√	√	√
Fusion	×	×	×	√	×
Lastools	√(弱)	√	√	√	√
Terrasolid	√	√(弱)	√	×	√
Quick Terrain Modeler	√	×	×	×	×
ENVI LiDAR	√	×	×	×	×

续表

软件	3D 显示	滤波	地形处理	林业参数	批处理
LP360	√	√	√	×	√
LiDAR360	√(强)	√(强)	√	√	√

激光雷达数据处理软件的基本功能包括显示功能、滤波功能、地形处理功能等。显示功能是激光雷达数据处理软件最基本的功能，能否显示超大数据是衡量激光雷达数据处理软件性能的指标之一，但目前多数软件在超大数据显示方面仍有不足。滤波功能作为激光雷达数据处理的重要环节，Terrasolid 是这一领域应用最广泛的一款软件，而 SAGA GIS、LP360、Lastools 等虽然也有滤波模块，但是功能相对较弱。针对具体的行业应用，不同软件侧重的功能和性能也不尽相同。以林业应用为例，林业参数的提取功能是激光雷达数据处理的专业性需求。Fusion 和 Lastools 能够提取林业应用中的一些简单参数；SAGA GIS 的具体参数提取需要人工干预(Lim et al.，2003)；LiDAR360 中的林业模块能够自动快速地提取林业参数，而且具备批处理功能。此外，LiDAR360 在激光雷达数据处理的基本功能上也有突出的表现，能够打开和显示超过 400 GB 的单个点云数据文件，具备一套精度较高、较为稳健的滤波算法。

9.3 激光雷达的基本原理

9.3.1 激光雷达测距原理

激光雷达的测距原理是根据激光束在激光雷达与目标物之间的往返时间计算光束的传播距离，以此确定被测物体的距离信息，计算式如下：

$$R = \frac{1}{2} \times c \times t \tag{9.1}$$

式中：R 为传感器到目标的距离；c 为光速；t 为激光束发射出去与接收到反射信号的时间间隔。

根据仪器的位置和发射光束的角度信息，可以确定被扫描目标的位置信息，见式(9.2)，如图 9.4 所示。

$$\begin{cases} X = S \cdot \cos\theta \cdot \cos\alpha \\ Y = S \cdot \cos\theta \cdot \sin\alpha \\ Z = S \cdot \sin\theta \end{cases} \tag{9.2}$$

式中：S 为目标点到坐标原点(仪器位置)O 的距离；α 为目标点在 XOY 平面投影的方位角；θ 为目标点相对于 XOY 平面的仰角(或高度角)。

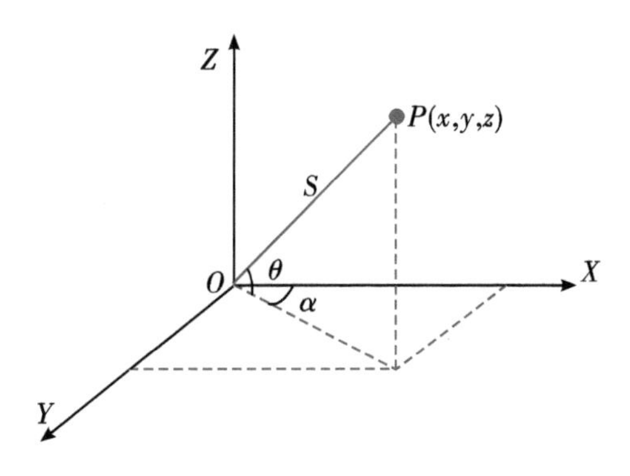

图 9.4 扫描仪内部坐标系

9.3.2 脉冲式测距原理

目前，激光测距主要的实现方式有脉冲式测距和相位式测距。脉冲式测距是通过激光器发射瞬时脉冲，并记录返回信号与发射信号的时间差来测定距离。脉冲激光测距具有方向性良好、抗干扰能力较强、系统简单、量程远、单次测量时间相较于连续激光测距少的特点，但也有单次测量精度不高的缺点。脉冲式激光测距系统通常由以下模块组成：控制模块、激光发射模块、激光接收模块、时间数字转换模块(见图 9.5)。激光发射模块通过激光脉冲发射器发射一个极窄的高速激光脉冲，经过扫描棱镜后绝大部分能量射向目标物，部分能量反射到接收系统作为参考信号。目标物反射回来的激光脉冲被激光接收模块接收作为回波信号。参考信号与回波信号都被光电探测器接收后转换为电信号，对得到的电信号进行整形放大，参考信号整形后作为开始信号，回波信号整形后作为终止信号。对这 2 个信号进行鉴别，得到起止时刻信息，这段时间就是激光在测距系统与目标之间飞行的时间(周宇，2016)。

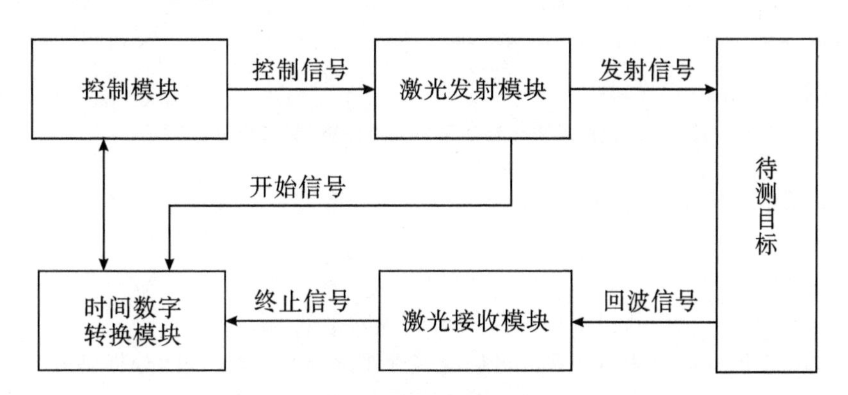

图 9.5 脉冲激光测距原理(周宇，2016)

脉冲式测距的距离分辨率 ΔR 是指区分不同物体的能力，决定了激光雷达能够分辨的最小物体的尺寸。根据式(9.1)，求距离 R 对时间 t 的微分可得：

$$\Delta R = \frac{1}{2} \times c \times \Delta t \tag{9.3}$$

由式(9.3)可知，脉冲式测距的距离分辨率 ΔR 的大小取决于时间分辨率 Δt。实际作业中，激光脉冲受到环境的影响，如大气的折射率、环境温度、气压等会改变激光脉冲的性状和大小，进而影响时间记录的准确性。

9.3.3 相位式测距原理

相位式激光测距，是在信号发射之前对激光进行调制，通常利用无线电波段的频率，对激光束进行幅度调制，并测定调制光往返测线一次所产生的相位差，根据相位延迟计算时间间隔，即用间接方法测定出光往返测线所需的时间(见图 9.6)。距离用式(9.4)表示：

$$R = \frac{1}{2} \times c \times t = \frac{1}{2} \times c \times \frac{\varphi}{2\pi} \times T = \frac{c\varphi T}{4\pi} = \frac{c\varphi}{4\pi f} \tag{9.4}$$

式中：R 为传感器到待测目标的距离；c 为光速；t 为往返时间差；φ 为激光发射往返相位差；T 为连续波的一个周期；f 为信号频率(T 与 f 成倒数关系)。

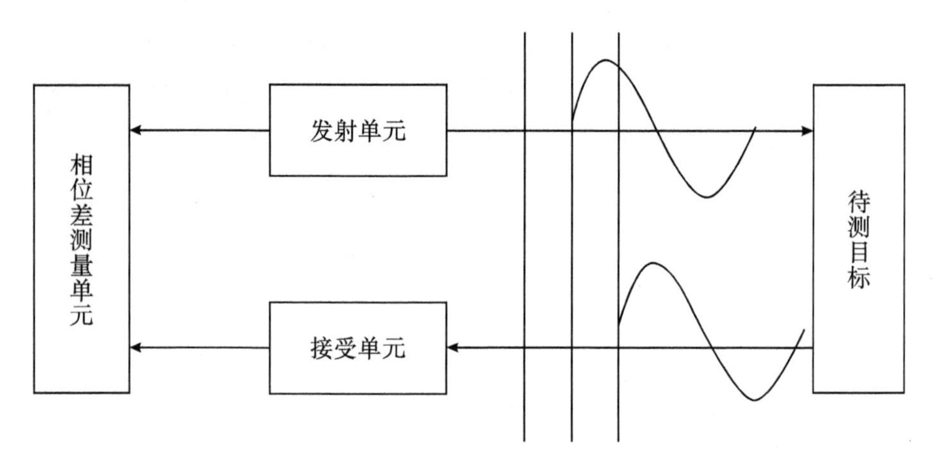

图 9.6 相位式激光雷达基本测距原理(郭庆华等，2018)

实际应用中 t 为记录的相位差加上相应完整连续波的时间，用式(9.5)表示：

$$t = \left(\frac{\varphi}{2\pi} + n\right) \times T \tag{9.5}$$

式中，n 为激光发射到接收过程中完整的连续波的个数。

相位式测距的距离分辨率 ΔR，可以通过距离 R 对时间 t 求微分得到式(9.6)：

$$\Delta R = \frac{c}{2\pi f}\Delta\varphi = \frac{1}{4\pi} \times \lambda \times \Delta\varphi \tag{9.6}$$

式中，λ 为一个连续波的波长。

总体来说，2 种激光测距方式各具特色，根据其测距原理的不同，在不同应用领域的应用效果也不尽相同。脉冲式激光雷达数据采集速度快，对长距离测量具有较高精度，适用于大场景扫描作业。相位式激光雷达数据量大，数据采集速度较慢，适用于高精度、局部细节要求高的扫描任务。

测距精度是激光雷达测距系统的重要参数，其大小取决于测距信号。一般而言，激光测距精度与测距信号的信噪比(signal noise ratio，S/N)的算术平方根成正比。影响信噪比的因素有很多，如输入信号能量、噪声带宽测量速率、背景辐射、信号检测器的响应态和放大器噪声等，而这些因素本身又受其他参数的影响。由于脉冲测距噪声带宽、相位差测距带宽及脉冲上升时间和测量速率成反比，故测距精度可用式(9.7)和式(9.8)表示：

$$\sigma_{R_{\text{pulse}}} \sim \frac{c}{2} t_{\text{rise}} \frac{\sqrt{B_{\text{pulse}}}}{P_{R_{\text{peak}}}} \tag{9.7}$$

$$\sigma_{R_{\text{cw}}} \sim \frac{\lambda_{\text{short}}}{4\pi} \frac{B_{\text{cw}}}{P_{R_{\text{av}}}} \tag{9.8}$$

式中：$\sigma_{R_{\text{pulse}}}$表示脉冲测距精度；～表示成比例关系；$t_{\text{rise}}$表示脉冲上升时间；$B_{\text{pulse}}$表示脉冲测距噪声带宽；$P_{R_{\text{peak}}}$表示脉冲接收功率峰值；$\sigma_{R_{\text{cw}}}$表示连续波测距精度；$\lambda_{\text{short}}$表示连续波测距的最短波长；$B_{\text{cw}}$表示相位差测距的噪声带宽；$P_{R_{\text{av}}}$表示连续波接收功率的平均值。

9.3.4 不同平台激光雷达工作原理

(1) 地基激光雷达工作原理。

地基激光雷达扫描仪的工作原理是扫描仪在二维平面上旋转的同时，激光棱镜在垂直方向转动来实现三维信息的获取。根据搭载平台的不同，地基激光雷达可以分为固定式地基激光雷达和移动式地基激光雷达(如背包激光雷达系统、车载和船载激光雷达系统)，如图9.7所示。

固定式地基激光雷达系统通常是将激光雷达扫描仪安置在三脚架上，通过单站扫描、多站拼接的方式进行激光雷达数据的获取。车(船)载激光雷达系统通常将激光雷达扫描仪、GPS和惯性测量单元(inertial measurement unit，IMU)同时搭载在测量车(船)上，在测量车(船)移动的过程中不断记录测量车(船)的位置和姿态信息，同时车(船)载激光雷达随测量车(船)不断记录脉冲发射器的测距值。背包激光雷达系统则是以背包为载体进行激光雷达传感器的整合。

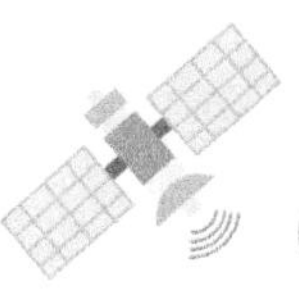

（a）固定式地基激光雷达　　（b）移动式地基激光雷达

图 9.7　地基激光雷达(图片来自网络)

地基激光雷达设备具有不同的视场角，可分为全景式、窗口式和半球式。其中，全景式扫描仪的视场角最大，可获取的视场范围包括水平方向 360°以及垂直方向 -30°～90°。地基激光雷达具备单线扫描、拍照式扫描、全景扫描等不同工作方式，不同工作方式的区别在于控制设备是否旋转以及旋转的角度大小。全景式地基激光雷达扫描仪的组成部分有激光测距仪、棱镜、转镜、垂直旋转平台和水平旋转平台(见图 9.8)。测距仪发出激光信号，信号经棱镜折射，通过垂直旋转平台调整垂直发射角度，通过水平旋转平台调整水平发射角度，实现在垂直和水平方向上的轮廓采样。单线扫描只进行垂直旋转，不进行水平旋转；拍照式扫描则在水平方向旋转特定的角度。

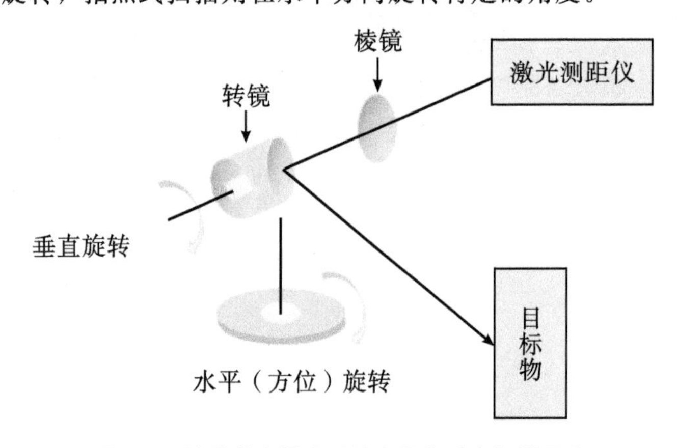

图 9.8　地基激光雷达系统水平和垂直扫描示意

目前，激光雷达为了实现轻量化、小型化，改用多激光头的形式来代替垂直旋转平台实现垂直方向的扫描。典型代表有 Velodyne 公司的 VLP16、HDL32E、HDL64E 激光雷达传感器。这类新型的传感器通过多个激光发射器将垂直方向按一定角度进行等分，大大提高了工作效率和质量且减小了设备尺寸。但是这种方式对激光头的数量有很高的要求，如果减少激光头的数量，这类设备在垂直方向(传感器排列)获取的数据分辨率将大大降低。

地基激光雷达系统的主要参数有扫描视场角、脉冲频率和扫描频率、测量距离与测距精度、回波次数等(见表 9.3)。脉冲频率越大，意味着激光发射频率越高，激光脚点密度越大。扫描频率越大，每秒扫描线越多，效果越好。脉冲频率和扫描频率同时决定了单次扫描能够获取的激光点数量。回波次数是针对记录离散点云数据的地基激光雷达传感器的技术指标，多次回波信号中蕴涵着丰富的地物三维结构信息，对三维森林结构参数的提取有重要的作用。

表 9.3　地基激光雷达系统的主要参数

参数	描述
扫描视场角	激光扫描覆盖的角度范围，分为水平视角和垂直视角
脉冲频率	地基激光雷达脉冲在单位时间内发射的激光束的数量
扫描频率	单位时间内扫描的行数
测量距离	激光雷达测量的最近距离和最远距离，主要受激光发射的频率影响
测距精度	激光雷达测量的准确度，主要受计时准确性和激光发射波长的影响
回波次数	针对记录离散点云数据的地基激光雷达传感器的技术指标

(2) 机载激光雷达工作原理。

机载激光雷达主要搭载在无人机、汽艇、有人机等飞行平台上，相较于地基激光雷达，可以获取更大范围的地物三维信息。因为搭载平台在较高的高度，所以机载激光雷达均采用脉冲式测距。机载激光雷达系统的组成比地基激光雷达系统复杂得多，除了载体平台自身的运行系统，机载激光雷达系统主要包括激光测距系统、定位定向系统(position orientation system，POS)和数据同步控制系统(Wehr and Willgoose，1999)。

激光测距系统由激光雷达测距单元、光学机械扫描单元和控制处理系统 3 部分组成(Petrie，2011)。激光雷达测距单元由激光发射器和激光接收器组成。当飞机位置固定时，激光测距单元只能实现某一个方向上的单点测量。光学机械扫描单元则是通过棱镜和转动机械将单一方向的测距转变为某些范围角度的测距。目前，机载激光雷达系统的光学机械扫描单元主要有 4 种扫描方式，分别为摆镜扫描方式、多面棱镜扫描方式、圆锥镜扫描方式和光学纤维电扫描方式(Thiel and Wehr，2004)。

定位定向系统包含惯性导航系统(INS)和差分全球定位系统(差分 GPS，differential GPS)。INS 于 20 世纪初得到发展，主要用于获取被测物体在运动过程中的旋转角速度和加速度。其核心部件为惯性测量单元(IMU)，通常包括 3 个加速度仪器和 3 个陀螺仪以及计算处理元件。INS 通过记录载体的精确位置、对地速度、姿态和航向等信息，计算载体飞行的航迹和每一刻的状态，用于后续数据解算。差分 GPS 是 GPS 中的一种特殊模式，其利用 2 台或 2 台以上的接收机确定自身的空间位置和移动速度。机载激光雷达系统通常在飞机上装有 1～2 个 GPS 接收器，在地面同步设立了 1 个或多个 GPS 基站，基站的数量取决于作业面积。通过多个 GPS 接收机的联合解算可知，差分 GPS 具有非常高的定位精度。

数据同步控制系统用于控制机载激光雷达系统中多个硬件之间的数据采集、同步和记录。在系统中，激光雷达测距系统和 GPS 接收机、INS 的数据控制通过时钟控制系统来同步，虽然每个设备的采样频率不一致，但是通过相同的时间系统可以保持完全同步（Williams et al.，2013）。数据同步控制系统还需要负责控制高分辨率相机及多光谱、高光谱、热红外成像仪等载荷进行拍摄。

机载激光系统的主要参数包括飞行高度、视场角、扫描带宽、旁向重叠率、激光点密度、脉冲发射频率和功率、垂直分辨率、回波数等。激光点密度为每平方米的激光点数量，是评价机载激光雷达数据质量和选择后续处理方法的重要参数，其大小取决于飞行高度、飞行速度和脉冲发射频率。飞行高度越高、飞行速度越快、脉冲发射频率越低，机载激光系统获取的点密度就越低，飞行成本也越低。对于同一套机载激光雷达系统来说，最大和最小飞行高度取决于脉冲发射频率、视场角、飞行平台的类型、探测地区地形和对人眼的安全距离等。脉冲发射功率与脉冲发射频率决定了单次脉冲的能力，即决定了机载激光系统可测定的最远距离。垂直分辨率主要是针对多次回波提出来的，要识别激光脉冲在传播路径中碰到的不同物体，并区分不同物体的回波，就必须考虑垂直分辨率。

（3）星载激光雷达工作原理。

星载激光雷达主要搭载在地球轨道平台上，其通过向空间持续发射激光脉冲来探测与目标物之间的距离，由发射子系统、接收子系统、位置姿态子系统和控制系统组成。发射子系统发射激光束，控制激光束的方位，调整激光束的频率、相位等形成连续波或脉冲，再经由光学发射天线放大发射信号。接收子系统用于接收目标的反射和散射信号，并将其转化为电信号。位置姿态子系统主要记录卫星的轨道信息和传感器的姿态信息，用于后续解算。控制系统主要控制激光雷达对目标进行捕获和跟踪，并将处理器输出信号以光电通信方式传输到其他控制中心进行存储（Abshire et al.，2000）。

星载激光雷达的测距基本原理与机载激光雷达系统类似，通过分析脉冲回波的渡越时间 ΔT 来确定卫星到探测目标之间的距离 R。然后，根据卫星的轨道半径 R_s、星体参考半径 R_{ref} 以及仪器的指向角 ϕ 来确定激光光斑内星体表面高度（见图 9.9）。R_{ref} 通常作为测量的基准面，激光光斑内的表面高度可用式（9.9）表示：

$$h = R_s^2 + R^2 - 2RR_s\cos\phi - R_{ref} \tag{9.9}$$

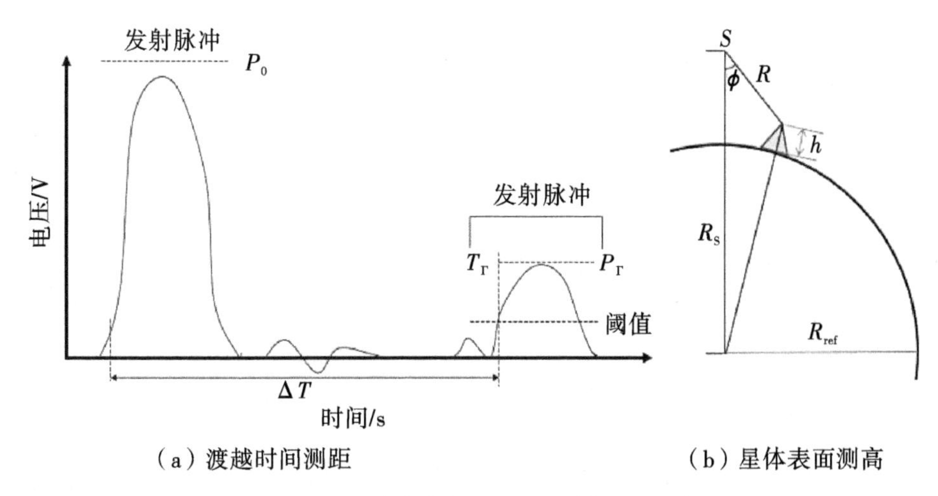

（a）渡越时间测距　　（b）星体表面测高

图 9.9　星载激光雷达测距和测高原理示意

图 9.9(a)中的星载激光雷达测距中的渡越时间测距(time of flight ranging)是一种常见的测距方法。这种方法通过测量激光脉冲从激光雷达发射到目标表面产生反射并返回的时间来确定距离。

星载激光类系统的主要参数有激光测距精度、地面光斑大小、回波采样频率、光斑航向和旁向间隔、回波强度等。地面光斑大小是指激光照射到地球表面上的照射面积。由于星载激光雷达轨道高，一般地面光斑都很大。较大的地面光斑会影响测距精度，因此需要减小激光发散角，从而减小地面光斑。回波采样频率是指每秒从连续回波信号中提取并组成离散信号的采样个数，频率越高则信息记录越完整。光斑航向和旁向间隔是指地面光斑在沿着轨道方向和垂直于轨道方向的间隔。

9.4　激光雷达数据处理

激光雷达数据依照格式不同分为离散点云和全波形 2 种类型。其中，点云(point cloud)数据是目前激光雷达系统最为常用的数据格式，是激光雷达扫描仪获取的原始数据，即目标地物表面的海量三维点集合，其中包含每个点的空间坐标和反射强度(intensity)等信息。点云数据的格式一般分为通用格式和扫描仪硬件厂商自定义的点云格式 2 种。通用格式包括 LAS 格式和 ASCII 格式。自定义的点云格式众多，如 Riegl 的 3DD 点云格式、Trimble 的 RWP 点云格式、FARO 的 FLS 点云格式、LiDAR360 的 LiData 点云格式。一般而言，这些自定义点云格式均可转换为通用的点云格式。

作为一种新兴的三维数据获取手段，激光雷达技术在农业、林业等诸多行业得到了广泛应用，深入理解其数据特点是更好地处理并应用激光雷达点云数据的前提。点云数据具有以下特点(梁欣廉等，2005)：海量数据、三维数据、数据分布不均匀、离散分布、记录有回波强度信息，可应用于点云滤波和分类(Lu et al.，2014)。激光雷达点云数据的特点也使其后续处理和应用面临着一些问题和挑战(梁欣廉等，2005)：缺乏光谱和纹理等信息，数据拼接存在困难，获取的点云数据可能存在缺失，激光雷达数据估测的树高偏低。

9.4.1 地基激光雷达数据处理

目前，地基激光雷达数据尚没有通用的软件处理系统，各个扫描仪配套的软件一般只能提供基本的数据拼接、数据导出等功能。通常来说，地面激光雷达点云数据处理的步骤包括点云解算、点云配准、噪声去除、点云特征提取和点云分类等。

(1) 点云解算。点云解算是指将设备获取的原始数据转换成用户可用数据的过程，主要是解算出三维点的坐标数据。

(2) 点云配准。点云配准是将不同站点获取的数据进行坐标系统一的过程(见图 9.10)，包括粗配准和精配准。粗配准方法可分为人工配准、基于几何特征的配准和基于随机采样一致性算法(RANSAC)的配准。精配准最典型的算法为迭代最近点(iterative closet point，ICP)算法(Besl and McKay，1992)。

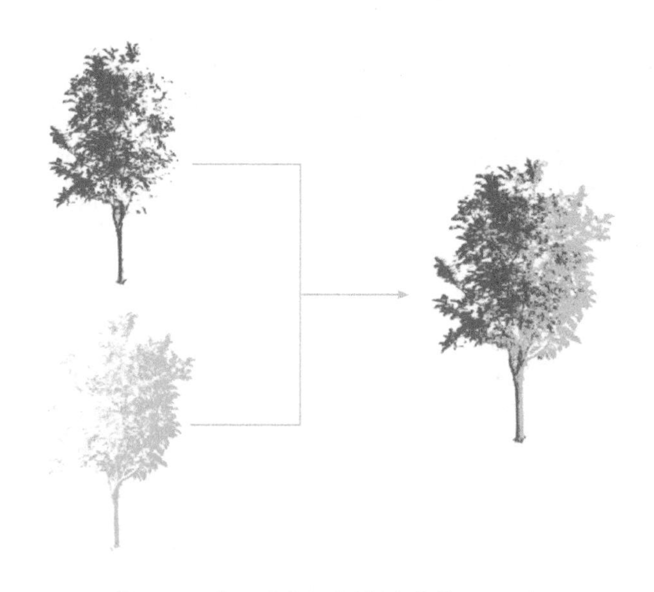

图 9.10　点云配准示意(郭庆华等，2018)

(3) 噪声去除。噪声去除是指去除数据获取过程中设备精度、被测物体本身、环境因素等造成的异常点，最大限度地还原目标物。噪声去除算法包括基于空间分布的去噪算法、基于深度的去噪算法、基于聚类的去噪算法、基于距离的去噪算法和基于密度的去噪算法。基于空间分布的去噪算法假设数据符合标准的空间分布模型，如正态分布、泊松分布等，远离空间分布模型的点被视为噪声点。

(4) 点云特征提取。点云特征提取的目的在于从点云数据中提取出能够反映点云局部或全局特征的属性，如点云颜色特征、表面法线和曲率等。

(5) 点云分类。点云分类是将点云划分成不同类别的过程。在分类的过程中，往往根据实际应用提取感兴趣的类别。例如，在农业生产调查中，往往只关注农作物类别，只需要区分农作物和非农作物便足够了；在城市规划领域，则需要区分建筑、道路、树木等，然后从不同类别的数据中提取感兴趣的信息。点云数据分类算法大致可分为基于模型拟合的点云分类、基于区域增长的点云分类和基于聚类的点云分类。

9.4.2 机载激光雷达数据处理

与地基激光雷达不同，机载激光雷达获取的数据包括 GPS 数据、IMU 数据、时间数据、激光雷达点云数据和波形数据。获取的激光雷达数据类型由选用的设备决定。如果设备只提供波形数据，可对波形数据进行相应处理得到对应的点云数据。处理流程一般包括以下 3 个步骤(见图 9.11)。

(1) 辐射校正。辐射校正可消除大气和发射仪器对激光脉冲的影响。

(2) 预处理。预处理包括波形去噪和平滑处理。波形去噪是对后向散射回波波形信息进行噪声估计和粗差剔除。平滑处理的目的是消除波形采样中的高频噪声。

(3) 波形分解。波形分解指将处理后的波形数据分解成点云数据，主要采用多波形建模和反卷积法 2 种方法。多波形建模是通过构建核函数(如高斯函数和广义高斯函数等)，采用期望最大化算法对波形数据进行分解；反卷积法包括 B 样条反卷积算法等。

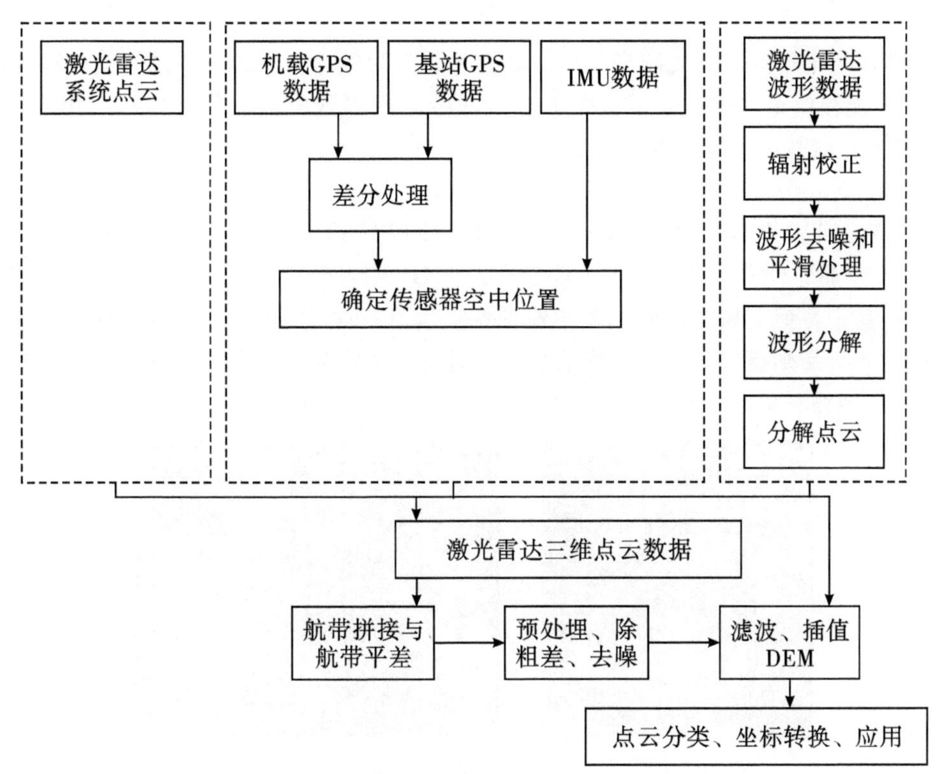

图 9.11 机载激光雷达数据处理流程(郭庆华等，2018)

机载激光雷达点云数据的处理步骤包括坐标解算、航带拼接与航带平差、数据预处理、滤波、分类。

(1) 坐标解算。将获得的GPS数据、IMU数据、时间数据、激光雷达系统点云数据进行联合解算，得到点云的三维坐标信息。

(2) 航带拼接与航带平差。机载激光雷达获取的数据是以航带为单位存储的，相邻的航带会有重叠区域。航带拼接与航带平差是根据重叠区域将数据关联起来的，并通过模型消除航带间的系统性误差。

(3) 数据预处理。数据预处理主要为去噪。点云数据本身不可避免地会出现噪声点，因此需要去除异常点以便还原地物的真实面貌。

(4) 滤波。为了获取地物的三维空间信息，或者提取DEM，需要将地面数据和非地面数据分离开来，这个过程称为点云滤波。对滤波之后的地面数据进行插值就能得到数字高程模型。根据所用数据结构的不同，滤波可以分为基于点云的滤波和基于栅格的滤波；根据滤波准则的不同，可以分为基于坡度、基于区域、基于表面和聚类滤波算法(Sithole and Vosselman，2004)。

(5) 分类。利用特定的分类算法将非地面点进行分类识别，标记用户所需的目标地物类别，并通过坐标转换将点云坐标转至用户坐标系下。

9.4.3 星载激光雷达数据处理

ICESat是全球首个激光测高卫星，其有效载荷为地球科学激光测高系统(GLAS)(见图9.12)，能提供全球覆盖数据。由于GLAS的全球覆盖能力，其被广泛应用于大尺度的地形探测及植被结构提取等研究。GLAS/ICESat卫星的15个数据产品由美国国家冰雪数据中心(National Snow and Ice Data Center，NSIDC)处理并发布。这15个数据产品分为3级，分别为Level1A(L1A)、Level1B(L1B)和Level2(L2)。常用的数据有L1A的GLA01产品、L1B的GLA06产品和L2的GLA14产品。GLAS的原始数据存储在GLA01产品中，但其缺少激光光斑的地理位置信息，而GLA06产品提供了地理坐标信息，GLA14产品则提供了地表高程信息。通过每一个激光束的发射时间和唯一ID标识，这3个产品能够联结在一起，从而满足基本的陆地生态系统研究。

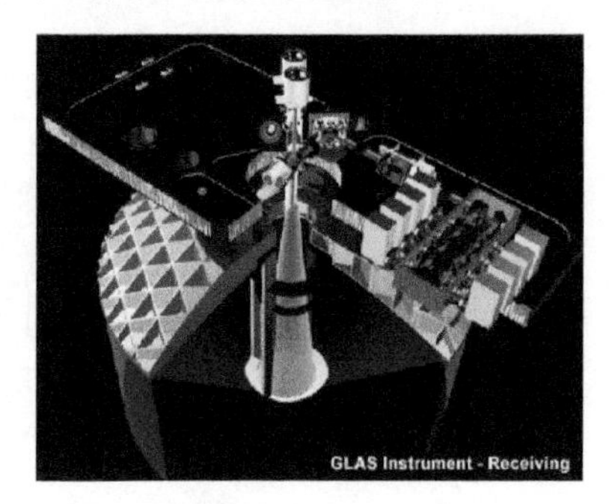

图9.12 GLAS设备

(资料来源：https://icesat.gsfc.nasa.gov/icesat/glas.php。)

（1）数据读取。数据读取是处理 GLAS 数据的第一步。NSDIC 自身提供了一套基于交互式数据语言开发的 GLAS 数据读取和可视化的程序，但该程序难以进行大批量的数据处理，用户需要借助 Python 或 R 语言等进行批量操作。

（2）数据过滤。数据过滤是数据读取之后需要进行的操作。云层、设备状况等因素会导致某些激光的波形数据受到影响而存在严重的误差，需要进行数据过滤才能有效地提高数据精度，确保后续研究结果的准确性。

（3）数据类型转换。数据过滤之后，需要将 GLAS 数据的强度信息转换为电压值。GLAS 数据的波形强度信息是由数字 0～255 表示的，通过特定规则可转换为电压值。这一过程类似于辐射定标。

（4）正则化处理。理论上，转换为电压值之后就可以进行进一步的比较分析。但是，激光脉冲发射后会受外界环境的干扰，激光雷达在不同采集时期的数据也会因为每次接受的激光能量值不同而有一定的误差。因此，电压值转换之后的数据通常需要进行正则化处理，以增强不同脉冲的波形数据之间的可比性，减少数据分析的误差。

（5）平滑滤波。平滑处理的目的是抑制背景噪声对波形数据的影响，从而更好地确定波峰位置、估计波形相关参数等。假如 GLAS 发射的激光能量没有损失、完全被系统接收了回来，那么理论上回波数据应该和发射的激光脉冲信号一样符合高斯分布。但在实际情况中，激光碰到建筑物、植被等地物时，会不同程度地损失能量；在同一个光斑内，目标地物存在明显的高度变化也会在回波数据中有所体现。因此，通常假设回波数据是由多个不同的高斯分量组成的。滤波处理就能够提取这些高斯分量中包含的大量的大气、地物以及地表的各种信息。

（6）提取参数。根据波形的幅度和宽度等特征，可以提取各种参数，用于反演森林参数等。平滑滤波后的波形中包含很多关键位置。同时，利用这些参数以及 GLAS 的能量信息可以提取其他重要的波形高度指数，如波形前缘长度、半波能量高、波峰长度、波形长度、波形后缘长度以及波形全高等。

9.5 激光雷达遥感的应用方向与典型案例

9.5.1 激光雷达地形测绘应用

数字高程模型（digital elevation model，DEM）是一个由一系列地面点的平面坐标及该点的地面高程组成的数据阵列（Aguilar et al.，2010）。激光雷达获取 DEM 的步骤主要包括点云滤波和空间插值。滤波是将点云数据中的地面点和非地面点分离开来的过程，也叫作提取地面点。空间插值假设未知点的属性受附近已知点的影响，可根据已知点的属性和空间分布方式对未知点的属性进行估算。

（1）滤波方法。

按照不同的滤波原理，滤波方法可以分为不同的类型。根据滤波准则的不同，滤波方法可分为基于坡度、基于区域、基于表面和聚类滤波方法等 4 个类别(Sithole and Vosselman，2004)。下面介绍一种具有代表性的经典滤波方法，即渐进加密滤波方法。

渐进加密滤波方法的基本思想是根据一定的策略选择初始地面点构建初始地形，然后根据相应的准则不断迭代增加地面点，直至将所有的点都归类。典型的算法有 Axelsson(2000)提出的渐进三角网加密算法。该算法根据设定格网的大小，标记每个格网内的高程最低点为地面点 P_G，并构建初始不规则三角网(TIN)得到初始粗略地形，然后依次对其余未分类点进行判断，找到点 P_i 投影所在的三角形。若 P_i 与三角形底面之间的距离小于预设的距离阈值，且 P_i 和三角形 3 个顶点之间的连线与三角形底面之间的夹角小于预设的角度阈值，则判定 P_i 为地面点，将 P_i 点加入 TIN，并重新构建 TIN，如此多次迭代直至没有新的地面点加入。

目前，点云滤波算法众多，每种算法各有优缺点，在选择滤波算法时应考虑数据本身的特点和应用地区的地形地貌特征。地形坡度、植被覆盖度、高程变率和点密度对滤波结果会有一定的影响(Zhao et al.，2016)。虽然环境特征和数据特性不能更改，但可以通过选择合适的算法达到最优精度。

(2) DEM 插值方法。

滤波得到的地面点为分布不均匀的三维离散点，需要对其进行插值得到连续变化的三维数字模型。DEM 常用的插值方法包括反距离权重插值、自然邻近法插值、薄板样条插值、克里金插值和径向基函数插值等。

不同插值方法根据自身特性适用于不同的范围。反距离权重插值适合已知点密度较大、分布均匀的情况，但其预测值局限在已知点最大值与最小值之间，因此不适合预测有山谷等起伏较大的区域；另外，其在森林区域会高估高程，而在低矮草甸区域则会出现低估现象。与之相反，薄板样条插值结果可以大于已知点最大值或小于已知点最小值，因此适用于地形起伏较大区域。薄板样条插值可以得到一个光滑的表面，而且这个表面会穿过所有的已知点，避免离散点云数据插值成高程模型时出现信息丢失情况(Aguilar et al.，2010)。克里金插值在预测过程中不仅考虑距离影响，还综合考虑已知点间的空间自相关性，因此可以较好地提高插值精度。在已知点较离散的条件下，克里金插值得到的结果精度优于反距离权重插值，而当已知点密度较大时两者差异不大。

除插值方法自身特性的影响，数据源获取方式和数据预处理也会影响插值精度。大量研究表明，地形变率、激光雷达点云密度、空间分辨率等因素对激光雷达 DEM 精度有着显著影响(Guo et al.，2010)。DEM 误差与地形变率呈线性相关，与激光雷达采样密度呈非线性相关。因此，在实际应用中应综合考虑各因素来选择最优插值方法。

(3) 地形测绘应用。

DEM 在各种应用中都是必不可少的，如地形建模(见图 9.13)、土壤－景观建模(见图 9.14)和水文建模等(Anderson et al.，2006；Walker and Willgoose，1999)。因此，DEM 及其衍生地形属性的质量在一系列空间建模技术中变得非常重要(Thompson et al.，2001)。近年来，激光雷达由于其能够生成密度高、精度高的三维地形点数据，已成为获取高质量 DEM 的重要技术(Lohr，1998)。对于高密度的激光雷达数据，使用适当的插值方法可以产生精度非常高的高分辨率 DEM(Liu et al.，2007)。与传统的摄影测量 DEM(如美国地质调查局的 30 m DEM 数据)相比，激光雷达 DEM 具有更高的分辨率和可靠性。使用机载激光雷达进行地形测绘正在迅速成为一系列应用的必要前提，如暴雨洪水灾情评估、防洪排水规划设计、可视化等(Hodgson and Bresnahan，2004)。

图 9.13　地形建模(Galin et al.，2019)

图 9.14　基于激光点云数据的三维景观建模(于长江，2022)

近年来，我国学者将数字地形分析广泛应用于水文、土壤、气象等地学分析研究中，并取得了重要的成果(汤国安，2014)。在地貌学应用上，基于 DEM 的地貌分类及分区是数字地形分析在地貌学研究中应用的重要方面。在水文学应用上，地形特征的差异导致水文特征空间的差异性，通过 DEM 可以进行静态的水文特征分析和动态的水文过程模拟。静态水文特征分析包括水文流向研究(徐精文等，2007)和水文特征提取(朱红春等，2012)等，动态水文过程模拟研究主要有水文建模(王中根等，2002)、洪水控制等。在地质灾害应用上，地震、滑坡、崩塌等地质灾害的发生与地形存在密切的联系。利用 DEM 作为数据源进行地质灾害分析一直是 DEM 应用的一个重要方面(朱阿兴等，

2006)。在土壤学应用上，DEM的应用主要体现在土壤采样策略、土壤侵蚀和土壤属性研究等方面(杨琳等，2011；张彩霞等，2005)。在气象与气候学应用上，坡度、坡向、高程等因子会影响太阳辐射的地表分异，从而影响局地气象气候要素的时空分布。DEM的主要应用包括2部分：①基于DEM的气象要素估算模型研究，如基于DEM构建地表径流模型、区域地表蒸散发估算模型、山区气温的空间模拟模型等；②基于DEM的气象要素插值研究，如降水空间插值、陆地多年平均温度插值等。

9.5.2 激光雷达林业应用

随着遥感技术的发展，利用遥感影像进行传统的森林调查能够获取大区域内森林的生长因子和生态、环境信息等，受到了越来越多人的关注。然而，光学遥感技术在获取森林的三维结构参数上表现欠佳。激光雷达作为主动遥感，其发射的激光脉冲能够有效穿透森林，在获取森林垂直结构参数方面有着其他光学遥感无法比拟的优势。

(1) 机载激光雷达(ALS)。

由于使用成本低、操作范围大，ALS在大区域森林参数的提取方面受到越来越多的关注。

①树冠高度估测。利用ALS估测树冠高度的方法分为单木水平和样地水平2种。单木水平需要先进行单木分割；样地水平分为直接提取和间接提取，直接提取是直接测量树的高度，间接提取是建立树冠高度和ALS提取的预测变量之间的相关关系。

②叶面积指数(leaf area index，LAI)和郁闭度提取。激光雷达技术在垂直结构提取方面的优势克服了光学遥感LAI反演饱和的问题。目前利用激光雷达技术进行LAI和郁闭度反演，主要是利用提取的冠层物理参数与实测的LAI数据构建统计关系模型进行估测(刘鲁霞和庞勇，2014)。

③生物量提取。ALS提取的生物量主要包括根据高密度点云基础上的单木分割来计算单木生物量，以及根据较低密度点云数据的空间分布情况来估测生物量。

④树种分类。激光雷达回波点的空间分布、强度信息以及波形数据等波形特征参数可以用于树种分类。

(2) 地基激光雷达(TLS)。

TLS的操作范围比较有限，但其可以获取机载和星载激光雷达无法获取的林冠下层详细数据。

①单木树干属性提取。TLS在森林调查中应用最多的是单木树干属性的提取，包括树干位置、胸径、树高和立木材积等。

②单木重建。TLS可用于树木的单木重建，包括树干、枝条拓扑结构等的重建。

③LAI与孔隙度估测。TLS的点云数据密度高、精度高，能有效反映树冠不同层次的分布情况，可以用于LAI和孔隙度的估测。

(3) 典型案例介绍。

估算森林地上生物量(above ground biomass，AGB)对理解全球变暖和气候变化背景下的陆地碳循环至关重要。传统的估算方法依赖野外库存数据来建立异速生长方程，需要耗费大量的人力进行数据采集。被动遥感技术的发展大大减少了野外工作，提高了工作效率，但其光学传感器存在严重的信号饱和问题，导致一些林业参数的结果存在偏差。激光雷达测量树冠垂直分布的能力使其在森林生物量的估算上有着良好的表现。

Tao 等通过对一系列机载激光雷达得到的体积指标(如树干体积、基于凸包的树冠体积和基于 CHM 的树冠体积)进行比较来估计 AGB 的性能(Tao et al.，2014)。此外，他们还采用一种结合标记控制分水岭分割和点云分割算法的混合方法，评估了水平冠层重叠对 AGB 估计精度的影响。研究区为加利福尼亚州赛拉国家森林公园的内华达岭山区的西坡(见图 9.15)，该地区的植被以混合针叶林为主。实验数据主要为机载激光测绘仪得到的原始点云数据和 120 个样地野外调查得到的真实 AGB 数据。

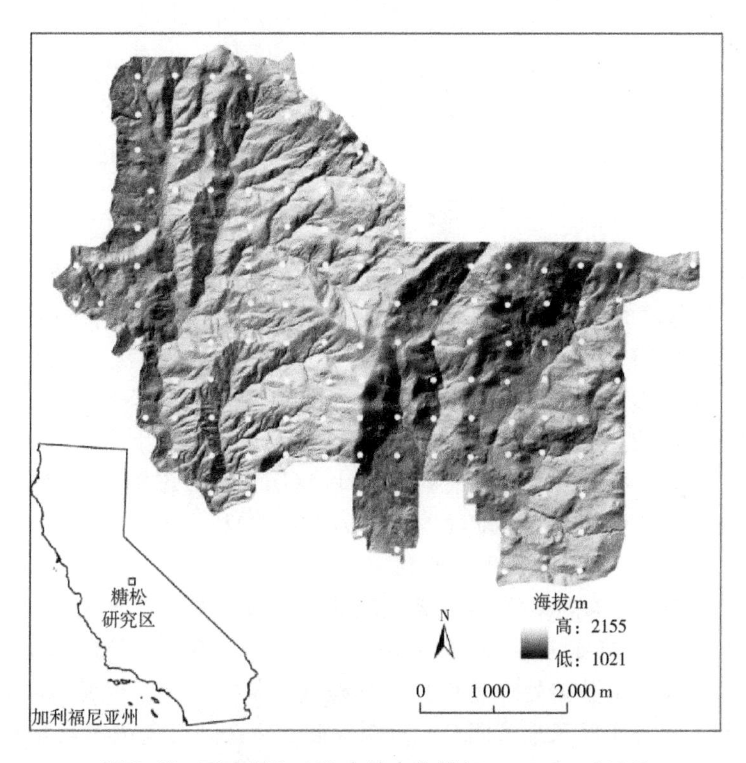

图 9.15　研究区和 120 个站点位置(Tao et al.，2014)

实验需要先对点云数据进行单木分割，采用 2 种分割算法进行比较(见图 9.16)，分别为标记控制的分水岭分割(marker-controlled watershed segmentation，MWS)和一种直接在点云上运行的点云分割(point cloud segmentation，PCS)(Li et al.，2012)。

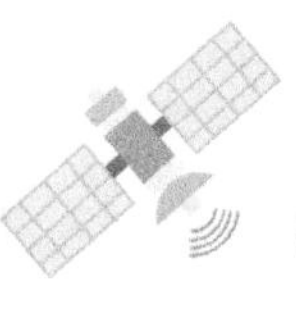

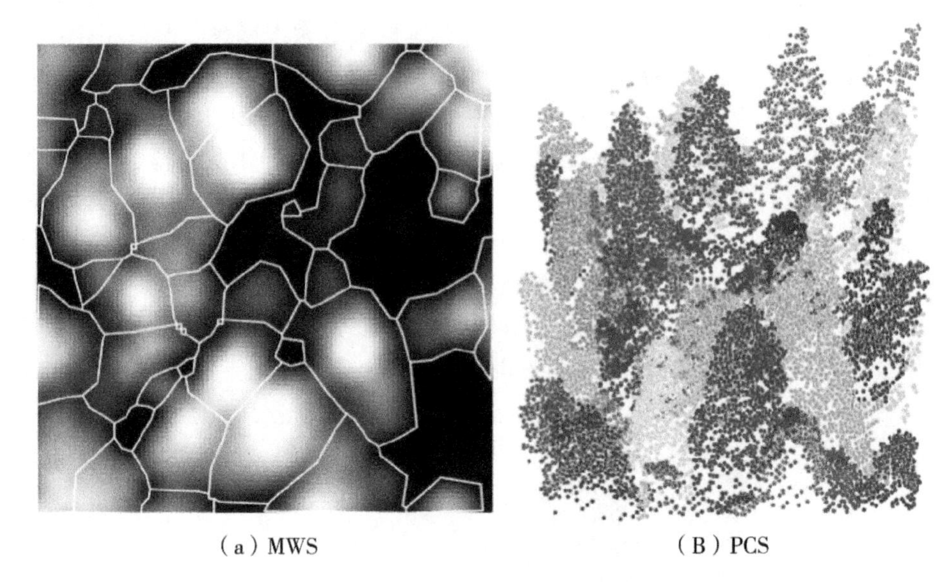

图 9.16　2 种分割算法的结果(Tao et al., 2014)

对于分割之后的树冠，首先分别计算树干体积、基于凸包的树冠体积、基于树冠高度模型(canopy height model，CHM)的树冠体积和重叠冠的体积；然后建立 AGB 和各个体积指数之间的回归关系，得到相应的模型；最后进行模型的精度对比。

研究结果表明：①在不解决水平冠层重叠问题的情况下，基于点云的分割模型优于基于标记控制分水岭的分割模型，基于树干体积的模型相较基于凸包的树冠体积的模型和基于 CHM 的树冠体积的模型能更准确地估计 AGB；②考虑到水平冠层重叠问题，基于 CHM 的树冠体积的模型可以更准确地估计 AGB；③利用机载激光雷达获得的树冠体积估算 AGB 时，应解决水平树冠重叠问题。

随着机载平台负载、航时、稳定性等性能的进一步提高，激光雷达扫描仪、高精度全球导航卫星系统(global navigation satellite system，GNSS)和 IMU 等遥感载荷的微型化、低成本化，以及相关数据处理软件自动化程度的提高，使激光雷达在各个领域的应用范围更为广阔，服务于国家地形测绘、资源探测、生态环境监测等业务需求。

思考题

1. 激光雷达是什么？如何进行分类？
2. 激光雷达相较于传统光学遥感有什么优势？
3. 请简述激光雷达的测距原理。
4. 机载激光雷达的数据处理主要有哪几个方面？
5. 请举例说明激光雷达的应用领域和前景。

参考文献

[1] ABSHIRE J B，SUN X，AFZAL R S. Mars orbiter laser altimeter：receiver model and performance analysis[J]. Applied optics，2000，39(15)：2449 - 2460.

[2] AGUILAR F J，MILLS J P，DELGADO J，et al. Modelling vertical error in LiDAR-derived digital elevation models[J]. ISPRS journal of photogrammetry and remote sensing，2010，65(1)：103 - 110.

[3] ANDERSON E S，THOMPSON J A，CROUSE D A，et al. Horizontal resolution and data density effects on remotely sensed LIDAR-based DEM[J]. Geoderma，2006，132(3/4)：406 - 415.

[4] ARP H，GRIESBACH J，BURNS J P. Mapping in tropical forests：a new approach using the laser APR[J]. Photogrammetric engineering and remote sensing，1979，45：785 - 792.

[5] AXELSSON P. DEM generation from laser scanner data using adaptive TIN models[J]. International archives of photogrammetry and remote sensing，2000，33(4)：110 - 117.

[6] BESL P J，MCKAY N D. A method for registration of 3-D shapes[J]. IEEE transactions on pattern analysis and machine intelligence，1992，14(2)：239 -256.

[7] GALIN E，GUÉRIN E，PEYTAVIE A，et al. A review of digital terrain modeling[J]. Computer graphics forum，2019，38(2)：553 - 577.

[8] GUO Q，LI W，YU H，et al. Effects of topographic variability and lidar sampling density on several DEM Interpolation methods[J]. Photogrammetric engineering and remote sensing，2010，76(6)：701 - 712.

[9] HICKMAN G D，HOGG J E. Application of an airborne pulsed laser for near shore bathymetric measurements[J]. Remote sensing of environment，1969，1(1)：47 - 58.

[10] HODGSON M E，BRESNAHAN P. Accuracy of airborne lidar-derived elevation[J]. Photogrammetric engineering and remote sensing，2004，70(3)：331 - 339.

[11] HOGE F E，SWIFT R N，FREDERICK E B. Water depth measurement using an airborne pulsed neon laser system[J]. Applied optics，1980，19(6)：871 -883.

[12] KRABILL W B，COLLINS J G，LINK L E，et al. Airborne laser topographic mapping results[J]. Photogrammetric engineering and remote sensing，1984，50(6)：685 - 694.

[13] LI W，GUO Q，JAKUBOWSKI M K，et al. A new method for segmenting individual trees from the lidar point cloud[J]. Photogrammetric engineering and remote sensing，2012，78(1)：75 - 84.

[14] LIM K，TREITZ P，WUIDER M，et al. LiDAR remote sensing of forest structure[J]. Progress in physical geography，2003，27(1)：88 - 106.

[15] LIU X，ZHANG Z，PETERSON J，et al. The effect of LiDAR data density on DEM accuracy[C]// Proceedings of the 2007 international congress on modelling and

simulation. Canberra: Modelling and Simulation Society of Australia and New Zealand Inc., 2007: 1363 - 1369.

[16] LOHR U. Digital elevation models by laser scanning[J]. The photogrammetric record, 1998, 16(91): 105 - 109.

[17] LU X, GUO Q, LI W, et al. A bottom-up approach to segment individual deciduous trees using leaf-off lidar point cloud data[J]. ISPRS journal of photogrammetry and remote sensing, 2014, 94: 1 - 12.

[18] NELSON R, KRABILL W, MACLEAN G. Determining forest canopy characteristics using airborne laser data[J]. Remote sensing of environment, 1984, 15(3): 201 - 212.

[19] PETRIE G. Airborne topographic laser scanners[J]. Geoinformatics, 2011, 14(1): 34 - 44.

[20] SITHOLE G, VOSSELMAN G. Experimental comparison of filter algorithms for bare-earth extraction from airborne laser scanning point clouds[J]. ISPRS journal of photogrammetry and remote sensing, 2004, 59(1/2): 85 - 101.

[21] TAO S, GUO Q, LI L, et al. Airborne lidar-derived volume metrics for aboveground biomass estimation: a comparative assessment for conifer stands[J]. Agricultural and forest meteorology, 2014, 198/199: 24 - 32.

[22] THIEL K H, WEHR A. Performance capabilities of laser scanners — an overview and measurement principle analysis[J]. International archives of photogrammetry, remote sensing and spatial information sciences, 2004, 36(8): 14 - 18.

[23] THOMPSON J A, BELL J C, BUTLER C A. Digital elevation model resolution: effects on terrain attribute calculation and quantitative soil-landscape modeling[J]. Geoderma, 2001, 100(1/2): 67 - 89.

[24] VOSSELMAN G. Slope based filtering of laser altimetry data[J]. International archives of photogrammetry and remote sensing, 2000, 33(Part B3/2): 935 -942.

[25] WALKER J P, WILLGOOSE G R. On the effect of digital elevation model accuracy on hydrology and geomorphology[J]. Water resources research, 1999, 35(7): 2259 - 2268.

[26] WEHR A, LOHR U. Airborne laser scanning — an introduction and overview[J]. ISPRS journal of photogrammetry and remote sensing, 1999, 54(2/3): 68 - 82.

[27] WILLIAMS K, OLSEN M J, ROE G V, et al. Synthesis of transportation applications of mobile LiDAR[J]. Remote sensing, 2013, 5(9): 4652 - 4692.

[28] ZHAO X, GUO Q, SU Y, et al. Improved progressive TIN densification filtering algorithm for airborne LiDAR data in forested areas[J]. ISPRS journal of photogrammetry and remote sensing, 2016, 117: 79 - 91.

[29] 郭庆华，苏艳军，胡天宇，等. 激光雷达森林生态应用——理论、方法及实例[M]. 北京：高等教育出版社，2018.

[30] 单杰，田祥希，李爽，等. 星载激光测高技术进展[J]. 测绘学报，2022，51(6)：964 - 982.

[31] 梁欣廉，张继贤，李海涛，等. 激光雷达数据特点[J]. 遥感信息，2005(3)：71 -76.

[32] 刘鲁霞，庞勇. 机载激光雷达和地基激光雷达林业应用现状[J]. 世界林业研究，2014，27(1)：49－56.

[33] 庞勇，李增元，陈博伟，等. 星载激光雷达森林探测进展及趋势[J]. 上海航天，2019，36(3)：20－27.

[34] 庞勇，李增元，陈尔学，等. 激光雷达技术及其在林业上的应用[J]. 林业科学，2005，41(3)：129－136.

[35] 汤国安. 我国数字高程模型与数字地形分析研究进展[J]. 地理学报，2014，69(9)：1305－1325.

[36] 唐新明，刘昌儒，张恒，等. 高分七号卫星立体影像与激光测高数据联合区域网平差[J]. 武汉大学学报(信息科学版)，2021，46(10)：1423－1430.

[37] 王中根，刘昌明，左其亭，等. 基于DEM的分布式水文模型构建方法[J]. 地理科学进展，2002，21(5)：430－439.

[38] 徐精文，张万昌，符淙斌. 适用于大尺度水文气候模式的DEM洼地填充和平坦区处理的新方法[J]. 水利学报，2007，38(12)：1414－1420.

[39] 杨琳，朱阿兴，秦承志，等. 一种基于样点代表性等级的土壤采样设计方法[J]. 土壤学报，2011，48(5)：938－946.

[40] 于长江. 基于激光点云数据的三维景观建模研究[J]. 微型电脑应用，2022，38(4)：202－204，208.

[41] 张彩霞，杨勤科，李锐. 基于DEM的地形湿度指数及其应用研究进展[J]. 地理科学进展，2005，24(6)：116－123.

[42] 周宇. 脉冲式激光测距仪的研究与设计[D]. 武汉：华中师范大学，2016.

[43] 朱阿兴，裴韬，乔建平，等. 基于专家知识的滑坡危险性模糊评估方法[J]. 地理科学进展，2006，25(4)：1－12，137.

[44] 朱红春，汤国安，吴良超，等. 基于地貌结构与汇水特征的沟谷节点提取与分析——以陕北黄土高原为例[J]. 水科学进展，2012，23(1)：7－13.

[45] 朱笑笑，王成，习晓环，等. ICESat-2星载光子计数激光雷达数据处理与应用研究进展[J]. 红外与激光工程，2020，49(11)：68－77.

10　高光谱遥感

具有纳米级光谱分辨率的高光谱技术是遥感领域的前沿，高光谱遥感图像的特征提取、分类与解混是高光谱遥感图像处理的核心内容。本章简要介绍高光谱遥感的基本概念、发展历程与面临的挑战，重点阐述高光谱图像的特征提取与分类处理、高光谱图像的解混等内容，并展示高光谱遥感的典型应用。

10.1　概述

10.1.1　高光谱遥感的基本概念

高光谱遥感也叫作成像光谱遥感，是将成像技术和光谱技术相结合的多维光谱信息获取技术，可通过狭窄电磁波通道获取地物的空间、光谱和辐射信息。通过在一定波长的电磁波谱范围内获取地物影像数据，在影像上任何一点的光谱反射值均可连成一条接近连续的光谱曲线，因此高光谱遥感影像构成一个三维的图像数据立方体，体现了其“图谱合一”的独特优势。

高光谱遥感具有纳米级光谱分辨率，这使其具有多光谱遥感等不具备的优势。超高的光谱分辨率不仅有助于区分不同类型的地物，而且能够识别同一种地物的不同类型，使其能监测到其他遥感手段难以监测的地物(杨红艳、杜健民，2022)。高光谱的这些优势也使其在产业中获得了广泛的应用并体现出巨大的应用价值，还积累了广泛的研究成果，如国防、生态和环境监测等(张朝阳等，2008；Kudela et al.，2015)。

10.1.2　高光谱遥感的发展历程

在遥感技术的发展过程中，各类遥感传感器不断出现，主要有全景相机、框幅式光学相机、激光扫描仪、光电扫描仪、合成孔径雷达、成像光谱仪和高空间分辨率传感器等，几乎覆盖了能透过大气窗口的所有电磁波段；遥感图像的光谱分辨率和空间分辨率都在不断提高。20 世纪 70 年代初，美国发射的陆地卫星(Landsat)仅有 4 个波段，从可见光到近红外(0.5～1.1 μm)的平均光谱分辨率为 150 nm，空间分辨率为 80 m(Helder et al.，2012)；20 世纪 80 年代初的专题制图仪(thematic mapper，TM)增加到了 7 个波段，从可见光到热红外(0.45～12.5 μm)的平均光谱分辨率为 137 nm，空间分辨率提高到了 30 m；2000 年以后，出现了增强型 TM(enhanced TM，ETM+)，全色波段的空间分辨率为 15 m(Vogelmann et al.，2001)。20 世纪 80 年代中期，法国发射了 SPOT 卫星(Satellite Probatoired' Observation de la Terre)，多光谱波段平均分辨率为 87 nm，空间分辨率为 20 m。1999 年，中国与巴西合作发射了中巴资源一号卫星，它是我国第一颗数字传输型资源卫星，空间分辨率为 20 m。

20 世纪 80 年代出现的成像光谱仪是遥感技术的最大成就之一。通过成像光谱仪获取的高光谱"数据立方体"，包含数十至数百个狭窄的连续光谱波段图像，每个像元都能得到一条完整且连续的光谱曲线，同时，每个波段又包含能反映地物空间分布的图像，实现了数据的"图谱合一"。从直观上来看，成像光谱系统采集的谱带越多，揭示的光谱细节信息也越丰富。与传统多光谱图像相比，高光谱影像能提供更为丰富的地表覆盖信息和地物光谱信息，尤其在航天及军事领域具有很大的潜力，因此受到了国内外学者的极大关注，成为当时的研究热点。1983 年，世界第一台成像光谱仪——航空成像光谱仪(airborne imaging spectrometer，AIS)由美国国家航空航天局(NASA)的喷气推进实验室(jet propulsion laboratory，JPL)研制成功，并于 1984—1986 年搭载在 NASA 的 C-130飞机上使用。AIS 有 128 个通道，光谱覆盖范围为 12～24 μm。AIS 在内达华州赤铜矿探测中取得了很好的效果，初显了高光谱遥感的魅力。随后，不同类型的成像光谱仪相继被研发成功，如美国的机载可见光/红外成像光谱仪(airborne visible/infrared imaging spectrometer，AVIRIS)(Green et al.，1998)、高光谱数字图像采集实验(hyperspectral digital imagery collection experiment，HYDICE)，欧洲太空局(European Space Agency，ESA)的环境卫星的中分辨率成像光谱仪(environmental satellite medium resolution imaging spectrometer，ENVISAT MERIS)等。

中国于 20 世纪 80 年代就开展了高光谱成像技术的独立研究，并研制成功了多个成像光谱仪。例如，上海技术物理研究所的推扫式成像光谱仪(push broom imaging spectrometer，PHI)和可操作模块化成像光谱仪(operational modular imaging spectrometer，OMIS)、中国科学院西安光学精密机械研究所的稳态大视场偏振干涉成像光谱仪(static large field of view polarization interference imaging spectrometer，SLPIIS)、中国科学院长春光学精密机械与物理研究所(简称"长春光机所")的高分辨率成像光谱仪(Changchun high resolution imaging spectrometer，C2HRIS)、高分五号(Su et al.，2021)卫星搭载的可见短波红外高光谱相机(advanced hyperspectral imager，AHSI)与全谱段光谱成像仪(visual and infrared multispectral sensor，VIMS)以及珠海一号(orbita hyperspectral，OHS)高光谱卫星等(Feng et al.，2022)。

近年来，高光谱技术在外太空探索中也做出了巨大贡献。例如，NASA 的火星勘测轨道飞行器(mars reconnaissance orbiter，MRO)搭载了压缩勘测成像光谱仪(compact reconnaissance imaging spectrometer for mars，CRISM)用于火星矿藏探测，其空间分辨率为 15～19 m，光谱分辨率为 6.55 nm。ESA 的火星快车(mars express，ME)搭载了光学与红外矿物光谱仪(observatoire pour la minéralogie，l'eau，les glaces et l'activité，OMEGA)用于火星表面矿物分析，它能覆盖可见光和红外光谱，其可见光谱分辨率为 7 nm，红外光谱分辨率为 13～20 nm，空间分辨率为 0.3～4 km。中国的天宫一号目标飞行器(target spacecraft，TS)搭载了由上海技术物理研究所和中国科学院长春光机所共同研制的高光谱成像仪，在波段范围、地物分类等方面已接近国际水平(陈抒怡，2009)。

10.1.3 高光谱影像处理面临的挑战

高光谱遥感具有传统遥感技术无法比拟的优势，已经成为遥感领域的重要增长点，相关研究成果在近几年显著增多。但是，高光谱的出现也给影像处理和信息提取技术带来了全新的挑战，具体表现在以下 2 个方面。

(1) 高光谱影像波段数量多，尽管更高的光谱维度能提供更丰富的光谱信息，但同时也导致了休斯现象，即在给定分类器和样本条件下，分类精度随着数据维数的增加呈现出先增加后下降的趋势(Shahshahani and Landgrbe，1994)。一方面，高光谱遥感数据的样本标记过程需要耗费大量的人力和物力成本，有效的训练样本较为稀缺，且高光谱数据本身相较于全色和多光谱影像存在更多的冗余信息，更容易在样本协方差矩阵中出现奇点，从而引发不适性问题；另一方面，高光谱数据具有较高的光谱维特征，这会使建立分类模型需要对大量自由参数进行估计，并且统计估计的收敛速度会随着待估计参数的增加而减小，模型泛化能力受到影响。

(2) 由于成像技术的局限性，高光谱影像空间的分辨率通常较低，混合像元问题成为高光谱影像处理的一大挑战。混合像元指的是一个像元中涵盖了多种地物，像元光谱信号由像元内不同组成比例的地物共同反射产生，并被定义为端元(张帅洋等，2021)。混合像元给基于纯净像元的高光谱数据解译带来了严峻的挑战，若将整个像元作为一个处理单位，并将该像元归属为某类地物，则会错误地反映地物的真实覆盖状况并使整个遥感影像的分类精度下降，制约目标探测准确率的提升。为了进一步挖掘像元的内部信息，需要发展对应的数学模型，这种数学模型可以反映光谱混合的物理过程，并发展这些数学模型的求解算法。

10.2 高光谱影像的特征提取与分类处理

10.2.1 高光谱影像的特征提取

特征提取是指从高光谱影像中提取出能反映地物类别特性的典型特征，从而提高不同类别地物之间可分性的一种信号处理方法。如何有效地提取反映不同模式的特征是高光谱影像处理的关键，即从不同角度进行高光谱特征提取。2010 年以前的研究主要集中在光谱特征提取，即根据地物光谱形成物理机制，利用高光谱影像极高的光谱分辨率对多个波谱段进行代数运算、导数运算以及数学变换(刘克等，2010)。例如，植被指数利用植被在可见光和近红外波段的反射差异来突出植被的光谱信息，类似的还有水体指数等。但是，单一的光谱特征并未考虑相邻像元的空间关联关系，无法形成对地物光谱性状与空间结构的统一认知，因此在识别精度的提升上存在瓶颈。2010年以后，空谱特征提取成了高光谱影像特征提取的重要分支，即通过充分利用高光谱影像的空间上下文信息，进一步提高地物的可分性(Paoletti et al.，2018)。例如，灰度共生矩阵被用于提取纹理细节特征，形态学方法能有效提取形态结构特征，经验模态分解能有效提取非线性非平稳特征。稀疏表示能同时挖掘空间邻域信息与结构稀疏特征(Zhu et al.，2015)。此外，Gabor变换、小波变换等时频局部分析方法也被用于高光谱影像特征提取，能提取高光谱影像在不同尺度、频率和方向上的光谱与空间结构。近年来，随着深度学习技术的发展，越来越多的深度网络模型被用于高光谱影像特征提取，深度学习强大的数据处理能力使其具有很好的抽象特征表达能力，能有效地提取高光谱影像的特征。下面重点阐述5种常见的高光谱特征提取方法。

1. 基于扩展形态学轮廓法

该方法通过数学形态学中的基本操作得到形态学特征(morphological profile，MP)，对数据降维后的各波段提取MP来组成扩展的形态学特征(extended morphological profile，EMP)；同时，定义属性剖面特征(attribute profile，AP)和扩展的属性特征(extended attribute profile，EAP)，并在此基础上扩展到多属性剖面特征(extended multi-attribute profile，EMAP)(Mura et al.，2010)。

假设高光谱影像中单个波段为I，I的形态学特征由形态学开剖面OP和闭剖面CP组成，其中，I中像素x的OP定义为式(10.1)：

$$OP_i(x) = \gamma_R^{(i)}(x); \quad \forall i \in [0,n] \tag{10.1}$$

其中：$\gamma_R^{(i)}$表示用大小为i的结构元素重构时的开运算；n为开运算的数量。类似地，闭剖面CP的定义为式(10.2)：

$$CP_i(x) = \phi_R^{(i)}(x); \quad \forall i \in [0,n] \tag{10.2}$$

其中：$\phi_R^{(i)}(x)$表示用大小为i的结构元素重建时的闭运算；n为闭运算的数量。高光谱影像I的MP可定义为一个$2n+1$维的向量，如式(10.3)：

$$\boldsymbol{MP}(x) = [CP_n(x), CP_{n-1}(x), \cdots, CP_1(x), I(x), OP_1(x), \cdots, OP_{n-1}(x), OP_n(x)] \tag{10.3}$$

式(10.3)仅适用于单波段的灰度图像，对具有多个波段的高光谱遥感影像，一般先用主成分分析等方法进行降维，假设已提取m个波段$\{PC_1, PC_2, \cdots, PC_m\}$，则对每个波段都提取$MP$即可得到扩展的形态学剖面特征$EMP$，其数学过程如式(10.4)：

$$\boldsymbol{EMP}(x) = [MP_{PC_1}(I), MP_{PC_2}(I), \cdots, MP_{PC_m}(I)] \tag{10.4}$$

与MP不同的是，AP需要根据准则T进行滤波，即用n个形态学属性操作(ξ^{T})和n个形态学属性操作(Ψ^{T})处理I，如式(10.5)：

$$\boldsymbol{AP}(I) = [\xi_n^{\mathrm{T}}(I), \xi_{n-1}^{\mathrm{T}}(I), \cdots, \xi_1^{\mathrm{T}}(I), I, \Psi_n^{\mathrm{T}}(I), \Psi_{n-1}^{\mathrm{T}}(I), \cdots, \Psi_1^{\mathrm{T}}(I)] \tag{10.5}$$

在求$\boldsymbol{EAP}$时，也要先用PCA等降维方法得到m个波段$\{PC_1, PC_2, \cdots, PC_m\}$，逐波段提取$AP$即可得到扩展的属性剖面特征$\boldsymbol{EAP}$，如式(10.6)：

$$\boldsymbol{EAP}(x) = [AP_{PC_1}(I), AP_{PC_2}(I), \cdots, AP_{PC_m}(I)] \tag{10.6}$$

对高光谱影像多种属性对应的$\boldsymbol{EAP}$进行串联，即可得到多属性剖面特征$\boldsymbol{EMAP}$，如式(10.7)：

$$\boldsymbol{EMAP} = [\boldsymbol{EAP}_{a_1}, \boldsymbol{EAP}_{a_2}, \cdots, \boldsymbol{EAP}_{a_k}] \tag{10.7}$$

2. 基于三维 Gabor 滤波器法

该方法的核心为三维 Gabor 滤波器(Zhu et al.，2015)，可表示为式(10.8)：

$$G_{f,\theta,\varphi}(x,y,b) = \frac{1}{(2\pi)^{\frac{3}{2}}\sigma_x\sigma_y\sigma_b} \times \exp\left[-\frac{1}{2}\left(\frac{x^2}{\sigma_x^2}+\frac{y^2}{\sigma_y^2}+\frac{b^2}{\sigma_b^2}\right)\right] \times \exp[\mathrm{j}(xf_x + yf_y + bf_b)] \tag{10.8}$$

式中：

$$\begin{cases} f_x = |\boldsymbol{f}| \cos\theta \sin\varphi \\ f_y = |\boldsymbol{f}| \sin\theta \cos\varphi \\ f_b = |\boldsymbol{f}| \cos\varphi \end{cases} \tag{10.9}$$

f_x、f_y、f_b 分别为角频率向量 $\boldsymbol{f}$ 在 x、y、b 这 3 个轴上的投影。在式(10.8)中，σ_x、σ_y、σ_b 分别为三维高斯包络函数于 x、y、b 方向上的尺度参数，其中 j 为虚数单元。式(10.9)中的 $|\boldsymbol{f}| = \sqrt{(f_x^2+f_y^2+f_b^2)}$ 表示 $\boldsymbol{f}$ 的幅值，θ 为 $\boldsymbol{f}$ 在二维平面 xOy 上的投影与 x 轴之间的夹角，φ 是 $\boldsymbol{f}$ 和 b 轴之间的夹角。更进一步地，利用欧拉公式可将式(10.8)展开为式(10.10)：

$$\boldsymbol{G}_{f,\theta,\varphi} = R[\boldsymbol{G}_{f,\theta,\varphi}(x,y,b)] + \mathrm{j} \cdot S[\boldsymbol{G}_{f,\theta,\varphi}(x,y,b)] \tag{10.10}$$

式中，等号右边第一个部分代表三维 Gabor 滤波器的实部，等号右边第二个部分代表三维 Gabor 滤波器的虚部，实部的展开如式(10.11)所示，虚部的展开如式(10.12)所示。

$$R[\boldsymbol{G}_{f,\theta,\varphi}(x,y,b)] = \frac{1}{(2\pi)^{\frac{3}{2}}\sigma_x\sigma_y\sigma_b} \times \exp\left[-\frac{1}{2}\left(\frac{x^2}{\sigma_x^2}+\frac{y^2}{\sigma_y^2}+\frac{b^2}{\sigma_b^2}\right)\right] \times \cos[\mathrm{j}(xf_x + yf_y + bf_b)] \tag{10.11}$$

$$S[\boldsymbol{G}_{f,\theta,\varphi}(x,y,b)] = \frac{1}{(2\pi)^{\frac{3}{2}}\sigma_x\sigma_y\sigma_b} \times \exp\left[-\frac{1}{2}\left(\frac{x^2}{\sigma_x^2}+\frac{y^2}{\sigma_y^2}+\frac{b^2}{\sigma_b^2}\right)\right] \times \sin[\mathrm{j}(xf_x + yf_y + bf_b)] \tag{10.12}$$

假设高光谱遥感影像为 $\boldsymbol{H}(m,n,l)$，利用上述三维 Gabor 滤波器可对 $\boldsymbol{H}(x,y,b)$ 进行空谱特征提取，如式(10.13)：

$$\begin{aligned} g\boldsymbol{H}_{f,\theta,\varphi}(x,y,b) &= \\ &\langle \boldsymbol{H}, \boldsymbol{G}_{f,\theta,\varphi}(m-x, m-y, l-b)\rangle_{m,n,l} = \\ &\sum_m \sum_n \sum_l \boldsymbol{H}(m,n,l)\boldsymbol{G}_{f,\theta,\varphi}(m-x, m-y, l-b) = \\ &\boldsymbol{H}(x,y,b) \otimes \boldsymbol{G}^c_{f,\theta,\varphi}(x,y,b) = \\ &\boldsymbol{H}(x,y,b) \otimes R[\boldsymbol{G}^c_{f,\theta,\varphi}(x,y,b)] + \mathrm{j}\boldsymbol{H}(x,y,b) \otimes S[\boldsymbol{G}^c_{f,\theta,\varphi}(x,y,b)] = \\ &\boldsymbol{F}^R_{f,\theta,\varphi}(x,y,b) + \mathrm{j}\boldsymbol{F}^S_{f,\theta,\varphi}(x,y,b) \end{aligned} \tag{10.13}$$

式中：g 为投影运算符；$\langle \cdot \rangle$ 代表内积计算；指数 c 代表共轭运算；$\otimes$ 代表卷积运算；$\boldsymbol{F}^R_{f,\theta,\varphi}$ 代表三维 Gabor 滤波器的实部特征；$\boldsymbol{F}^S_{f,\theta,\varphi}$ 代表三维 Gabor 滤波器的虚部特征。

在实际应用中，为了提取更丰富的局部谐波信息，可以设计不同频率和方向的 Gabor 滤波器对高光谱影像进行卷积。具体地，利用 K 组不同的角频率长度与方向参数进行计算，可推导出实部和虚部分别为式(10.14)和式(10.15)：

$$S^R = \{\boldsymbol{H}(x,y,b) \otimes R[\boldsymbol{G}_{f,\theta,\varphi}(x,y,b)] \mid k = 1,2,\cdots,K\} = [\boldsymbol{F}^R_{(f,\theta,\varphi)k}(x,y,b)]_{k=1}^K \tag{10.14}$$

$$S^S = \{\boldsymbol{H}(x,y,b) \otimes S[\boldsymbol{G}_{f,\theta,\varphi}(x,y,b)] \mid k = 1,2,\cdots,K\} = [\boldsymbol{F}^S_{(f,\theta,\varphi)k}(x,y,b)]_{k=1}^K \tag{10.15}$$

在获得了实部和虚部信息后，接下来要考虑如何将二者融合起来。常用的方法是将其以平方和的形式组合起来。为了防止平方和造成的信息损失，此处将所有特征(包括实部、虚部、不同方向和角频长度)组合为特征集，如式(10.16)：

$$S = \{S^R, S^S\} = \{\boldsymbol{F}^R_{(f,\theta,\varphi)k}, \boldsymbol{F}^S_{(f,\theta,\varphi)k}\}_{k=1}^K = \{\boldsymbol{F}^{(k)}\}_{k=1}^{2K} \tag{10.16}$$

3. 基于经验模态分解法

经验模态分解(empirical mode decomposition，EMD)算法是1998年由NASA的美籍华人科学家Norden E. Huang提出的一种完全由数据驱动的自适应信号分解方法。其主要优点在于信号的基函数能从信号本身获得，无须人为指定，克服了傅里叶或小波变换需要选取先验基函数的问题，更适用于处理非线性非平稳信号。EMD算法的目的是把信号分解为若干个本征模态函数(intrinsic mode function，IMF)和一个剩余残差(residue)的和，其中残差反映了信号的趋势，而IMF表征了信号的时间尺度特征，每个IMF反映了信号在不同频带上的信息，各个IMF的频率随着分解阶数的增加而下降，由此能把EMD看作利用一个频率逐渐下降的窄带滤波器对信号进行自适应滤波的过程(He et al.，2014)。EMD的基本过程是：①找到输入信号的局部极大值和局部极小值；②对局部极值进行插值，目的是获取信号的上下包络线及包络均值；③通过筛选把IMF迭代地分离出来，最终把输入信号分解成若干个IMF与残差的和。

假设原始信号为 $y(t)$，初始化 $p=1$，$q=1$，$h_{pq}(t)=y(t)$，$r_q(t)=y(t)$，求取 $h_{pq}(t)$的局部极值，并通过插值求上包络线 $y_{\text{maxi}}(t)$和下包络线 $y_{\text{mini}}(t)$，$h_{pq}(t)$满足式(10.17)：

$$y_{\text{mini}}(t) \leqslant h_{pq}(t) \leqslant y_{\text{maxi}}(t); \quad t \in [t_a, t_b] \tag{10.17}$$

求包络均值 $m_{pq}(t)$，如式(10.18)：

$$m_{pq}(t) = \frac{y_{\text{mini}}(t) + y_{\text{maxi}}(t)}{2} \tag{10.18}$$

计算 $y(t)$和 $m_{pq}(t)$的差值 $h_{(p+1)q}(t)$，如式(10.19)：

$$h_{(p+1)}(t) = h_{pq}(t) - m_{pq}(t) \tag{10.19}$$

更新 p 为 $p=p+1$，并计算停止准则 SD，如式(10.20)：

$$SD = \sum_{t=1}^{N} \frac{|h_{(p-1)q}(t) - h_{pq}(t)|^2}{h^2_{(p-1)q}(t)} \tag{10.20}$$

重复以上步骤，直至 $SD \leqslant \varepsilon$。

令：

$$x_q(t) = h_{pq}(t) \tag{10.21}$$

此处的 $x_q(t)$就是第 q 个IMF，更新 $r_{q+1}(t) = r_q(t) - x_q(t)$，$q = q+1$，$p=1$，$h_{pq}(t) = x_q(t)$，重复上述步骤，直至 $r_q(t)$单调。

至此，原始信号 $y(t)$可分解为式(10.22)：

$$y(t) = \sum_{q=1}^{Q} x_q(t) + r_Q(t) \tag{10.22}$$

其中：$x_q(t)(q=1, 2, \cdots, Q)$为 IMF；$r_Q(t)$为残差。当原始信号 $y(t)$为高光谱遥感影像时，$x_q(t)$和 $r_Q(t)$即为基于 EMD 的高光谱影像特征提取结果。

4. 基于变分模态分解法

变分模态分解(variational modal decomposition，VMD)是一种基于约束性变分框架的自适应信号处理方法(He et al.，2018)，其基本思想是：通过构造、求解约束变分模型来求取 K 个 BIMF 分量，使各分量的估计带宽加和最小且各分量之和等于输入信号 $f(t)$。第 k 个 BIMF 可表示为调幅－调频信号，如式(10.23)：

$$u_k(t) = A_k(t)\cos[\phi_k(t)] \tag{10.23}$$

其中：$\phi_k(t)$为相位；$A_k(t)$表示瞬时幅值。

VMD 算法的具体数学过程如下：

(1) 通过希尔伯特变换得到 BIMF 分量 $u_k(t)$对应的解析信号，目的是得到其单边频谱，如式(10.24)：

$$\left(\delta(t) + \frac{\mathrm{j}}{\pi t}\right) * u_k(t) \tag{10.24}$$

其中：$\delta(t)$是单位脉冲函数；j 是虚数单位；“$*$”代表卷积计算；K 个 BIMF 分量表示为$\{u_k\} = \{u_1, u_2, \cdots, u_k\}$；各分量的中心频率为$\{\omega_k\} = \{\omega_1, \omega_2, \cdots, \omega_k\}$。

(2) 对各解析信号混合预估中心频率 $\mathrm{e}^{-\mathrm{j}\omega_k t}$，将频率调制到相应的基频带：

$$\left[\left(\delta(t) + \frac{\mathrm{j}}{\pi t}\right) * u_k(t)\right]\mathrm{e}^{-\mathrm{j}\omega_k t} \tag{10.25}$$

(3) 计算上述调制信号梯度的 L2 范数，并估计每个 BIMF 分量的带宽，得到受约束的变分问题，如式(10.26)：

$$\min_{\{u_k\},\{\omega_k\}} \left\{ \sum_{k=1}^{K} \left\| \partial_t \left[\left(\delta(t) + \frac{\mathrm{j}}{\pi t}\right) * u_k(t)\right]\mathrm{e}^{-\mathrm{j}\omega_k t} \right\|_2^2 \right\} \tag{10.26}$$

$$\text{s.t.} \sum_{k=1}^{K} u_k = f(t)$$

上述变分问题的求算可引入惩罚因子 α 和拉格朗日乘子 λ，以此将问题转化为非约束变分问题，展开为增广拉格朗日表达式，如式(10.27)：

$$L(\{u_k\},\{\omega_k\},\lambda) = \alpha \sum_{k=1}^{K} \left\| \partial_t \left[\left(\delta(t) + \frac{\mathrm{j}}{\pi t}\right) * u_k(t)\right]\mathrm{e}^{-\mathrm{j}\omega_k t} \right\|_2^2 + \left\| f(t) - \sum_{k=1}^{K} u_k(t) \right\|_2^2 + \left\langle \lambda(t), f(t) - \sum_{k=1}^{K} u_k(t) \right\rangle \tag{10.27}$$

在式(10.27)的基础上，利用交替方向乘子算法(alternating direction method of multipliers，ADMM)迭代更新 u_k^{n+1}、ω_k^{n+1} 和 λ_k^{n+1}，搜寻式(10.27)的鞍点，实现对式(10.26)问题的求解。在计算鞍点的过程中，^代表傅里叶变换，n 为迭代次数，τ 是保真系数，各变量相应的更新过程如式(10.28)至式(10.30)：

$$\hat{u}_k^{n+1}(\omega) = \frac{\hat{f}(\omega) - \sum_{i=1}^{k-1} \hat{u}_i^{n+1}(\omega) - \sum_{i=1}^{k} \hat{u}_i^{n}(\omega) + \frac{\hat{\lambda}^n(\omega)}{2}}{1 + 2\alpha(\omega - \omega_k^n)^2} \tag{10.28}$$

$$\omega_k^{n+1} = \frac{\int_0^{\infty} \omega \left| \hat{u}_k^{n+1}(\omega) \right|^2 \mathrm{d}\omega}{\int_0^{\infty} \left| \hat{u}_k^{n+1}(\omega) \right|^2 \mathrm{d}\omega} \tag{10.29}$$

$$\hat{\lambda}^{n+1}(\omega) = \hat{\lambda}^n(\omega) + \tau\left[\hat{f}(\omega) - \sum_{k=1}^{K} \hat{u}_k^{n+1}(\omega)\right] \tag{10.30}$$

通过式(10.28)至式(10.30)不断更新各 BIMF 分量的带宽和频率中心，直至满足如下停止条件，如式(10.31)：

$$\sum_{k=1}^{K} \left[\frac{\left\| \hat{u}_k^{n+1}(\omega) - \hat{u}_k^{n}(\omega) \right\|_2^2}{\left\| \hat{u}_k^{n}(\omega) \right\|_2^2} \right] < \varepsilon \tag{10.31}$$

与 EMD 类似，当原始信号 $f(t)$ 为高光谱遥感影像时，$u_k(t)$ 即为基于 VMD 的高光谱影像特征提取结果。

5. 基于灰度共生矩阵法

灰度共生矩阵(gray-level co-occurrence matrix，GLCM)法是提取遥感影像纹理特征的常用方法之一，它是影像中两像素灰度级联合分布的统计形式，能有效地反映纹理灰度级相关性的规律(侯群群等，2013)。假设高光谱影像的水平方向有 N_c 个像元，竖直方向有 N_r 个像元，并有 N_q 个波段，$L_x = \{1, 2, \cdots, N_c\}$ 表示水平空间域，$L_y = \{1, 2, \cdots, N_r\}$ 表示竖直空间域，$G = \{1, 2, \cdots, N_q\}$ 为量化灰度层集，集 $L_x \times L_y$ 为行列编序的影像像元集，GLCM 定义为影像空间域 $L_x \times L_y$ 范围内，则 2 个相距为 d、方向为 θ 的影像像元在图中出现的概率如式(10.32)：

$$P(i,j \mid d,\theta) = \{[(k,l),(m,n)] \in (L_x \times L_y) \times (L_x \times L_y) \mid d,\theta,f(k,l) = i,f(m,n) = f\} \tag{10.32}$$

基于上述概率，即可生成如下 GLCM，如式(10.33)：

$$\boldsymbol{P} = \begin{bmatrix} p(0,0) & p(0,1) & \cdots & p(0,G-1) \\ p(1,0) & p(1,1) & \cdots & p(1,G-1) \\ \vdots & \vdots & & \vdots \\ p(G-1,0) & p(G-1,1) & \cdots & p(G-1,G-1) \end{bmatrix} \tag{10.33}$$

在实际应用中，可基于 GLCM 计算出 14 种常见的纹理测度。经典的包括角二阶矩(*ASM*)、能量(*Energy*)、对比度(*CON*)、相关(*COR*)、熵(*ENT*)和方差(*VAR*)等。其中，*ASM* 和 *Energy* 可表征影像纹理灰度变化的一致性程度，如式(10.34)：

$$ASM = \sum_{i,j=0}^{N} p(i,j \mid d,\theta)^2; \quad Energy = \sqrt{ASM} \tag{10.34}$$

CON 可反映影像小区域内灰度变化的总量，如式(10.35)：

$$CON = \sum_{i,j=0}^{N} (i-j)^2 P(i,j \mid d,\theta) \tag{10.35}$$

COR 可表征 GLCM 中行或列元素间的相似程度。它反映了某种灰度值在某些方向之上的延展，延展越长，COR 越高(张帅洋等，2021)，如式(10.36)至式(10.38)：

$$COR = \frac{\sum_{i=1}^{N}\sum_{j=1}^{N}(i \cdot j)P(i,j) - \mu_x\mu_y}{\sigma_x\sigma_y} \tag{10.36}$$

$$\begin{cases} \mu_x = \sum_{i=1}^{N} i \sum_{j=1}^{N} P(i,j) \\ \mu_y = \sum_{j=1}^{N} j \sum_{i=1}^{N} P(i,j) \end{cases} \tag{10.37}$$

$$\begin{cases} \sigma_x = \sum_{i=1}^{N}(i - \mu_x)^2 \sum_{j=1}^{N} P(i,j) \\ \sigma_y = \sum_{j=1}^{N}(j - \mu_y)^2 \sum_{i=1}^{N} P(i,j) \end{cases} \tag{10.38}$$

ENT 和 VAR 可表征灰度混乱度，如式(10.39)至式(10.40)：

$$ENT = -\sum_{i,j=1}^{N}\{P(i,j \mid d,\theta) \cdot \lg P(i,j \mid d,\theta)\} \tag{10.39}$$

$$VAR = \sum_{i=1}^{N}\sum_{j=1}^{N}(i-\mu)^2 P(i,j \mid d,\theta) \tag{10.40}$$

10.2.2 高光谱影像的分类

分类是高光谱影像处理起步最早、研究最多的一项重要内容，其主要目标是对影像中的每个像元赋予唯一的类别标注以产生专题图。然而，高光谱影像数据量大、波段数量多、特征维数高、带标注训练样本少等问题使其分类面临巨大挑战。

在研究初期，学者们仍然采用多光谱遥感影像分类方法，对采集到的高光谱数据的光谱曲线进行分析，并和标准库中的地物光谱曲线进行对比，利用相似度匹配的方法对高光谱遥感影像中的光谱目标进行地物分类。这种方法的典型算法包括欧氏最小距离匹配(Euclidean minimum distance，EMD)、二值编码(binary encoding，BE)最大似然判别函数法等。与此同时，除了一些监督学习方法，如 K 近邻分类(K-nearest neighbor，KNN)等，一些不需要训练样本就能实现分类的非监督学习理论也被应用在高光谱处理领域，如迭代自组织数据分析算法、层次聚类算法等。但是这些方法也难以在高维数据中取得较好的分类效果，受限于电脑软硬件的条件，数据降维往往与上述方法结合使用，如主成分分析等。

随着机器学习的发展，一些利用高光谱影像的高维光谱特征进行分类的方法也逐渐被提出，如支持向量机等。有的方法考虑到辐射传输过程中的影响，采用非线性特征提取方法，如等距特征映射和拉普拉斯映射等。21 世纪以后，信号处理领域的稀疏表示理论和压缩感知方法也为高光谱遥感影像的分类提供了新思路。鉴于以上方法没有利用高光谱空域信息，如纹理信息和形态信息等，因此信息损失导致的分类精度下降不可忽略不计。

近年来的研究表明，空间特征可以增强样本的稳定性和鉴别性，空谱信息联合提取有助于提高高光谱影像的分类精度。随着深度学习方法的兴起，学者们发现，根据输入数据的自身特性并借助卷积神经网络可以实现对训练样本深层特征的自动学习和提取，能借此提高分类精度。随着学者们对深度学习在高光谱影像分类中的研究和改进愈发深入，发现深度学习这种端到端的分类方式，还有能够自动捕捉深度特征并提取空谱信息的强大能力，使其成为高光谱遥感影像处理的主流。

综上所述，高光谱影像的分类方法可总结为如图 10.1 所示。

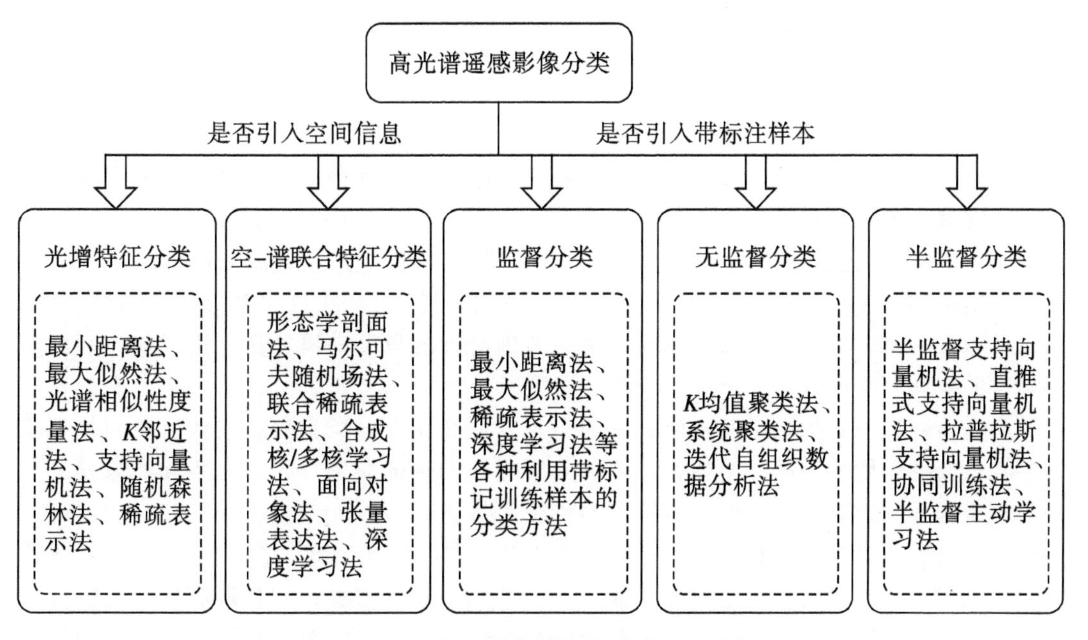

图 10.1 高光谱遥感影像的分类方法总结

首先，从是否引入空间信息的角度，可以把现有方法归为两大类，分别为光谱特征分类和空 - 谱联合特征分类。

(1) 光谱特征分类。

这种分类方法直接利用高光谱影像丰富的光谱特征，但是不考虑空间信息。在高光谱处理技术发展的初始阶段，学者们围绕“光谱”信息设计了多种分类器。其中，最小距离法以像元之间的距离作为分类准则，先由训练样本求取各个类别的均值向量和协方差矩阵，然后以各类均值向量作为该类的中心，通过比较待分类像元到各中心的距离得出分类结果，常用的距离函数有欧氏距离、绝对值距离和马氏距离等。最大似然法需要用到各类的先验概率和条件概率密度函数，将待分类像元代入各类别的概率密度函数中并将其划分到概率最大的类别中(王立国、赵春晖，2006)。光谱相似性度量法先确定每个类别的参考光谱，然后计算待分类像元与各参考光谱的相似性，将该像元划入相似性最高的类别中，常用的相似性度量指标有光谱角、光谱信息散度和光谱相关性等(尚坤等，2015)。*K* 邻近法先找到特征空间中与待分类像元最相似的 *K* 个训练样本，然后把该像

元划分到这 K 个最相似样本中大多数所属的类别。支持向量机法（support vector machine，SVM）是应用较广的分类方法，它基于统计学习理论利用有限的训练样本在模型复杂性和学习能力之间寻求最佳平衡，以此寻求更好的泛化能力（Suthaharan，2016）。随机森林法（random forest，RF）是一种建构在统计学习理论基础上的常用分类器，在遥感分类领域有很广泛的应用。稀疏表示法是近年来备受关注的一类方法，它将待分类像元表示成少数字典原子的稀疏线性组合，依据最小重构误差确定分类结果（Wright et al.，2010）。此外，光谱特征分类法也可以利用主成分分析、线性判别分析或独立成分分析等光谱特征变换法将高维高光谱影像映射到低维特征空间，以此降低信息冗余，并同时提高计算效率。但是，由于光谱特征分类法仅仅考虑了光谱特征，其分类结果往往存在许多类似椒盐噪声的离散点，这与地物信息的连续性分布不相符，因此不利于提高分类精度。

（2）空－谱联合特征分类。

这种方法将光谱－信息和空间信息紧密结合起来进行分类，该类方法的关键在于如何提取纹理、形状或对象等的空间信息，并且讨论如何将光谱和空间信息进行有机结合。其中，形态学剖面法利用膨胀、腐蚀、开和闭等形态学操作来度量高光谱影像中与结构元素对应的空间结构信息，增强有利于分类的空间结构，并且去除多余的干扰信息（Mura et al.，2010）。马尔可夫随机场法从数理统计的角度来描述高光谱影像相邻像元深层次的空间相关性，被广泛应用于高光谱影像分类（Ghamisi et al.，2017）。联合稀疏表示法是在稀疏表示的基础上发展起来的空－谱联合特征分类方法，它认为空间相邻像元存在极大的可能属于同一类地物，可以共享相同的稀疏模型，因此将待分类像元及其空间邻域像元同时表示为少量字典原子的稀疏线性组合（Zhang et al.，2013）。合成核/多核学习法利用多个核函数综合不同特征来进行分类，相较于单核学习法，合成核/多核学习法能将不同样本的特征分量分别输入不同核函数进行映射，使数据能在新的特征空间中得到更好的表达，进而提高分类性能（谭熊等，2014）。面向对象法在影像分割的基础上将分割的小块当成对象，综合考虑光谱、形状、纹理和相邻关系等因素，借助对象知识库进行分类。张量表达法把高光谱影像看成“数据立方体”，从张量/三维的角度同时考虑空－谱联合特征，得到了较优的分类结果（郭贤等，2013）。深度学习法是近年来新兴的机器学习方法，受到了学术界和工业界的高度关注，它无须人们预先设计特征，能自主地从多种数据中学习到有用的深层空－谱联合特征来提升分类的准确性，目前卷积神经网络（convolutional neural network，CNN）、深度置信网络（deep belief network，DBN）和堆栈自编码网络（stacked autoencoder，SAE）等深度学习模型已逐步被用于高光谱影像的分类，并取得了突破性进展（张号逵等，2018）。由此可见，空－谱联合特征分类法综合考虑了光谱和空间信息，能获得空间连续性较好、分类精度较高的结果，这使其成为当前高光谱分类的热点。

其次，从是否引入带标注样本的角度，可以把现有方法分为监督分类、非监督分类和半监督分类。

（1）监督分类。

监督分类需要先用带标注样本让分类系统掌握不同类别的特征，然后按照判别函数或决策规则将待分类像元划归到预先给定的类别中。具有代表性的监督分类法包括前文提到的各种光谱特征和空－谱联合特征分类法，如最小距离法、最大似然法、稀疏表示法、深度学习法等。监督分类是目前高光谱遥感分类研究中较为成熟的一类方法，但监督分类的性能受标注样本数量的制约，当训练样本数目很少时，监督分类难以准确地学习出样本的真实分布特征。

（2）非监督分类。

非监督分类是在没有先验知识的情况下，不用训练样本，仅根据数据本身的特征进行无人管理的自动分类。常用的非监督分类包括各种聚类方法，其中，*K* 均值聚类法是使每个聚类中多个像元点到该类别中心的距离平方和最小。系统聚类法是先把所有样本当成一类，然后把最靠近的样本聚成小类，再将已聚合的小类按照距离继续合并，每次减少一类，直到把所有子类都聚到一个大类中。不同的类间距离计算方法对应着不同的系统聚类法，常用的有最小距离法、最大距离法、重心聚类法和离差平方和法等。迭代自组织数据分析法先给出一个初始聚类，然后通过不断迭代反复修改和调整聚类结果，以此逼近正确的聚类。非监督分类由于没有用到带标注训练样本，当空间分布较复杂或遇到"同物异谱"及"异物同谱"等情况时，难以得到较好的分类效果。

（3）半监督分类。

半监督分类是指在带标注样本不足的情况下，引入未知类别的样本来进行分类。由于收集大量带标注样本代价昂贵且费时费力，高光谱影像分类面临着高维小样本问题，半监督分类能同时利用少量带标注样本和大量未标注样本，是解决高维小样本问题的有效方案。学者们提出了多种基于 SVM 的半监督分类法（Wang et al.，2014），包括半监督 SVM（semi-supervised SVM，S3VM）、直推式 SVM（transductive SVM，TSVM）和拉普拉斯 SVM（laplacian SVM，LapSVM）等。S3VM 基于聚类假设通过探索未标注数据来调整决策边界；TSVM 试图使训练的分类器在特定测试样本集上得到尽可能小的实际误差；LapSVM 通过图的拉普拉斯矩阵探索数据的流形结构，为未标注数据找到合适的类别，使其与带标注数据潜在的图结构尽可能一致。协同训练法基于不同特征或视图训练具有差异性的训练器，它能利用未标注样本缩减假设空间来提升分类性能（王立国、赵春晖，2006）。此外，半监督主动学习法（semi-supervised active learning）将半监督学习和主动学习相结合，通过挖掘表征性信息和判别性信息来改善分类效果（Wang et al.，2017）。由此可见，半监督分类能结合监督分类和非监督分类的优势，提高分类结果的准确性，可有效解决高光谱影像分类的高维小样本问题。

10.2.3 常见的高光谱影像分类方法

下面重点阐述 3 种常见的高光谱遥感影像分类方法。

1. 支持向量机

支持向量机（SVM）是基于结构风险最小化原理的机器学习方法，是高光谱遥感影像最常用的分类器之一。SVM 的基本原理是：寻找一个满足分类要求的最优分类超平面，使该超平面在保证分类精度的同时使分类间隔最大（Suthaharan，2016）。如图 10.2 所示，SVM 的基本模型为二分类模型。假设实心点和空心点代表线性可分的两类样本，则 SVM 求解一个最优超平面将样本划分为正、负两类，样本分类间隔由每类样本中离直线最近的样本点决定，这些样本点被称为支持向量。

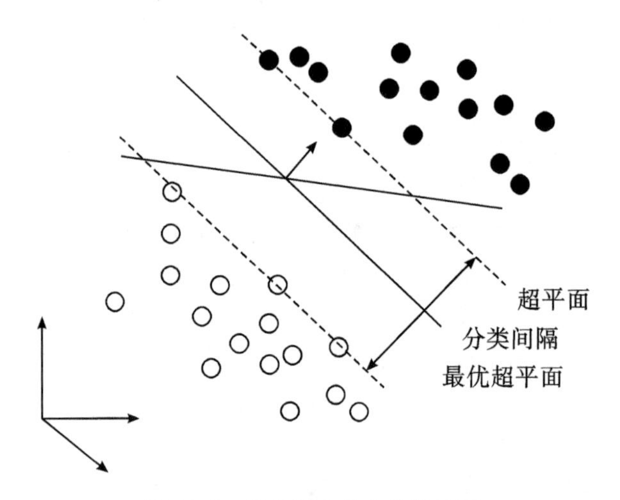

图 10.2　线性可分的分类超平面

上述过程的数学表述如下，假设两类数据组成的样本集为$(\boldsymbol{x}_i, y_i)(i=1, 2, \cdots, l)$，$\boldsymbol{x} \in \mathbf{R}^n$，$y \in \{-1, 1\}$，超平面为$\boldsymbol{\omega} \cdot \boldsymbol{x} + b = 0$，为使分类超平面正确分类且具备最大的分类间隔，可令超平面满足以下约束：$y_i(\boldsymbol{\omega} \cdot \boldsymbol{x}_i + b) \geqslant 1 (i=1, 2, \cdots, l)$。基于此，可以计算出分类间隔为$\frac{2}{\|\boldsymbol{\omega}\|}$，因此构造最优超平面的问题可转化为如下优化问题，如式(10.41)：

$$\min \Phi(\boldsymbol{\omega}) = \frac{1}{2}\|\boldsymbol{\omega}\|^2 = \frac{1}{2}(\boldsymbol{\omega}' \cdot \boldsymbol{\omega}) \tag{10.41}$$

为求解该最优化问题，引入拉格朗日函数，如式(10.42)：

$$L(\boldsymbol{\omega}, b, \boldsymbol{a}) = \frac{1}{2}\|\boldsymbol{\omega}\| - \sum_{i=1}^{l} a_i[y_i(\boldsymbol{\omega} \cdot \boldsymbol{x} + b) - 1] \tag{10.42}$$

式中，$a_i > 0$ 为拉格朗日乘数，约束最优化问题的解由拉格朗日函数的鞍点决定，并且最优化的解在鞍点处满足对 $\boldsymbol{\omega}$ 和 b 求偏导数为零的条件。将该二次规划问题转换为相应的对偶问题，如式(10.43)：

$$\max Q(\boldsymbol{a}) = \sum_{j=1}^{l} a_j - \frac{1}{2}\sum_{i=1}^{l}\sum_{j=1}^{l} a_i a_j y_i y_j (\boldsymbol{x}_i \cdot \boldsymbol{x}_j) \tag{10.43}$$

$$\text{s.t.} \sum_{j=1}^{l} a_j y_j = 0; a_j \geqslant 0, j = 1, 2, \cdots, l$$

并解得最优解 $\boldsymbol{a}^* = (a_1^*, a_2^*, \cdots, a_l^*)^{\mathrm{T}}$。计算最优权值向量 $\boldsymbol{\omega}^*$ 和最优偏置 b^*，分别为式(10.44)和式(10.45)：

$$\boldsymbol{\omega}^* = \sum_{j=1}^{l} a_j^* y_j \boldsymbol{x}_j \tag{10.44}$$

$$b^{*} = y_i - \sum_{j=1}^{l} y_j a_j^{*}(\boldsymbol{x}_j \cdot \boldsymbol{x}_i) \tag{10.45}$$

式中，$j \in \{j \mid a_j^{*} > 0\}$，因此可以得到最优分类超平面为 $\boldsymbol{\omega}^{*} \cdot \boldsymbol{x} + b^{*} = 0$。最优分类函数如式(10.46)：

$$f(\boldsymbol{x}) = \mathrm{sgn}(\boldsymbol{\omega}^{*} \cdot \boldsymbol{x} + b^{*} = 0) = \mathrm{sgn}\left\{\left[\sum_{j=1}^{l} a_j^{*} y_j(\boldsymbol{x}_j \cdot \boldsymbol{x}_i)\right] + b^{*}\right\}; \boldsymbol{x} \in \mathbf{R}^{n} \tag{10.46}$$

若涉及线性不可分的情况，SVM 的基本思路是将 $\boldsymbol{x}$ 从输入空间 $\mathbf{R}^{n}$ 变换到特征空间 H，该变换称为 Φ，以特征向量 $\boldsymbol{\Phi}(\boldsymbol{x})$ 代替输入向量 $\boldsymbol{x}$ 并求取最优分类函数。

以上所阐述的 SVM 仅针对二分类问题，但实际高光谱遥感影像却常为多分类问题，那么如何将 SVM 有效地推广到多分类问题呢？主要有 2 种思路：①在经典 SVM 的基础上优化其目标函数，构造多分类模型，进而实现多分类，但这种方法需要进行一次性求解，计算复杂度高，在实际应用中效率低，故不常用；②将多分类问题转化为多个二分类问题，该方法将一个复杂问题转化为若干个简单问题，故得到了极大的发展。常用的转化有一对多、一对一、二叉树和导向无环图等。

2. 随机森林

随机森林是由多个决策树 $\{h(X, \theta_k), k = 1, 2, \cdots, K\}$ 组合而成的分类模型，其参数集 $\{\theta_k\}$ 是独立同分布的随机向量，在给定自变量之下，每个决策树模型都有一票投票权来选择最优的分类结果。随机森林的基本思路是：①利用 Bootstrap 抽样从原始训练数据集抽取 k 个样本，且各个样本的容量都与原始训练集一致；②对 k 个样本分别建立 k 个决策树模型，获得 k 个分类结果；③根据 k 个分类结果投票表决最终的分类结果。其示意如图 10.3 所示。

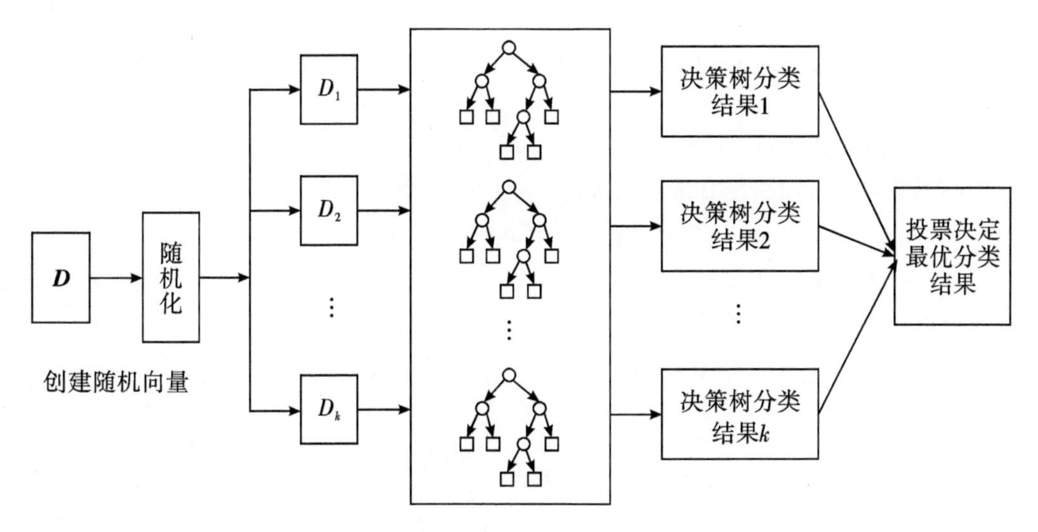

图 10.3 随机森林结构示意

随机森林通过构造不同的训练集增加分类模型差异，从而增强集成模型的外推能力。通过 k 次训练，可得到一个分类模型序列 $\{h_1(X), h_2(X), \cdots, h_k(X)\}$，再将其组合成一个多分类系统，并采用简单多数投票法得出最终分类决策，如式(10.47)：

$$H(x) = \arg\max_{Y} \sum_{i=1}^{k} I(h_i(X) = Y) \tag{10.47}$$

其中：$H(x)$表示组合分类模型；h_i 表示单个决策树的分类模型；Y 表示输出变量；$I(\cdot)$表示示性函数。

随机森林在随后的发展中得到了扩展，并取得了不错的应用效果。例如，随机生存森林(random survival forest，RSF)和 RF 一样都是利用 Bootstrap 抽样方法从原始样本中抽取不同的样本集，并对每个样本建立生存决策树，但是在每个节点，RSF 只随机抽取 m 个变量建模，而不是把所有自变量都看作分割点的选择范围。

3．拉格朗日多项式逻辑回归

拉格朗日多项式逻辑回归算法是建立在概率统计模型上的一种分类器，在高光谱遥感影像分类中发挥着重要作用。其核心思想是：利用已知的训练样本进行多元回归参数估计，然后再通过已获得的回归参数和光谱数据进行分类(谭雪敏等，2016)。其数学过程阐述如下。

假设待分类的高光谱遥感影像为 S，波段数为 d，行数为 l，列数为 s。$S=\{1, 2, \cdots, n\}$代表 S 中有 n 个像元。$K=\{1, 2, \cdots, \widetilde{K}\}$表示影像的类别集合，$\widetilde{K}$指的是类别个数。$\boldsymbol{x}=\{\boldsymbol{x}_1, \boldsymbol{x}_2, \cdots, \boldsymbol{x}_n\}\in \mathbf{R}^d$，其中 $\boldsymbol{x}_i$ 是 d 维向量，$y=\{y_1, y_2, \cdots, y_n\}$代表影像的类型标签，$D_L=\{(y_1, \boldsymbol{x}_1), (y_2, \boldsymbol{x}_2), \cdots, (y_L, \boldsymbol{x}_L)\}$为训练样本集合，其中 L 是训练样本的个数，则拉格朗日多项式逻辑回归的具体数学流程如下。

(1) 训练样本转化。

根据式(10.48)所示的高斯径向基核函数，把训练样本 D_L 转化到高维可分空间 H：

$$H(\boldsymbol{x}_i, \boldsymbol{x}_j) = \exp\left(-\frac{\|\boldsymbol{x}_i - \boldsymbol{x}_j\|^2}{2\sigma^2}\right) \tag{10.48}$$

式中：$\|\boldsymbol{x}_i - \boldsymbol{x}_j\|$ 为像元 $\boldsymbol{x}_i$ 和 $\boldsymbol{x}_j$ 的欧氏距离；σ 为核函数的参数，用来控制核函数径向作用的范围。

(2) 估计回归系数 $\boldsymbol{\omega}$。

回归系数可通过拉格朗日多项式求得，如式(10.49)：

$$\overline{\boldsymbol{\omega}} = \arg\max_{\boldsymbol{\omega}} l(\boldsymbol{\omega}) + \log p(\boldsymbol{\omega}) \tag{10.49}$$

式中：$l(\boldsymbol{\omega})$指的是最大似然函数；$p(\boldsymbol{\omega})$指的是多项式逻辑回归函数。最大似然函数和多项式逻辑回归函数的数学过程如式(10.50)、式(10.51)：

$$l(\boldsymbol{\omega}) = \sum_{j=1}^{L} \log p\left(y_i = \frac{k}{\boldsymbol{x}_j}, \boldsymbol{\omega}\right) = \sum_{j=1}^{L}\left[\sum_{k=1}^{L} y_j^{(k)} \boldsymbol{\omega}^{(k)^{\mathrm{T}}} \boldsymbol{x}_j\right] \tag{10.50}$$

$$p(\boldsymbol{\omega}) = p\left(\frac{y^i = k}{\boldsymbol{x}_i}, \boldsymbol{\omega}\right) = \frac{\exp\left[\boldsymbol{\omega}^{(k)^{\mathrm{T}}} h(\boldsymbol{x}_i)\right]}{\sum_{k=1}^{K}\exp\left[\boldsymbol{\omega}^{(k)^{\mathrm{T}}} h(\boldsymbol{x}_i)\right]} \tag{10.51}$$

式中：$\boldsymbol{\omega}=\left[\boldsymbol{\omega}^{(1)^{\mathrm{T}}}, \boldsymbol{\omega}^{(2)^{\mathrm{T}}}, \cdots, \boldsymbol{\omega}^{(k-1)^{\mathrm{T}}}\right]$为回归参数；$h(\boldsymbol{x}_i)$为待分类样本通过高斯径向基核函数转换得出的值，即第一步中的 H。

（3）分类判别。

据此可通过计算如下后验概率来判定样本所属类别，如式(10.52)：

$$p\left(\frac{y_i = k}{\boldsymbol{x}_i}, \boldsymbol{\omega}\right) = \frac{\exp\left[\boldsymbol{\omega}^{(k)^{\mathrm{T}}} h(\boldsymbol{x}_i)\right]}{1 + \sum_{k=1}^{K} \exp\left[\boldsymbol{\omega}^{(k)^{\mathrm{T}}} h(\boldsymbol{x}_i)\right]} \tag{10.52}$$

10.3 高光谱图像解混

10.3.1 混合像元

高光谱遥感影像富含丰富的空间和光谱信息，其数据处理过程也相对更加复杂困难，其中的热点问题之一就是高光谱解混(hyperspectral unmixing，HU)。由于高光谱成像仪的光谱分辨率高(5～10 nm)，单个波段反射的能量较小，受硬件灵敏度的限制，高光谱遥感图像的瞬时视场角(instantaneous field of view，IFOV)或覆盖地物范围较大，高光谱遥感影像的空间分辨率一般都较低。IFOV 中可能存在几种不同类型的目标对象，产生混合像元。

高光谱图像每个像元中所观测记录的光谱均是入射光与其 IFOV 内部或外部所有目标对象互相作用的结果，并且自然界目标地物的复杂性也会使这种影响更加强烈。例如，在采集草地的光谱信号时，单个像元中可能包含不同生长状态的草叶的光谱信号，还有附近土壤、落叶或岩石的光谱信号。在这些因素的共同作用下，高光谱图像往往有大量的混合像元。与混合像元相对应，若单个像元中只包含一种目标对象的光谱信号，就将其称为纯净像元。混合像元的存在限制了高光谱图像的准确分析和应用，对影像像元级别的分类精度、目标探测效果等都产生很大的影响，严重约束了高光谱图像定量化的发展趋势。

10.3.2 高光谱图像解混技术

高光谱解混技术就是为了处理高光谱图像中的混合像元问题而产生的，其目的是提高高光谱图像的应用领域和解译精度。高光谱解混指的就是将高光谱图像中混合像元的观测光谱分解成若干分光谱或光谱信号，即端元(endmember)，以及一组相应的丰度分数(abundance)的过程(Keshava and Mustard，2002)。端元指的是高光谱图像中存在的各种纯净地物，每个像元中的丰度系数或丰度分数指的就是单个混合像素内每种纯净光谱所占的比例分数(Iordache et al.，2011)。因此，对高光谱图像的应用可以从像元级别上升到亚像元级别，从而在检测等方面获取更可靠的结果，还能为高光谱的后续图像处理任务提供支持，如亚像元定位和高光谱图像超分辨率等任务。

高光谱图像的解混流程如图 10.4 所示。

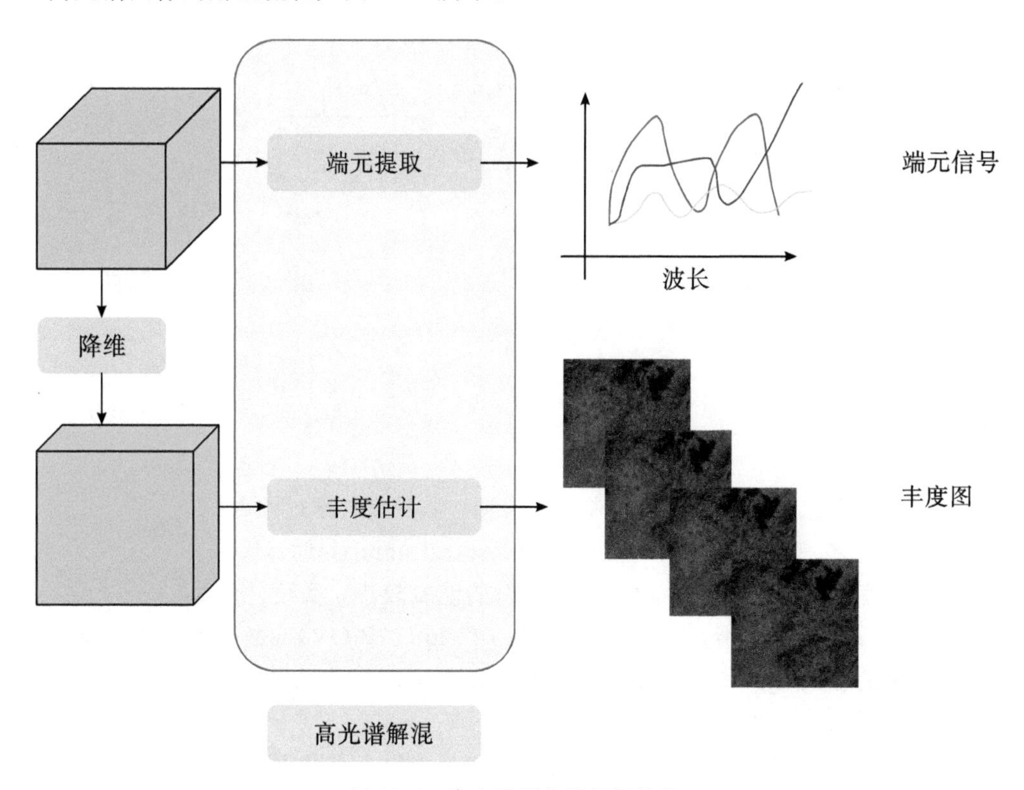

图 10.4　高光谱图像的解混流程

高光谱遥感影像解混任务与一般图像处理任务不同，它是一个“盲分离”的任务。其在没有先验信息的情况下对影像端元光谱和丰度信息进行评估，使该任务增加了不少挑战。确定光谱混合模型对于高光谱解混工作非常重要，在找到组成混合像元光谱端元和丰度的情况下，根据物质的混合程度以及空间分布尺度大小，可以将高光谱解混的研究方法分为 2 种，分别为基于线性混合模型(linear mixing model，LMM)的高光谱图像解混方法和基于非线性混合模型(nonlinear mixing model，NLMM)的高光谱图像解混方法(见图 10.5)。其中，LMM 主要假设图像中的混合像元是各个端元线性表达的结果，各端元光谱在采集的过程中不存在相互影响的情况。由于在辐射的传输过程中光子不可能只存在简单的线性交互，故 NLMM 假设传感器在捕获地物光谱信息前，光子就已在各个地物之间进行了折射、散射等交互作用。但是，NLMM 模型较为复杂，大多数情况下都不能用显示函数模拟。对于解混算法而言，LMM 模型因简单和容易理解而获得了更大范围的应用。

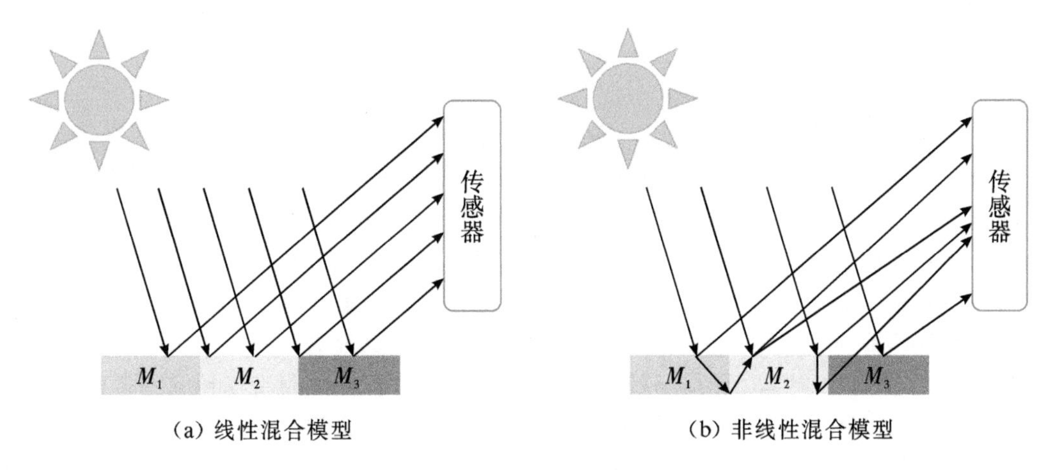

(a) 线性混合模型　　(b) 非线性混合模型

图 10.5　高光谱像元混合模型示意

10.3.3　线性混合模型

线性混合模型假设光子在到达传感器被捕捉前只经历了一次反射过程，即传感器获取的每个像元光谱信息都可以被表示为所有纯净地物光谱的线性组合形式。这类模型的原理浅显易懂，在众多真实场景中都近似成立。该类方法可以分为 3 种，分别为基于几何建模的解混方法、基于统计模型的解混方法和基于稀疏回归的解混方法。

(1) 基于几何建模的解混方法。

基于几何建模的高光谱图像解混方法是最先被应用到高光谱图像解混的。该方法的主要思路是将高光谱数据置于一个多维单形体中，并将该多维单形体的顶点视作纯净端元，此时所有像元都可以被该单形体包围，提取端元的任务即可视为寻找多维单形体顶点的任务(Callico et al.，2014)。事实上，并不是所有高光谱数据都能找到一个几何单形体将其包围，因此该类方法可以分为 2 种，分别为基于纯净像元的方法和基于最小体积的方法(董乐，2021)。基于纯净像元的方法假设高光谱图像中的每个端元都至少有一个纯净像元，即认为至少有一个数据点位于几何单形体的顶点之上，此时端元提取的任务就变成了在几何单形体中搜索顶点的任务，如纯净像元指数算法(pixel purity index，PPI)、顶点成分分析算法(vertex component analysis，VCA)(Nascimento and Dias，2005)和全约束的最小二乘法(fully constrained least square，FCLS)等(Bioucas-Dias，2012)。

基于最小体积的方法和基于纯净像元的方法不同，它解决的问题是：遥感影像中的端元并不总是有纯净像元存在，有些端元很难在几何多形体中通过顶点将其寻得。该算法的主要思想是根据几何单形体的特点来寻找一个点集构造单形体，使新构造出来的单形体能够包含所有数据并拥有最小体积。例如，最小体积单形体分析方法(minimum volume simplex analysis，MVSA)通过求解能包含所有数据的最小体积单形体来搜寻端元(Li et al.，2021)；迭代约束端元方法(iterative constrained endmembers，ICE)使用一个约束项来使高光谱数据形成的最小单形体顶点的平方和最小，从而降低了计算最小体积单形体的复杂程度。总而言之，虽然这些方法可以改进基于纯净像元方法的部分局限性，但是因为受噪声影响很大，所以降低了解混精度。

(2) 基于统计模型的解混方法。

基于统计模型的解混方法与基于几何建模的解混方法相比拥有更高的计算复杂度，它将混合像元解混问题视为一个盲源统计推理问题，并基于此进行端元提取与丰度估计。基于几何建模的解混方法在缺乏纯净光谱向量时非常容易被噪声影响，此时使用基于统计模型的解混方法将改善高光谱解混性能。其代表算法有非负矩阵分解方法(nonnegative matrix factorization，NMF)、独立成分分析方法(independent component analysis，ICA)与贝叶斯方法等。其中，非负矩阵分解方法因不需要纯净像元、模型简单且易于理解而被研究人员广泛青睐。该算法通过计算 2 个非负矩阵对高光谱数据进行盲源分解，其中一个矩阵是基于原始数据的基矩阵，另一个矩阵是数据在该基矩阵下的表达系数。由于该算法的目标函数是非凸的，故在优化后仅能得到局部最优解。为了提高该算法的有效性和尽量获得全局最优，需要增加各种附加约束的非负矩阵分解方法(Hoyer，2004)。

(3) 基于稀疏回归的解混方法。

基于稀疏回归的解混方法是因要解决丰度估计依赖于端元提取精度这一问题而产生的，其目的是解混时在已知端元光谱库的情况下计算原始数据的丰度投影系数。高光谱数据中的端元个数是有限的，对于已知的光谱库来说，丰度求解框架势必具有稀疏属性，因此该类算法的理论基础是稀疏和压缩感知方法。但是这种方法也有缺陷，端元光谱库来自实验室人为测定，端元光谱和实验室测出的地物谱线并非完全一致。此外，这种模型也极容易受到噪声干扰，导致算法精度下降。目前，也有学者研究该缺陷并取得了许多成果，如利用凸松弛方法设计一个快速丰度估计算法 SUnSAL(sparse unmixing by variable splitting and augmented lagrangian)以提高解混算法的性能(Ren et al.，2014)。

总之，在现有的基于线性模型的解混算法研究中，主流思路是探索数据的空间结构关系，并将数据的光谱信息结合，利用丰度的稀疏约束和单形体最小体积约束等方法来共同得到更精确的端元光谱和丰度估计成果。除此之外，同时考虑算法的计算复杂度和对噪声的鲁棒性，以更高效率、更高质量得到高光谱的端元和丰度信息。

10.3.4 非线性混合模型

由于光子在到达传感器前可能有系列复杂作用过程，使线性混合模型在此时会被限制，因此基于非线性混合模型的解混算法应运而生。目前主流的基于非线性混合模型的解混方法有以下 3 种。

(1) 双线性解混方法。

双线性混合模型建立在每个光子信息在被传感器捕获前均经过了两次交互的假设上，该模型的建模形式是端元的两次线性组合的表达形式，把 2 个为一组的端元的二次交叉项加入线性混合模型中，模拟非线性混合像元的生成过程(Halimi et al.，2011)。例如，多项式非线性解混模型(polynomial post-nonlinear mixing model，PNMM)允许各个端元的交互，并对端元间的交互结果进行非线性变换处理，从而将混合方法从线性迁移到非线性上来。

（2）基于核函数的解混方法。

基于核函数的解混方法的主要思路是利用核函数将原有的高光谱数据映射到更高维空间中，其目的是将原始空间中高光谱数据的线性不可分问题转化为更高维空间中的线性可分问题，从而在高维空间中利用线性混合模型求解端元并计算丰度。

（3）基于深度学习的解混方法。

在深度学习逐渐成为研究热点后，基于深度学习的解混方法也逐渐在高光谱解混任务中进行应用。高光谱解混属于盲源问题，深度学习将其视为一个无监督的学习过程，利用端到端的自编码网络处理端元提取和丰度估计任务。例如，Savas 等(2019)设计了一个基于两阶段自编码器的框架，引入投影度量评价标准以约束损失函数，并借此实现自动解混。与传统方法相比，与深度学习相结合的解混方法目前仍然没有充分利用高光谱数据的空间结构信息，因此在针对丰度的准确约束方面依然有广泛的提升空间。

综上所述，对于高光谱遥感图像解混算法的研究仍有发展空间。目前主流的线性模型解混方法和非线性模型解混方法都有其优势和局限性，基于线性模型的解混方法应用凭借建模更为简单等优势应用得更为广泛，研究技术也更为成熟。基于非线性模型的解混方法，尤其是基于深度学习和人工智能的解混方法仍处在探索阶段，有广阔的前景。

10.4 高光谱遥感的典型应用

10.4.1 基于群稀疏－低秩表示字典学习的高光谱遥感空谱特征提取与分类

稀疏表示分类模型是美国伊利诺伊大学香槟分校 Ma 等学者在 2009 年基于压缩感知理论而提出的图像分类方法，其最早的用途是人脸识别，并在之后的发展中迁移到了其他领域。在高光谱分类任务中，一种基本思路是：首先，随机从高光谱数据中选取训练样本进行字典构建，并随机抽取测试样本估计群稀疏－低秩表示，从而完成字典学习的搭建(见图 10.6)。然后，对原有的高光谱数据进行主成分分析以提取有效信息，并在此基础上进行超像素分割以生成空域群。最后，进行上述字典学习后通过线性 SVM 或线性回归算法 GSLR2 得到最终的分类结果。以经典高光谱数据 PaviaU 为例，最终 SVM 参与分类的整体精度达到 69.77%，GSLR2 参与分类的整体精度更是达到 99.37%(见图 10.7)。

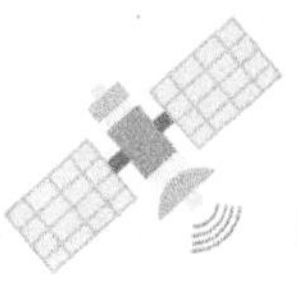

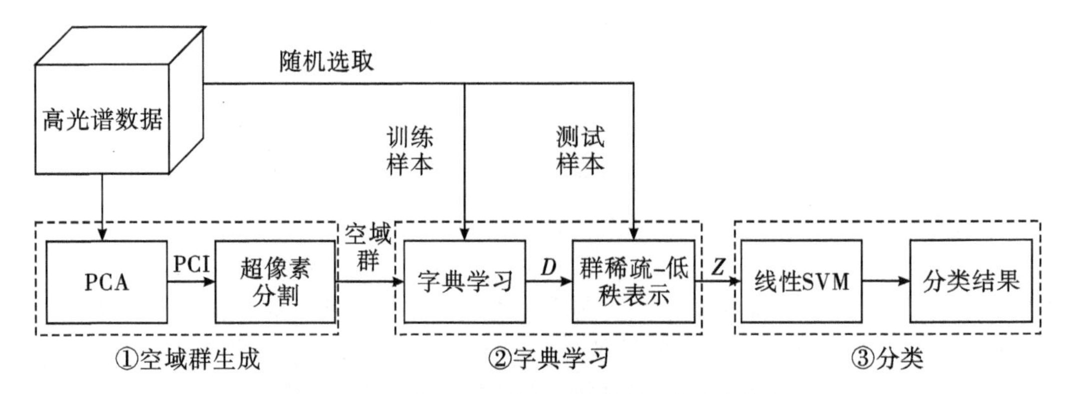

图 10.6 群稀疏－低秩表示字典学习的分类流程

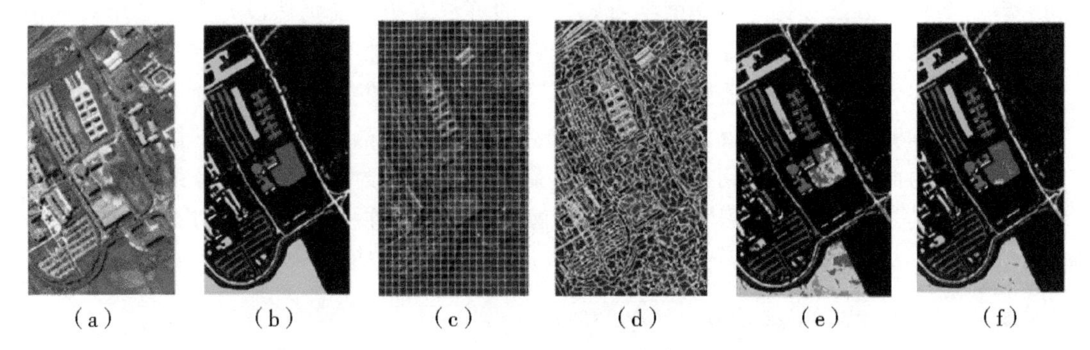

(a) 帕维亚大学假彩色遥感影像；(b) 帕维亚大学真实地物遥感影像；(c) 影像均匀网格划分；(d) 影像超像素划分；(e) 结合线性 SVM 分类结果；(f) 结合 GSLR2 分类结果

图 10.7 基于群稀疏－低秩表示字典学习的高光谱遥感空谱特征提取与分类实验示例

10.4.2 基于多分类器集成的高光谱遥感影像分类

多分类器系统(multiple classifier system，MCS)指的是对分类器集合中的基分类器进行选择和组合，以期获得比任一单分类器更高精度的分类器系统(杜培军等，2016)。基于三维 Gabor 滤波器、EMAP 算法、变分模态分解和灰度共生矩阵等特征提取算法，利用支持向量机、随机森林和多元逻辑回归分别完成分类任务，并进行投票表决，将分类器的最终结果进行决策级融合。具体路线如图 10.8 所示。从最后的实验结果来看，不同的滤波器获得的特征在不同分类器下的分类精度大部分都低于集成后的分类精度。VMD 集成后的总体精度为 0.84，Gabor 滤波器集成后的总体精度为 0.81，EMAP 滤波器集成后的总体精度为 0.90，最终进行决策融合后的总体精度达到 0.91。但是，实验发现，并非所有分类器集成后的精度都有所提升，如果分类器之间的质量相差较大，适合对该遥感影像进行分类的分类器较少，可能会导致决策融合的效果不升反降。

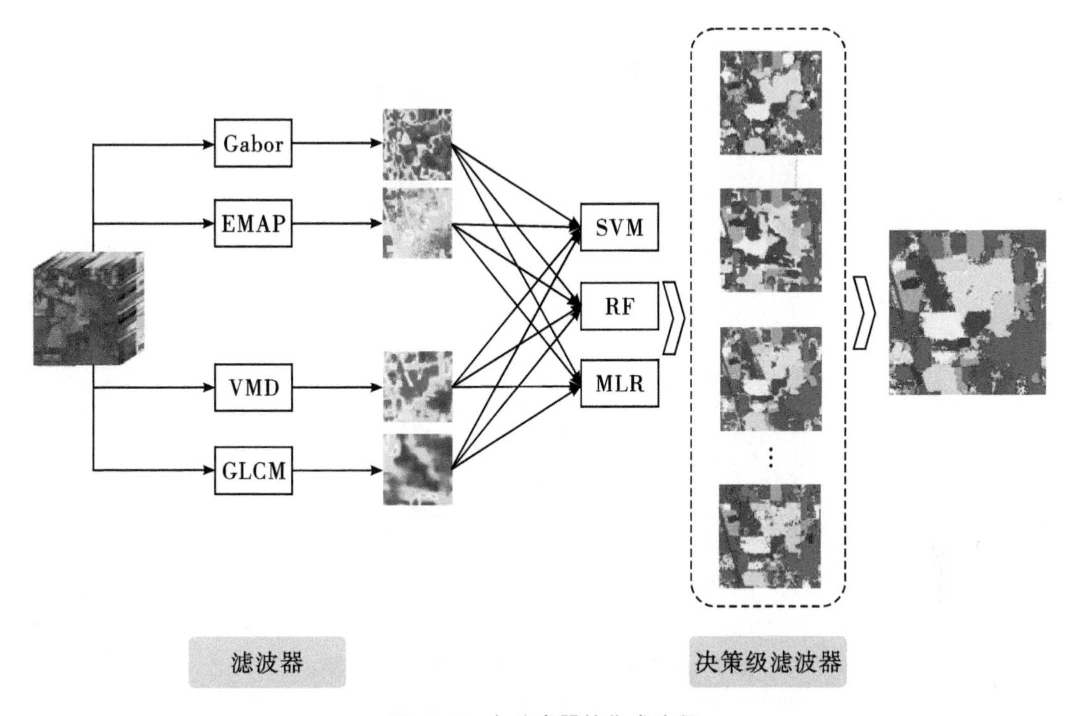

图 10.8 多分类器的集成流程

10.4.3 高光谱遥感技术在植物功能性状监测中的应用

植物功能性状是指示植物对环境适应和进化的可度量的特征，是植物生态学与地球系统建模的重要研究内容。传统测定植物功能性状的方法主要是野外探测的方法，这种方法会耗费大量的时间、金钱和人力成本，并且使功能性状的尺度延展与时空覆盖都受限。高光谱遥感技术为解决当前困境提供了新方法，即基于多尺度高光谱遥感影像对光谱－性状关系进行建模，拥有较强的解释性和应用价值(严正兵等，2022)。其中，在农业上已经有了较为丰富的成果(见图 10.9 和图 10.10)，例如，基于 Dualex 植物多酚－叶绿素仪和高光谱遥感技术反演小麦的叶绿素含量，为动态监测小麦的叶绿素含量提供了新思路(王婷婷等，2019)。

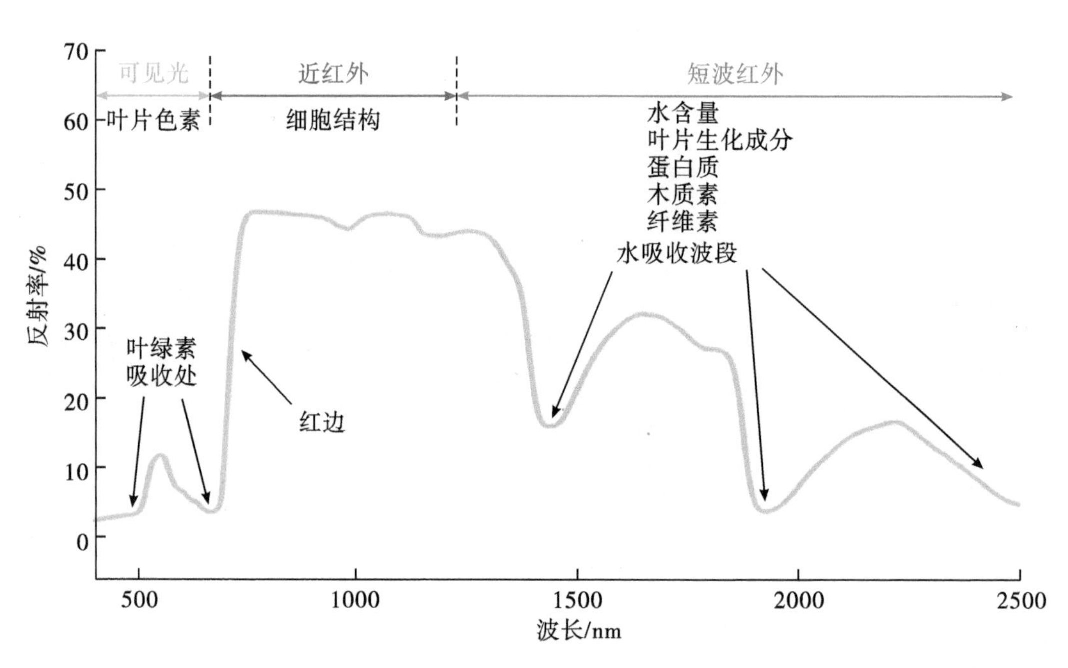

图 10.9 植物反射光谱表征的特征峰信息(严正兵等，2022)

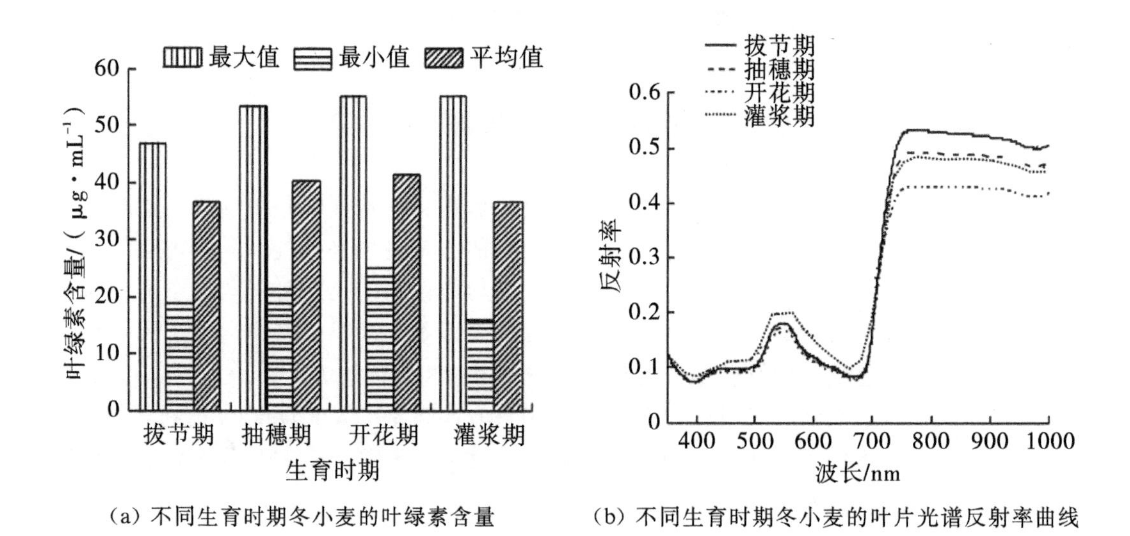

(a) 不同生育时期冬小麦的叶绿素含量　　(b) 不同生育时期冬小麦的叶片光谱反射率曲线

图 10.10 不同生育时期冬小麦的叶绿素含量和叶片光谱反射率曲线(王婷婷等，2019)

10.4.4 基于高光谱遥感技术的城市土地利用景观格局分析

城市景观能够根据城市景观的空间变化和生态系统变化为城市化进程研究提供新的分析视角。高光谱遥感影像具有更高的光谱分辨率、更好的波段连续性，其数百个波段蕴含着详细且丰富的光谱特征信息，能够对地物进行更细致的划分，为城市景观分析提供了强大的工具。以武汉市长江以北核心区域为例，袁静文等(2020)提出了一种基于深度学习的空－谱结合(spectral-spatial unified network，SSUN)分类方法的改进算法SSUN-CRF算法，从而获得准确、置信度高的用地类型分类结果(见图10.11)。其核心思路是：首先，对高光谱数据进行预处理，利用基于深度学习的空－谱结合高光谱遥感影像分类方法SSUN进行分类；然后，用全连接条件随机场FC-CRF进行分类后处理再进行精度评价；最后，根据以上分类结果计算斑块类型水平和景观水平的各项指数，并用这些指数分析城市扩张模式，取得了良好的效果(见图10.12)。为了验证此次实验分类结果及后处理方法的置信性和精确程度，选取了5种分类算法进行比较，即基于SVM的分类算法、基于LSTM的分类算法、基于多尺度卷积网络的空间分类算法(MSCNN)、空－谱结合分类算法(SSUN)以及利用FC-CRF对SSUN分类算法进行后处理的SSUN-CRF算法，并最终验证了此次实验算法的优越性。

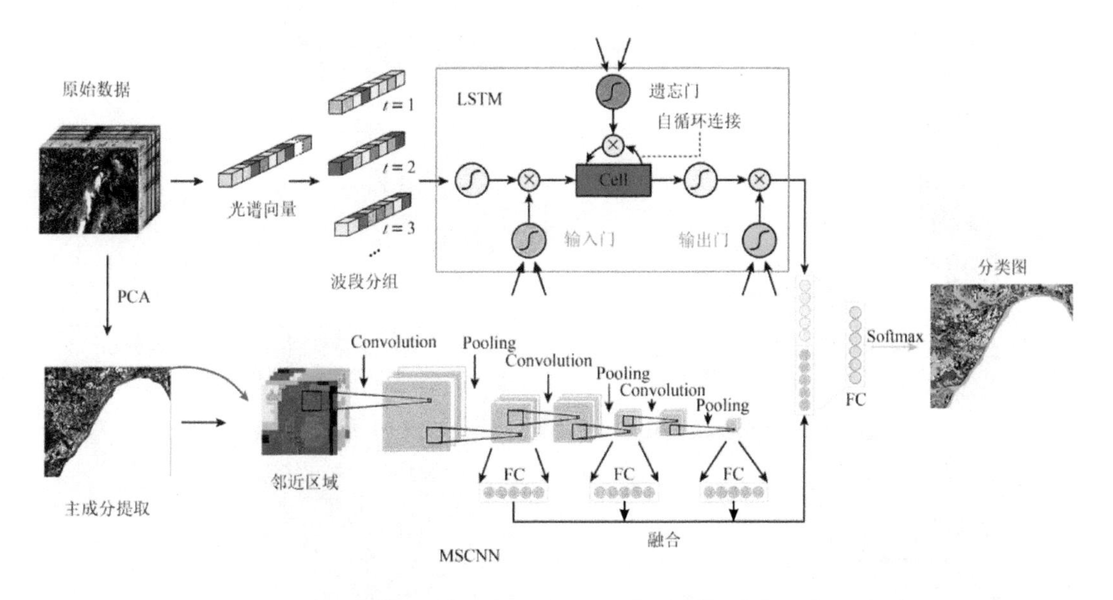

图10.11 空-谱结合高光谱分类神经网络结构模型(袁静文等，2020)

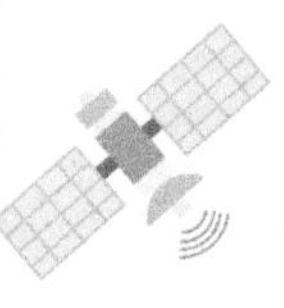

(a) 武汉长江以北中心城区分类的真实结果

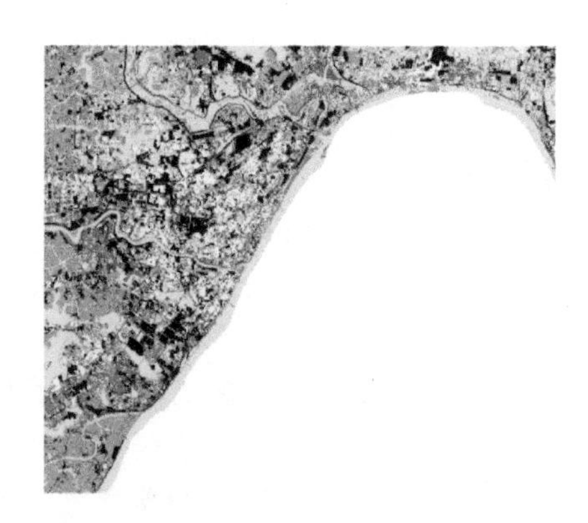

(b) 基于 SVM 的分类结果

(c) 基于 LSTM 的分类结果

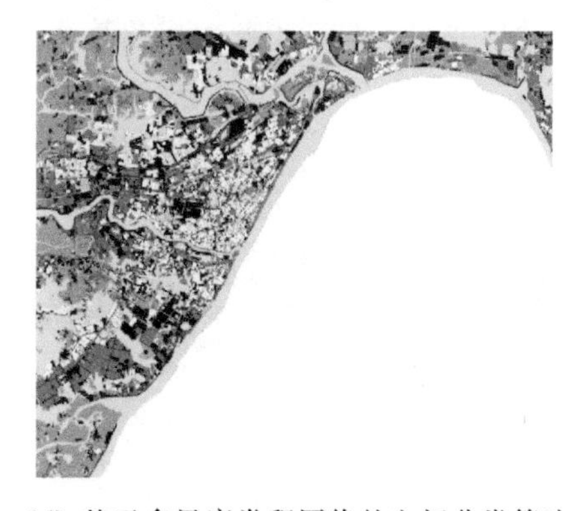

(d) 基于多尺度卷积网络的空间分类算法(MSCNN)的分类结果

(e) 空-谱结合分类算法(SSUN)的分类结果

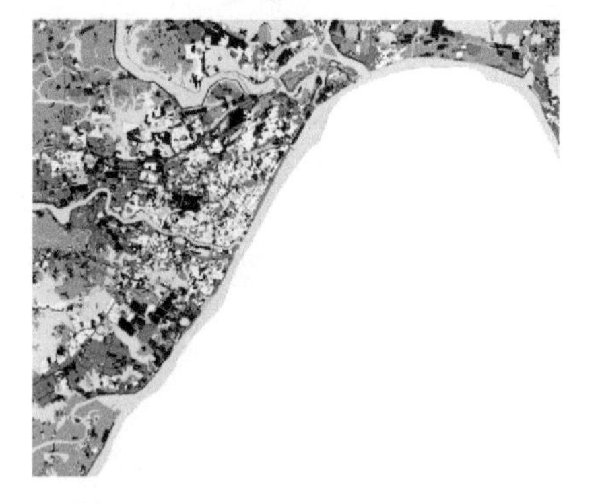

(f) 利用 FC-CRF 对 SSUN 分类算法进行后处理的 SSUN-CRF 算法的分类结果

公共管理与公共服务用地　商业服务设施用地　水域　农林用地
绿地与广场用地　区域交通设施用地　工业用地　一类居住用地
二类居住用地　三类居住用地　道路与交通设施用地　其他

图 10.12　武汉市长江以北中心城区分类的真实结果和不同算法的分类结果

思考题

1. 总结并阐述高光谱遥感技术的发展历程。
2. 与传统遥感技术相比，高光谱遥感影像有哪些特点？影像处理时存在什么挑战？
3. 请简述高光谱遥感影像特征提取的典型方法及基本原理。
4. 请简述高光谱遥感影像解混的典型方法及基本原理。
5. 请简述高光谱遥感影像分类的典型方法及基本原理。

参考文献

[1] BIOUCAS-DIAS J M. Hyperspectral unmixing overview: geometrical, statistical, and sparse regression-based approaches[J]. IEEE journal of selected topics in applied earth observations and remote sensing, 2012, 5(2): 354 - 379.

[2] CALLICO G M, LOPEZ S, AGUILAR B, et al. Parallel implementation of the modified vertex component analysis algorithm for hyperspectral unmixing using OpenCL[J]. IEEE journal of selected topics in applied earth observations and remote sensing, 2014, 7(8): 3650 - 3659.

[3] CHANG C-I, HEINZ D C. Constrained subpixel target detection for remotely sensed imagery [J]. IEEE transactions on geoscience and remote sensing, 2000, 38(3): 1144 - 1159.

[4] FENG X, SHAO Z, HUANG X, et al. Integrating Zhuhai-1 hyperspectral imagery with Sentinel-2 multispectral imagery to improve high-resolution impervious surface area mapping[J]. IEEE journal of selected topics in applied earth observations and remote sensing, 2022, 15: 2410 - 2424.

[5] GHAMISI P, YOKOYA N, LI J, et al. Advances in hyperspectral image and signal processing: a comprehensive overview of the state of the art[J]. IEEE geoscience and remote sensing magazine, 2017, 5(4): 37 - 78.

[6] GREEN R O, EASTWOOD M L, SARTURE C M, et al. Imaging spectroscopy and the airborne visible/infrared imaging spectrometer (AVIRIS) [J]. Remote sensing of environment, 1998, 65(3): 227 - 248.

[7] HALIMI A, ALTMANN Y, DOBIGEON N, et al. Nonlinear unmixing of hyperspectral images using a generalized bilinear model [J]. IEEE transactions on geoscience and remote sensing, 2011, 49(11): 4153 - 4162.

[8] HELDER D L, MALLA R, METTLER C J, et al. Landsat 4 thematic mapper calibration update[J]. IEEE transactions on geoscience and remote sensing, 2012, 50(6): 2400 - 2408.

[9] HE Z, LI J, LIU K, et al. Kernel low-rank multitask learning in variational mode decomposition

domain for multi-/hyperspectral classification[J]. IEEE transactions on geoscience and remote sensing, 2018, 56(7): 4193 - 4208.

[10] HE Z, SHEN Y, WANG Q, et al. Optimized ensemble EMD-based spectral features for hyperspectral image classification [J]. IEEE transactions on instrumentation and measurement, 2014, 63(5): 1041 - 1056.

[11] HOYER P O. Nonnegative matrix factorization with sparseness constraints[J]. Journal of machine learning research, 2004, 5(9): 1457 - 1469.

[12] IORDACHE M D, BIOUCAS-DIAS J M, PLAZA A. Sparse unmixing of hyperspectral data[J]. IEEE transactions on geoscience and remote sensing, 2011, 49(6): 2014 - 2039.

[13] KESHAVA N, MUSTARD J F. Spectral unmixing[J]. IEEE signal processing magazine, 2002, 19(1): 44 - 57.

[14] KUDELA R M, PALACIOS S L, AUSTERBERRY D C, et al. Application of hyperspectral remote sensing to cyanobacterial blooms in inland waters [J]. Remote sensing of environment, 2015, 167: 196 - 205.

[15] LI H, FENG R, WANG L, et al. Superpixel-based reweighted low-rank and rotal variation sparse unmixing for hyperspectral remote sensing imagery[J]. IEEE transactions on geoscience and remote sensing, 2021, 59(1): 629 -647.

[16] MURA M D, BENEDIKTSSON J A, WASKE B, et al. Extended profiles with morphological attribute filters for the analysis of hyperspectral data[J]. International journal of remote sensing, 2010, 31(22): 5975 - 5991.

[17] NASCIMENTO J, DIAS J. Vertex component analysis: a fast algorithm to unmix hyperspectral data[J]. IEEE transactions on geoscience and remote sensing, 2005, 43(2): 898 -910.

[18] PAOLETTI M E, HAUT J M, FERNANDEZ-BELTRAN R, et al. Deep pyramidal residual networks for spectral-spatial hyperspectral image classification[J]. IEEE transactions on geoscience and remote sensing, 2018, 57(2): 740 - 754.

[19] REN W, LI G, DAN T, et al. Nonnegative matrix factorization with regularizations[J]. IEEE journal on emerging and selected topics in circuits and systems, 2014, 4(1): 153 - 164.

[20] SAVAS O, BERK K, BOZDAGI A G. EndNet: sparse autoencoder network for endmember extraction and hyperspectral unmixing[J]. IEEE transactions on geoscience and remote sensing, 2019, 57(1): 482 - 496.

[21] SHAHSHAHANI B M, LANDGREBE D A. The effect of unlabeled samples in reducing the small sample size problem and mitigating the hughes phenomenon[J]. IEEE transactions on geoscience and remote sensing, 1994, 32(5): 1087 -1095.

[22] SU H, YAO W, WU Z, et al. Kernel low-rank representation with elastic net for china coastal wetland land cover classification using GF-5 hyperspectral imagery[J]. ISPRS journal of photogrammetry and remote sensing, 2021, 171: 238 - 252.

[23] SUTHAHARAN S. Support vector machine [M]// SUTHAHARAN S. Machine learning models and algorithms for big data classification. New York: Springer, 2016: 207 - 235.

[24] VOGELMANN J E, HELDER D, MORFITT R, et al. Effects of Landsat 5 thematic mapper and Landsat 7 enhanced thematic mapper plus radiometric and geometric calibrations and corrections on landscape characterization[J]. Remote sensing of environment, 2001, 78(1/2): 55-70.
[25] WANG L, HAO S, WANG Q, et al. Semi-supervised classification for hyperspectral imagery based on spatial-spectral label propagation[J]. ISPRS journal of photogrammetry and remote sensing, 2014, 97: 123-137.
[26] WANG Z, DU B, ZHANG L, et al. A novel semisupervised active-learning algorithm for hyperspectral image classification[J]. IEEE transactions on geoscience and remote sensing, 2017, 55(6): 3071-3083.
[27] WRIGHT J, MA Y, MAIRAL J, et al. Sparse representation for computer vision and pattern recognition[J]. Proceedings of the IEEE, 2010, 98(6): 1031-1044.
[28] ZHANG H, LI J, HUANG Y, et al. A nonlocal weighted joint sparse representation classification method for hyperspectral imagery[J]. IEEE journal of selected topics in applied earth observations and remote sensing, 2013, 7(6): 2056-2065.
[29] ZHU Z, JIA S, HE S, et al. Three-dimensional Gabor feature extraction for hyperspectral imagery classification using a memetic framework[J]. Information sciences, 2015, 298: 274-287.
[30] 陈抒怡. 天宫一号空间站已进入初样研制阶段[J]. 中国航天, 2009(2): 9.
[31] 董乐. 高光谱遥感影像解混算法研究[D]. 西安: 中国科学院大学(中国科学院西安光学精密机械研究所), 2021.
[32] 杜培军, 夏俊士, 薛朝辉, 等. 高光谱遥感影像分类研究进展[J]. 遥感学报, 2016, 20(2): 236-256.
[33] 郭贤, 黄昕, 张乐飞, 等. 采用张量子空间的高光谱影像多维滤波算法[J]. 测绘学报, 2013, 42(2): 253-259, 267.
[34] 侯群群, 王飞, 严丽. 基于灰度共生矩阵的彩色遥感图像纹理特征提取[J]. 国土资源遥感, 2013, 25(4): 26-32.
[35] 刘克, 赵文吉, 郭逍宇, 等. 野鸭湖典型湿地植物光谱特征[J]. 生态学报, 2010(21): 5853-5861.
[36] 尚坤, 张霞, 孙艳丽, 等. 基于植被特征库的高光谱植被精细分类[J]. 光谱学与光谱分析, 2015, 35(6): 1669-1676.
[37] 谭熊, 余旭初, 秦进春, 等. 高光谱影像的多核 SVM 分类[J]. 仪器仪表学报, 2014, 35(2): 405-411.
[38] 谭雪敏, 吴远峰, 袁正午, 等. 拉格朗日多项式逻辑回归分类算法并行计算优化[J]. 遥感信息, 2016, 31(1): 96-101.
[39] 王立国, 赵春晖. 高光谱图像处理技术[M]. 北京: 国防工业出版社, 2006.
[40] 王婷婷, 常庆瑞, 刘梦云, 等. 基于 Dualex 植物多酚-叶绿素仪的冬小麦叶绿素含量高光谱估算[J]. 麦类作物学报, 2019, 39(5): 595-604.
[41] 杨红艳, 杜健民. 高光谱遥感图像波段选择研究进展综述[J]. 计算机工程与应用,

2022，58(10)：1－12.
[42] 袁静文，武辰，杜博，等．高分五号高光谱遥感影像的城市土地利用景观格局分析[J]．遥感学报，2020，24(4)：465－478.
[43] 严正兵，刘树文，吴锦．高光谱遥感技术在植物功能性状监测中的应用与展望[J]．植物生态学报，2022，46(10)：1151－1166.
[44] 张朝阳，程海峰，陈朝辉，等．高光谱遥感的发展及其对军事装备的威胁[J]．光电技术应用，2008，23(1)：10－12.
[45] 张号逵，李映，姜晔楠．深度学习在高光谱图像分类领域的研究现状与展望[J]．自动化学报，2018，44(6)：961－977.
[46] 张帅洋，华文深，应家驹，等．高光谱线性解混研究进展[J]．激光杂志，2021，42(3)：17－21.

附件一　卫星遥感影像处理基础操作实验设计

为了配合理论教学需要和训练学生的遥感影像软件处理操作技能，设计了8个基础操作实验，包括光学卫星遥感影像的辐射定标与大气校正、地理配准与几何校正、非监督分类、监督分类、分类后处理、变化检测、波段运算与地物监测，以及热红外影像地表温度反演等内容。通过这8个对遥感影像的处理及分析实验，并要求完成相应的实验报告写作，培养和提升学生的科技报告写作与综合分析能力。本书实验设计主要基于ENVI软件和Landsat卫星影像。由于不同学校采用的遥感影像处理软件有差异，本书只提供了教学实验大纲、目的、基本原理以及实验报告模板大纲，并没有提供具体的实验操作手册和遥感影像，各位任课老师和参与实验的同学可以根据具体的教学和学习需求及软件配置，下载相应地区的遥感影像，完善详细的实验操作手册，便于初学者上机操作。

需要指出的是，本书所提到的遥感影像和遥感图像的含义相同，只是在特定语境中有用法习惯差异。

具体实验内容

实验一　遥感影像的辐射定标与大气校正

实验二　遥感影像的地理配准与几何校正

实验三　遥感影像的非监督分类

实验四　遥感影像的监督分类

实验五　遥感影像的分类后处理

实验六　遥感影像的变化检测

实验七　遥感影像的波段运算与地物监测

实验八　热红外影像地表温度反演

实验一　遥感影像的辐射定标与大气校正

一、实验目的

根据电磁辐射、地物波谱和遥感影像特征等理论学习内容，熟悉 ENVI 软件对光学卫星遥感影像预处理的基本操作，比较分析光学卫星遥感影像的原始灰度值与辐射定标后的辐射亮度值以及反射率值的异同，并对比分析不同大气校正方法的校正效果，完成实验报告。

二、实验内容

(一)辐射定标

1. 概述

遥感传感器接收到来自目标物的辐射信息后，将其转化为灰度值(digital number，DN)存储为遥感影像。在开展定量分析时，就必须将 DN 转换成实际的物理量，如辐射亮度(radiance)、反射率(reflectance)等。辐射定标的本质就是将遥感影像的灰度值转换为具体的物理量纲的过程，即通过反映不同波段的 DN 与辐射亮度或反射率之间关系的公式和参数，将遥感影像的灰度值转换成辐射亮度或反射率并存储为新的遥感影像的过程。

将遥感影像的 DN 转换为表观反射率，主要分为两步，先将 DN 转换为辐射亮度，再将辐射亮度转换为表观反射率。软件中也可以选择一步操作完成，直接将影像的 DN 转换为表观反射率。后续的影像处理和分类等操作，主要基于定标后的反射率影像进行。

2. 实验操作过程

略。

(二)大气校正

1. 概述

大气校正的目的是消除大气和光照等因素对地物反射的影响。例如，消除大气中的水蒸气、氧气、二氧化碳、甲烷和臭氧等物质对地物反射的影响，消除大气分子和气溶胶散射的影响。在大多数情况下，大气校正是反演地物真实反射率的过程，也是提高对吸收率大、反射率低的物体的探测能力的关键步骤，如水质参数反演等。

2. 实验操作过程

略。

实验二　遥感影像的地理配准与几何校正

一、实验目的

遥感影像本质上是一个栅格数据矩阵，需要具备地理坐标系统才能明确其具体的空间位置和覆盖范围，并与其他数据进行空间叠置和地学统计应用分析。本实验的基本目的是为不含地理坐标系统的影像、地理坐标系统配置错误或配置不当、产生几何畸变的遥感影像重新配置和校准到准确的地理坐标系统。

二、实验内容

1. 概述

遥感影像的地理配准一般是指为没有地理坐标系统的影像设置地理坐标系统，其主要原理是选取影像中的特征点与相对应的具有已知坐标的控制点匹配，从而实现整个影像的坐标配准。控制点的地理坐标可以从已知地理坐标的影像对应的特征点中读取或通过 GPS 仪器实地测绘获取。

影像几何变形一般分为两大类，即系统性和非系统性。系统性几何变形一般是由传感器本身引起的，有规律可循和可预测性，可以用传感器模型来校正，卫星地面接收站可以完成这项工作；非系统性几何变形是不规律的，它可以是由传感器平台本身的高度、姿态等不稳定引起的，也可以是由地球曲率和空气折射的变化以及地形的变化等因素导致的。我们常说的几何校正就是消除这些非系统性几何变形。

影像地理坐标配置主要有以下两类方法。

(1)根据已知坐标影像配准未知坐标影像(image to image)。以一幅已经经过几何校正并含地理坐标的遥感影像文件作为基准图，在两幅影像上选择显著的同名点(或控制点)来配准另外不含坐标的影像文件，使相同特征地物出现在校正后的影像相同位置。

(2)根据已知坐标控制点配准未知坐标影像 (image to map)。通过地面控制点对遥感影像进行地理配置的过程，控制点的地理坐标可以通过键盘输入、从矢量文件中获取或者从栅格文件中获取。

2. 实验操作过程

略。

实验三　遥感影像的非监督分类

一、实验目的

根据地物波谱、遥感影像特征、遥感影像分类处理和分类结果精度评估等理论学习内容，熟悉 ENVI 软件对光学卫星遥感影像分类处理的基本操作，学会利用两种或多种非监督分类方法对遥感影像进行初步分类，并初步了解对分类结果的精度评估方法，完成实验报告，为深入学习其他遥感影像分类方法打下坚实的基础。

二、实验内容

1. 概述

遥感影像非监督分类指在没有先验类别作为样本的条件下，即事先不知道类别特征的情况下，仅依靠影像上不同类型地物的光谱信息（或纹理信息等）进行特征提取，再采用聚类分析方法，将所有像素划分为若干个类别的过程，这一过程也称为聚类分析。非监督分类以集群为理论基础，在多光谱影像中搜寻、定义其自然相似光谱集群，进行集聚统计和分类。因此，非监督分类的结果只能区分不同地物的类别，但并不能确定类别的属性，必须通过分类后的目视判读或实地调查来确定类别。

ENVI 中包括了迭代自组织数据分析技术（iterative self-organizing data analysis technique，ISODATA）和 *K* 均值 2 种非监督分类方法。ISODATA 是一种重复自组织数据分析技术，先计算数据空间中均匀分布的类均值，然后用最小距离技术将剩余像元进行迭代聚合，每次迭代都重新计算均值，且根据所得的新均值，对像元进行再分类。*K* 均值使用聚类分析方法，随机地查找聚类簇的聚类相似度相近，即中心位置，是利用各聚类中对象的均值获得一个“中心对象”（引力中心）来进行计算的，然后迭代地重新配置它们，完成分类过程。

非监督分类总体上一般可分为 4 个过程，分别为执行非监督分类、类别定义、合并子类和分类结果精度评估。

2. 实验过程

略。

实验四　遥感影像的监督分类

一、实验目的

根据地物波谱、遥感影像特征、遥感影像分类处理和分类结果精度评估等理论学习内容，学会利用 ENVI 软件对光学卫星遥感影像进行监督分类处理的基本操作，包括遥感影像的人工解译、挑选监督分类训练对象、采用不同的监督分类方法、分类结果的后处理和分类结果的初步评价等基本操作，完成实验报告，为深入学习其他遥感影像分类方法打下坚实的基础。

二、实验内容

1. 概述

监督分类是在分类前已对遥感影像样本区中的类别属性有了先验知识，可利用这些样本类别的特征作为依据建立和训练分类器，进而完成整幅影像的类型划分，将每个像元归并到相对应的一个类别中。换句话说，监督分类就是根据地表覆盖分类体系、方案进行遥感影像的对比分析，并据此建立影像分类判别规则，最后完成整景影像的分类。

监督分类，又称为“训练分类法”，是用被确认类别的样本像元去识别其他未知类别像元的过程。在分类之前先通过目视判读和野外调查，对遥感图像上某些样区中图像地物的类别属性有了先验知识，对每一种类别选取一定数量的训练样本，用计算机计算每种训练样区的统计或其他信息，同时用这些种子类别对判决函数进行训练，使其符合对各种子类别分类的要求；随后，用训练好的判决函数去对其他待分类数据进行分类，将每个像元和训练样本做比较，按不同的规则将其划分到与其最相似的样本类，以此完成对整个图像的分类。

2. 实验过程

略。

实验五　遥感影像的分类后处理

一、实验目的

根据遥感影像分类处理和分类结果精度评估等理论学习内容，在遥感影像的非监督分类和监督分类实验的基础上，进一步学习对遥感影像分类结果的后处理操作，掌握基于目视解译的分类结果评估方法，建立分类结果的误差混淆矩阵，计算评估遥感影像的分类精度，完成实验报告，为深入学习其他遥感影像分类方法和科技报告写作打下坚实的基础。

二、实验内容

1. 概述

使用分类方法得到的是初步结果，一般很难达到最终的应用目的。需要对获取的分类结果进行额外的处理和校正，才能得到比较理想的分类结果或分类效果图，这些处理过程通常被称为分类后处理。常用的分类后处理包括更改分类颜色、分类统计分析、小斑点处理、栅格矢量转换等操作。分类评估是对最终分类结果的综合评价，是遥感影像分类处理的重要内容，可以为分类方法改进、分类结果评定和分类结果后续应用提供客观的指标。

分类结果的评估基准来源多样，可以采用已知的土地利用类型(栅格或矢量地图)或者更高分辨率的遥感影像的分类结果；也可以采用与分类影像相同的遥感影像，通过目视解译和手动提取等手段，提取出各类地物类型或者地面真实值作为分类评估基准。

2. 实验过程

略。

实验六　遥感影像的变化检测

一、实验目的

从不同时间或在不同条件下获取的同一地区的遥感影像中，地表信息会有差异，该实验主要练习和掌握遥感影像分类后的地物变化检测，从而能够根据遥感影像进行分类，完成对不同时相的遥感分类结果进行对比分析和变化检测。

二、实验内容

1. 概述

遥感影像的变化检测就是对目标或现象在不同时间观测到的状态差异的识别过程，常用于遥感影像变化检测领域，例如土地利用/土地覆盖变化、森林或植被变化、森林砍伐、湿地变化、城市变化、冰川变化等。

地表变化信息可分为2种：①转化，土地从一种土地覆盖类型向另一种土地覆盖类型的转化，如从草地转变为农田，从森林转变为牧场，也称为“绝对变化”；②改变，某种土地覆盖类型内部条件(结构和功能)的变化，如森林由密变疏或由一种树种组成变成由另外一种树种组成的改变，或植物群落生物量、生产力、物候现象的变化，也称为“相对变化”。

遥感影像变化检测的方法主要有3类，分别为影像直接比较法、分类后比较法和直接分类法。①影像直接比较法，直接对经过配准的2个时相遥感影像中的像元值进行运算或变化处理，以找出变化的区域，常用的有影像差值比值法、光谱曲线比较法、光谱特征变异法等。②分类后比较法是将经过配准的2个时相遥感影像分别进行分类，然后比较分类结果得到变化检测信息。③直接分类法结合了影像直接比较法和分类后比较法的思想进行变化检测。

本次实验采用了分类后比较法，即对两幅配准后的影像进行分类，分析2幅影像分类后地物之间的变化。

2. 实验过程

略。

实验七　遥感影像的波段运算与地物监测

一、实验目的

遥感影像不同波段的反射信息有差异，通过组合不同波段的信息，运用波段运算工具，达到更高精度地提取地物。波段之间的组合运算获取的信息量通常大于单波段获取的信息量。本实验通过 ENVI 的波段计算工具，从 Landsat 影像中计算归一化积雪指数（*NDSI*）、植被指数（*NDVI*）和水体指数（*NDWI*）。

二、实验内容

1. 概述

波段运算（band math）的实质是对每个像素点对应的像素值进行数学运算。波段运算是一个灵活的影像处理工具，可以对影像进行简单的加、减、乘、除运算，或者使用 IDL 编写更复杂的处理运算代码、实现自动批量处理。用户可以根据自己的需求定义特定的处理算法，并应用到某个波段或影像中。

归一化积雪指数（*NDSI*）定义为绿光波段的反射率与短波红外波段的反射率之差与两者之和的比，以突显影像中的积雪信息。其计算方法如式（1）：

$$NDSI = \frac{GREEN - SWIR1}{GREEN + SWIR1} \tag{1}$$

式中：$GREEN$ 为绿光波段的反射率；$SWIR1$ 为短波红外波段的反射率。

归一化植被指数（*NDVI*）定义为近红外波段的反射率与红光波段的反射率之差与两者之和的比，突出反映土地覆盖植被状况。其计算方法如式（2）：

$$NDVI = \frac{NIR - RED}{NIR + RED} \tag{2}$$

式中：NIR 为近红外波段的反射率；RED 为红光波段的反射率。

归一化水体指数（*NDWI*）定义为绿光波段的反射率与近红外波段的反射率之差与两者之和的比，以凸显影像中的水体信息。其计算方法如式（3）：

$$NDWI = \frac{GREEN - NIR}{GREEN + NIR} \tag{3}$$

式中：$GREEN$ 为绿光波段的反射率；NIR 为近红外波段的反射率。

2. 实验过程

略。

实验八　热红外影像地表温度反演

一、实验目的

进一步巩固电磁辐射的基本原理和几个辐射量化表达的基本概念，了解热红外遥感成像的原理和地表温度反演的原理，练习和掌握遥感热红外波段反演地表温度的操作方法，为后期进行与地表温度相关的应用奠定基础，如森林火灾、城市热岛、电站等余热排放监测和温泉地矿勘探等。

二、实验内容

1. 概述

热红外遥感(infrared remote sensing)是指传感器工作波段限于红外波段范围之内的遥感，即利用星载或机载传感器收集、记录地物的热红外信息，并利用这种热红外信息来识别地物和反演地表参数，如温度、湿度和热惯量等。

地表温度反演算法主要有大气校正法[也称为辐射传输方程(radiative transfer equation，RTE)]、单窗算法和分裂窗算法。大气校正法的基本原理是首先估计大气对地面热辐射的影响，然后把这部分大气影响从卫星传感器所观测到的热辐射总量中减去，从而得到地表热辐射强度，再把这一热辐射强度转化为相应的地表温度。单窗算法是根据地表热辐射传导方程，利用 Landsat TM/ETM 等热红外波段辐射率推算地表温度的算法。分裂窗算法同样根据地表热辐射传导方程，利用 2 个热红外波段(如 10.5～11.5 μm 和 11.5～12.5 μm)对大气的不同吸收作用，将 2 个波段的测量值进行各种波段算法组合来剔除大气的影像，进行大气和地表比辐射率的修正，从而反演出地表温度。

2. 实验过程

略。

附件二　实验报告（大纲）

实验一　遥感影像的辐射定标与大气校正

姓名：
学号：
日期：

一、实验目的

根据电磁辐射、地物波谱和遥感影像特征等理论学习内容，熟悉 ENVI 软件对光学卫星遥感影像预处理的基本操作，比较分析光学卫星遥感影像的原始灰度值与辐射定标后的辐射亮度值以及反射率值的异同，对比分析不同大气校正方法的校正效果，完成实验报告的分析和写作。

二、实验区域及数据

介绍本实验研究的区域、所采用的具体遥感影像和其他相关数据的特征（卫星/传感器类型、影像获取时间、覆盖区域、空间分辨率、波段等）以及来源（影像处理及分发机构、数据库及网页链接等）等相关信息。

三、实验内容及结果分析

不需要重复实验操作手册的内容，只需具体阐述自己做了哪些操作，得到了什么结果，客观地对比分析影像处理前后的差异，综合分析不同操作方法/参数所取得的影像处理效果差异。

四、实验总结

针对实验目的，基于实验内容和分析结果，总结自己在实验过程中的收获，如是否顺利地完成了实验手册所包括的内容，实验操作中遇到了哪些挑战，需要如何避免、克服和解决这些挑战和问题，以及采用的方法和参数选取推荐，等等。

本实验报告(大纲)以第一个实验为例，其余实验报告均可参考该实验报告。其中，实验四和实验五可合并为一个实验报告。